普通高等院校计算机类专业规划教材·精品系列

计算机网络实验教程

（第二版）

李 环 主 编

中国铁道出版社有限公司
CHINA RAILWAY PUBLISHING HOUSE CO., LTD.

内容简介

本书按《计算机网络（第二版）》（李环主编）教材的章节安排了对应的实验，在第一版的基础上对实验进行了新的设计，与主讲教材紧密结合，删除了一些陈旧的实验，增加了一些如网络存储、软件定义网络、云桌面等新的网络实验。本书内容丰富、结构清晰、通俗易懂。

本书最突出的特点是理论与实践并重和有机结合，学生学习本书后，可达到“知其然”又“知其所以然”的效果。

本书适合作为高等院校计算机网络课程实验教学用书，同时也可作为从事网络管理和维护相关工作人员的参考用书。

图书在版编目（CIP）数据

计算机网络实验教程／李环主编．—2版．—北京：中国铁道出版社，(2020.6重印)
普通高等院校计算机类专业规划教材·精品系列
ISBN 978-7-113-24271-8

Ⅰ．①计… Ⅱ．①李… Ⅲ．①计算机网络－实验－高等学校－教材 Ⅳ．①TP393-33

中国版本图书馆 CIP 数据核字（2018）第 023781 号

书　　名：计算机网络实验教程（第二版）
作　　者：李　环

策　　划：刘丽丽　　**读者热线**：（010）51873202
责任编辑：刘丽丽　李学敏
封面设计：刘　颖
责任校对：张玉华
责任印制：樊启鹏

出版发行：中国铁道出版社有限公司（100054，北京市西城区右安门西街 8 号）
网　　址：http://www.tdpress.com/51eds/
印　　刷：三河市燕山印刷有限公司
版　　次：2010 年 3 月第 1 版　2018 年 8 月第 2 版　2020 年 6 月第 2 次印刷
开　　本：787 mm×1 092 mm　1/16　**印张**：16　**字数**：389 千
书　　号：ISBN 978-7-113-24271-8
定　　价：38.00 元

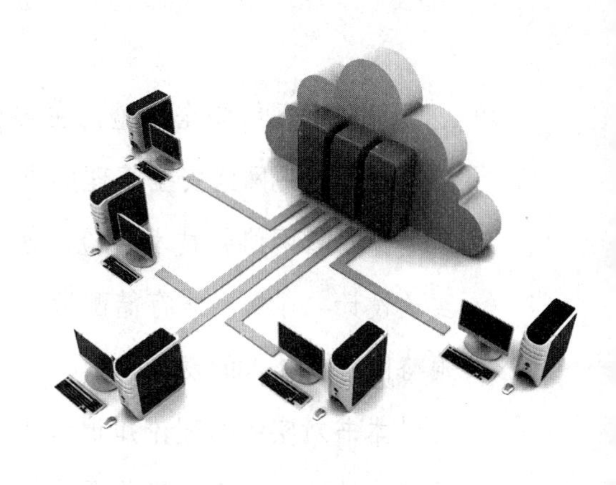

前言（第二版）

PREFACE

随着计算机网络技术的飞速发展，结合我国网络发展的需要，考虑高等院校网络实验课程教学的实际情况，我们在第一版的基础上编写了本书，对实验进行了新的设计，与主讲教材紧密结合，删除了一些陈旧的实验，增加了一些如网络存储，软件定义网络、云桌面等新的网络技术实验。本书与《计算机网络（第二版）》李环主编的主教材的章节一一对应，目的是更好地把各章的知识结合到实际应用中，便于学生边学边练，提高学生的实际动手能力。

全书共分为 9 章，各章内容如下：

第 1 章计算机网络概述，介绍了计算机网络常用的测试命令、网络协议分析软件的安装与使用以及 Cisco 模拟器的安装与使用。

第 2 章物理层实验，讲述了网线的制作，如何实现通过 Console 端口访问交换机，设置了交换机的基本配置实验。

第 3 章数据链路层实验，介绍了对等网络的组建，无线局域网的搭建，如何配置交换机构建虚拟局域网，以及交换机的远程访问控制。

第 4 章网络层实验，介绍了和网络层相关的所有协议的实现，包括 ARP 协议分析、ICMP 协议分析、IP 分片处理协议分析、实现网络互联的路由设备的配置、静态路由和默认路由的配置，通过互联设备实现了动态路由的配置。

第 5 章传输层实验，安排了三次握手和四次分手的链路建立和释放实验，通过 TCP、UDP 编程实验加深和巩固对传输层协议的理解和认识。

第 6 章应用层实验，通过对 DNS、DHCP、HTTP、SMTP、POP3 报文的分析，掌握应用层协议原理，以及通过命令行仿真协议的实现过程。

第 7 章网络管理实验，主要介绍了 SNMP 服务的配置和使用，通过 SNMP 服务监控网络运行状态，了解网络管理员实现网络管理的方法。

第 8 章网络安全实验，主要介绍了防火墙的配置与应用，通过 VPN 实验了解网络管理员实现网络安全管理的方法。

第 9 章网络新技术实验，通过 iSCSI 存储配置、云桌面配置以及软件定义网络的实验设计，了解网络存储配置方法，对云计算等理论和软件定义网络有实际的认识，领略网络新技术的发展。

本书对实验的理论知识和操作过程有详细的指导，每个实验都有实验目的、实现环境的设定、本实验相关理论知识，以及详细的操作过程，最后还有实验的注意事项和与实验内容紧密相关的思考题。

本书作者从事网络实践工作二十多年，执教计算机网络课程已达 20 年，本书的编写融入了编者多年的工作和教学经验，不仅注重培养学生的动手能力，还注重培养学生的理论水平，从多层次、多角度讲授计算机网络的原理和实践方法。

本书由李环任主编，第 1 章由李猛坤编写，第 2、4 章由李环编写，第 3 章由苏群编写，第 5 章由邹蓉编写，第 6 章由朱晓燕编写，第 7、8、9 章由赵宇明编写。本书在编写过程中得到了第一版教材使用单位、首都师范大学管理学院、中医药大学网络中心等单位的关心和帮助，在此一并表示感谢。

由于编者水平有限，时间仓促，书中难免有不当和疏漏之处，殷切期盼广大读者不吝指正，在此表示衷心感谢。

编 者

2017 年 11 月

CONTENTS 目录

第 1 章 计算机网络概述 1

1.1 常用网络测试命令 1

1.2 Wireshark 的安装与应用初步 4

1.3 Cisco Packet Tracer 的安装与应用初步 6

第 2 章 物理层实验 9

实验 2.1 网线制作 9

实验 2.2 通过 Console 端口访问交换机 12

第 3 章 数据链路层实验 15

实验 3.1 组建对等网络 15

实验 3.2 搭建无线局域网 17

实验 3.3 配置虚拟局域网 23

实验 3.4 交换机的远程访问配置 27

第 4 章 网络层实验 31

实验 4.1 ARP 协议分析 31

实验 4.2 ICMP 协议分析 33

实验 4.3 IP 分片处理协议分析 39

实验 4.4 路由器的配置模式及基本命令 46

实验 4.5 路由器的静态路由和默认路由配置 52

实验 4.6 CDP 协议配置 57

实验 4.7 RIP 协议的配置 59

实验 4.8 OSPF 协议的配置 61

第 5 章 传输层实验 64

实验 5.1 TCP 链路建立协议分析 64

实验 5.2 TCP 链路释放协议分析 68

实验 5.3 TCP 编程实验 72
实验 5.4 UDP 编程实验 76
第 6 章 应用层实验 81
实验 6.1 DNS 协议分析 81
实验 6.2 WWW 协议分析 85
实验 6.3 电子邮件协议分析及仿真 88
实验 6.4 动态主机配置协议分析 93
第 7 章 网络管理实验 103
实验 7.1 SNMP 服务的安装和配置 103
实验 7.2 SNMP 服务——监控端配置实验 109
第 8 章 网络安全实验 130
实验 8.1 VPN 服务配置实验 130
实验 8.2 Windows Server 2016 防火墙配置实验 178
第 9 章 网络新技术实验 193
实验 9.1 iSCSI 存储配置实验 193
实验 9.2 云桌面配置实验 209
实验 9.3 软件定义网络配置实验 237
参考文献 249

第 1 章 计算机网络概述

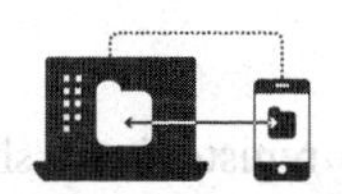

1.1 常用网络测试命令

为了便于后面章节的网络实验，本实验介绍几个相关的网络命令，可运行在安装有 TCP/IP 的系统中。

1. ping 命令

ping 是用来检测网络连通性的命令，运行在 DOS 环境，它的工作原理是给目的 IP 地址的主机发送 4 个数据报（系统默认是 4 个），目的主机返回 4 个数据报，以表明目的主机的存在，证实网络的通畅。

ping 命令的格式：

ping [-t][-a][-n count][-l size][-f][-i ttl][-v tos][-r count][-s count][-j host-list][-k host-list][-w timeout][-s srcaddr][-4][-6] target_name

常用选项的含义如下：

-t：不停地发送数据报给目的主机，直到手工停止，手工停止的方法是按【Ctrl+C】组合键。

-a：用来显示目的主机的 NetBIOS 名称，在使用这个命令时注意，该参数出现在 target_name 之前。

-n count：用来定义发送数据报的个数， count 值就是指定数据报的个数。根据发送数据报返回时间的统计可以判断网络速度。默认值是 4。

-l size：指定数据报的大小，默认大小为 32 字节，最大为 65 500 字节。

-f：指定要发送的数据报不要分段，路由器遇到这种标志的数据报是不会进行分段处理的。

-i ttl：定义数据报在网络中的停留时间。将“生存时间”设置为 ttl 定义的值，每经过一个路由器该值减 1，如果减至零，该数据报就会被丢弃。

-v tos：将“服务类型”定义为 tos 指定的值。

-r count：在“记录路由”字段中记录发送和返回数据报的路由情况，发送数据报要经过一系列的路由到达目的主机，设定 count 的值，记录跟踪的路由数。

-s count：按 count 指定的跳数记录时间戳。

-j host-list：利用 host-list 指定的主机列表路由数据报，用于松散源路由。

-k host-list：利用 host-list 指定的主机列表路由数据报，用于严格源路由。

-w timeout：指定每次等待回复的超时时间。

-s srcaddr：指定要使用的源地址。

-4：强制使用 IPv4。

-6：强制使用 IPv6。

target_name：目标主机名字或者 IP 地址。

为了网络安全，互联网上的有些路由器屏蔽了 ping 数据报，所以 ping 命令主要还是应用在局域网内部的网络测试。

2. ipconfig 命令

ipconfig 命令可以显示所有的当前网络配置信息，包括 IP 地址、网关、子网掩码，还可以刷新动态主机配置协议和进行域名系统设置。

ipconfig 命令的语法格式为：

ipconfig [/? ¦ /all ¦ /renew ¦ /release ¦/flushdns ¦ /displaydns ¦ /registerdns ¦ /showclassid adapter ¦ /setclassid adapter [classid]]

各选项的具体含义如下：

/？：显示帮助信息。

/all：显示所有适配器的完整网络配置信息，如果不设置该 /all，ipconfig 命令只显示适配器的 IP 地址子网掩码和默认网关信息。

/renew：重新获得所有的或者制定的适配器的 DHCP 配置，该参数仅在为自动获取 IP 地址的主机上可用。

/release：发送释放消息给 DHCP 服务器，释放所有的或指定的适配器的当前 DHCP 配置，并且丢弃 IP 地址。

/flushdns：刷新并重置 DNS 客户解析缓存的内容，适用于排除 DNS 的名字解析故障。

/displaydns：显示 DNS 客户解析缓存的内容。

/registerdns：初始化计算机上配置的 DNS 名称和 IP 地址的手工动态注册。使用该参数可以在不重新启动客户机的情况下，实现对失败的 DNS 名称注册进行故障排除或解决客户和 DNS 服务器的动态更新问题。

/showclassid adapter：显示指定的适配器的 DHCP 类别 ID。如果要显示所有的 DHCP 类别 ID，使用选项 /showclassid *，* 为通配符，该参数只适用在自动获取 IP 地址的适配器上。

/setclassid adapter：配置指定的适配器的 DHCP 类别 ID。该参数只适用在自动获取 IP 地址的适配器上。

3. netstat 命令

netstat 命令可以显示当前活动的 TCP 连接、计算机的侦听端口、以太网的统计信息、IP 路由表、IP 统计信息。

Netstat 命令格式：

Netstat [-a] [-b] [-e] [-n] [-o] [-p proto] [-r] [-s] [-v] [interval]

各选项的含义如下：

-a：显示所有连接和监听端口。

-b：显示包含创建每个连接或监听端口的可执行组件。在某些情况下已知可执行组件拥有多个独立组件，并且在这些情况下包含创建连接或监听端口的组件序列被显示。这种情况下，可执行组件名在底部的 [ ] 中，顶部是其调用的组件。注意此选项可能需要很长时间，如果没有足够权限可能失败。

-e：显示以太网统计信息。此选项可以与 -s 选项组合使用。

-n：以数字形式显示地址和端口号。

-o：显示与每个连接相关的所属进程 ID。

-p proto：显示 proto 指定的协议的连接；proto 可以是下列协议之一：TCP、UDP、TCPv6、UDPv6。如果与 -s 选项一起使用可以显示按协议的统计信息。

-r：显示路由表。

-s：显示按协议的统计信息。默认显示 IP、IPv6、ICMP、ICMPv6、TCP、TCPv6、UDP 或 UDPv6 的统计信息。

-v：与 -b 选项一起使用时显示包含为所有可执行组件创建连接或监听端口的组件。

interval：重新显示选定的统计信息，每次显示之间暂停时间间隔（以秒为单位）。按【Ctrl+C】组合键停止重新显示统计信息。如果省略，netstat 显示当前配置信息（只显示一次）。

显示以太网统计信息，命令为 netstat -e -s。

显示所有活动的 TCP 连接和计算机侦听的 TCP 和 UDP 的端口，命令为 netstat -a。

4. nbtstat 命令

Nbtstat 命令可以基于 TCP/IP 的 NetBIOS 协议统计资料、本地计算机和远程计算机的 NetBIOS 名称表和 NetBIOS 名称缓存。Nbtstat 可以刷新 netBIOS 名称缓存和使用 Windows Internet 名称服务（WINS）注册的名称。Nbtstat 命令的格式如下：

Nbtstat [[-a RemoteName] [-A ip address] [-c] [-n] [-r] [-R] [-RR] [-s] [-SS] [interval]]

-a RemoteName：显示远程计算机的 netBIOS 名称表，其中 RemoteName 是远程计算机名称。NetBIOS 名称表是与运行在该计算机上的应用程序对应的 netBIOS 名称列表。

-A ip address：显示远程计算机的 NetBIOS 名称表，由 IP 地址指定远程计算机。

-c：显示远程计算机的 NBT 的缓存内容。

-n：显示本地计算机的 NetBIOS 名称表。其中 registered 的状态表说明表中的名称是通过广播或 WINS 服务器注册的。

-r：显示 NetBIOS 名称解析统计资料。

-R：清除和重载 NetBIOS 名称缓存的内容。

-RR：释放并刷新通过 WINS 服务器注册的本地计算机的 NetBIOS 名称。

-s：显示 NetBIOS 客户机和服务器会话，将目的 IP 地址转化为名称。

-SS：显示 NetBIOS 客户机和服务器会话，通过 IP 地址列出远程计算机。

interval：重新显示选择的统计资料，interval 的值为中断显示内容的秒数，按【Ctrl+C】组合键停止。如果省略，只显示一次当前的配置信息。

显示名为 *** 的远程计算机的 NetBIOS 名称列表，命令为 nbtstat -a ***。

显示 IP 地址为 *** 的远程计算机的 NetBIOS 名称列表，命令为 nbtstat -A ***。

显示本地的计算机的 NetBIOS 名称列表，命令为 nbtstat -n*。

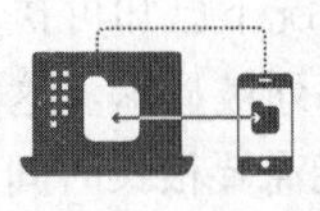

1.2 Wireshark 的安装与应用初步

Wireshark 是一款优秀的网络协议分析软件，可以完成网络协议的捕获和分析，有助于学习者清晰地了解网络协议的工作过程。在后续的章节中我们会采用 Wireshark 完成网络协议分析，了解网络设备之间交换的报文类型、报文格式以及报文处理流程。

本实验包括两个部分，首先介绍 Wireshark 的安装，然后简单介绍 Wireshark 的使用。

（1）Wireshark 的安装

Wireshark 是一款免费的软件，可以到相关网站进行下载。本实验用的是 Wireshark 2.2.0 版本，双击 setup.exe 安装程序，弹出 Wireshark 的安装向导，如图 1-1 所示。

单击 Next 按钮，弹出版权信息页，见图 1-2，单击 I Agree（接受）按钮。

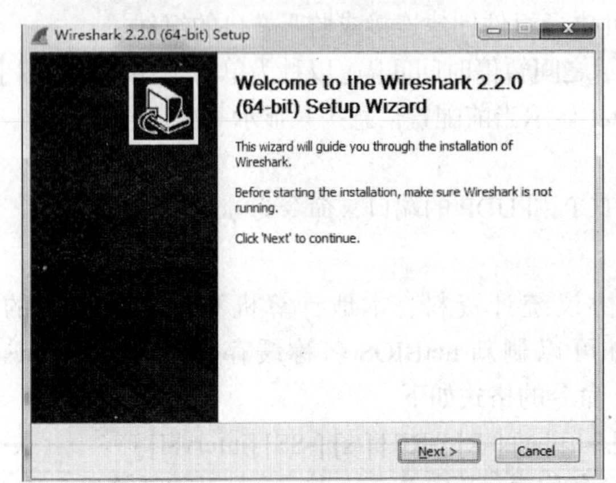

图 1-1 Wireshark 安装向导

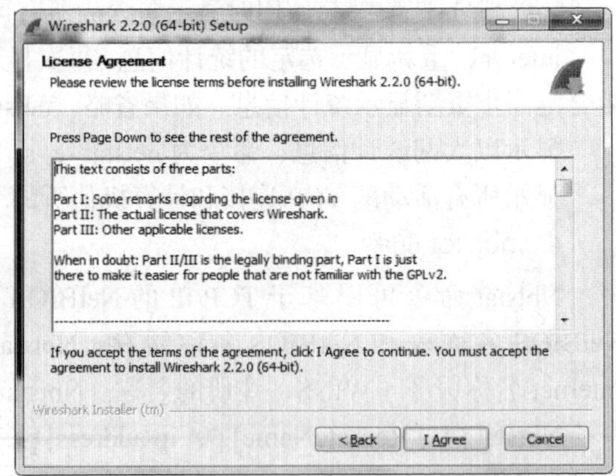

图 1-2 Wireshark 版权许可

在安装组件页面里选择希望安装的组件，然后单击 Next（下一步）按钮，如图 1-3 所示。

选择根据个人的安排指定 Wireshark 文件的安装位置，默认的安装路径为 C:\Program Files\Wireshark，如图 1-4 所示。

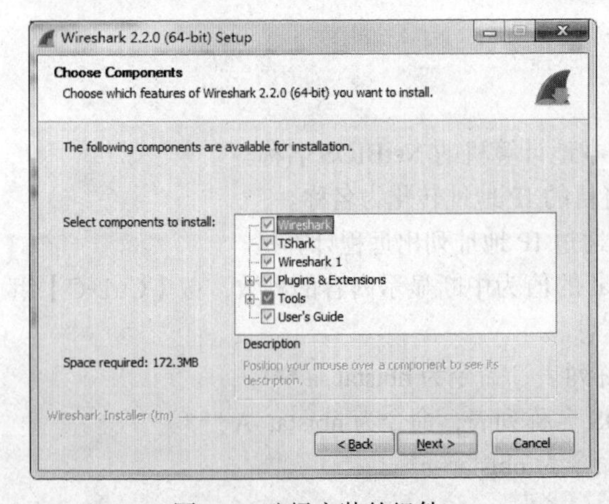

图 1-3 选择安装的组件

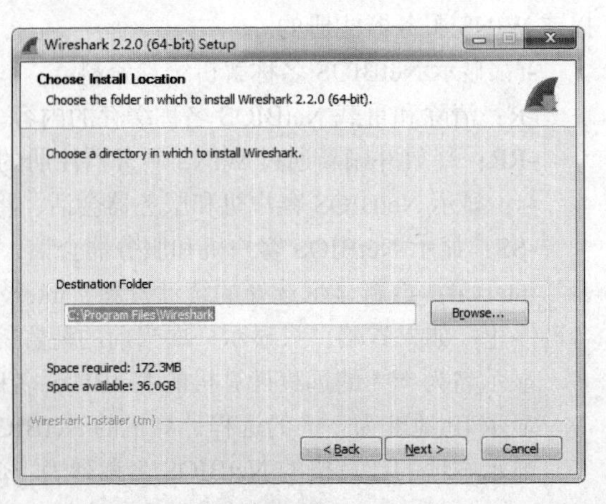

图 1-4 选择安装文件路径

之后会询问是否安装 WinPcap 软件，这是一款 Windows 平台下的免费软件，该软件可以实现 Windows 提供网络底层的数据报，选择 Install WinPcao 4.1.3 前的单选框，如图 1-5 所示。后面附加的 USBPcap 是 Windows 平台的 USB 数据报捕获工具，本教程未涉及，未安装，如图 1-6 所示。至此 Wireshark 安装完成，如图 1-7 所示。

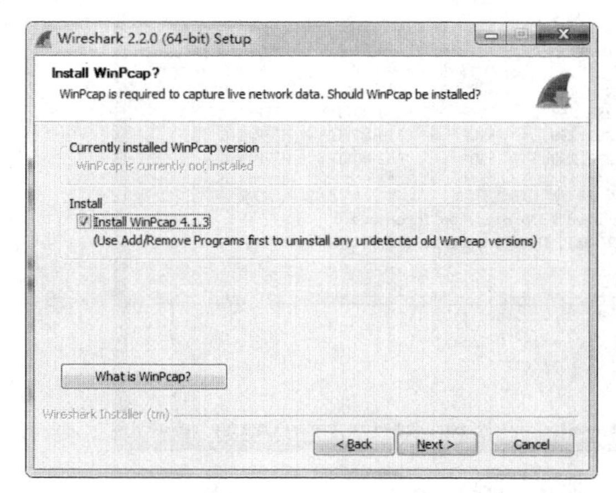

图 1-5　安装 WinPcap

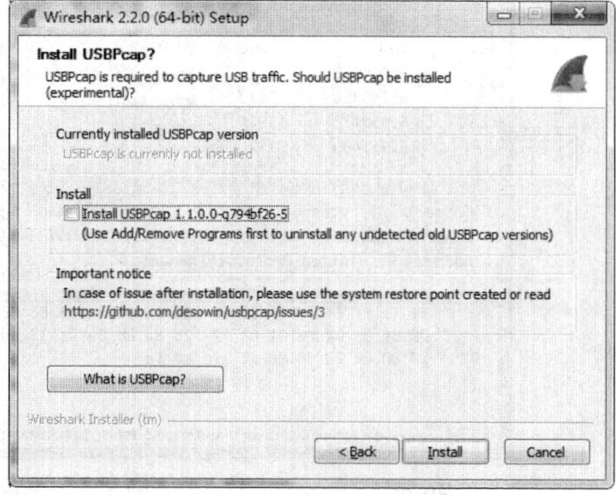

图 1-6　USBPcap 安装

（2）Wireshark 的使用

Wireshark 的界面如图 1-8 所示，从上往下分别有菜单栏、工具栏、过滤工具栏，下面三大部分包括已捕获的数据帧列表、指定数据帧的解析以及该数据帧的具体信息，已捕获的数据帧一栏包括数据帧的序号、捕获时间、数据帧的源地址、目的地址、上层协议以及该数据帧的描述。中间一栏是 Wireshark 软件解析的该数据帧的含义。最下面一栏左边是用十六进制表示的数据帧的具体内容，右边为该数据帧内容的 ASCII 码表示。

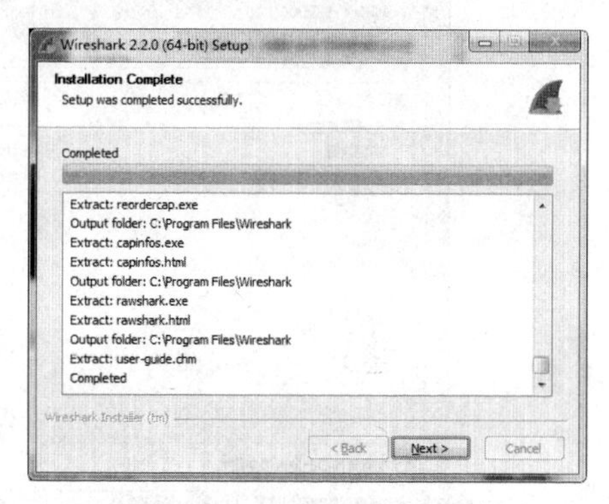

图 1-7　Wireshark 安装完成

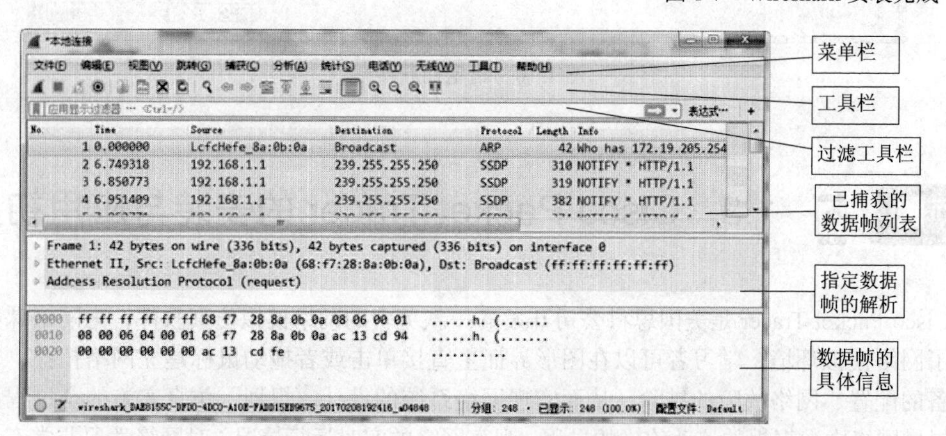

图 1-8　Wireshark 的工作界面

开始数据帧的捕获前，先选择捕获接口，具体操作且单击“捕获”菜单下面“选项”命令，

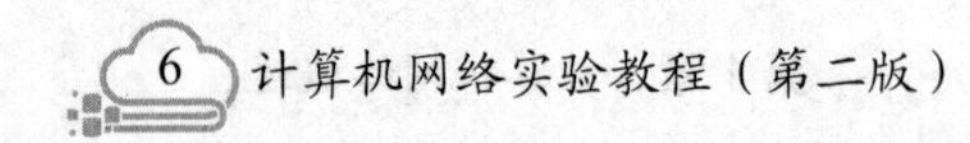

如图 1-9 所示，在弹出的对话框中选择按钮（用户可以根据自己的情况选择），如图 1-10 所示，单击“开始”按钮就可以捕获网络中的数据帧。

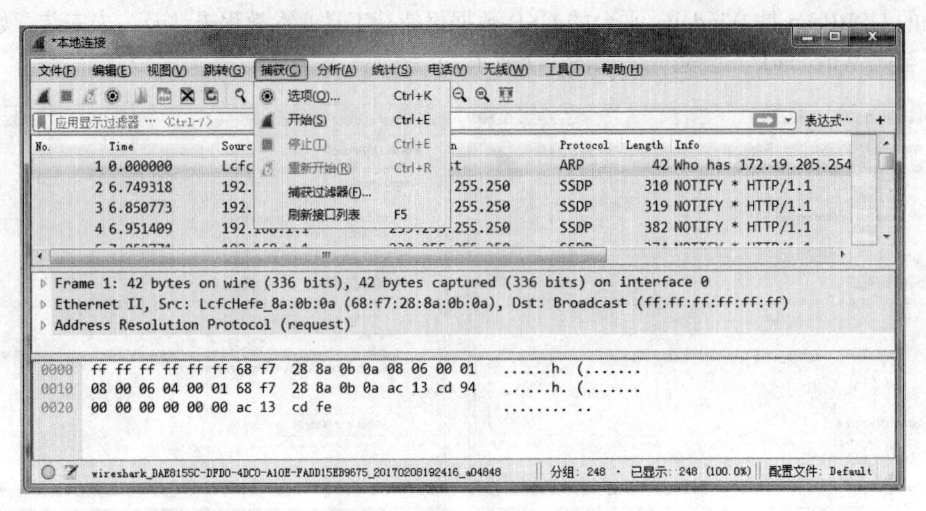

图 1-9　选择“捕获”选项

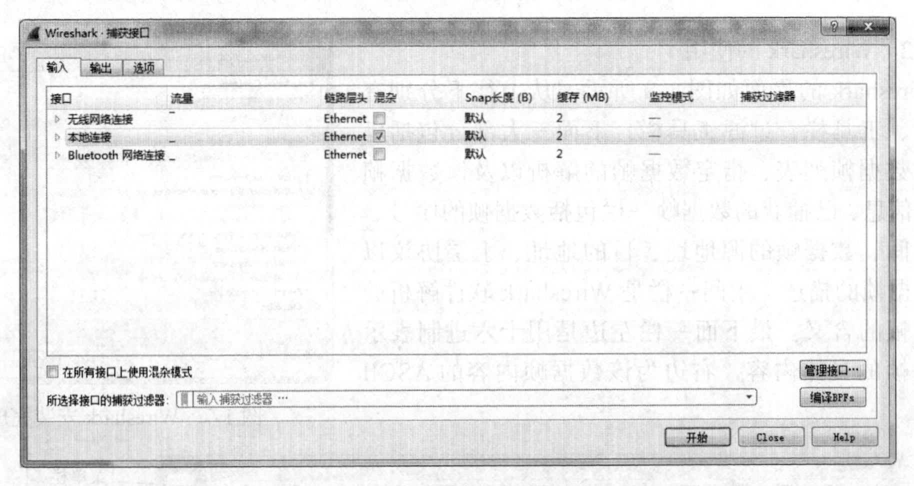

图 1-10　指定捕获接口

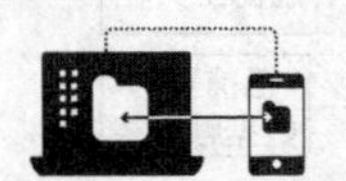

1.3　Cisco Packet Tracer 的安装与应用初步

Cisco Packet Tracer 是美国思科公司开发的一款免费的网络模拟仿真软件，为网络课程学习提供了网络模拟环境。学习者可以在图形界面上直接单击或者拖动鼠标建立网络拓扑、完成网络设备的配置、网络故障的排除，从而实现网络系统的设计、规划、仿真实施的全过程。此软件还提供网络中数据报的流动传输的过程，观察网络的实时运行情况，对网络学习非常有帮助。

（1）Cisco Packet Tracer 的安装

双击 Cisco Packet Tracer 的软件安装包，进入如图 1-11 所示的界面。

单击 I accept agreement，接受软件的发行许可协议，单击 Next 按钮，如图 1-12 所示。

图 1-11　Cisco Packet Tracer 安装向导

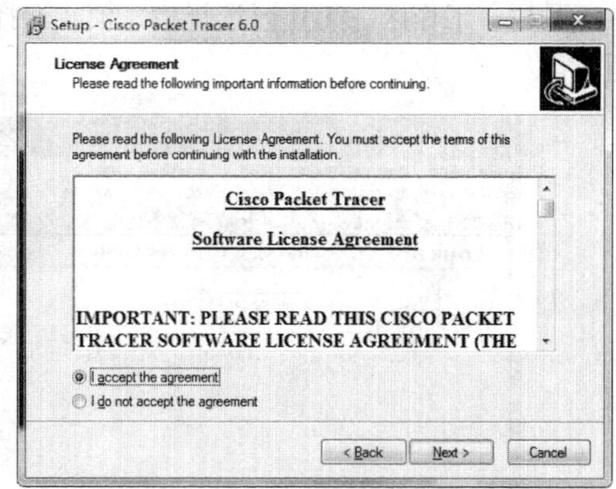

图 1-12　接受版权许可

在弹出的窗口中指定安装路径，如图 1-13 所示。

在弹出的窗口中设定文件夹名字，可以使用默认的文件夹名字，如图 1-14 所示。

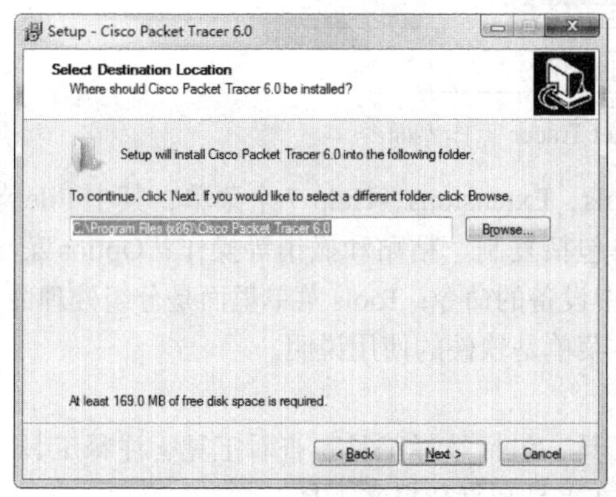

图 1-13　选择安装路径

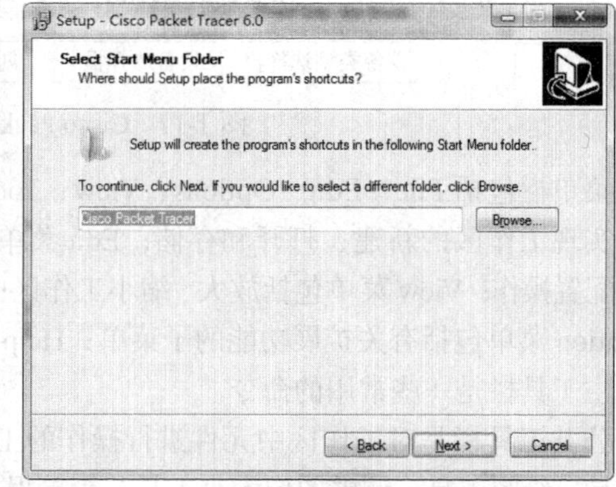

图 1-14　安装文件路径

如果需要创建桌面快捷方式，就选择 Creat a desktop icon 单选框创建桌面快捷图标，然后单击 Next 按钮，如图 1-15 所示。图 1-16 为安装成功的界面。

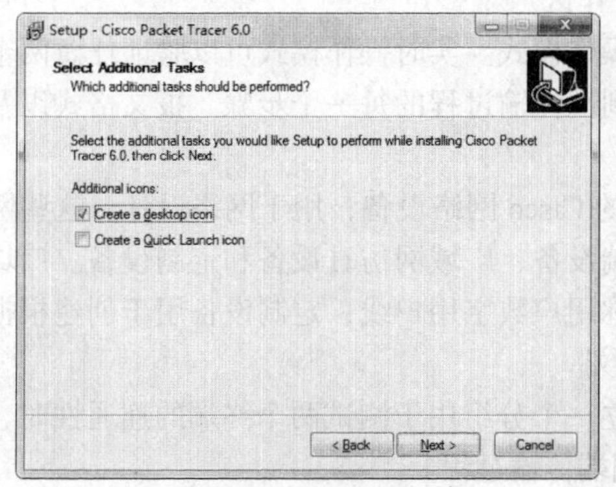

图 1-15　创建一个桌面图标

图 1-16　Cisco Packet Tracer 安装成功

（2）Cisco Packet Tracer 的使用

启动 Packet Tracer 后，会弹出如图 1-17 所示的工作界面，工作界面包括菜单栏、主工具栏、公共工具栏、工作区、工作区选择栏、模式选择栏、设备类型选择框、设备选择框和创建用户分组窗口。

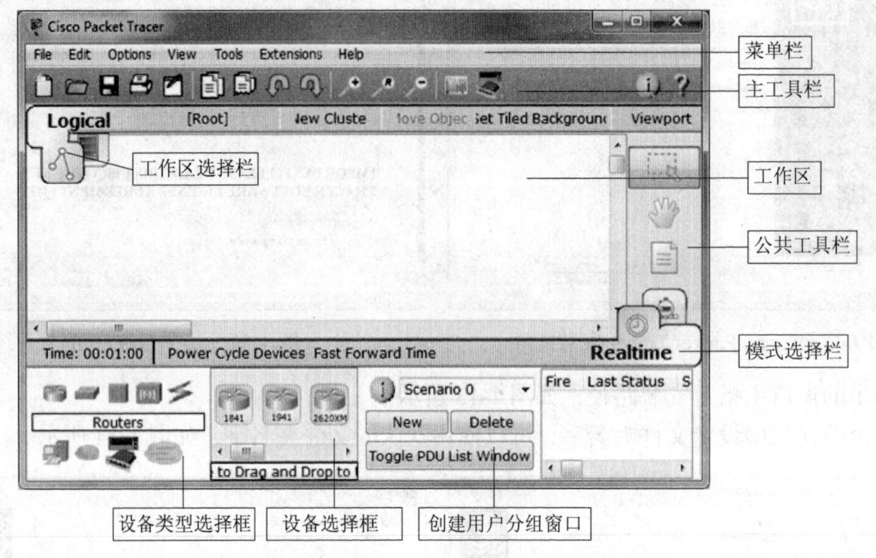

图 1-17 Cisco Packet Tracer 工作界面

菜单栏包括 File、Edit、Options、View、Tools、Extensions、Help 7 个菜单，其中 File 菜单可以实现工作区的新建、打开和存储；Edit 菜单包括复制、粘贴和撤销等操作；Optios 菜单是一些配置操作；View 菜单包括放大、缩小工作区中设备的命令；Tools 菜单里面是分组处理命令；Extention 菜单包括有关扩展功能的子菜单；Help 菜单是软件的使用说明。

主工具栏是一些常用的命令。

公共工具栏是对工作区中元件进行操作的工具，包括选择工具、查看工具、注释工具、删除工具、绘图工具、调整图像大小工具、简单报文工具和复杂报文工具。

工作区分为逻辑工作区和物理工作区，逻辑工作区用于设计网络拓扑结构、配置网络设备、检测端到端连通性等，物理工作区可以模拟城市布局、城市内建筑物布局和建筑物内配线间布局等。

工作区选择栏用于选择物理工作区和逻辑工作区。

模式选择栏用于选择实时操作模式和模拟操作模式。实时操作模式可以验证任意两个终端之间的连通性；模拟操作模式可以给出分组端到端传输过程的每一个步骤、报文格式以及报文处理流程。

设备类型选择框里面包括有多种不同类型的 Cisco 网络设备，用于网络设计。这些网络设备有路由器、集线器、无线设备、连接线、终端设备、广域网仿真设备和定制设备。广域网仿真设备用于创建广域网，如公共电话网、非对称用户数字用户线；定制设备用于创建根据特定需要进行模块配置的设备，如装有无线网卡的终端。

用户创建分组窗口是用于创建分组，如建立一个分组用于测试两个终端的连通性时，先创建分组，然后模拟协议操作过程并启动分组端到端传输过程。

启动 Cisco Packet Tracer 之后，自动进入逻辑工作区，在逻辑工作区可以放置和连接设备，完成设备配置和调试过程。逻辑工作区中的设备之间只有逻辑关系，没有物理距离关系，要知道物理设备之间的距离需要切换到物理工作区。

第 2 章 物理层实验

实验 2.1 网线制作

1. 实验目的

1）学会非屏蔽双绞线网线的制作方法。这类网线是目前应用最广的，知道直连线和交叉线的不同应用。

2）掌握直连网线的制作，能自己独立做网线。

2. 实验环境

非屏蔽双绞线、RJ-45 水晶头、压线钳、测线仪。

3. 相关知识

网络用非屏蔽双绞线是 4 对 8 芯、两两双绞、颜色不一（绿、绿白、棕、棕白、橙、橙白、蓝、蓝白）的线缆，在网络中根据用途的不同，接线方法有两种：直连线和交叉线。

（1）直连线接法

在 EIA/TIA 的布线标准中规定了两种直连双绞线的线序——T568A 与 T568B。对 RJ-45 水晶头的接线方式规定为：

1、2 引脚用于发送，3、6 引脚用于接收，4、5 引脚和 7、8 引脚是双向线。1、2 线必须是双绞，3、6 是双绞，4、5 是双绞，7、8 是双绞。这样可以有效地抑制干扰信号，提高传输质量。

EIA/TIA T568A 标准接线规定：RJ-45 水晶头的第 1 引脚到第 8 引脚分别对应如下：

1	2	3	4	5	6	7	8
绿白	绿	橙白	蓝	蓝白	橙	棕白	棕

EIA/TIA T568B 标准接线规定：RJ-45 水晶头的第 1 引脚到第 8 引脚分别对应如下：

1	2	3	4	5	6	7	8
橙白	橙	绿白	蓝	蓝白	绿	棕白	棕

水晶头塑料弹片朝下，金属引脚在上，开口朝向自己，从左到右为 1 到 8 引脚，如图 2-1 所示。

在做直连网线时，要求线缆两头都必须以同一标准连接 RJ-45 水晶头。

还有一种简单的一一对应接法。即双绞线的两端芯线要一一对应，即如果一端的第 1 脚为绿色，另一端的第 1 脚也必须为绿色的芯线，4 个芯线对通常不分开，即芯线对的两条芯线通常为相邻排列。但这样的网线信号干扰大，一般达不到 100 M 带宽的通信速率。

直连线通常用于集线器或交换机与计算机之间的连接。

在实际应用中，一般都采用 EIA/TIA T568B 标准接线。

（2）1-3、2-6 交叉线（级联线）接法。

虽然双绞线有 4 对 8 芯线，但实际上在网络中只用到了其中的 4 条，即水晶头的第 1、第 2 和第 3、第 6 引脚，它们分别起着收、发信号的作用。交叉网线的芯线排列规则是：网线一端的第 1 引脚连另一端的第 3 引脚，网线一端的第 2 引脚连另一端的第 6 引脚，其他引脚一一对应即可。这种排列做出来的通常称之为“交叉线”，例如，当线的一端采用 EIA/TIA T568B 标准接线时，即从 1 到 8 的芯线顺序依次为：橙白、橙、绿白、蓝、蓝白、绿、棕白、棕，另一端从 1 到 8 的芯线顺序则应当依次为：绿白、绿、橙白、蓝、蓝白、橙、棕白、棕。这种网线一般用在集线器（交换机）的级连、对等网计算机的直接连接等情况。

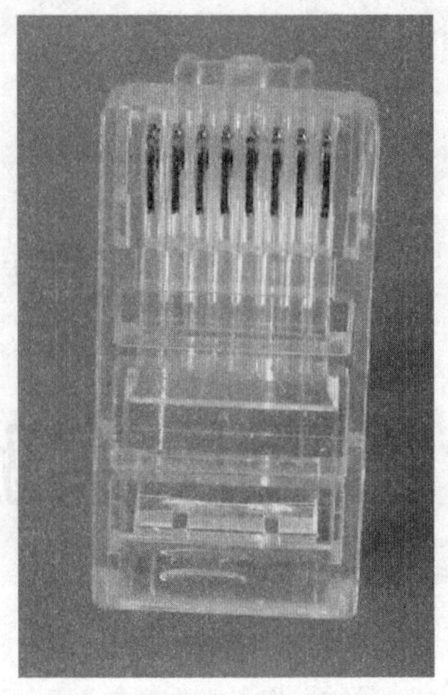

图 2-1　水晶头

4. 实验过程

EIA/TIA T568B 标准交叉线的制作。

（1）剥线

用双绞线压线钳（当然也可以用其他剪线工具）的剪线口把双绞线的两端剪齐（网线长度符合实际使用长度，学生实验可做 1 米线），然后把剪齐的一端插入到压线钳用于剥线的缺口中，注意网线不能弯，直插进去，直到顶住压线钳后面的挡位，稍微握紧压线钳，剥线刀口非常锋利，握压线钳力度不要太大，否则易剪断芯线，只要看到电缆外皮略有变形就应停止加力，慢慢旋转一圈，让刀口划开双绞线的保护胶皮，拔下胶皮。如图 2-2 所示。当然也可使用专门的剥线工具来剥皮线。

注意：压线钳挡位离剥线刀口长度通常恰好为水晶头长度，这样可以有效避免剥线过长或过短。剥线过长一则不美观，另一方面因网线外皮不能被水晶头卡住，容易松动；剥线过短，因有包皮存在，太厚，芯线不能完全插到水晶头底部，造成水晶头插针不能与网线芯线完好接触，当然也不能制作成功了。如果不是专用压线钳，剥线长度掌握在 13~15 mm，不宜太长或太短。

图 2-2　剥线

（2）理线

剥除外包皮后即可见到双绞线网线的 4 对 8 芯线，并且可以看到每对的颜色都不同。每对缠绕的两根芯线是由一种染有相应颜色的芯线加上一条只染有少许相应颜色的白色相间芯线组成。四条全色芯线的颜色为：绿色、棕色、橙色、蓝色。

按照 EIA/TIA T568B 标准线序将芯线排好，不能重叠。然后用压线钳垂直于芯线排列方向剪齐（不要剪太长，只需剪齐即可），如图 2-3 所示。

（3）插线

一手水平握住水晶头（塑料弹片的一面朝下），另一只手将剪齐、并列排序好的 8 条芯线对准水晶头开口并排插入水晶头中（注意线序与引脚的对应关系），注意一定要使各条芯线都插到水晶头的底部，不能弯曲（因为水晶头是透明的，所以可以从水晶头有卡位的一面清楚地看到每条芯线所插入的位置），如图 2-4 所示。

图 2-3　理线

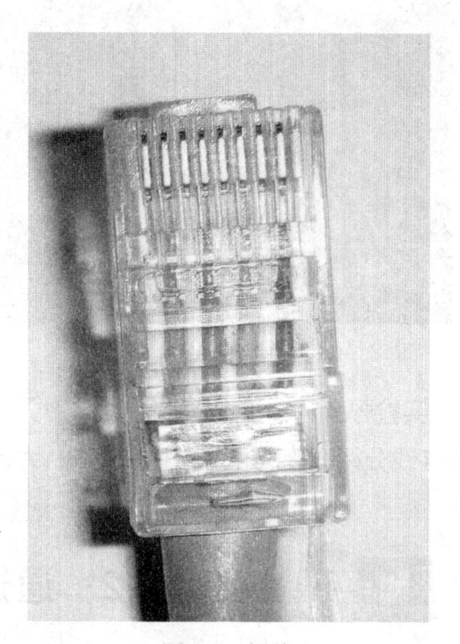

图 2-4　插线

（4）压线

确认所有芯线都插到水晶头底部后，即可将插入网线的水晶头直接放入压线钳压线槽中，如图 2-5 所示。因槽位结构与水晶头结构一样，一定要正确放入。水晶头放好后即可压下压线钳手柄，一定要使劲，使水晶头的插针都能插入到网线芯线之中，与之接触良好。然后再用手轻轻拉一下网线与水晶头，看是否压紧，最好多压一次。

图 2-5　压线

至此，这个 RJ-45 头就压接好了。按照相同的方法制作双绞线的另一端水晶头，要注意的是芯线排列顺序一定要与另一端采用统一标准线序，这样整条网线的制作就算完成了。

（5）检测

两端都做好水晶头后即可用网线测线仪进行测试。测线仪分为信号发射器和信号接收器两部分，各有 8 盏信号灯。测试时将双绞线两端分别插入信号发射器和信号接收器，打开电源，如果信号发射器和信号接收器上的 8 对指示灯都依次对应绿色闪过，证明网线制作成功，如图 2-6 所示。如果出现任何一对灯为红灯、黄灯、不亮或不对应，都证明存在断路、接触不良或者接错线序现象，如果没有发生信号灯不对应现象（信号灯不对应亮：如信号发射器 1 灯对应成信号接收器 5 灯亮，这为线序错），则最好先对两端水晶头再用网线钳压一次，再测，如果故障依旧，只能重做网线。

5. 注意事项

注意水晶头内的芯线不要留得太长，让水晶头的尾端包住双绞线的外包皮，否则插拔网线时很容易损坏水晶头内连线，造成网线接触不良或彻底损坏，如图 2-7 所示。

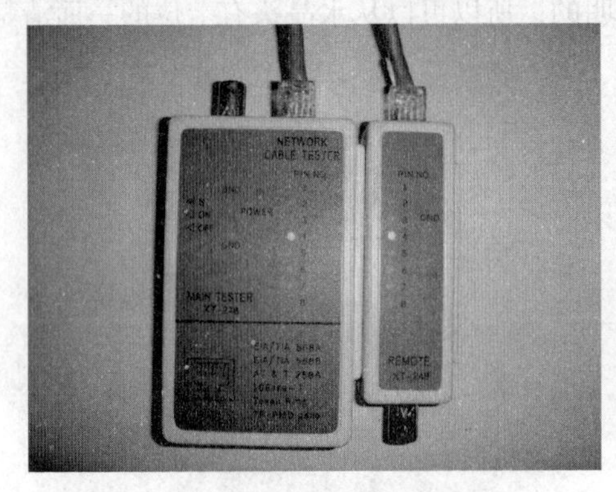

图 2-6 检测

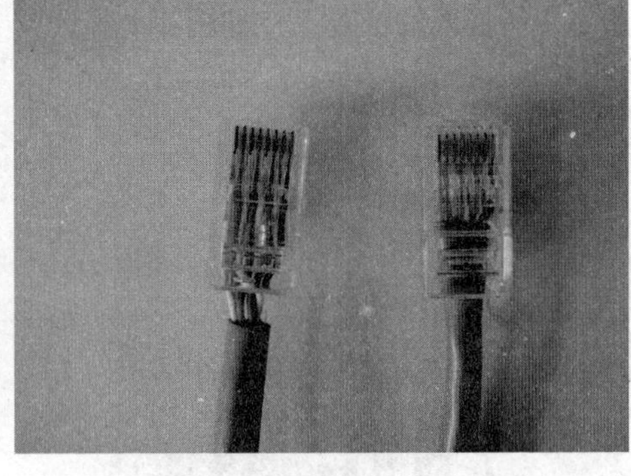

图 2-7 线头比较

6. 实验思考

直连线分标准接法和一一对应接法，为什么标准接法制成的网线效果好、速度快？

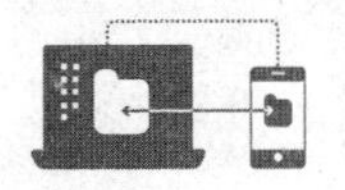

实验 2.2 通过 Console 端口访问交换机

此实验是用计算机的 COM 口连接交换机的 Console 端口，通过 Windows 系统的超级终端和交换机通信，实验过程使用了真实 Cisco 设备，使读者有一个感性的认识。如果课后没有 Cisco 设备，可以使用 Cisco Packet Tracer 仿真网络设计和实施。

1. 实验目的

1）了解“超级终端”的设置和使用。

2）学会用 Windows 的“超级终端”程序，通过 Console 口完成计算机与网络设备的连接。

2. 实验环境

1）硬件：计算机 1 台，可网管的 Cisco 交换机 1 台，Cisco 配置命令线缆 1 条。

2）软件：计算机中已装好 Windows 操作系统。

3. 相关知识

“超级终端”是一个程序，可以通过调制解调器、调制解调器电缆，再利用该程序连接到其他计算机、Telnet 站点等。

交换机的 Console 端口是用来管理和设置交换机参数的专门端口。新购买的交换机只能通过 Console 端口进行配置和管理，因为其他方式的配置往往需要借助于 IP 地址、域名或设备名称才可以实现，而新购买的交换机显然不可能内置有这些参数，所以 Console 端口是最常用、最基本的交换机管理和配置端口。

4. 实验过程

（1）连接计算机和交换机

将 Cisco 配置命令线缆的串口端（9 针串口）插入计算机上的 COM（记住插入的是 COM1

还是 COM2 口，设置时要用到）串口插座，该线缆的另一端 RJ-45 插头插入交换机的 Console 口。

（2）设置计算机

打开计算机，单击“开始” / “所有程序” / “附件” / “通讯” / “超级终端”命令进入超级终端程序，弹出“新建连接”对话框，为此次连接输入一个名字 switch，如图 2-8 所示。

单击“确定”按钮，弹出“连接到”对话框，选择串口号 COM1（对应前面插入的端口），如图 2-9 所示。

图 2-8　交换机连接建立窗口

图 2-9　交换机连接建立窗口

单击“确定”按钮，弹出“COM1 属性”对话框，单击“还原为默认值（R）”按钮（即将终端设备配置在 9 600 每秒位数、8 数据位、无奇偶校验以及有 1 位停止位），再单击“确定”按钮即可，如图 2-10 所示。

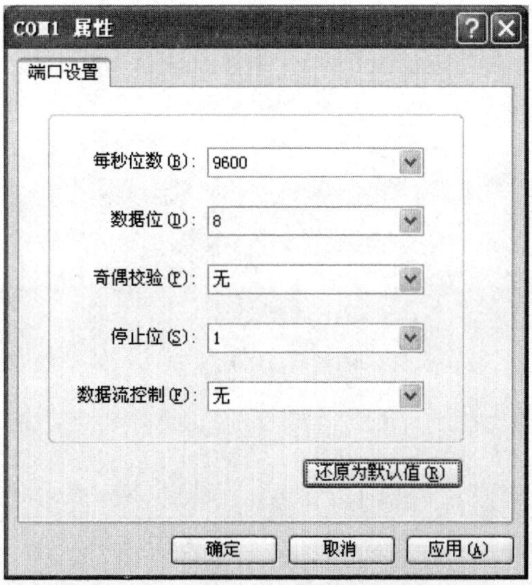

图 2-10 “COM1 属性”设置窗口

交换机加电自检，观看启动过程，直到出现命令行提示符，就可以管理和配置交换机了。（交换机首次加电，会显示命令菜单，可根据情况选择），如图 2-11 所示。

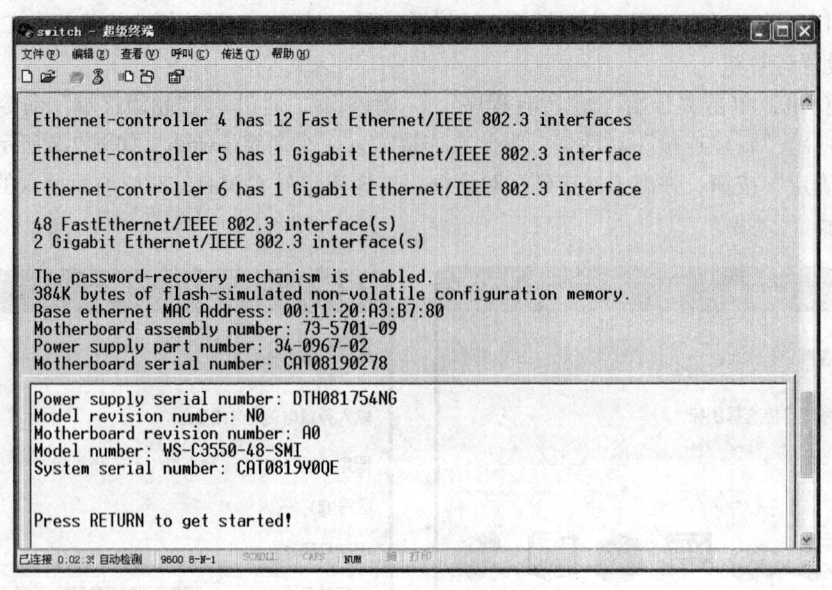

图 2-11 交换机加电显示

5. 注意事项

COM1、COM2 口一定要对应正确，一般波特率（每秒位数）都设为 9 600。

6. 实验思考

超级终端是如何实现配置交换机的，参数是如何协商的？

第 3 章 数据链路层实验

实验 3.1 组建对等网络

1. 实验目的

1）清楚星状网络拓扑结构。

2）掌握组建简单星状局域网的技术和方法。

2. 实验环境

1）硬件：交换机或集线器 1 台，标准直连网线若干条，带网卡的 PC 若干台。

2）软件：PC 中已装好 Windows 操作系统。

3. 相关知识

星状拓扑结构由一个中央结点和若干个从结点组成，中央结点可以和从结点直接通信，而从结点之间的通信必须通过中央结点转发，其拓扑结构图如图 3-1 所示。

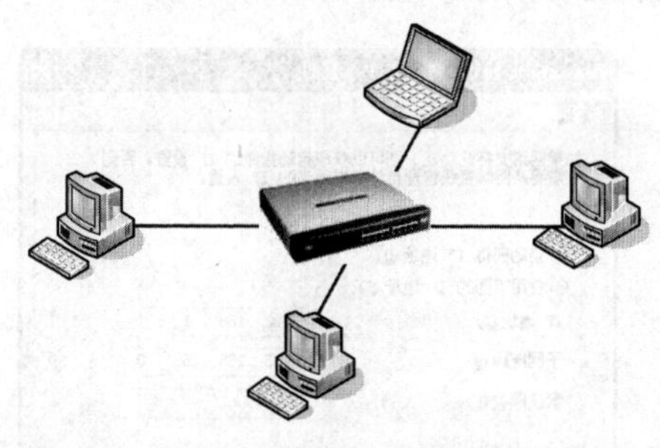

图 3-1 星状拓扑图

由于中央结点要与多台主机连接，线路较多，为便于集中连线，多采用集线器（HUB）或交换机作为中央结点，传输介质大多使用非屏蔽双绞线。星状网是目前广泛而又首选使用的网络拓扑结构。

星状结构的主要优点：

1）网络结构简单，便于管理、维护和调试。

2）控制简单，建网容易，移动某个工作站非常简单。

3）每个连接只接一个设备，单个连接的故障只影响一个设备，不会影响全网。

4）每个站点直接连到中央结点，故障容易检测和隔离，可很方便地将有故障的站点从系统中删除。

5）任何一个连接只涉及中央结点和一个站点，控制介质访问的方法简单，使访问协议也十分简单。

星状结构的主要缺点：中央结点负荷太重，而且当中央结点产生故障时，全网不能工作，所以对中央结点的可靠性和冗余度要求很高。

4. 实验过程

（1）组建星状局域网

用网线将若干台 PC 分别连入一台交换机上的不同端口，交换机加电运行。

（2）PC 安装配置 TCP/IP 协议

打开计算机，通过控制面板打开“网络连接”窗口，如图 3-2 所示。

右击“本地连接”，选择“属性”命令，打开“本地连接 属性”对话框，如图 3-3 所示。

图 3-2 “网络连接”窗口

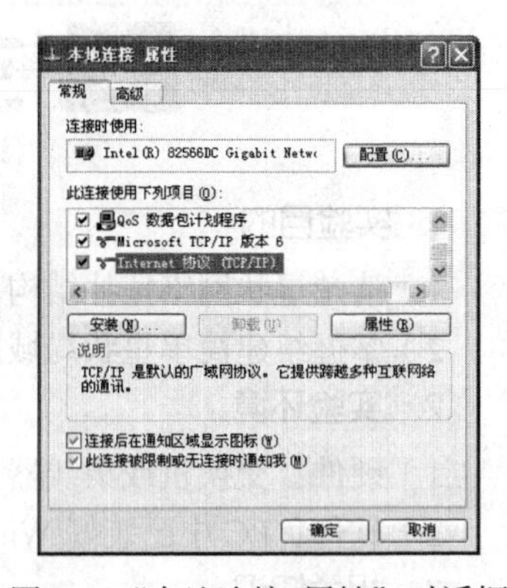

图 3-3 “本地连接 属性”对话框

双击窗口中部的“Internet 协议（TCP/IP）”选项，打开“Internet 协议（TCP/IP）属性”对话框，配置 IP 地址和子网掩码，如图 3-4 所示。

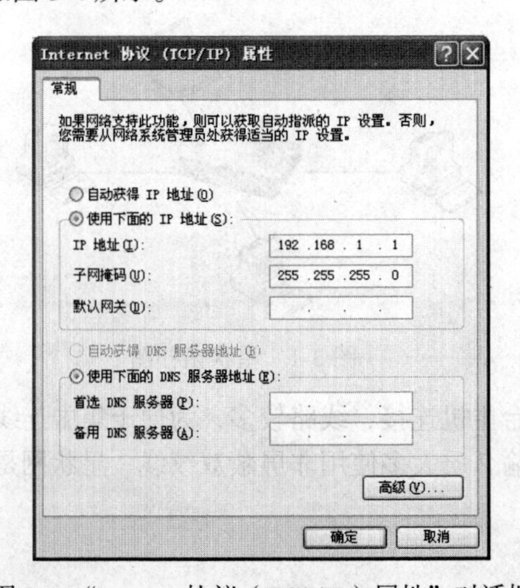

图 3-4 “Internet 协议（TCP/IP）属性”对话框

单击“确定”按钮，退出配置窗口，一台 PC 配置完成；同理，将其他 PC 配置好，注意每台 PC 的 IP 地址分别为：192.168.1.1、192.168.1.2、192.168.1.3……依此类推，最后完成局域网中所有 PC 的配置。

（3）测试网络连通行

1）观察交换机和 PC 网卡状态指示灯的变化。

2）打开命令提示符（DOS 命令）窗口。

方法 1：选择“开始”→“所有程序”→“附件”→“命令提示符”命令。

方法 2：选择“开始”→“运行”命令，输入 cmd。

3）使用 ping 命令测试网络是否连通（如利用 IP 地址为 192.168.1.2 的 PC 去 ping IP 地址为 192.168.1.1 的 PC），观察该命令的输出结果，判断网络是否连通，如图 3-5 所示。

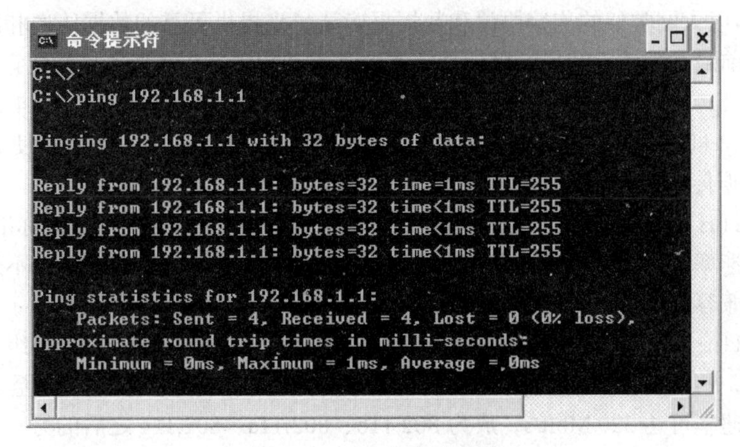

图 3-5　ping 命令的结果

5. 注意事项

PC 联入交换机时，注意插入端口，不要插入标有 uplink 的端口，因为这是为了级联交换机的专用端口。

6. 实验思考

如果在配置的局域网计算机中，有两台计算机使用了相同的 IP 地址会发生什么现象，为什么？

实验 3.2　搭建无线局域网

1. 实验目的

1）了解常用的无线网络的协议标准。

2）掌握组建办公室（家庭）无线局域网的技术和方法。

2. 实验环境

1）硬件：无线宽带路由器 1 台（本书实验用 TP-Link TL-WR641G 108M 一台），标准直连网线 2 条，带有线网卡的计算机 1 台，带无线网卡的计算机若干台。

2）软件：计算机中已装好 Windows 操作系统。

3. 相关知识

无线局域网的原理和有线网络是基本相同的，只是用一台无线接入器（即无线 AP）代替冗长的网线，无线信号传输使用无线局域网协议。

802.11 是 IEEE（美国电气电子工程师协会）在 1997 年为无线局域网 (Wireless LAN) 定义的一个无线网络通信的工业标准。此后这一标准又不断得到补充和完善，形成 802.11x 的标准系列。IEEE802.11b 标准是现在无线局域网的主流标准，也是 Wi-Fi 的技术基础。

目前主流的无线协议 802.11x，主要有 IEEE802.11b、IEEE802.11g、IEEE802.11a、IEEE802.11n 四类。

IEEE802.11b：它利用 2.4 GHz 的频段，为世界上绝大多数国家通用。它的最大数据传输速率为 11 Mb/s，无须直线传播。在动态速率转换时，如果射频情况变差，可将数据传输速率降低为 5.5 Mb/s、2 Mb/s 和 1 Mb/s。支持的范围是在室外为 300 m，在办公环境中最长为 100 m。802.11b 使用与以太网类似的连接协议和数据报确认，来提供可靠的数据传送和网络带宽的有效使用。这是目前最流行的无线局域网标准，支持这类协议的 AP 最多也是最便宜的。

IEEE802.11g：该标准共有 3 个不重叠的传输信道。虽然同样运行于 2.4 GHz，但由于使用了与 IEEE802.11a 标准相同的调制方式——OFDM（正交频分），因而能使无线局域网达到 54 Mbit/s 的数据传输速率。此标准向下兼容 IEEE802.11b。

IEEE802.11a：扩充了标准的物理层，规定该层使用 5 GHz 的频带。该标准采用 OFDM 调制技术，传输速率范围为 6 Mbit/s-54 Mbit/s，共有 12 个非重叠的传输信道。不过此标准与以上两个标准都不兼容。支持该协议的无线 AP 及无线网卡，在国内均比较罕见。

IEEE802.11n：提升了传输速率，突破了 100 Mbit/s。IEEE802.11n 工作小组由高吞吐量研究小组发展而来，并将 WLAN 的传输速率从 802.11a 和 802.11g 的 54 Mbit/s 增加至 108 Mbit/s 以上，最高数据传输速率可达 320 Mbit/s，成为 802.11b、802.11a、802.11g 之后的另一个重要标准。和以往的 802.11 标准不同，802.11n 协议为双频工作模式（包含 2.4 GHz 和 5.8 GHz 两个工作频段），保障了与以往的 802.11a/b/g 标准兼容。

在办公或家庭组建无线局域网时，选择使用何种无线路由器，需根据实际使用环境来选择，如出口带宽比较大，同一办公室上网人数比较多，就应选择支持 IEEE802.11n 协议标准的无线宽带路由器，否则，可选择经济通用的支持 IEEE802.11b 协议的无线宽带路由器。

4. 实验过程

（1）硬件连接

一般家用无线宽带路由器都有一个 WAN 口和四个 LAN 口，用网线将无线宽带路由器的 WAN 口与接入网相连（如果是 ADSL 方式上网，此端口应与 ADSL Modem 上的 LAN 口相连），再用另一根网线将无线宽带路由器的 LAN 口与带有线网卡的计算机（用于配置无线宽带路由器）相连。

（2）设置用于配置无线宽带路由器的计算机

在用于配置无线宽带路由器的计算机上，对“本地连接”设置 IP 地址：192.168.1.2，子网掩码：255.255.255.0，默认网关：192.168.1.1。

（3）登录无线路由器的管理界面

打开 IE 浏览器，在地址栏输入 http://192.168.1.1，然后按【Enter】键，随后将弹出一个对话框，如图 3-6 所示。

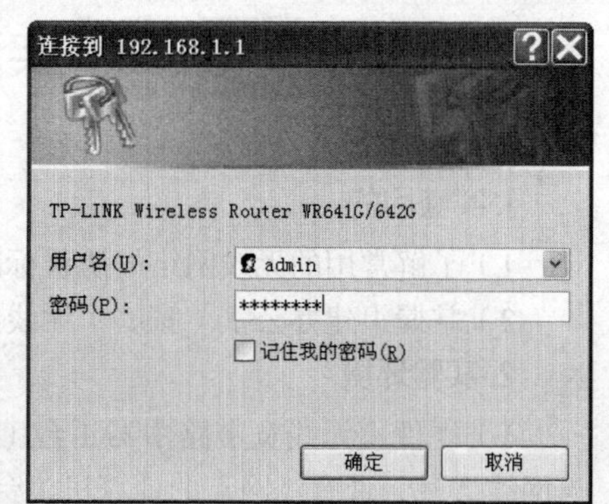

图 3-6 “连接到 192.168.1.1”的窗口

输入默认的用户名 admin 和密码，再单击“确定”按钮，进入无线路由器的配置界面，如图 3-7 所示。窗口界面左侧为相关配置命令选项。

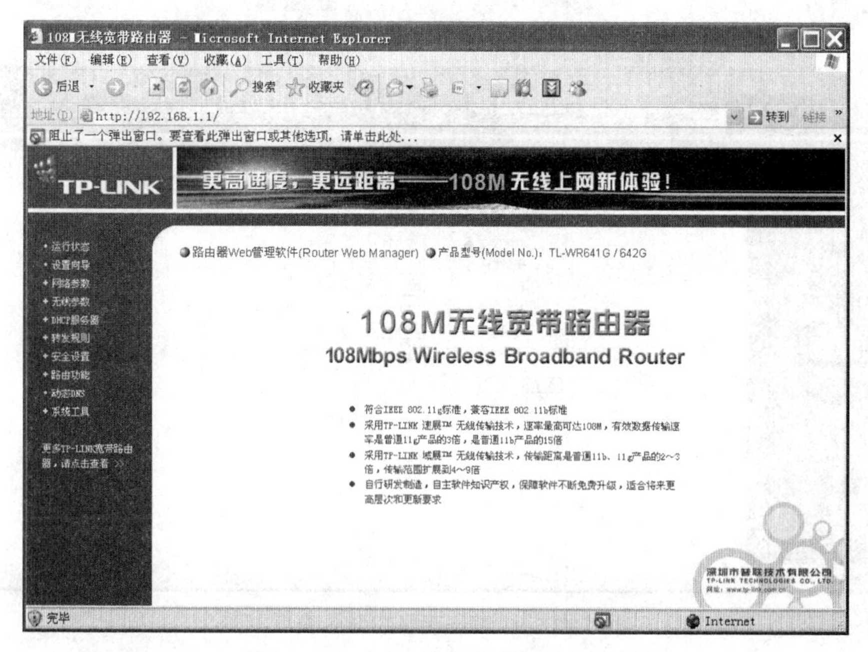

图 3-7 “108M 无线宽带路由器”窗口

（4）设置无线路由器

1）设置 WAN 口的连网方式。

单击左侧“网络参数”选项，右侧弹出配置 WAN 口的界面，根据实际情况，适当设置相关参数，如图 3-8（动态获取 IP 地址）、图 3-9（静态获取 IP 地址）、图 3-10（ADSL 拨号上网）所示。

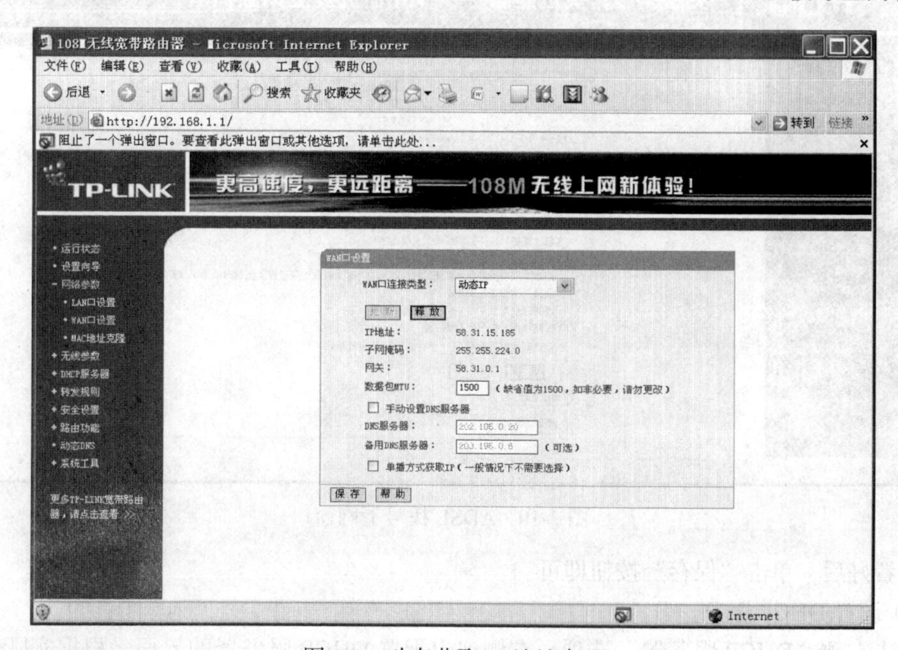

图 3-8　动态获取 IP 地址窗口

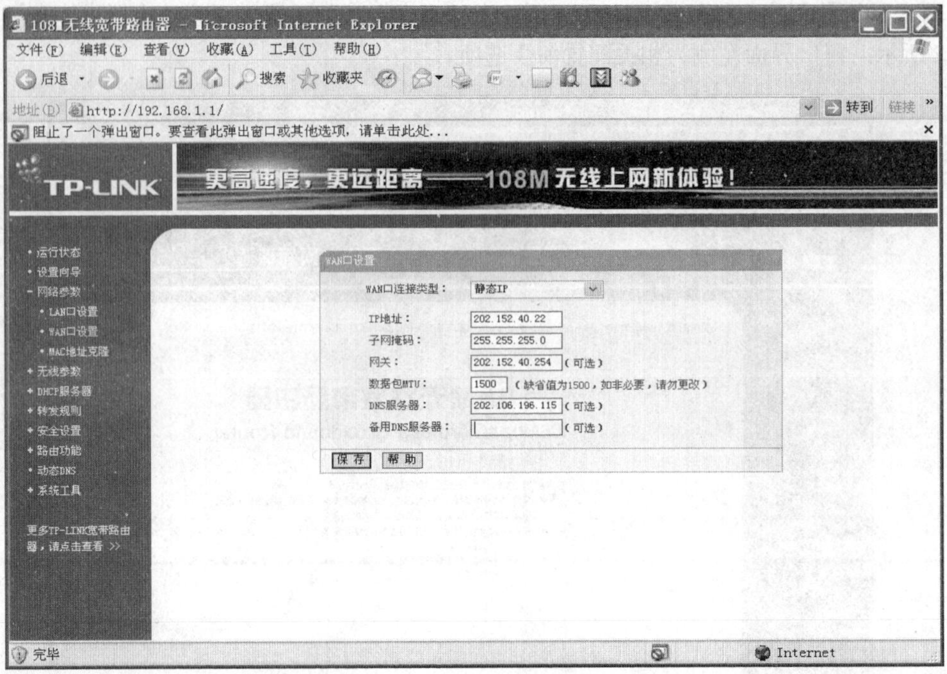

108M无线宽带路由器 - Microsoft Internet Explorer
文件(F) 编辑(E) 查看(V) 收藏(A) 工具(T) 帮助(H)
后退 搜索 收藏夹
地址(D) http://192.168.1.1/ 转到 链接
阻止了一个弹出窗口。要查看此弹出窗口或其他选项，请单击此处...
TP-LINK 更高速度，更远距离——108M 无线上网新体验！
· 运行状态
· 设置向导
- 网络参数
· LAN口设置
· WAN口设置
· MAC地址克隆
+ 无线参数
+ DHCP服务器
+ 转发规则
+ 安全设置
+ 路由功能
· 动态DNS
+ 系统工具
更多TP-LINK宽带路由器，请点击查看 >>
WAN口设置
WAN口连接类型： 静态IP
IP地址： 202.152.40.22
子网掩码： 255.255.255.0
网关： 202.152.40.254 （可选）
数据包MTU： 1500 （缺省值为1500，如非必要，请勿更改）
DNS服务器： 202.106.196.115 （可选）
备用DNS服务器： （可选）
保存 帮助
完毕 Internet

图 3-9　静态获取 IP 地址窗口

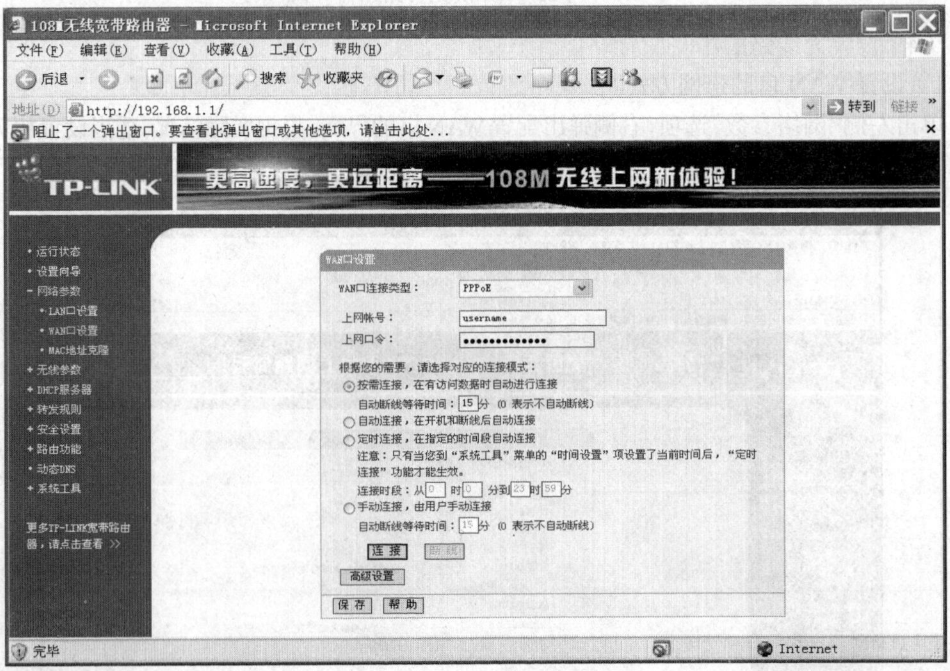

108M无线宽带路由器 - Microsoft Internet Explorer
文件(F) 编辑(E) 查看(V) 收藏(A) 工具(T) 帮助(H)
后退 搜索 收藏夹
地址(D) http://192.168.1.1/ 转到 链接
阻止了一个弹出窗口。要查看此弹出窗口或其他选项，请单击此处...
TP-LINK 更高速度，更远距离——108M 无线上网新体验！
· 运行状态
· 设置向导
- 网络参数
· LAN口设置
· WAN口设置
· MAC地址克隆
+ 无线参数
+ DHCP服务器
+ 转发规则
+ 安全设置
+ 路由功能
· 动态DNS
+ 系统工具
更多TP-LINK宽带路由器，请点击查看 >>
WAN口设置
WAN口连接类型： PPPoE
上网帐号： username
上网口令： ••••••••••••••
根据您的需要，请选择对应的连接模式：
◉ 按需连接，在有访问数据时自动进行连接
自动断线等待时间： 15 分 （0 表示不自动断线）
○ 自动连接，在开机和断线后自动连接
○ 定时连接，在指定的时间段自动连接
注意：只有当您到“系统工具”菜单的“时间设置”项设置了当前时间后，“定时连接”功能才能生效。
连接时段：从 0 时 0 分到 23 时 59 分
○ 手动连接，由用户手动连接
自动断线等待时间： 15 分 （0 表示不自动断线）
连 接　断 线
高级设置
保存 帮助
完毕 Internet

图 3-10　ADSL 拨号上网窗口

设置好后，单击“保存”按钮即可。

2）设置 DHCP 服务。

单击左侧“DHCP 服务器”选项，右侧弹出配置 DHCP 服务器的界面，根据实际情况，给出供用户使用的 IP 地址范围，如图 3-11 所示。

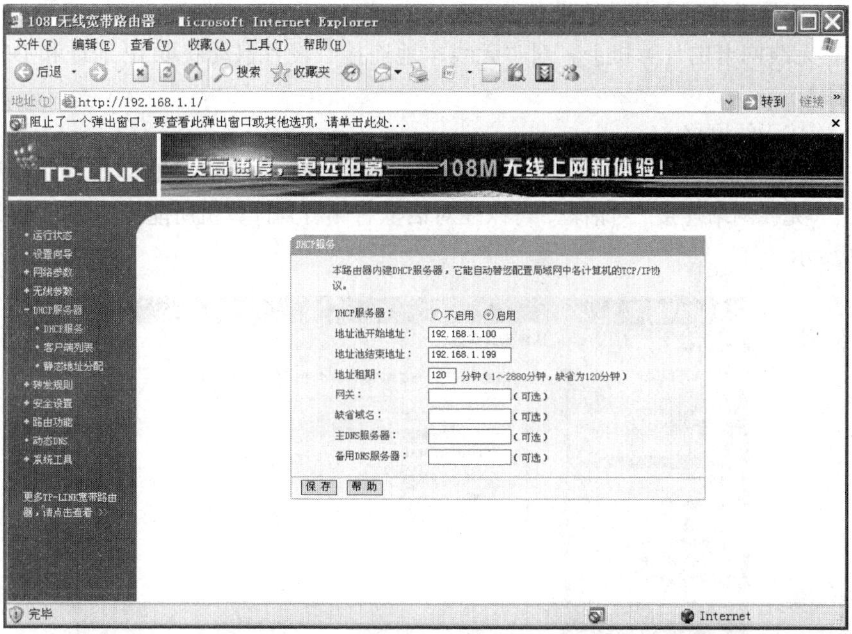

图 3-11　DHCP 设置窗口

设置好后，单击“保存”按钮。

3）设置无线网参数。

单击左侧“无线参数”选项，右侧弹出配置无线参数的界面，开启无线功能，设置无线网标识号 SSID，如图 3-12 所示。

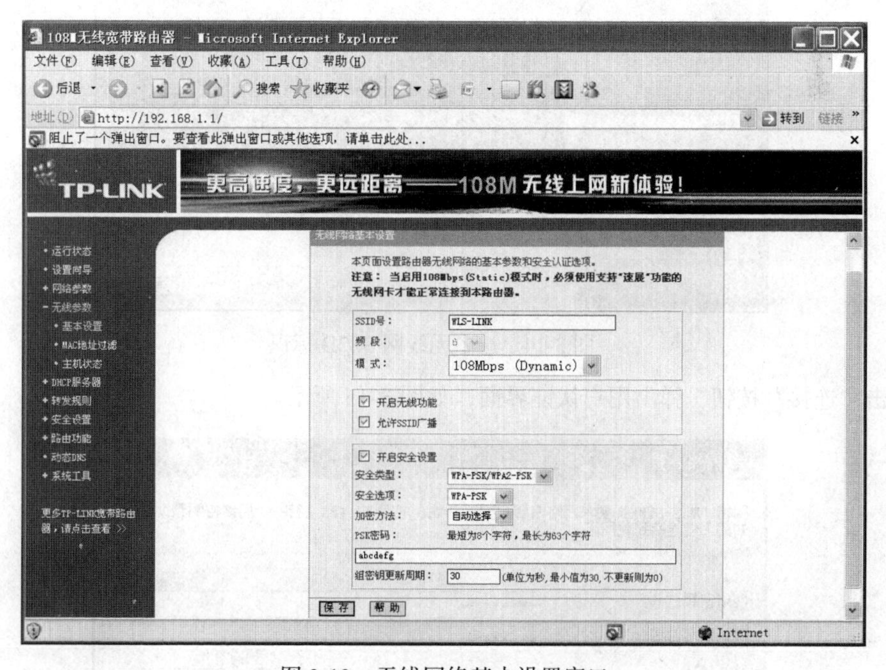

图 3-12　无线网络基本设置窗口

为了保证无线网络的安全，还有必要对网络进行加密。启用安全设置，选择安全类型，填入加密密码，保存设置后，重新启动无线宽带路由器，至此，无线宽带路由器配置完成。

（5）设置带无线网卡的计算机

在带有无线网卡的计算机上，对“无线本地连接”设置自动获取 IP 地址和 DNS（方法同上面的实验）。

（6）连接无线网络

在带有无线网卡的计算机上，从“控制面板”打开“网络连接”窗口，双击“无线网络连接”图标，打开“无线网络连接”对话框，可以在对话框右侧看到计算机所能探测到的无线网络列表，如图 3-13 所示。

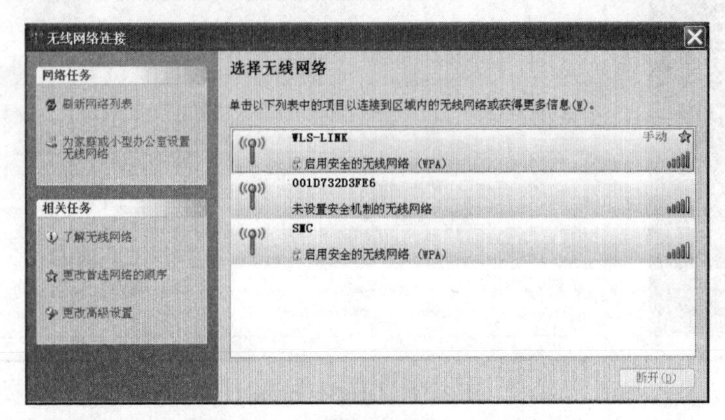

图 3-13 “无线网络连接”对话框

选中设置的无线网 SSID 标识，如图 3-14 所示。

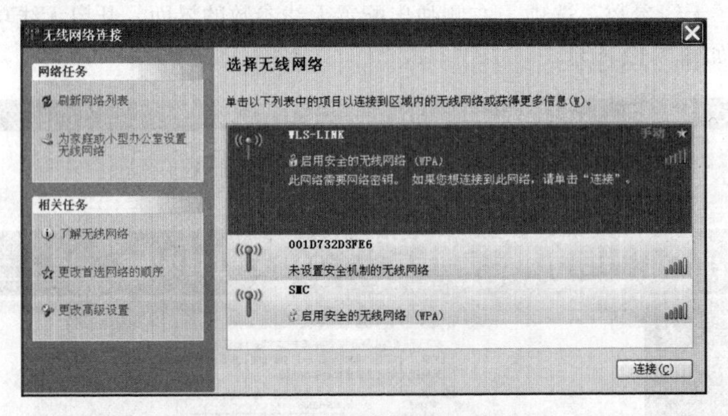

图 3-14 选中无线网 SS2D 标识

单击“连接”按钮，弹出用户认证界面，如图 3-15 所示。

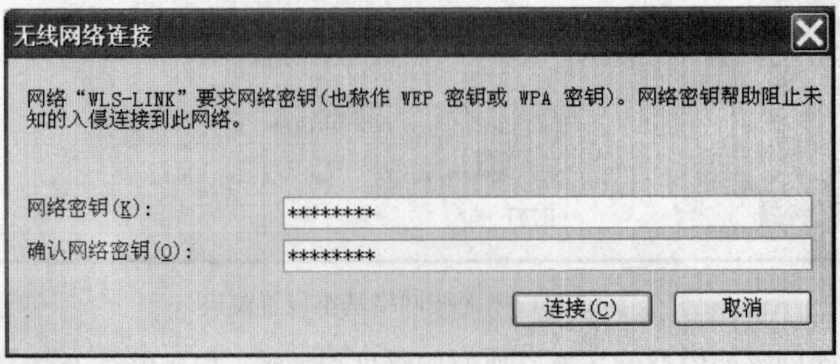

无线网络连接

网络“WLS-LINK”要求网络密钥(也称作 WEP 密钥或 WPA 密钥)。网络密钥帮助阻止未知的入侵连接到此网络。

网络密钥(K): ********

确认网络密钥(O): ********

连接(C) 取消

图 3-15 用户认证对话框

输入设好的密码，再单击“连接”按钮，即可成功连上无线网，如图 3-16 所示。

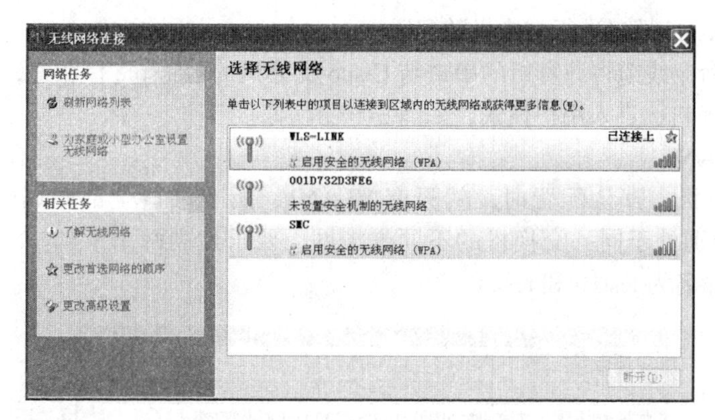

图 3-16　无线网连接成功

（7）测试互联网的连接

在无线上网的计算机上，打开 IE 浏览器，在地址栏输入 http://www.edu.cn，然后按【Enter】键，如果正确打开了中国教育科研网的主页，说明无线网组建完成。

5. 注意事项

注意不同品牌的无线路由器的配置方法会有所区别，如用的是其他的无线路由器，请按该无线路由器的使用说明书来安装配置。

6. 实验思考

如果设置“无线参数”时，不设安全密钥，会发生什么情况，对上网有何影响？

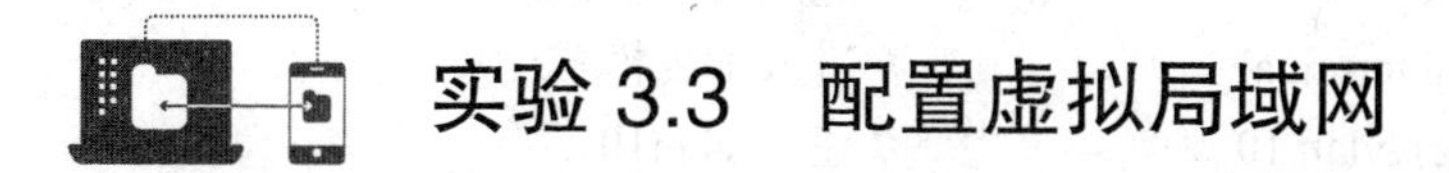

实验 3.3　配置虚拟局域网

1. 实验目的

1）掌握虚拟局域网的工作原理。

2）掌握交换机 VLAN 配置及划分方法。

2. 实验环境

1）硬件：一台 Cisco3550 交换机及相应的 Console 端口配置命令线，两台普通计算机。

2）软件：计算机中配备 Windows 操作系统。

3. 相关知识

VLAN（Virtual Local Area Network，虚拟局域网）是一种通过将局域网内的设备逻辑地而不是物理地划分成多个网段从而实现虚拟工作组的技术。VLAN 具备一个物理网段所具备的特性，并且不受物理位置的限制。通过虚拟局域网（VLAN），网络中的站点即使其物理位置可能分散在各处，但都可以根据需要灵活地加入不同的逻辑子网。一个虚拟局域网中的站点所发送的广播数据报将仅转发至属于同一 VLAN 的站点，可以有效隔离广播。

VLAN 的特点：可以有效地缩小广播域，隔离广播，控制广播风暴；通过将不同用户群划分在不同 VLAN，设置不同的用户访问权限，从而提高交换式网络的整体性能和安全性，管理简单灵活。

4. 实验过程

（1）通过 Console 端口进行交换机的配置

用 Cisco 配置命令线缆将计算机的串口与 Cisco 交换机的 Console 口相连，启用计算机上的超级终端，启动交换机，进入用户模式，如图 3-17 所示。

（2）建立 VLAN

可管理的交换机，默认配置时，就只有 VLAN1，所有端口全部归属于 VLAN1。假设两个实验小组，分别处于同一交换机的不同虚拟网，要求建立两个不同 VLAN：VLAN10 和 VLAN20，并分别命名为 test10 和 test20。

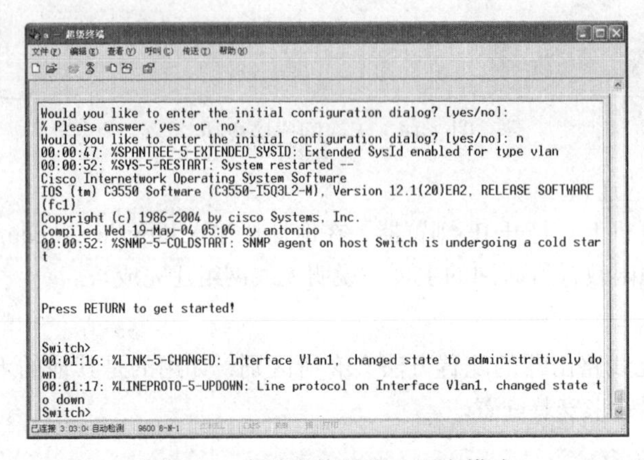

图 3-17　启动交换机进入用户模式

在交换机命令提示符下，输入如下命令：

```
Switch>enable                          // 进入特权模式
Switch#config terminal                 // 进入配置模式
Switch(config)#vlan 10                 // 建立 vlan10
Switch(config-vlan) # name test10      // 为 vlan10 命名
Switch(config-vlan)#exit
Switch(config)#vlan 20                 // 建立 vlan20
Switch(config-vlan) # name test20      // 为 vlan20 命名
Switch(config-vlan)#exit
Switch(config) #exit
Switch #show vlan                      // 显示所有 Vlan 及相关信息
```

如图 3-18 和图 3-19 所示。

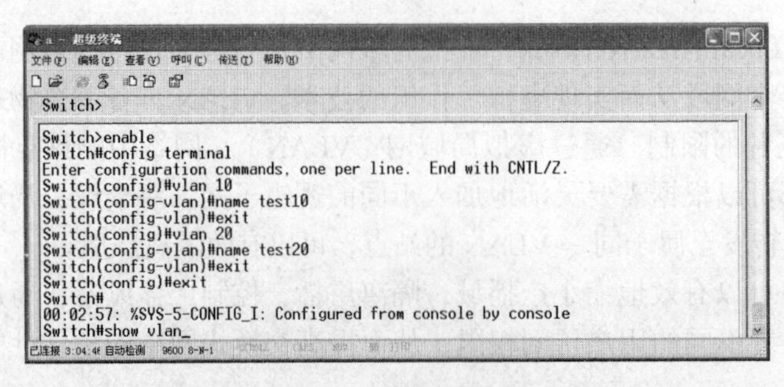

图 3-18　建立 VLAN

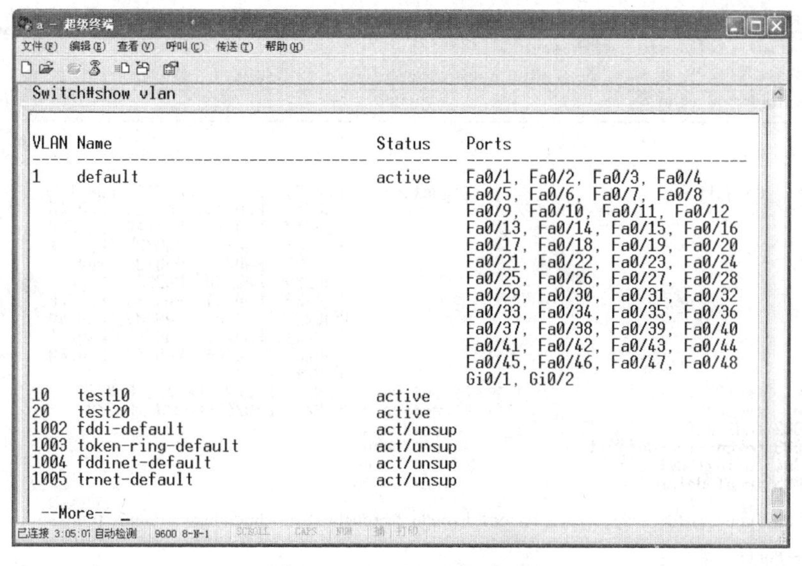

图 3-19　显示 VLAN 信息

（3）交换机端口 VLAN 划分

把交换机 1 至 4 号端口划分给 vlan10，5 至 8 号端口划分给 vlan20，输入命令如下：

Switch #config terminal

Switch (config)# interface range fastEthernet 0/1 – 4　　// 进入交换机 1~4 号端口配置模式

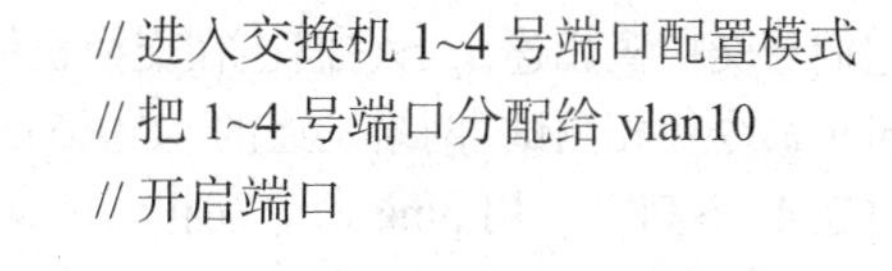

Switch (config-if-range)# switchport access vlan 10　　// 把 1~4 号端口分配给 vlan10

Switch (config-if-range)#no shutdown　　// 开启端口

Switch (config-if-range)#exit

Switch (config)# interface range fastEthernet 0/5 – 8　　// 进入交换机 5~8 号端口配置模式

Switch (config-if-range)# switchport access vlan 20　　// 把 5~8 号端口分配给 vlan20

Switch (config-if-range)#no shutdown

Switch (config-if-range)#exit

Switch(config) #exit

Switch #show vlan

如图 3-20 和图 3-21 所示。

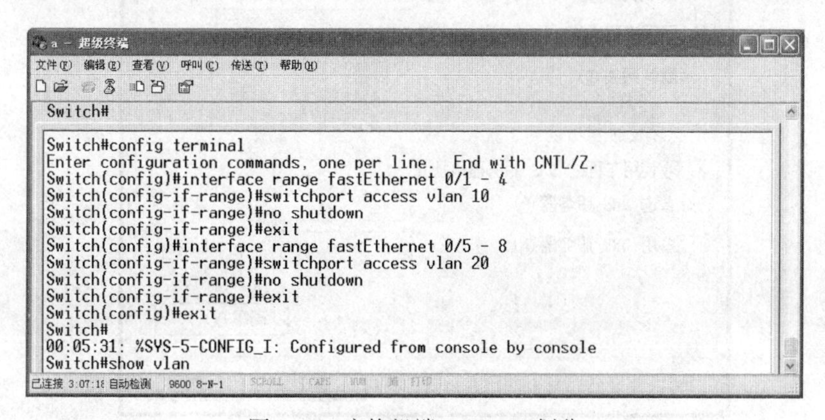

图 3-20　交换机端口 VLAN 划分

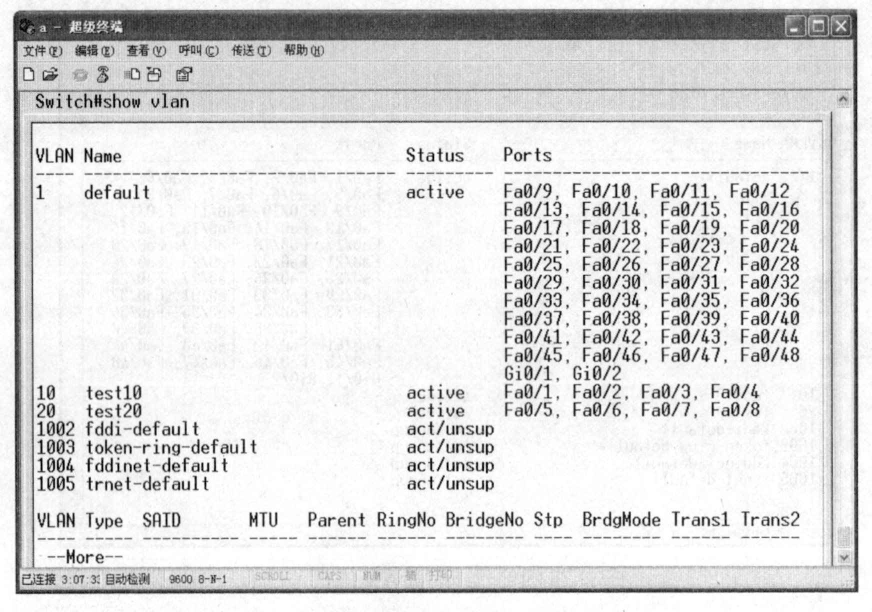

图 3-21　显示交换机端口划分后 VLAN 信息

（4）VLAN 连通测试

将两台计算机的 IP 地址分别设置为：192.168.1.10、192.168.1.20，如图 3-22 所示，用网线将它们与交换机相连，当它们连在交换机的同一个 VLAN 时（如同时连 2、3 口或 6、7 口），用 ping 命令互相测试，网络是通的，如图 3-23 所示，但当它们连在交换机不同的 VLAN 端口时（如同时连 4、5 口），用 ping 命令互相测试，网络不通，如图 3-24 所示。

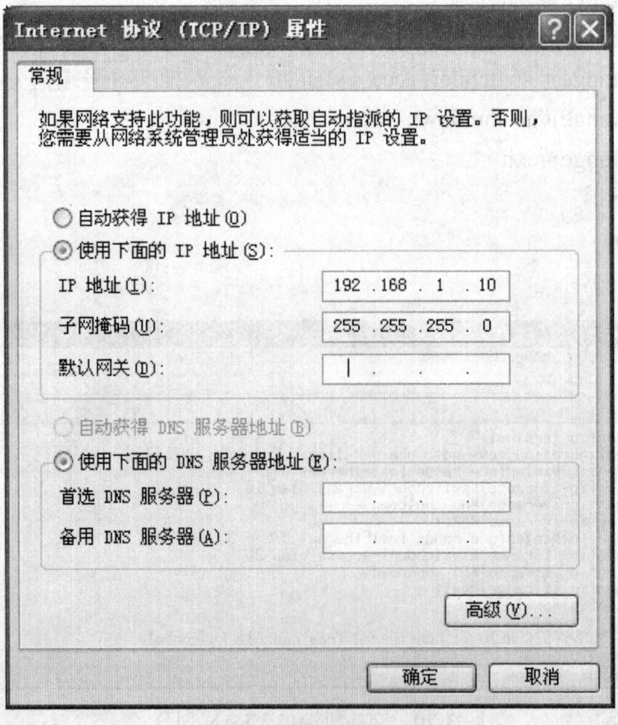

Internet 协议（TCP/IP）属性
常规
如果网络支持此功能，则可以获取自动指派的 IP 设置。否则，您需要从网络系统管理员处获得适当的 IP 设置。
自动获得 IP 地址(O)
使用下面的 IP 地址(S):
IP 地址(I): 192 .168 . 1 . 10
子网掩码(U): 255 .255 .255 . 0
默认网关(D):
自动获得 DNS 服务器地址(B)
使用下面的 DNS 服务器地址(E):
首选 DNS 服务器(P):
备用 DNS 服务器(A):
高级(V)...
确定 取消

图 3-22　配置计算机 IP 地址

```
命令提示符
C:\>
C:\>ping 192.168.1.20

Pinging 192.168.1.20 with 32 bytes of data:

Reply from 192.168.1.20: bytes=32 time=1ms TTL=128
Reply from 192.168.1.20: bytes=32 time<1ms TTL=128
Reply from 192.168.1.20: bytes=32 time<1ms TTL=128
Reply from 192.168.1.20: bytes=32 time<1ms TTL=128

Ping statistics for 192.168.1.20:
    Packets: Sent = 4, Received = 4, Lost = 0 (0% loss),
Approximate round trip times in milli-seconds:
    Minimum = 0ms, Maximum = 1ms, Average = 0ms

C:\>
```

图 3-23　同一 VLAN 的连通性测试

```
命令提示符
C:\>
C:\>ping 192.168.1.20

Pinging 192.168.1.20 with 32 bytes of data:

Request timed out.
Request timed out.
Request timed out.
Request timed out.

Ping statistics for 192.168.1.20:
    Packets: Sent = 4, Received = 0, Lost = 4 (100% loss),

C:\>
C:\>
```

图 3-24　不同 VLAN 的连通性测试

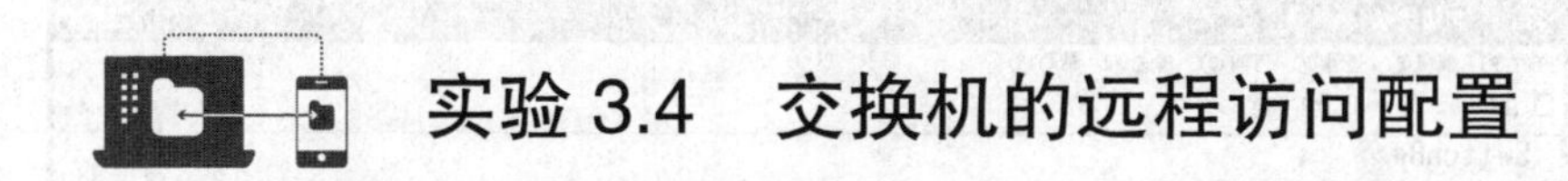

实验 3.4　交换机的远程访问配置

1. 实验目的

掌握交换机远程访问配置方法，实现交换机的远程管理。

2. 实验环境

1）硬件：两台 Cisco 3550 交换机及相应的 Console 端口配置命令线，一台普通计算机

2）软件：计算机中配备 Windows 操作系统。

3. 相关知识

一个网络规模很大，交换机部署在各个不同的物理位置，需要对交换机的配置进行查看、修改。这时，就需要对交换机进行远程登录（Telnet）管理。

4. 实验过程

1）恢复交换机 A 的默认配置，并配置其管理地址。

SwitchA#config terminal

SwitchA(config)#interface vlan 1

SwitchA(config-if)#ip address 192.168.1.100 255.255.255.0 // 配置交换机 A 的管理地址

SwitchA(config-if)#no shutdown

SwitchA(config-if)#exit

SwitchA(config)#exit

配置界面如图 3-25 所示。

```
a - 超级终端
文件(F) 编辑(E) 查看(V) 呼叫(C) 传送(T) 帮助(H)
SwitchA#

SwitchA#config terminal
Enter configuration commands, one per line.  End with CNTL/Z.
SwitchA(config)#interface vlan 1
SwitchA(config-if)#ip address 192.168.1.100 255.255.255.0
SwitchA(config-if)#no shutdown
SwitchA(config-if)#exit
SwitchA(config)#exit
SwitchA#
00:18:32: %SYS-5-CONFIG_I: Configured from console by console
SwitchA#_
已连接 1:19:2 自动检测 9600 8-N-1 SCROLL CAPS NUM 捕 打印
```

图 3-25 配置交换机 A 的管理地址

2）恢复交换机 B 默认设置，配置管理地址。

SwitchB#config terminal

SwitchB(config)#interface vlan 1

SwitchB(config-if)#ip address 192.168.1.200 255.255.255.0 // 配置交换机 B 的管理地址

SwitchB(config-if)#no shutdown

SwitchB(config-if)#exit

SwitchB(config)#exit

配置界面如图 3-26 所示。

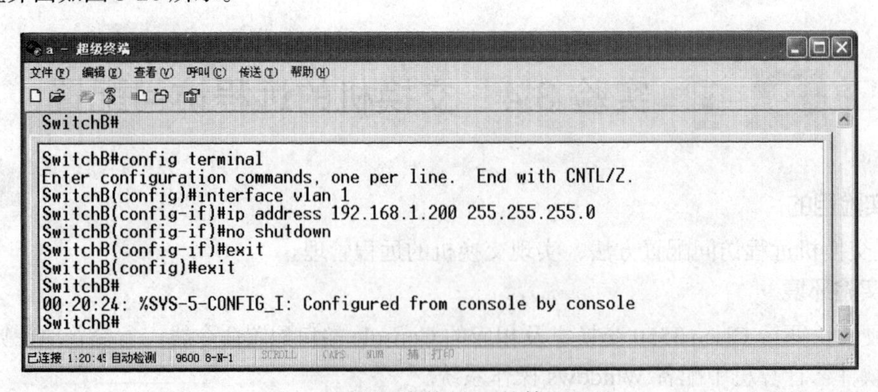

图 3-26 配置交换机 B 的管理地址

3）用级联线（交换设备之间互连及对等网计算机直接的交叉线）把两台交换机互连，配置计算机 A 的 IP 地址为 192.168.1.50，并用网络连接到交换机 A 的任一端口，ping 两台交换机管理地址，网络通信正常，如图 3-27 所示。

```
命令提示符
Ethernet adapter 本地连接:

        Connection-specific DNS Suffix  . :
        IP Address. . . . . . . . . . . . : 192.168.1.50
        Subnet Mask . . . . . . . . . . . : 255.255.255.0
        Default Gateway . . . . . . . . . :

C:\Documents and Settings>ping 192.168.1.100

Pinging 192.168.1.100 with 32 bytes of data:

Reply from 192.168.1.100: bytes=32 time<1ms TTL=255
Reply from 192.168.1.100: bytes=32 time<1ms TTL=255
Reply from 192.168.1.100: bytes=32 time<1ms TTL=255
Reply from 192.168.1.100: bytes=32 time<1ms TTL=255

Ping statistics for 192.168.1.100:
    Packets: Sent = 4, Received = 4, Lost = 0 (0% loss),
Approximate round trip times in milli-seconds:
    Minimum = 0ms, Maximum = 0ms, Average = 0ms

C:\Documents and Settings>ping 192.168.1.200

Pinging 192.168.1.200 with 32 bytes of data:

Reply from 192.168.1.200: bytes=32 time<1ms TTL=255
Reply from 192.168.1.200: bytes=32 time<1ms TTL=255
Reply from 192.168.1.200: bytes=32 time<1ms TTL=255
Reply from 192.168.1.200: bytes=32 time<1ms TTL=255

Ping statistics for 192.168.1.200:
    Packets: Sent = 4, Received = 4, Lost = 0 (0% loss),
Approximate round trip times in milli-seconds:
    Minimum = 0ms, Maximum = 0ms, Average = 0ms

C:\Documents and Settings>
```

图 3-27　计算机与两台交换机的连通性测试

4）在交换机 B 上配置远程访问。

```
SwitchB#config terminal
SwitchB(config)#line vty 0 4                        // 进入虚拟终端线路配置模式
SwitchB(config-line)#password 123                   // 配置虚拟终端密码
SwitchB(config-line)#login                          // 启用虚拟终端密码
SwitchB(config-line)#exit
SwitchB(config)#enable secret level 15 0 abc        // 设置 enable 密码
SwitchB(config)#exit
```

配置过程如图 3-28 所示。

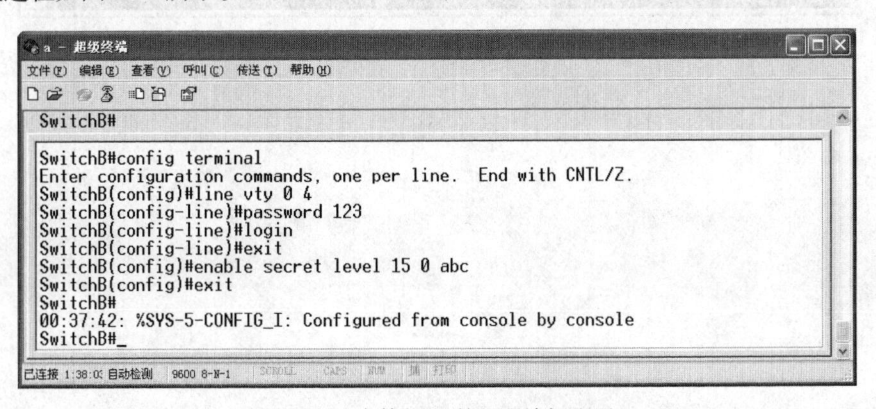

图 3-28　交换机 A 的远程访问配置

5）测试交换机远程管理。用计算机远程管理交换机 B，在命令提示符输入“telnet 192.168.1.200”，然后输入远程访问密码和 enable 密码，查看交换机 B 配置，如图 3-29 所示。

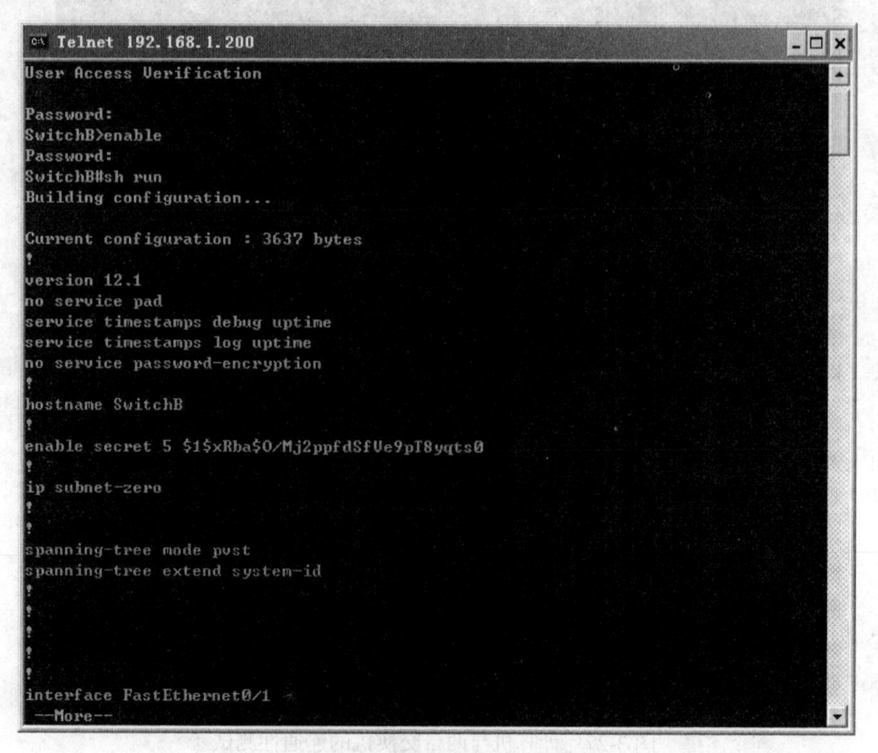

图 3-29　交换机 B 的远程管理

再尝试远程管理交换机 A，结果显示失败，如图 3-30 所示。因为没有对交换机 A 进行管理管理配置，所以不能实现远程管理。

图 3-30　交换机 A 无法远程管理

第 4 章 网络层实验

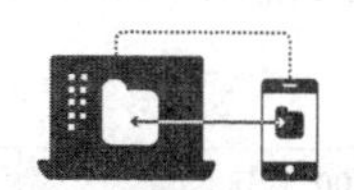

实验 4.1　ARP 协议分析

1. 实验目的

掌握 ARP 协议的工作原理。

2. 实验环境

1）硬件：网络环境的一台安装 Windows 操作系统的 PC。

2）软件：Wireshark。

3. 相关知识

（1）ARP 简述

ARP（Address Resolution Protocol）地址解析协议，网络层协议，封装在以太网帧数据中。

IP 数据报通常通过以太网发送，以太网设备并不识别 32 位 IP 地址，它们是以 48 位以太网地址传输以太网数据帧的，因此必须把 IP 目标地址转换成以太网地址，ARP 就是用来实现这些映射的协议。

ARP 工作时，送出一个含有所希望解析的 IP 地址的以太网广播数据报，目标主机收到该数据报后，以一个含有 IP 和以太网地址的数据报作为应答。

（2）ARP 报文格式

以下是在常用的以太网中、基于 IPv4 协议的 ARP 报文格式，如图 4-1 所示。

<table>
<tr><td colspan="2">硬件类型</td><td>协议类型</td></tr>
<tr><td>物理地址长度</td><td>协议地址长度</td><td>操作码</td></tr>
<tr><td colspan="3">源物理地址</td></tr>
<tr><td colspan="3">源 IP 地址</td></tr>
<tr><td colspan="3">目标物理地址</td></tr>
<tr><td colspan="3">目标 IP 地址</td></tr>
<tr><td colspan="3">填充</td></tr>
</table>

图 4-1　ARP 报文格式

1）硬件类型：2 字节，表示硬件接口类型，1 为以太网。

2）协议类型：2 字节，表示高层协议类型，0x0800 为 IP。

3）物理地址长度 :1 字节，值 6 表示以太网的物理地址 48 位。

4）协议地址长度 :1 字节，值 4 表示 IP 地址 32 位。

5）操作码：2 字节，1 位 ARP 请求，2 为 ARP 响应。

6）源物理地址：6 字节。

7）源 IP 地址：4 字节。

8）目标物理地址：6 字节。

9）目标 IP 地址：4 字节。

10）填充：填充 18 字节 +ARP 首部 28 字节 =46 字节，是以太网帧数据的最小长度。

（3）以太网帧格式

网络数据最终都会以帧的格式在以太网（或别的网络）中传输，以太网帧由帧头（源 / 目标物理地址、协议类型）、帧尾、数据构成（见图 4-2）。其中数据字段最小为 46 字节，最大为 1 500 字节。IP 数据报长度小于 46 字节时，必须填充数据以满足要求。IP 数据报长度大于 1 500 字节时，需要分片后再传输。

目标物理地址	源物理地址	协议类型	数据…（46~1 500 字节）	（帧尾）校验和

图 4-2　以太网帧格式

1）目标物理地址：6 字节。

2）源物理地址：6 字节。

3）协议类型：2 字节，表示上层协议类型。0x0800 为 IP 协议，0x0806 为 ARP 协议，0x0835 为 RARP 协议。

4）校验和：4 字节，CRC 校验。

4. 实验过程

ARP 请求报文（广播方式）、响应报文（单播方式），利用 arp 命令查看本机 ARP 缓存表，清除缓存表，然后通过 ping 命令捕获请求、响应报文。

在本地局域网环境（192.168.1.0/24），利用 Ping 192.168.1.154 捕获 ARP 请求、响应报文。图 4-3 为一个 ARP 的请求报文，可以看出它是一个广播包，详细说明如下：

以太网帧头：

目标物理地址：FF-FF-FF-FF-FF-FF 为广播地址。

源物理地址：00-1D-0F-0C-5D-CE。

协议类型：08-06，表示为 ARP 协议。

ARP 首部：

硬件类型：00-01，表示以太网。

协议类型：08-00，高层协议是 IP。

硬件地址长度：06，表示硬件地址长度为 6 字节，共 48 位。

协议地址长度：04，表示 IP 地址长度为 4 字节，共 32 位。

操作码：00-01，表示 ARP 请求。

源物理地址：00-1D-0F-0C-5D-CE。

源 IP 地址：C0-A8-01-9F（192.168.1.159）。

目标物理地址：00-00-00-00-00-00，此时不知目标物理地址，写为全 0。

目标 IP 地址：C0-A8-01-9A（192.168.1.154）。

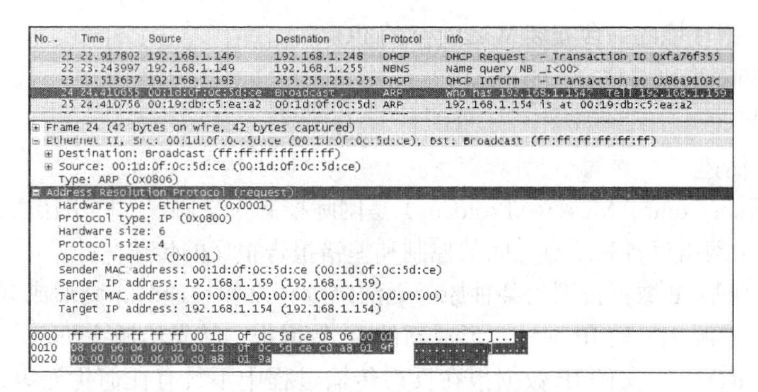

图 4-3　ARP 请求报文

图 4-4 为一个 ARP 的响应报文，可以看出它是一个单播包，详细说明如下：

硬件类型：00-01，表示以太网。

协议类型：08-00，高层协议是 IP。

硬件地址长度：06，表示硬件地址长度为 6 字节，共 48 位。

协议地址长度：04，表示 IP 地址长度为 4 字节，共 32 位。

操作码：00-02，表示 ARP 响应。

源物理地址：00-19-DB-C5-EA-A2，这就是解析到的物理地址。

源 IP 地址：C0-A8-01-9A（192.168.1.154）。

目标物理地址：00-1D-0F-0C-5D-CE。

目标 IP 地址：C0-A8-01-9F（192.168.1.159）。

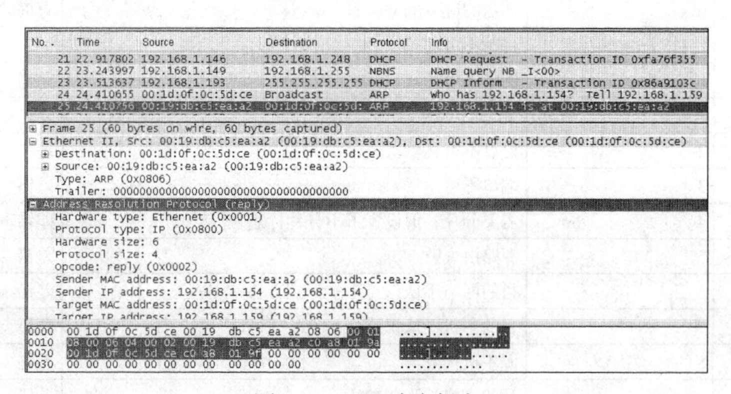

图 4-4　ARP 响应报文

5. 实验思考

ARP 协议的响应包是不是可以用广播包回复？

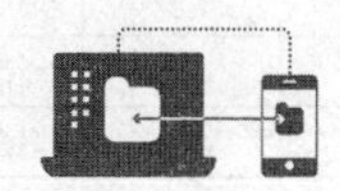

实验 4.2　ICMP 协议分析

1. 实验目的

掌握 ICMP 协议的原理。

2. 实验环境

1）硬件：网络环境的一台安装 Windows 的 PC。

2）软件：Wireshark。

3. 相关知识

（1）ICMP 简述

ICMP（Internet Control Message Protocol）是网际控制报文协议，网络层协议，封装在 IP 数据报中，主要用于网络设备和结点之间的控制和差错报告报文的传输。

当路由器发现某 IP 数据报因为某种原因无法继续转发和投递时，则形成 ICMP 报文，并从该 IP 数据报中截取源主机的 IP 地址，形成新的 IP 数据报，转发给源主机，以报告差错的发生及其原因。携带 ICMP 报文的 IP 数据报在反馈传输过程中不具有任何优先级，与正常的 IP 数据报一样进行转发。如果携带 ICMP 报文的 IP 数据报在传输过程中出现故障，转发该 IP 数据报的路由器将不再产生任何新的差错报文。

ping、pathping、tracert 命令就是通过 ICMP 报文来实现的。

（2）ICMP 报文类型

ICMP 报文分为两大类：查询报文和差错报告报文。查询报文总是成对出现的，一个是通常由主机发送的请求报文（Request），另一个是从主机或路由器返回的响应报文（Replay），差错报告报文是主机或路由器发送的报告过程差错的报文，表 4-1 为 ICMP 报文类型描述。

表 4-1　ICMP 报文类型描述

类型	代码	描述	报文类型
0	0	回送响应（ping 应答）	查询
3		目标不可达	
	0	网络不可达	差错
	1	主机不可达	差错
	2	协议不可达	差错
	3	端口不可达	差错
	4	需要分片，但设置了不分片标志位	差错
	5	源路由失败	差错
	6	目的网络不认识	差错
	7	目的主机不认识	差错
	8	源主机被隔离	差错
	8	目的网络被强制禁止	差错
	10	目的主机被强制禁止	差错
	11	由于服务器 TOS，网络不可达	差错
	12	由于服务器 TOS，主机不可达	差错
	13	由于过滤，通信被强制禁止	差错
	14	主机越权	差错
	15	优先权中止生效	差错
4	0	源端被关闭	差错
5		重定向	
	0	对网络重定向	差错
	1	对主机重定向	差错

续表

类型	代码	描述	报文类型
	2	对服务器类型和网络重定向	差错
	3	对服务器类型和主机重定向	差错
8	0	回送请求（ping 请求）	查询
9	0	路由器通告	查询
10	0	路由器请求	查询
11		超时	
	0	传输期间生存时间为 0	差错
	1	在数据报组装期间生存时间为 0	差错
12		参数问题	
	0	坏的 IP 首部	差错
	1	缺少必须的选项	差错
13	0	时间戳请求	查询
14	0	时间戳应答	查询
15	0	信息请求	查询
16	0	信息应答	查询
17	0	地址掩码请求	查询
18	0	地址掩码应答	查询

从表中可以看到，其中类型 0，8，9，10，13~18 的消息为查询报文，且是成对的，其余为差错报文。

所有 ICMP 报文的首部是 8 字节，前 4 字节字段对于所有报文格式一样，但后 4 字节字段内容，随报文类型代码的不同而有所不同，如图 4-5 所示。

类型(1 字节)	代码(1 字节)	校验和(2 字节)
首部剩余部分(4 字节)		
数据…		

图 4-5　ICMP 报文首部

（3）ICMP 常见报文格式

1）回送或回送响应报文格式，回送报文格式见图 4-6。

类型	代码	校验和
标识号		序列号
数据…		

图 4-6　回送报文格式

类型：1 字节，8 表示回送消息；0 表示回送响应消息。

代码：1 字节，值为 0。

校验和：2 字节。

标识号：2 字节。

序列号：2 字节。

数据：长度不定。

ping 命令利用该类报文，实现网络连通性的测试。

2）超时报文格式，超时报文格式见图 4-7。

类型	代码	校验和
保留（4字节）		
失效的IP首部+失效的IP数据报头64位		

图 4-7　超时报文格式

类型：1字节，值为11。

代码：1字节，0表示传送超时，1表示分段超时。

校验码：2字节。

IP首部：20字节，失效的IP数据报的首部。

失效数据：8字节，失效的IP数据报的头64位，此数据用于主机匹配信息到相应的进程。

说明：如果网关在处理数据报时发现生存周期为零，此数据报必须丢弃，同时网关必须通过超时报文通知源主机，如果主机在组装分片的数据报时因为丢失未能在规定时间内组装数据，此数据报必须丢弃，网关发送超时信息。

tracert命令利用该类报文实现其功能。

3）目标不可达（网络不可达、主机不可达、端口不可达等，从ICMP报文类型表中可以看到有16种情况的目标不可达）报文，目标不可达报文格式见图4-8。

类型	代码	校验和
填充（4字节）（不用）		
失效的IP首部+失效的IP数据报头64位		

图 4-8　目标不可达报文格式

类型：1字节，值为3。

代码：1字节，0表示网络不可达，1表示主机不可达，2表示协议不可用，3表示端口不可达，等等，参见ICMP报文类型表。

校验和：2字节。

IP首部：20字节，失效的IP数据报的首部。

失效数据：8字节，失效的IP数据报的头64位，此数据用于主机匹配信息到相应的进程。

本实验分为两个部分，第一部分捕获正常ICMP数据报，第二部分捕获超时数据报。

4. 实验过程

（1）捕获正常ICMP数据报

1）利用ping命令捕获数据，并进行ICMP报文分析。在本地局域网（192.168.1.0/24），利用ping 192.168.1.254捕获的正常的回送请求报文、回送响应报文。

2）ICMP报文分析。图4-9为ping 192.168.1.254的截图，可以看出源主机（IP地址192.168.1.159）发送4个请求报文，目标主机（IP地址192.168.1.254）返回4个响应报文。

图4-9中的第26个数据报为一个ICMP的请求报文，详细说明如下：

类型、代码：08-00，表示是ICMP的回送请求。

校验和：45-5C。

标识号：03-00。

序列号：05-00。

ICMP数据：61-62-63..67-68-69，32字节，内容为abcdefghijklmnopqrstuvwabcdefghi。

图4-10中的第27号数据报为一个ICMP的回送响应报文，详细说明如下：

类型、代码：00-00，表示ICMP回送响应。

```
No. .  Time         Source          Destination     Protocol  Info
    26 13.165554    192.168.1.159   192.168.1.254   ICMP      Echo (ping) request
    27 13.166173    192.168.1.254   192.168.1.159   ICMP      Echo (ping) reply
    28 14.152407    192.168.1.159   192.168.1.254   ICMP      Echo (ping) request
    29 14.153023    192.168.1.254   192.168.1.159   ICMP      Echo (ping) reply
    30 15.152535    192.168.1.159   192.168.1.254   ICMP      Echo (ping) request
    31 15.153153    192.168.1.254   192.168.1.159   ICMP      Echo (ping) reply
    33 16.152473    192.168.1.159   192.168.1.254   ICMP      Echo (ping) request
    34 16.153086    192.168.1.254   192.168.1.159   ICMP      Echo (ping) reply

⊞ Frame 26 (74 bytes on wire, 74 bytes captured)
⊞ Ethernet II, Src: 00:1d:0f:0c:5d:ce (00:1d:0f:0c:5d:ce), Dst: Hangzhou_15:dd:be (00:0f:e2:15:dd:be)
⊞ Internet Protocol, Src: 192.168.1.159 (192.168.1.159), Dst: 192.168.1.254 (192.168.1.254)
⊟ Internet Control Message Protocol
    Type: 8 (Echo (ping) request)
    Code: 0
    Checksum: 0x455c [correct]
    Identifier: 0x0300
    Sequence number: 0x0500
    Data (32 bytes)

0000  00 0f e2 15 dd be 00 1d  0f 0c 5d ce 08 00 45 00   ........ ..]...E.
0010  00 3c 00 cd 00 00 80 01  b5 06 c0 a8 01 9f c0 a8   .<...... ........
0020  01 fe 08 00 45 5c 03 00  05 00 61 62 63 64 65 66   ....E\.. ..abcdef
0030  67 68 69 6a 6b 6c 6d 6e  6f 70 71 72 73 74 75 76   ghijklmn opqrstuv
0040  77 61 62 63 64 65 66 67  68 69                     wabcdefg hi
```

图 4-9　PING 请求报文

校验和：4D-5C。

标识号：03-00，与上述 ICMP 回送请求报文标识号相同，说明是上述请求报文的响应报文。

序列号：05-00。

ICMP 数据：32 字节，内容同发送报文的内容 abcdefghijklmnopqrstuvwabcdefghi。

```
No. .  Time         Source          Destination     Protocol  Info
    26 13.165554    192.168.1.159   192.168.1.254   ICMP      Echo (ping) request
    27 13.166173    192.168.1.254   192.168.1.159   ICMP      Echo (ping) reply
    28 14.152407    192.168.1.159   192.168.1.254   ICMP      Echo (ping) request
    29 14.153023    192.168.1.254   192.168.1.159   ICMP      Echo (ping) reply
    30 15.152535    192.168.1.159   192.168.1.254   ICMP      Echo (ping) request
    31 15.153153    192.168.1.254   192.168.1.159   ICMP      Echo (ping) reply
    33 16.152473    192.168.1.159   192.168.1.254   ICMP      Echo (ping) request
    34 16.153086    192.168.1.254   192.168.1.159   ICMP      Echo (ping) reply

⊞ Frame 27 (74 bytes on wire, 74 bytes captured)
⊞ Ethernet II, Src: Hangzhou_15:dd:be (00:0f:e2:15:dd:be), Dst: 00:1d:0f:0c:5d:ce (00:1d:0f:0c:5d:ce)
⊞ Internet Protocol, Src: 192.168.1.254 (192.168.1.254), Dst: 192.168.1.159 (192.168.1.159)
⊟ Internet Control Message Protocol
    Type: 0 (Echo (ping) reply)
    Code: 0
    Checksum: 0x4d5c [correct]
    Identifier: 0x0300
    Sequence number: 0x0500
    Data (32 bytes)

0000  00 1d 0f 0c 5d ce 00 0f  e2 15 dd be 08 00 45 00   ....]... ......E.
0010  00 3c 6b 2a 00 00 ff 01  cb a8 c0 a8 01 fe c0 a8   .<k*.... ........
0020  01 9f 00 00 4d 5c 03 00  05 00 61 62 63 64 65 66   ....M\.. ..abcdef
0030  67 68 69 6a 6b 6c 6d 6e  6f 70 71 72 73 74 75 76   ghijklmn opqrstuv
0040  77 61 62 63 64 65 66 67  68 69                     wabcdefg hi
```

图 4-10　回送响应报文

另外通过分析捕获到的其余 ICMP 报文，可以看到同一个 ping 命令的 8 个报文的标识号一致（0x0300），每 2 个相应的报文序列号一致。序号 26，27 报文序列号为 0x0500，序号 28，29 报文序列号为 0x0600，序号 30，31 报文序列号为 0x0700，序号 33，34 报文序列号为 0x0800。

（2）捕获超时 ICMP 数据报

1）利用 ping –I 2 192.168.124.253 命令抓取超时报文。

注：本机到 192.168.124.253 之间有 3 个路由器。我们设定跳数为 2，显然数据报不可能到达目的主机，中间路由器将返回超时报文，见图 4-11。

2）超时报文协议分析

从图 4-12 中，可以看到，源主机发送 4 个请求报文，得到了 4 个 TTL 超时报文，下面分析超时报文。

```
命令提示符

C:\Documents and Settings\Administrator>ping -i 2 192.168.124.253

Pinging 192.168.124.253 with 32 bytes of data:

Reply from 202.204.220.1: TTL expired in transit.
Reply from 202.204.220.1: TTL expired in transit.
Reply from 202.204.220.1: TTL expired in transit.
Reply from 202.204.220.1: TTL expired in transit.

Ping statistics for 192.168.124.253:
    Packets: Sent = 4, Received = 4, Lost = 0 (0% loss),
Approximate round trip times in milli-seconds:
    Minimum = 0ms, Maximum = 0ms, Average = 0ms

C:\Documents and Settings\Administrator>
```

图 4-11　ping –i 2 192.168.124.253 结果

No.	Time	Source	Destination	Protocol	Info
2	4.647268	192.168.1.159	192.168.124.253	ICMP	Echo (ping) request
3	4.648712	202.204.220.1	192.168.1.159	ICMP	Time-to-live exceeded (Time to live exceeded in transit)
4	5.636551	192.168.1.159	192.168.124.253	ICMP	Echo (ping) request
5	5.638004	202.204.220.1	192.168.1.159	ICMP	Time-to-live exceeded (Time to live exceeded in transit)
6	6.636587	192.168.1.159	192.168.124.253	ICMP	Echo (ping) request
7	6.638040	202.204.220.1	192.168.1.159	ICMP	Time-to-live exceeded (Time to live exceeded in transit)
8	7.636611	192.168.1.159	192.168.124.253	ICMP	Echo (ping) request
9	7.638025	202.204.220.1	192.168.1.159	ICMP	Time-to-live exceeded (Time to live exceeded in transit)

```
⊞ Frame 2 (74 bytes on wire, 74 bytes captured)
⊞ Ethernet II, Src: 00:1d:0f:0c:5d:ce (00:1d:0f:0c:5d:ce), Dst: Hangzhou_15:dd:be (00:0f:e2:15:dd:be)
⊟ Internet Protocol, Src: 192.168.1.159 (192.168.1.159), Dst: 192.168.124.253 (192.168.124.253)
    Version: 4
    Header length: 20 bytes
  ⊞ Differentiated Services Field: 0x00 (DSCP 0x00: Default; ECN: 0x00)
    Total Length: 60
    Identification: 0x0292 (658)
  ⊞ Flags: 0x00
    Fragment offset: 0
    Time to live: 2
    Protocol: ICMP (0x01)
  ⊞ Header checksum: 0xb642 [correct]
    Source: 192.168.1.159 (192.168.1.159)
    Destination: 192.168.124.253 (192.168.124.253)
⊟ Internet Control Message Protocol
    Type: 8 (Echo (ping) request)
    Code: 0
    Checksum: 0x315c [correct]
    Identifier: 0x0300
    Sequence number: 0x1900
    Data (32 bytes)

0000  00 0f e2 15 dd be 00 1d  0f 0c 5d ce 08 00 45 00   ........ ..]...E.
0010  00 3c 02 92 00 00 02 01  b6 42 c0 a8 01 9f c0 a8   .<...... .B......
0020  7c fd 08 00 31 5c 03 00  19 00 61 62 63 64 65 66   |...1\.. ..abcdef
0030  67 68 69 6a 6b 6c 6d 6e  6f 70 71 72 73 74 75 76   ghijklmn opqrstuv
0040  77 61 62 63 64 65 66 67  68 69                     wabcdefg hi
```

图 4-12　请求报文

图 4-13 中第 3 号数据报是 ICMP 的超时响应报文（Time Exceeded），详细说明如下：

类型、代码：0B-00，表示是 ICMP 的超时响应报文。

校验和：CE-61。

保留：4 字节，填充 00。

ICMP 数据：28 字节（45-00-00-3C-…08-00-02-9E-03-00-19-00）。与前述的截图对比，这 28 字节，正好是对应的请求报文 IP 首部 20 字节 +IP 数据前 8 字节（也就是请求报文的 ICMP 首部 8 字节）。

```
No. . Time      Source          Destination     Protocol Info
   2 4.647268   192.168.1.159   192.168.124.253 ICMP     Echo (ping) request
   3 4.648712   202.204.220.1   192.168.1.159   ICMP     Time-to-live exceeded (Time to live exceeded in transit)
   4 5.636551   192.168.1.159   192.168.124.253 ICMP     Echo (ping) request
   5 5.638004   202.204.220.1   192.168.1.159   ICMP     Time-to-live exceeded (Time to live exceeded in transit)
   6 6.636587   192.168.1.159   192.168.124.253 ICMP     Echo (ping) request
   7 6.638040   202.204.220.1   192.168.1.159   ICMP     Time-to-live exceeded (Time to live exceeded in transit)
   8 7.636611   192.168.1.159   192.168.124.253 ICMP     Echo (ping) request
   9 7.638025   202.204.220.1   192.168.1.159   ICMP     Time-to-live exceeded (Time to live exceeded in transit)
⊞ Frame 3 (70 bytes on wire, 70 bytes captured)
⊞ Ethernet II, Src: Hangzhou_15:dd:be (00:0f:e2:15:dd:be), Dst: 00:1d:0f:0c:5d:ce (00:1d:0f:0c:5d:ce)
⊞ Internet Protocol, Src: 202.204.220.1 (202.204.220.1), Dst: 192.168.1.159 (192.168.1.159)
⊟ Internet Control Message Protocol
    Type: 11 (Time-to-live exceeded)
    Code: 0 (Time to live exceeded in transit)
    Checksum: 0xce61 [correct]
  ⊞ Internet Protocol, Src: 192.168.1.159 (192.168.1.159), Dst: 192.168.124.253 (192.168.124.253)
  ⊟ Internet Control Message Protocol
      Type: 8 (Echo (ping) request)
      Code: 0
      Checksum: 0x029e [incorrect, should be 0xdbff]
      Identifier: 0x0300
      Sequence number: 0x1900
0000  00 1d 0f 0c 5d ce 00 0f  e2 15 dd be 08 00 45 00   ....]... ......E.
0010  00 38 e6 7e 00 00 3f 01  2c 31 ca cc dc 01 c0 a8   .8.~..?. ,1......
0020  01 9f 0b 00 ce 61 00 00  00 00 45 00 00 3c 02 92   .....a.. ..E..<..
0030  00 00 01 01 b7 42 c0 a8  01 9f c0 a8 7c fd 08 00   .....B.. ....|...
0040  02 9e 03 00 19 00                                  ......
```

图 4-13　超时响应报文

5. 实验思考

Tracert 命令利用了哪类 ICMP 报文，如何实现其功能？

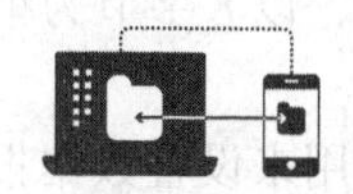

实验 4.3　IP 分片处理协议分析

1. 实验目的

掌握 IP 分片处理协议的工作原理。

2. 实验环境

1）硬件：网络环境的一台安装 Windows 操作系统的 PC。

2）软件：Wireshark。

3. 相关知识

（1）IP 协议概述

IP（Internet Protocol）网际协议，网络层协议，也是 TCP/IP 协议栈中最为核心的协议。所有的 TCP、UDP、ICMP、IGMP 数据都以 IP 数据报格式传输。

由于链路层最大传输单元 MTU（Maximum Transmission Unit）的限制，导致大于 MTU 的 IP 数据报需要进行分片、重组处理。

（2）IP 报文格式

IP 首部是由 20 字节的固定字段和不定长度的选项组成，IP 数据报格式见图 4-14。

<table>
<tr><td>版本</td><td>首部长度</td><td>服务类型</td><td colspan="2">总长度</td></tr>
<tr><td colspan="3">标 识</td><td>标 志</td><td>片偏移</td></tr>
<tr><td colspan="2">生存时间</td><td>协议</td><td colspan="2">首部校验和</td></tr>
<tr><td colspan="5">源 IP 地址</td></tr>
<tr><td colspan="5">目标 IP 地址</td></tr>
<tr><td colspan="4">选项</td><td>填充域</td></tr>
<tr><td colspan="5">数据</td></tr>
</table>

图 4-14　IP 数据报格式

各字段的简要说明：

版本：4 位，IP 协议的版本号，4 为 IPv4。

首部长度：4 位，表示报文的首部长度，且以 32 位字节为单位。报头长度应当是 32 位的整数倍，如果不是，需在填充域加 0 凑齐。

服务类型：8 位，规定路由器如何处理该报文。

总长度：16 位，表示整个 IP 数据报的长度（其中包括首部和数据），以字节为单位。当数据被分片时。

标识：16 位，唯一地标识每个 IP 数据报。

标志：3 位，表示该数据报是否已经分片，是否是最后一片，见图 4-15。

R	DF	MF

图 4-15　标志位

- R：保留未用。
- DF：Don’t Fragment，“不分片”位，如果 z 将这一位置 1，IP 层将不对数据报进行分片。
- MF：More Fragment，“更多的片”，除了最后一片外，其他每个组成数据报的片都要把这一位置 1。

片偏移：13 位，表示本数据片在整个 IP 数据报中的相对位置，以 8 字节为单位。偏移的字节数是该值乘以 8。

生存时间：8 位，表示该数据报在网络中的生存时间，也就是用来设置数据报最多可以经过的路由数。由发送数据的源主机设置，通常为 32、64、128 等。每经过一个路由器其值减 1，直到 0 时该数据报被丢弃。

协议：8 位，表示该数据报的上层协议类型。1 为 ICMP，2 为 IGMP，6 为 TCP，17 为 UDP。

首部校验和：16 位，首部检验和，不包括数据部分。

源 IP 地址：32 位，表示数据发送者的 IP 地址。

目标 IP 地址：32 位，表示数据接收者的 IP 地址。

选项：不定长度，主要用于控制和测试数据报。如记录路径、时间戳等。这些选项很少被使用，同时并不是所有主机和路由器都支持这些选项，选项字段的长度必须是 32 位的整数倍，如果不足，在填充字段必须填充 0 以达到此长度要求。IP 数据报选项由选项代码、选项长度和选项内容 3 部分组成。

（3）IP 分片、组装

在 IP 数据报首部中，与一个数据报的分片、组装相关的字段有标识字段、标志字段与片偏移字段。

标识（identification）字段：一个数据报的所有分片为同一个标识 ID 值。

标志（flags）字段：表示接收结点是不是能对数据报分片以及是否是最后一片。

片偏移（fragment offset）字段：表示该分片在整个数据报中的相对位置。

MSS 就是 TCP 数据报每次能够传输的最大数据分片。为了达到最佳的传输效能 TCP 协议在建立连接的时候通常要协商双方的 MSS 值，TCP 协议在实现的时候这个值往往用 MTU 值代替（需要减去 IP 数据报报头的大小 20 B 和 TCP 数据段的报头 20 B）所以往往 MSS 为 1460。通信双方会根据双方提供的 MSS 值得最小值确定为这次连接的最大 MSS 值。

4. 实验过程

通过 ping 命令捕获 IP 数据报并进行分析。

注意：系统 MTU=1 500 字节。

（1）ping 192.168.1.254 捕获 IP 数据报

不带参数的 ping 命令，默认为向目标主机发送数据为 32 字节长度的 ICMP 回应请求报文，数据报如果顺利到达目标主机，则目标主机会返回一个回应响应报文，该报文会携带原始的数据。如果传输过程中出现错误，数据不能继续转发传输，则会向发送主机返回一个差错报文，告知发送主机数据传输过程中出现的问题。

从图 4-16 可以看出 ping 命令发送 4 个 ICMP 的 Request 报文，得到了 4 个成功的 Reply 报文。

```
No. .  Time        Source          Destination     Protocol  Info
   22  9.904451    192.168.1.175   192.168.1.254   ICMP      Echo (ping) request
   23  9.905081    192.168.1.254   192.168.1.175   ICMP      Echo (ping) reply
   25  10.905513   192.168.1.175   192.168.1.254   ICMP      Echo (ping) request
   26  10.906142   192.168.1.254   192.168.1.175   ICMP      Echo (ping) reply
   28  11.905593   192.168.1.175   192.168.1.254   ICMP      Echo (ping) request
   29  11.906220   192.168.1.254   192.168.1.175   ICMP      Echo (ping) reply
   31  12.905564   192.168.1.175   192.168.1.254   ICMP      Echo (ping) request
   32  12.906192   192.168.1.254   192.168.1.175   ICMP      Echo (ping) reply

⊞ Frame 22 (74 bytes on wire, 74 bytes captured)
⊞ Ethernet II, Src: 00:19:db:c5:eb:3f (00:19:db:c5:eb:3f), Dst: Hangzhou_15:dd:be (00:0f:e2:15:dd:be)
⊟ Internet Protocol, Src: 192.168.1.175 (192.168.1.175), Dst: 192.168.1.254 (192.168.1.254)
    Version: 4
    Header length: 20 bytes
  ⊟ Differentiated Services Field: 0x00 (DSCP 0x00: Default; ECN: 0x00)
      0000 00.. = Differentiated Services Codepoint: Default (0x00)
      .... ..0. = ECN-Capable Transport (ECT): 0
      .... ...0 = ECN-CE: 0
    Total Length: 60
    Identification: 0x1b1a (6938)
  ⊟ Flags: 0x00
      0... = Reserved bit: Not set
      .0.. = Don't fragment: Not set
      ..0. = More fragments: Not set
    Fragment offset: 0
    Time to live: 128
    Protocol: ICMP (0x01)
  ⊟ Header checksum: 0x9aa9 [correct]
      [Good: True]
      [Bad : False]
    Source: 192.168.1.175 (192.168.1.175)
    Destination: 192.168.1.254 (192.168.1.254)
⊟ Internet Control Message Protocol
    Type: 8 (Echo (ping) request)
    Code: 0
    Checksum: 0x325c [correct]
    Identifier: 0x0200
    Sequence number: 0x1900
    Data (32 bytes)

0000  00 0f e2 15 dd be 00 19  db c5 eb 3f 08 00 45 00   ........ ...?..E.
0010  00 3c 1b 1a 00 00 80 01  9a a9 c0 a8 01 af c0 a8   .<...... ........
0020  01 fe 08 00 32 5c 02 00  19 00 61 62 63 64 65 66   ....2\.. ..abcdef
0030  67 68 69 6a 6b 6c 6d 6e  6f 70 71 72 73 74 75 76   ghijklmn opqrstuv
0040  77 61 62 63 64 65 66 67  68 69                     wabcdefg hi
```

图 4-16　ICMP 的请求报文解码

图 4-16 显示序号为 22 报文的 IP 首部截图，详细说明如下：

版本号：该字节中的高 4 位为 4，表示 IPv4。

首部长度：该字节中的低 4 位为 5，表示报文的首部长度是 5 个 32 位，即 20 字节。

服务类型：00。

总长度：00-3C（60），表示整个 IP 数据报的长度为 60 字节。

标识：1B-1A（6938），表示该 IP 数据报的编号。

标志、片偏移：00-00，表示该数据报未分片，片偏移 0。

生存时间：80（十进制 128）。

协议：01，表示该数据报的上层协议为 ICMP。

首部校验和：9A-A9。

源 IP 地址：C0-A8-01-AF（192.168.1.175）。

目的 IP 地址：C0-A8-01-FE（192.168.1.254）。

图 4-17 中序号 23 的报文为 22 号报文的响应报文，其 IP 首部数据详细说明如下：

版本号：该字节中的高 4 位为 4，表示 IPv4。

首部长度：该字节中的低 4 位为 5，表示报文的首部长度 5 个 32 位，即 20 字节。

服务类型：00。

总长度：00-3C（60），表示整个 IP 数据报的长度为 60 字节。

标识：1B-1A（6938），表示该 IP 数据报的编号。

标志、片偏移：00-00，表示该数据报未分片，片偏移 0。

生存时间：FF（255）。

协议：01，表示该数据报的上层协议为 ICMP。

首部校验和：D2-C2。

源 IP 地址：C0-A8-01-FE（192.168.1.254）。

目的 IP 地址：C0-A8-01-AF（192.168.1.175）。

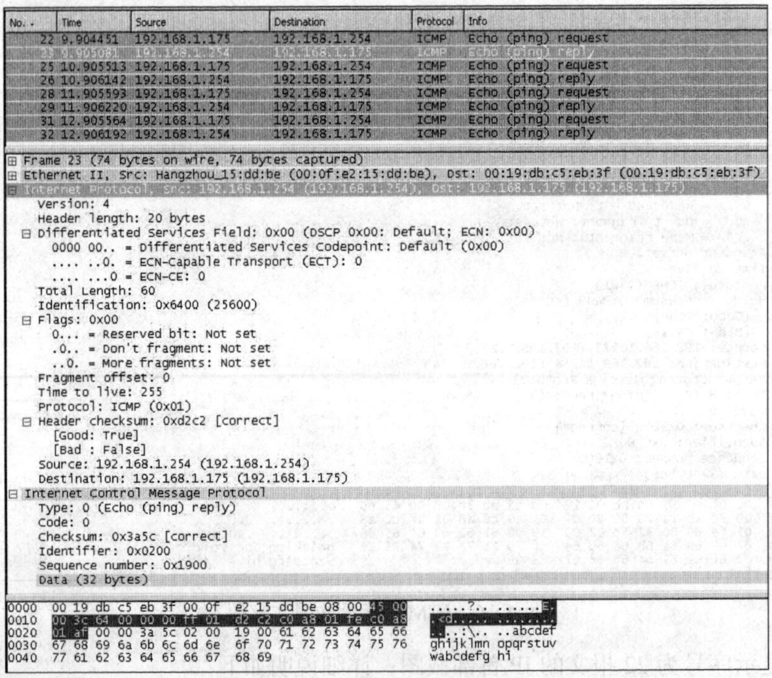

```
No. -  Time       Source          Destination     Protocol  Info
   22 9.904451    192.168.1.175   192.168.1.254   ICMP      Echo (ping) request
   23 9.905081    192.168.1.254   192.168.1.175   ICMP      Echo (ping) reply
   25 10.905513   192.168.1.175   192.168.1.254   ICMP      Echo (ping) request
   26 10.906142   192.168.1.254   192.168.1.175   ICMP      Echo (ping) reply
   28 11.905593   192.168.1.175   192.168.1.254   ICMP      Echo (ping) request
   29 11.906220   192.168.1.254   192.168.1.175   ICMP      Echo (ping) reply
   31 12.905564   192.168.1.175   192.168.1.254   ICMP      Echo (ping) request
   32 12.906192   192.168.1.254   192.168.1.175   ICMP      Echo (ping) reply

⊞ Frame 23 (74 bytes on wire, 74 bytes captured)
⊞ Ethernet II, Src: Hangzhou_15:dd:be (00:0f:e2:15:dd:be), Dst: 00:19:db:c5:eb:3f (00:19:db:c5:eb:3f)
⊟ Internet Protocol, Src: 192.168.1.254 (192.168.1.254), Dst: 192.168.1.175 (192.168.1.175)
    Version: 4
    Header length: 20 bytes
  ⊟ Differentiated Services Field: 0x00 (DSCP 0x00: Default; ECN: 0x00)
      0000 00.. = Differentiated Services Codepoint: Default (0x00)
      .... ..0. = ECN-Capable Transport (ECT): 0
      .... ...0 = ECN-CE: 0
    Total Length: 60
    Identification: 0x6400 (25600)
  ⊟ Flags: 0x00
      0... = Reserved bit: Not set
      .0.. = Don't fragment: Not set
      ..0. = More fragments: Not set
    Fragment offset: 0
    Time to live: 255
    Protocol: ICMP (0x01)
  ⊟ Header checksum: 0xd2c2 [correct]
      [Good: True]
      [Bad : False]
    Source: 192.168.1.254 (192.168.1.254)
    Destination: 192.168.1.175 (192.168.1.175)
⊟ Internet Control Message Protocol
    Type: 0 (Echo (ping) reply)
    Code: 0
    Checksum: 0x3a5c [correct]
    Identifier: 0x0200
    Sequence number: 0x1900
    Data (32 bytes)

0000  00 19 db c5 eb 3f 00 0f  e2 15 dd be 08 00 45 00   .....?.. ......E.
0010  00 3c 64 00 00 00 ff 01  d2 c2 c0 a8 01 fe c0 a8   .<d..... ........
0020  01 af 00 00 3a 5c 02 00  19 00 61 62 63 64 65 66   ....:\.. ..abcdef
0030  67 68 69 6a 6b 6c 6d 6e  6f 70 71 72 73 74 75 76   ghijklmn opqrstuv
0040  77 61 62 63 64 65 66 67  68 69                     wabcdefg hi
```

图 4-17　ICMP 的响应报文解码

（2）ping –l 4000 192.168.1.254 捕获 IP 数据报（4000>MTU=1500，需要分片）

由于 ping 发送的数据报为 4000 字节，而以太网的最大传输单元 MTU 是 1500 字节，所以需要将该数据报分为 3 片。而从图 4-18 中也可以看到，图 4-16 中的每个 ICMP 报文，被分成 3 个报文，也就是原本的 8 个报文变成了 24 个。序号 9-11，12-14，18-20，21-23，24-26，27-29，31-33，34-36 三帧数据分别为数据报的 3 个分片，下面主要分析 9-10 帧数据中与分片有关的字段。

图 4-18 为序号 9 帧数据的解包：

数据报长度：05-DC（1500）。

标识号：1B-16（6934）。

标识、片偏移：20-00（DF=0，MF=1，偏移 =00）。

```
No.   Time        Source          Destination     Protocol  Info
   10 4.344988    192.168.1.175   192.168.1.254   IP        Fragmented IP protocol (proto=ICMP 0x01, off=1480) [Reassembled in #11]
   11 4.344993    192.168.1.175   192.168.1.254   ICMP      Echo (ping) request
   12 4.351884    192.168.1.254   192.168.1.175   IP        Fragmented IP protocol (proto=ICMP 0x01, off=0) [Reassembled in #14]
   13 4.352005    192.168.1.254   192.168.1.175   IP        Fragmented IP protocol (proto=ICMP 0x01, off=1480) [Reassembled in #14]
   14 4.352093    192.168.1.254   192.168.1.175   ICMP      Echo (ping) reply
   18 5.345450    192.168.1.175   192.168.1.254   IP        Fragmented IP protocol (proto=ICMP 0x01, off=0) [Reassembled in #20]
   19 5.345465    192.168.1.175   192.168.1.254   IP        Fragmented IP protocol (proto=ICMP 0x01, off=1480) [Reassembled in #20]
   20 5.345470    192.168.1.175   192.168.1.254   ICMP      Echo (ping) request
   21 5.352363    192.168.1.254   192.168.1.175   IP        Fragmented IP protocol (proto=ICMP 0x01, off=0) [Reassembled in #23]
   22 5.352486    192.168.1.254   192.168.1.175   IP        Fragmented IP protocol (proto=ICMP 0x01, off=1480) [Reassembled in #23]
   23 5.352574    192.168.1.254   192.168.1.175   ICMP      Echo (ping) reply
   24 6.345466    192.168.1.175   192.168.1.254   IP        Fragmented IP protocol (proto=ICMP 0x01, off=0) [Reassembled in #26]
   25 6.345480    192.168.1.175   192.168.1.254   IP        Fragmented IP protocol (proto=ICMP 0x01, off=1480) [Reassembled in #26]
   26 6.345484    192.168.1.175   192.168.1.254   ICMP      Echo (ping) request
   27 6.352393    192.168.1.254   192.168.1.175   IP        Fragmented IP protocol (proto=ICMP 0x01, off=0) [Reassembled in #29]
   28 6.352514    192.168.1.254   192.168.1.175   IP        Fragmented IP protocol (proto=ICMP 0x01, off=1480) [Reassembled in #29]
   29 6.352602    192.168.1.254   192.168.1.175   ICMP      Echo (ping) reply
   31 7.345489    192.168.1.175   192.168.1.254   IP        Fragmented IP protocol (proto=ICMP 0x01, off=0) [Reassembled in #33]
   32 7.345502    192.168.1.175   192.168.1.254   IP        Fragmented IP protocol (proto=ICMP 0x01, off=1480) [Reassembled in #33]
   33 7.345507    192.168.1.175   192.168.1.254   ICMP      Echo (ping) request
   34 7.352387    192.168.1.254   192.168.1.175   IP        Fragmented IP protocol (proto=ICMP 0x01, off=0) [Reassembled in #36]
   35 7.352508    192.168.1.254   192.168.1.175   IP        Fragmented IP protocol (proto=ICMP 0x01, off=1480) [Reassembled in #36]
   36 7.352596    192.168.1.254   192.168.1.175   ICMP      Echo (ping) reply

  Header length: 20 bytes
  Total Length: 1500
  Identification: 0x1b16 (6934)
⊟ Flags: 0x02 (More Fragments)
    0... = Reserved bit: Not set
    .0.. = Don't fragment: Not set
    ..1. = More fragments: Set
  Fragment offset: 0
  Time to live: 128
  Protocol: ICMP (0x01)
⊟ Header checksum: 0x750d [correct]
    [Good: True]
    [Bad : False]
  Source: 192.168.1.175 (192.168.1.175)
  Destination: 192.168.1.254 (192.168.1.254)
  Reassembled IP in frame: 11
Data (1480 bytes)

0000  00 0f e2 15 dd be 00 19  db c5 eb 3f 08 00 45 00   ........ ...?..E.
0010  05 dc 1b 16 20 00 80 01  75 0d c0 a8 01 af c0 a8   .... ... u.......
0020  01 fe 08 00 db fb 02 00  15 00 61 62 63 64 65 66   ........ ..abcdef
0030  67 68 69 6a 6b 6c 6d 6e  6f 70 71 72 73 74 75 76   ghijklmn opqrstuv
0040  77 61 62 63 64 65 66 67  68 69 6a 6b 6c 6d 6e 6f   wabcdefg hijklmno
```

图 4-18　IP 分片数据报第 1 片解码

图 4-19 为序号 10 帧数据的解包：

数据报长度：05-DC（1500）。

标识号：1B-16（6934）。

标识、片偏移：20-B9（DF=0，MF=1，片偏移 =B9（185）× 8=1480 字节）。

```
No.   Time        Source          Destination     Protocol  Info
    9 4.344971    192.168.1.175   192.168.1.254   IP        Fragmented IP protocol (proto=ICMP 0x01, off=0) [Reassembled in #11]
   11 4.344993    192.168.1.175   192.168.1.254   ICMP      Echo (ping) request
   12 4.351884    192.168.1.254   192.168.1.175   IP        Fragmented IP protocol (proto=ICMP 0x01, off=0) [Reassembled in #14]

⊞ Frame 10 (1514 bytes on wire, 1514 bytes captured)
⊞ Ethernet II, Src: 00:19:db:c5:eb:3f (00:19:db:c5:eb:3f), Dst: Hangzhou_15:dd:be (00:0f:e2:15:dd:be)
  Version: 4
  Header length: 20 bytes
⊞ Differentiated Services Field: 0x00 (DSCP 0x00: Default; ECN: 0x00)
  Total Length: 1500
  Identification: 0x1b16 (6934)
⊟ Flags: 0x02 (More Fragments)
    0... = Reserved bit: Not set
    .0.. = Don't fragment: Not set
    ..1. = More fragments: Set
  Fragment offset: 1480
  Time to live: 128
  Protocol: ICMP (0x01)
⊟ Header checksum: 0x7454 [correct]
    [Good: True]
    [Bad : False]
  Source: 192.168.1.175 (192.168.1.175)
  Destination: 192.168.1.254 (192.168.1.254)
  Reassembled IP in frame: 11
Data (1480 bytes)

0000  00 0f e2 15 dd be 00 19  db c5 eb 3f 08 00 45 00   ........ ...?..E.
0010  05 dc 1b 16 20 b9 80 01  74 54 c0 a8 01 af c0 a8   ........ tT......
0020  01 fe 61 62 63 64 65 66  67 68 69 6a 6b 6c 6d 6e   ..abcdef ghijklmn
0030  6f 70 71 72 73 74 75 76  77 61 62 63 64 65 66 67   opqrstuv wabcdefg
0040  68 69 6a 6b 6c 6d 6e 6f  70 71 72 73 74 75 76 77   hijklmno pqrstuvw
0050  61 62 63 64 65 66 67 68  69 6a 6b 6c 6d 6e 6f 70   abcdefgh ijklmnop
0060  71 72 73 74 75 76 77 61  62 63 64 65 66 67 68 69   qrstuvwa bcdefghi
0070  6a 6b 6c 6d 6e 6f 70 71  72 73 74 75 76 77 61 62   jklmnopq rstuvwab
0080  63 64 65 66 67 68 69 6a  6b 6c 6d 6e 6f 70 71 72   cdefghij klmnopqr
0090  73 74 75 76 77 61 62 63  64 65 66 67 68 69 6a 6b   stuvwabc defghijk
00a0  6c 6d 6e 6f 70 71 72 73  74 75 76 77 61 62 63 64   lmnopqrs tuvwabcd
00b0  65 66 67 68 69 6a 6b 6c  6d 6e 6f 70 71 72 73 74   efghijkl mnopqrst
00c0  75 76 77 61 62 63 64 65  66 67 68 69 6a 6b 6c 6d   uvwabcde fghijklm
00d0  6e 6f 70 71 72 73 74 75  76 77 61 62 63 64 65 66   nopqrstu vwabcdef
00e0  67 68 69 6a 6b 6c 6d 6e  6f 70 71 72 73 74 75 76   ghijklmn opqrstuv
00f0  77 61 62 63 64 65 66 67  68 69 6a 6b 6c 6d 6e 6f   wabcdefg hijklmno
0100  70 71 72 73 74 75 76 77  61 62 63 64 65 66 67 68   pqrstuvw abcdefgh
0110  69 6a 6b 6c 6d 6e 6f 70  71 72 73 74 75 76 77 61   ijklmnop qrstuvwa
0120  62 63 64 65 66 67 68 69  6a 6b 6c 6d 6e 6f 70 71   bcdefghi jklmnopq
0130  72 73 74 75 76 77 61 62  63 64 65 66 67 68 69 6a   rstuvwab cdefghij
0140  6b 6c 6d 6e 6f 70 71 72  73 74 75 76 77 61 62 63   klmnopqr stuvwabc
0150  64 65 66 67 68 69 6a 6b  6c 6d 6e 6f 70 71 72 73   defghijk lmnopqrs
```

图 4-19　IP 数据报的第 2 个分片解码

图 4-20 为序号 11 帧数据的解包：

数据报长度：04-2C（1068）。

标识号：1B-16（6934）。

标识：01-72（DF=0，MF=0，片偏移 =0x172（370）× 8=2960 字节），表示最后一个分片。

通过以上分析，总结数据报分片的标识、标志与片偏移的关系见图 4-21。

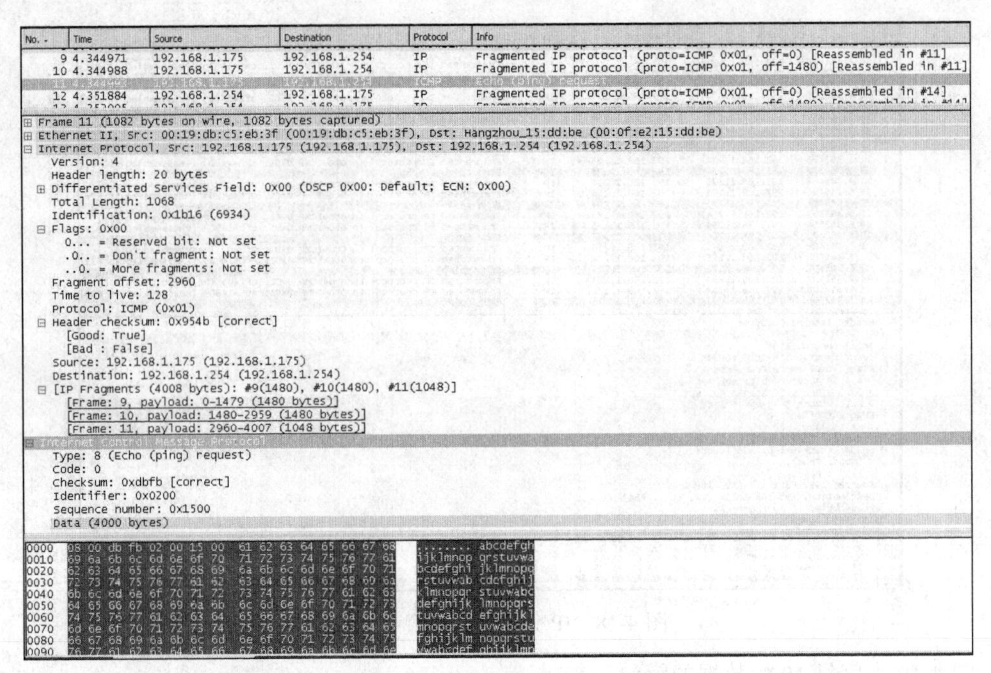

图 4-20　IP 分片数据报第三片解码

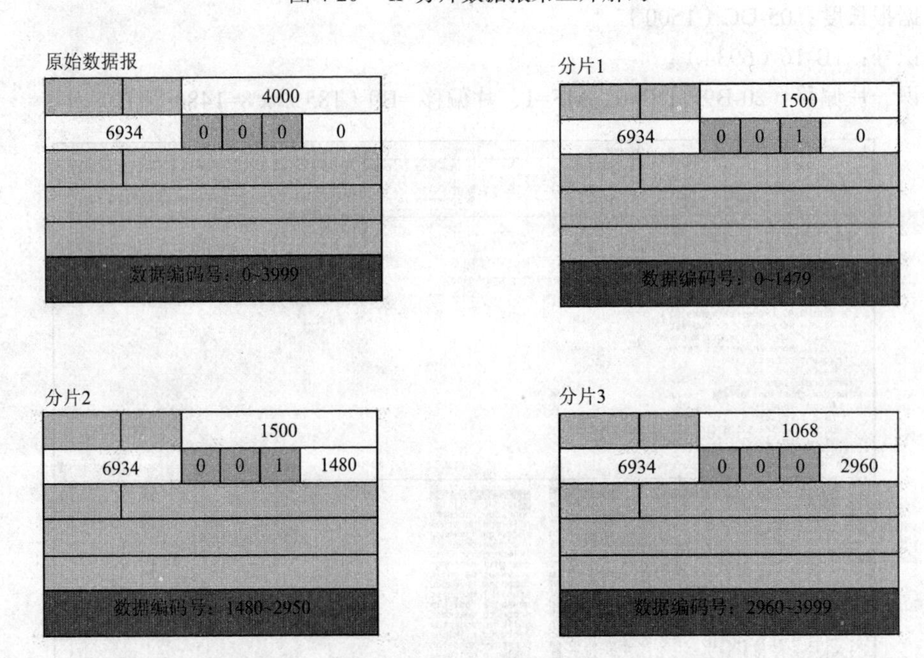

图 4-21　数据报分片的标识、标志与片偏移的关系

（3）通过编辑注册表，修改主机的 MTU 大小，再次捕获 IP 数据报，观察数据传输的速度以及数据报的分片情况

1）编辑注册表，修改 MTU。

步骤 1：在“开始”菜单选择“运行”命令，输入 regedit，打开“注册编辑器”窗口，如图 4-22 所示。

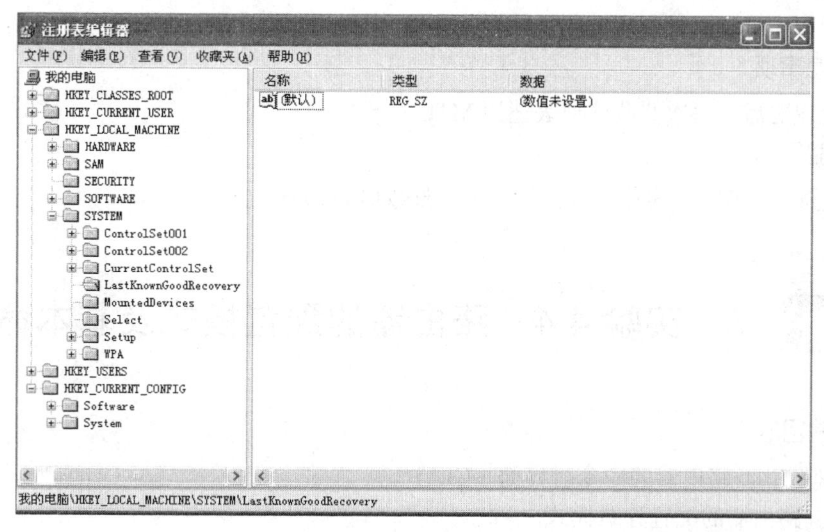

图 4-22 “注册编辑器”窗口

步骤 2：依次查找 HKEY_LOCAL_MACHINE/SYSTEM/ControlSet001/Services/Tcpip/ parameters/Interfaces，并打开其下的一个文件夹（一般为内容最多的那个文件夹）。

步骤 3：在右侧文件夹中单击，新建 DWORD，并命名为 MTU，然后双击，弹出“编辑 DWORD 值”的对话框，如图 4-23 所示。并将基数设置为十进制，数值数据设为 8 的整数倍再加 20（思考这是为什么），即为设置的 MTU 的值，如图设置为 84。

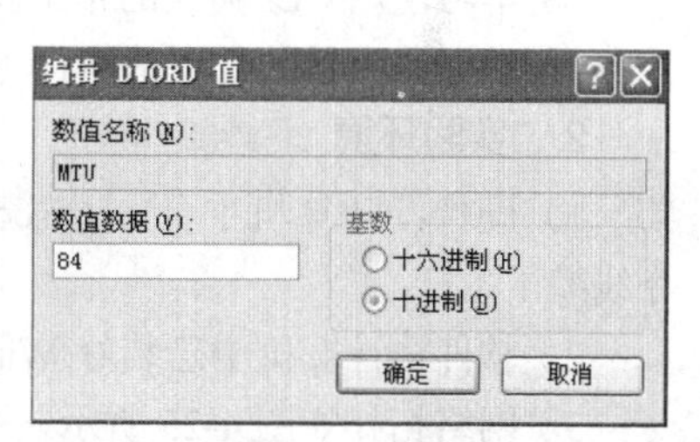

图 4-23 “编辑 DWORD 值”对话框

2）ping –l 4000 192.168.1.254 捕获 IP 数据报（4000>MTU=84，需要分片），如图 4-24 所示。

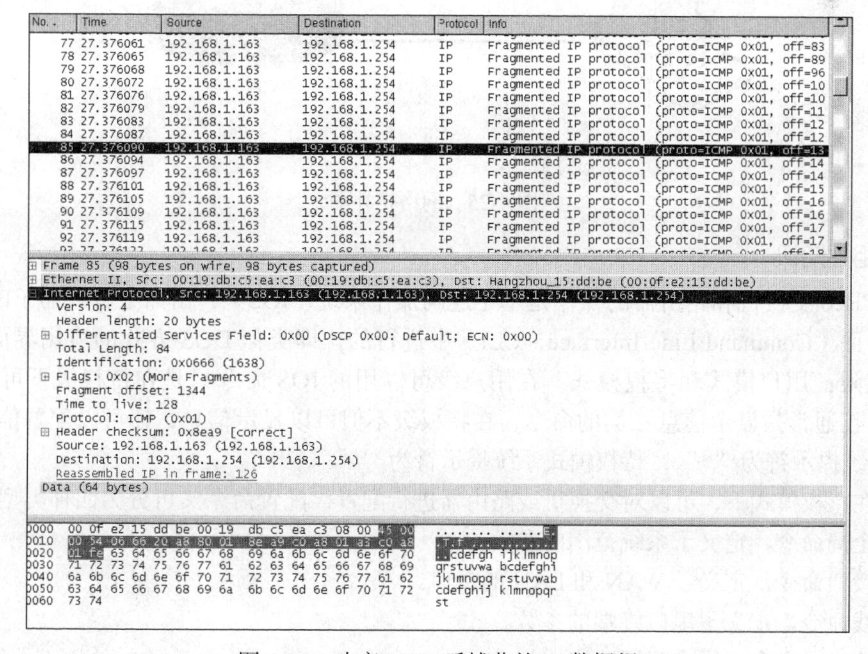

图 4-24 改变 MTU 后捕获的 IP 数据报

捕获过程中可以感觉到速度明显减慢，并且由图 4-24 可以看出数据报分片特别多。

5. 注意事项

实验完成之后，再次修改注册表还原 MTU。

6. 实验思考

在设置 MTU 值时，为什么其值等于 8 的整数倍加 20？

实验 4.4 路由器的配置模式及基本命令

1. 实验目的

1）熟悉 Cisco 路由器的命令行界面（CLI）。

2）掌握路由器的配置分级模式。

3）学习使用 CLI 强大的帮助功能。

4）掌握路由器的常用基本命令。

2. 实验环境

1）硬件：计算机 1 台， Cisco 路由器 1 台（本书实验用 Cisco 3550 一台），Cisco 配置命令线缆 1 条。

2）软件：计算机中已装好 Windows 操作系统。

3）网络拓扑如图 4-25 所示。

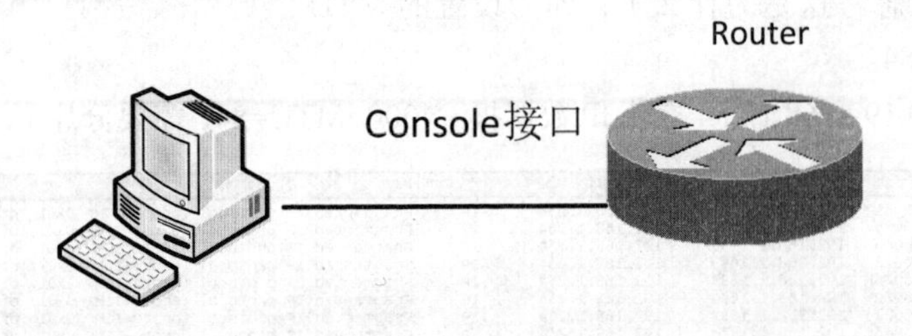

图 4-25 网络拓扑图

3. 相关知识

1）Cisco 交换机和路由器的操作是基于连网操作系统（IOS），由命令解释器（EXEC）在命令行界面（Command Line Interface，CLI）中进行的，即类似 DOS 方式的应用界面。EXEC 有两种权限：用户模式和特权模式。在用户级可以用的 IOS 命令只是在特权级下可用命令的子集，而且通常是显示信息一类的命令，在特权级不但可以显示信息，还可以配置信息。用户模式时系统提示符为“>”，特权模式系统提示符为“#”。

2）在特权模式下，可以对交换机或路由器进行配置，配置命令又可分为四种类型：

- 全局命令，定义了系统范围的参数。
- 接口命令，定义了 WAN 和 LAN 的接口。
- 线命令，定义了串口终端的参数。
- 路由子命令，用来配置路由协议。

不论在哪种方式下，都可以通过键入问号“?”来获取联机帮助，在提示符后面直接输入“?”然后按【Enter】键，即可列出相应级别（用户级、特权级）的所有 EXEC 命令，而在一条命令后面加上特定的参数并在该行的最后加上“?”，则可以获得该命令用法更深入的联机帮助信息。

交换机和路由器的命令允许简化输入，一般只需输入命令的 3~4 个字符就可以使交换机和路由器分清所用命令，并执行相应的动作，若不能区分，则可用前 3 个字符加“?”，利用 IOS 的上下文敏感帮助，让它列出所有与此 3 个字符相匹配的命令，用户再选择输入足够多的字符来完成命令的输入。

4. 实验过程

（1）通过 Console 口进行路由器的配置

用 Cisco 配置命令线缆将计算机的串口与 Cisco 路由器的 Console 口相连，启用计算机上的超级终端，观察路由器已自动进入用户模式（刚出厂的路由器第一次使用，会进入首次 setup 初始配置过程）。

（2）显示用户模式下的全部可用命令，输入问号“?”，按【Enter】键，

router> ?

观察结果，如图 4-26 所示。

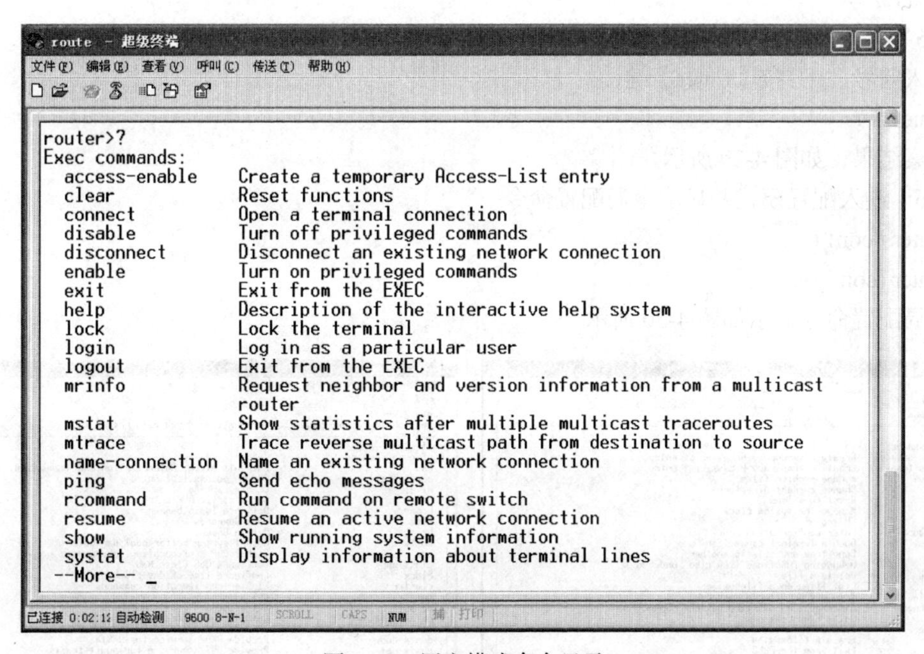

图 4-26　用户模式命令显示

当全部信息超出一屏显示时，会在屏幕下方显示 --More-- ，此时只需按空格键即可翻屏。

（3）获取联机帮助

在路由器用户命令提示符下，输入如下命令：

router >show interfaces ?

观察结果，如图 4-27 所示。

router >sh in ?

观察结果，如图 4-28 所示。

```
router>show interface ?
  Async               Async interface
  BVI                 Bridge-Group Virtual Interface
  Dialer              Dialer interface
  FastEthernet        FastEthernet IEEE 802.3
  GigabitEthernet     GigabitEthernet IEEE 802.3z
  Loopback            Loopback interface
  Multilink           Multilink-group interface
  Null                Null interface
  Port-channel        Ethernet Channel of interfaces
  Tunnel              Tunnel interface
  Virtual-Template    Virtual Template interface
  Virtual-TokenRing   Virtual TokenRing
  Vlan                Catalyst Vlans
  accounting          Show interface accounting
  capabilities        Show interface capabilities information
  counters            Show interface counters
  crb                 Show interface routing/bridging info
  debounce            Show interface debounce time info
  description         Show interface description
  etherchannel        Show interface etherchannel information
  fair-queue          Show interface Weighted Fair Queueing (WFQ) info
  flowcontrol         Show interface flowcontrol information
 --More--
```

图 4-27　显示接口可用命令

```
router>sh in ?
  Async               Async interface
  BVI                 Bridge-Group Virtual Interface
  Dialer              Dialer interface
  FastEthernet        FastEthernet IEEE 802.3
  GigabitEthernet     GigabitEthernet IEEE 802.3z
  Loopback            Loopback interface
  Multilink           Multilink-group interface
  Null                Null interface
  Port-channel        Ethernet Channel of interfaces
  Tunnel              Tunnel interface
  Virtual-Template    Virtual Template interface
  Virtual-TokenRing   Virtual TokenRing
  Vlan                Catalyst Vlans
  accounting          Show interface accounting
  capabilities        Show interface capabilities information
  counters            Show interface counters
  crb                 Show interface routing/bridging info
  debounce            Show interface debounce time info
  description         Show interface description
  etherchannel        Show interface etherchannel information
  fair-queue          Show interface Weighted Fair Queueing (WFQ) info
  flowcontrol         Show interface flowcontrol information
 --More--
```

图 4-28　简化方式显示接口可用命令

（4）进入特权模式

在路由器用户命令提示符下，输入如下命令：

router >ena

password:　// 首次进入，没设密码，直接按【Enter】键

router #

（5）显示特权模式下的全部可用命令

输入问号“?”按【Enter】键，

router # ?

观察结果，如图 4-29 所示。

（6）进入配置模式并显示全局配置命令

router #conf t

router (config)#?

全局配置命令显示如图 4-30 所示。

```
router>ena

router#?
Exec commands:
  access-enable     Create a temporary Access-List entry
  access-template   Create a temporary Access-List entry
  archive           manage archive files
  cd                Change current directory
  clear             Reset functions
  clock             Manage the system clock
  cns               CNS agents
  configure         Enter configuration mode
  connect           Open a terminal connection
  copy              Copy from one file to another
  debug             Debugging functions (see also 'undebug')
  delete            Delete a file
  dir               List files on a filesystem
  disable           Turn off privileged commands
  disconnect        Disconnect an existing network connection
  dot1x             Dot1x Exec Commands
  enable            Turn on privileged commands
  erase             Erase a filesystem
  exit              Exit from the EXEC
  format            Format a filesystem
  fsck              Fsck a filesystem
 --More-- _
```

图 4-29　特权模式可用命令

```
router#conf t
Enter configuration commands, one per line.  End with CNTL/Z.

router(config)#?
Configure commands:
  aaa                           Authentication, Authorization and Accounting.
  access-list                   Add an access list entry
  alias                         Create command alias
  arp                           Set a static ARP entry
  banner                        Define a login banner
  boot                          Boot Commands
  bridge                        Bridge Group.
  buffers                       Adjust system buffer pool parameters
  cdp                           Global CDP configuration subcommands
  class-map                     Configure QoS Class Map
  clock                         Configure time-of-day clock
  cluster                       Cluster configuration commands
  cns                           CNS agents
  default                       Set a command to its defaults
  default-value                 Default character-bits values
  define                        interface range macro definition
  dnsix-dmdp                    Provide DMDP service for DNSIX
  dnsix-nat                     Provide DNSIX service for audit trails
  do                            To run exec commands in config mode
  dot1x                         Dot1x Global Configuration Commands
  downward-compatible-config    Generate a configuration compatible with older
```

图 4-30　全局配置命令

（7）分别显示接口命令、线命令、路由子命令

router (config)#inter ?

router (config)#line ?

router (config)#router ?

观察结果。

（8）退出配置模式

router (config)#exit

router#

（9）退出特权模式

router#disable

router>

（10）显示当前 IOS 版本

在特权模式下，输入命令：

router #sh ver

IOS 版本信息显示如图 4-31 所示。

（11）显示当前配置

router #sh run

当前配置信息如图 4-32 所示。

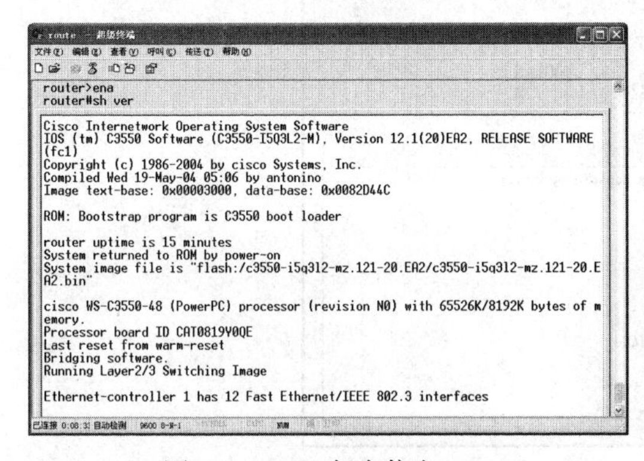

图 4-31　IOS 版本信息

```
router#sh run
Building configuration...

Current configuration : 3606 bytes
!
version 12.1
no service pad
service timestamps debug uptime
service timestamps log uptime
no service password-encryption
!
hostname router
!
!
ip subnet-zero
!
!
spanning-tree mode pvst
spanning-tree extend system-id
!
!
!
!
interface FastEthernet0/1
```

图 4-32　当前配置信息

（12）显示接口状态

router #sh inter status

当前接口状态信息如图 4-33 所示。

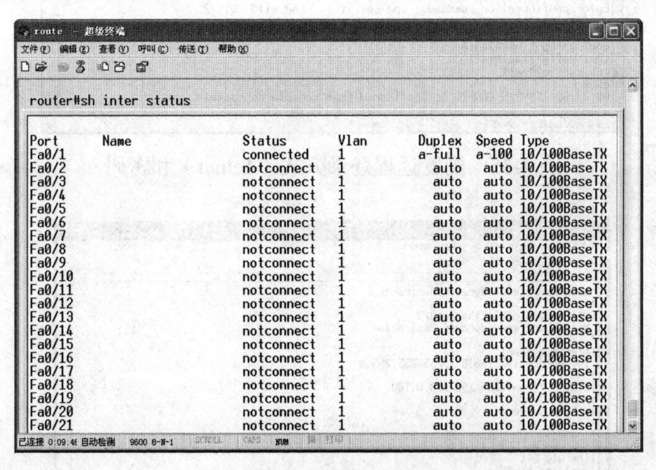

图 4-33　显示接口状态

（13）设置主机名

router #conf t

router(config) #hostname cnu // 默认情况下，主机名为 router

（14）设置特权模式密码

cnu(config) #enable secret level 15 0 good123 // 建立加密密码，密码包含字母和数字较安全

操作过程如图 4-34 所示。

（15）配置远程登录方式（Telnet）和密码

cnu(config) #line vty 0 4 // 允许远程登录的终端数（0~4，5 个）

cnu(config-line) #password bye886 // 远程登录密码

cnu(config-line) #login // 允许远程登录

cnu(config-line) #exit

cnu(config) #

操作过程如图 4-35 所示，结果显示如图 4-36 所示。

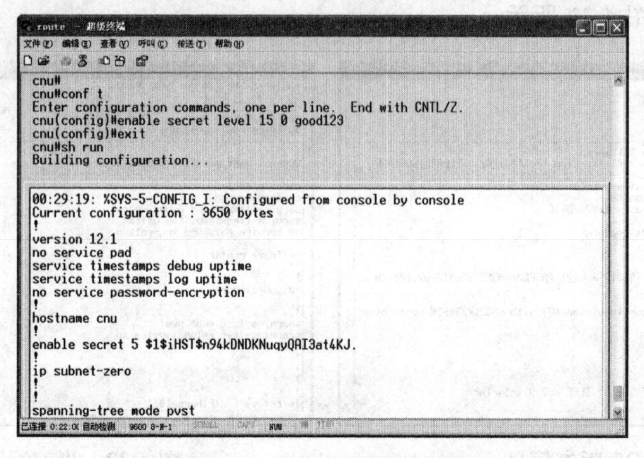

图 4-34 设置特权模式密码

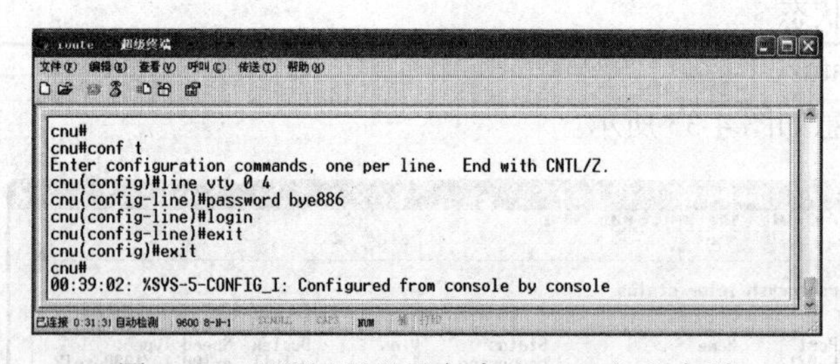

图 4-35 配置远程登录方式（Telnet）和密码

```
 switchport mode dynamic desirable
!
interface GigabitEthernet0/2
 switchport mode dynamic desirable
!
interface Vlan1
 ip address 192.168.0.1 255.255.255.0
!
ip default-gateway 192.168.0.100
ip classless
ip http server
!
line con 0
line vty 0 4
 password bye886
 login
line vty 5 15
 login
!
!
end

cnu#
```

图 4-36 显示配置情况

（16) 加密显示所有配置中的密码

cnu(config) #service password-encryption

cnu(config) #exit

cnu #sh run　　　　　// 显示当前配置，观察密码显示情况

操作过程如图 4-37 所示，结果验证如图 4-38 所示。

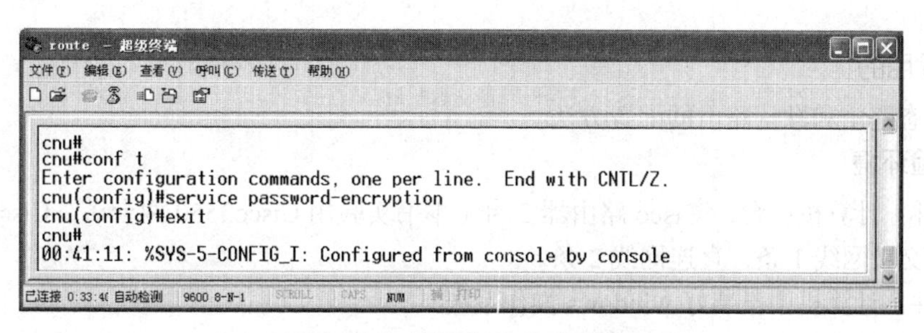

图 4-37　配置加密显示密码

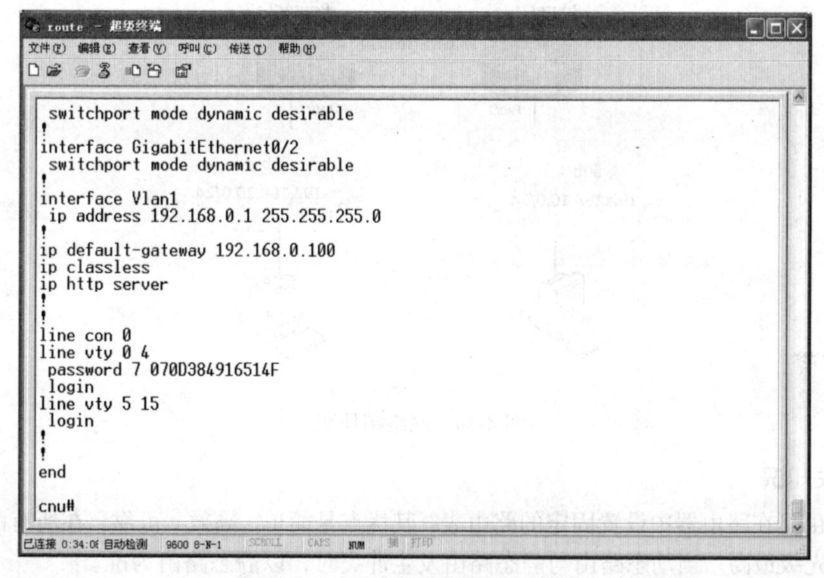

图 4-38　加密后的密码显示情况

（17）显示路由表

cnu #sh ip route

（18）保存配置

cnu #wr

5. 注意事项

注意简写命令的字符数少到不足以代表唯一的命令时，系统会报错，此时可利用问号“?”让系统列出所有相似的命令，从中选择，使输入的命令简写字符可以唯一标示一条命令即可。如果习惯看完整的命令单词，可以输入前几个字符后，按【Tab】键，系统会自动补齐该单词的其余部分。

6. 实验思考

输入路由器命令时，输入前 3~4 个字符之后，直接输入问号“?”，按【Enter】键，观察结果；

输入前3~4个字符之后，空一格，再输入问号“？”，按【Enter】键，观察结果；两者有何不同?

实验 4.5　路由器的静态路由和默认路由配置

1. 实验目的

掌握静态路由和默认路由的配置方法。

2. 实验环境

1）硬件：计算机 2 台，Cisco 路由器 2 台（本书实验用 Cisco3550 两台），Cisco 配置命令线缆 1 条，交叉网线 1 条，直连网线 2 条。

2）软件：计算机中已装好 windows 操作系统。

3）网络拓扑：如图 4-39 所示。两台路由器之间用交叉网线连接。

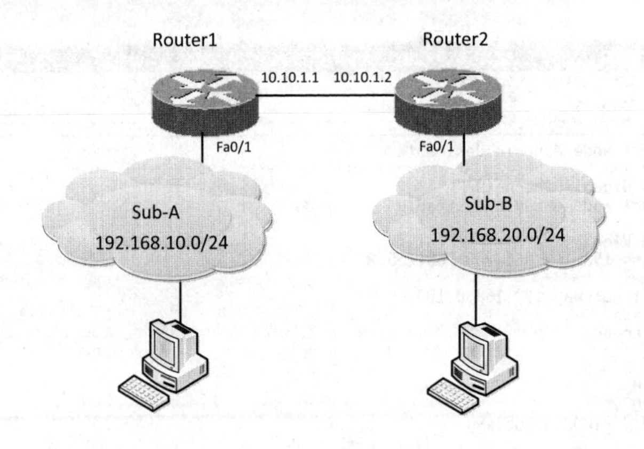

图 4-39　网络拓扑图

3. 相关知识

静态路由是在路由器中设置固定的路由表，其优点是简单、高效、可靠，在所有的路由中，静态路由优先级最高。当动态路由与静态路由发生冲突时，以静态路由为准。

默认路由可以看作是最后一条出路，这个特殊的路由告诉计算机或者其他路由器，当它们没有一个更加明确的路由时，将信息送入默认路由所指向的下一个跃点。如果没有默认路由，当网络通信请求目标不在路由器的路由表之中时，路由器可能会丢弃该网络请求，并会给源主机发送 ICMP 目标无法到达的信息，就像 PC 都会有个默认网关来连接本地路由器，在互联网上许多路由器和交换机也有默认的路由，以便访问不是本地的网络。

4. 实验过程

（1）通过 Console 口进行路由器的配置

方法同实验 4.4。

（2）配置静态路由

1）在 Route1 上的配置：

```
Route1#conf t
Route1(config)#ip routing
```

Route1(config)#int fa 0/1

Route1 (config-if)#no switchport

Route1(config-if)#ip addr 10.10.1.1 255.255.255.0

Route1(config-if)#no shutdown

Route1(config-if)#exit

Route1(config)#ip route 192.168.20.0 255.255.255.0 10.10.1.2

通过这条静态路由，连接在 Router1 上的子网段可以访问到 Sub-B 子网。配置过程见图 4-40。

```
route1 - 超级终端
文件(F) 编辑(E) 查看(V) 呼叫(C) 传送(T) 帮助(H)
route1#
route1#conf t
Enter configuration commands, one per line.  End with CNTL/Z.
route1(config)#ip routing
route1(config)#int fa 0/1
route1(config-if)#no switchport
route1(config-if)#ip addr 10.10.1.1 255.255.255.0
route1(config-if)#no shutdown
route1(config-if)#exit
route1(config)#ip route 192.168.20.0 255.255.255.0 10.10.1.2
route1(config)#exit
route1#
01:29:27: %SYS-5-CONFIG_I: Configured from console by console
已连接 1:22:06 自动检测 9600 8-N-1 SCROLL CAPS NUM 捕 打印
```

图 4-40　在 Route1 上的配置

在 Route1 上配置 Sub-A 子网见图 4-41。

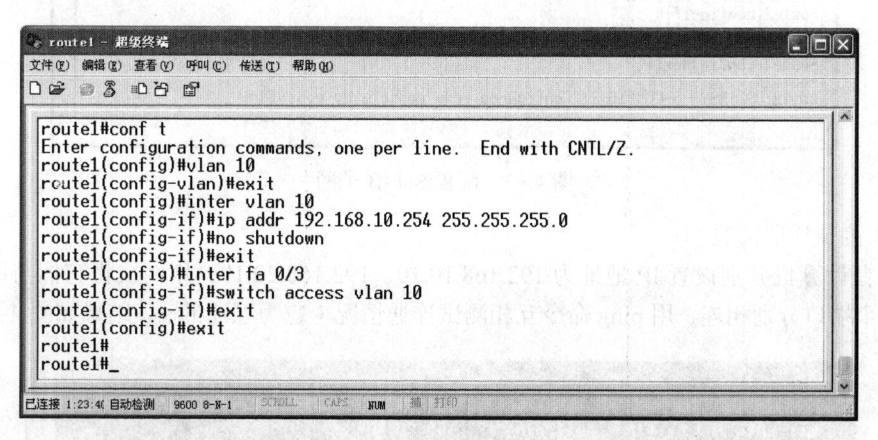

图 4-41　配置 Sub-A 子网

2）在 Route2 上的配置：

Route2#conf t

Route2(config)#ip routing

Route2(config)#int fa 0/1

Route2 (config-if)#no switchport

Route2(config-if)#ip addr 10.10.1.2 255.255.255.0

Route2(config-if)#no shutdown

Route2(config-if)#exit

Route2(config)#ip route 192.168.10.0 255.255.255.0 10.10.1.1

通过这条静态路由，连接在 Router2 上的子网段可以访问到 Sub-A 子网。配置过程见图 4-42。

```
route2 - 超级终端
文件(F) 编辑(E) 查看(V) 呼叫(C) 传送(T) 帮助(H)
route2#
route2#conf t
Enter configuration commands, one per line.  End with CNTL/Z.
route2(config)#ip routing
route2(config)#inter fa 0/1
route2(config-if)#no switchport
route2(config-if)#ip addr 10.10.1.2 255.255.255.0
route2(config-if)#no shutdown
route2(config-if)#exit
route2(config)#ip route 192.168.10.0 255.255.255.0 10.10.1.1
route2(config)#exit
route2#
00:07:42: %SYS-5-CONFIG_I: Configured from console by console_
已连接 1:11:3: 自动检测 9600 8-N-1 SCROLL CAPS NUM 捕 打印
```

图 4-42　Route2 上的配置

在 Route2 上配置 Sub-B 子网见图 4-43。

```
route2 - 超级终端
文件(F) 编辑(E) 查看(V) 呼叫(C) 传送(T) 帮助(H)
route2#
route2#conf t
Enter configuration commands, one per line.  End with CNTL/Z.
route2(config)#vlan 20
route2(config-vlan)#exit
route2(config)#int vl 20
route2(config-if)#ip addr 192.168.20.254 255.255.255.0
route2(config-if)#no shutdown
route2(config-if)#exit
route2(config)#int fa 0/3
route2(config-if)#
route2(config-if)#switchport access vlan 20
route2(config-if)#exit
route2(config)#exit
route2#
00:12:39: %SYS-5-CONFIG_I: Configured from console by console
已连接 1:16:2 自动检测 9600 8-N-1 SCROLL CAPS NUM 捕 打印
```

图 4-43　配置 Sub-B 子网

（3）测试连通情况

将两台计算机分别设置 IP 地址为 192.168.10.10、192.168.20.10，用网线将它们与两台路由器的第三个端口分别相连，用 ping 命令互相测试连通情况（应为互通的），结果如图 4-44 所示。

```
命令提示符
C:\Documents and Settings\dell>ping 192.168.20.10

Pinging 192.168.20.10 with 32 bytes of data:

Reply from 192.168.20.10: bytes=32 time<1ms TTL=126
Reply from 192.168.20.10: bytes=32 time<1ms TTL=126
Reply from 192.168.20.10: bytes=32 time<1ms TTL=126
Reply from 192.168.20.10: bytes=32 time<1ms TTL=126

Ping statistics for 192.168.20.10:
    Packets: Sent = 4, Received = 4, Lost = 0 (0% loss),
Approximate round trip times in milli-seconds:
    Minimum = 0ms, Maximum = 0ms, Average = 0ms

C:\Documents and Settings\dell>
```

图 4-44　连通性测试

（4）Route1 上增加子网

在 Route1 上再增加一个子网。操作过程如图 4-45 所示。

```
route1 - 超级终端
文件(F) 编辑(E) 查看(V) 呼叫(C) 传送(T) 帮助(H)
route1#

route1#conf t
Enter configuration commands, one per line.  End with CNTL/Z.
route1(config)#vlan 30
route1(config-vlan)#exit
route1(config)#inter vlan 30
route1(config-if)#ip addr 192.168.30.254 255.255.255.0
route1(config-if)#no shutdown
route1(config-if)#exit
route1(config)#inter fa 0/5
route1(config-if)#switch access vlan 30
route1(config-if)#exit
route1(config)#exit
route1#
01:42:13: %SYS-5-CONFIG_I: Configured from console by console
01:42:19: %LINEPROTO-5-UPDOWN: Line protocol on Interface FastEthernet0/3, chang
ed state to down
已连接 1:35:1 自动检测 9600 8-N-1 SCROLL CAPS NUM 捕 打印
```

图 4-45　Route1 上增加子网

（5）测试连通情况

将第一台计算机 IP 地址换为 192.168.30.10，将互联网线插入 Router1 的第五端口，再用 ping 命令互相测试连通情况（应为不通的），如图 4-46 所示。

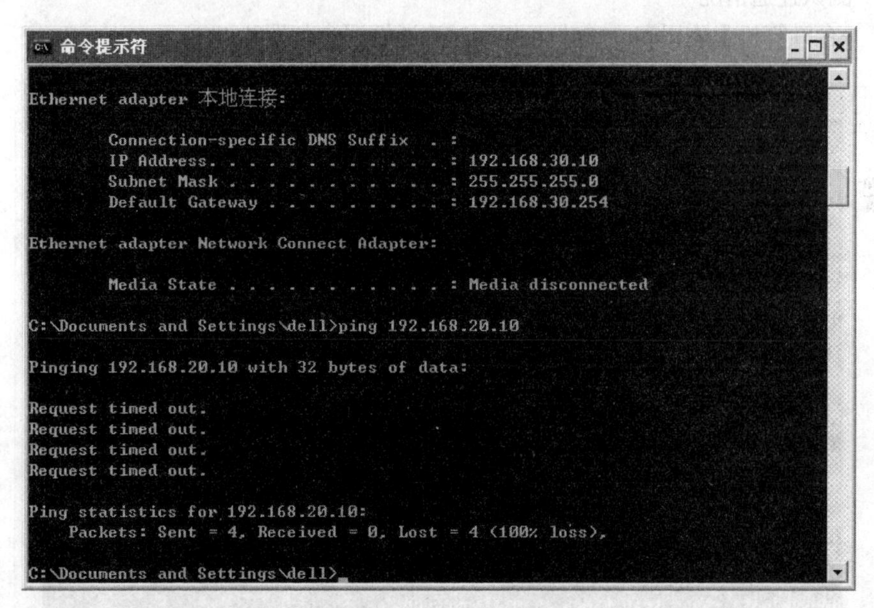

图 4-46　连通性测试

（6）在 Route2 上配置默认路由

Route2#conf t

Route2(config)#ip route 0.0.0.0 0.0.0.0 10.10.1.1

操作过程见图 4-47。

```
route2#
route2#conf t
Enter configuration commands, one per line.  End with CNTL/Z.
route2(config)#ip route 0.0.0.0 0.0.0.0 10.10.1.1
route2(config)#exit
route2#
00:35:31: %SYS-5-CONFIG_I: Configured from console by console
route2#sh ip route
Codes: C - connected, S - static, I - IGRP, R - RIP, M - mobile, B - BGP
       D - EIGRP, EX - EIGRP external, O - OSPF, IA - OSPF inter area
       N1 - OSPF NSSA external type 1, N2 - OSPF NSSA external type 2
       E1 - OSPF external type 1, E2 - OSPF external type 2, E - EGP
       i - IS-IS, L1 - IS-IS level-1, L2 - IS-IS level-2, ia - IS-IS inter area
       * - candidate default, U - per-user static route, o - ODR
       P - periodic downloaded static route

Gateway of last resort is 10.10.1.1 to network 0.0.0.0

S    192.168.10.0/24 [1/0] via 10.10.1.1
C    192.168.20.0/24 is directly connected, Vlan20
     10.0.0.0/24 is subnetted, 1 subnets
C       10.10.1.0 is directly connected, FastEthernet0/1
S*   0.0.0.0/0 [1/0] via 10.10.1.1
route2#
```

图 4-47 配置默认路由

通过这条默认路由，连接在 Route2 上的子网段可以访问到 Route1 上的所有子网。

（7）测试连通情况

在第一台计算机上再用 ping 命令互相测试连通情况，如图 4-48 所示。

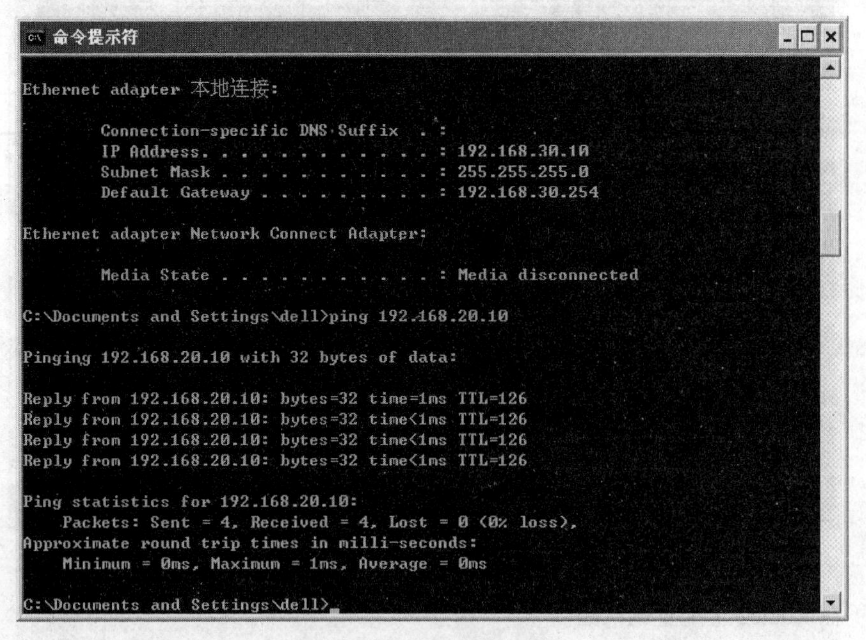

图 4-48 连通性测试

5. 实验思考

为什么在第（5）步测试连通性时，计算机换了 IP 地址后，互相就不通了？为什么在 Route2 上加默认路由后就连通了？

实验 4.6　CDP 协议配置

1. 实验目的

1）了解 CDP 协议的工作原理。

2）学会路由器 CDP 协议的配置方法。

2. 实验环境

1）硬件：计算机 2 台，Cisco 路由器 2 台（本实验用 Cisco3550 两台），Cisco 配置命令线缆 1 条，交叉网线 1 条，直连网线 2 条。

2）软件：计算机中已装好 Windows 操作系统。

3. 相关知识

CDP（Cisco Discovery Protocol，Cisco 设备发现协议）工作在数据链路层，用于发现直连的 Cisco 设备相关信息。CDP 利用直连的两个设备间定时发送 hello 信息（CDP 数据报）维持邻居关系。

默认情况下，每隔 60 s 的时间，每个 Cisco 设备都要向互连的对方发送一个 CDP 数据报。如果经过 3 个 hello 周期（180 s，称为 holdtime 或 TTL）还没有收到对方的 CDP 包，则本地设备在 CDP 邻居表中删除那个 CDP 邻居设备。

直连设备互相之间交换的 CDP 包中的内容主要包括：对端设备的名称、对端设备的性能（如交换机还是路由器）、对端设备的平台（型号）、对端设备的 IP 地址（或管理 IP）等信息。

利用 CDP 协议可以建立网络拓扑图，方便网络管理。

4. 实验过程

（1）通过 Console 口进行路由器的配置

方法同实验 4.4。

（2）配置 CDP 协议

在 Route1 上的配置：

Route1#conf t

Route1(config)# cdp run

这个命令是用来在全局模式下开启 CDP 协议，默认情况下，CDP 协议在全局模式下是开启的。

Route1(config)# no cdp run

关闭 CDP 协议，这样做的好处是 CDP 协议不会定期发送 CDP 消息，从而节省了带宽。

Route1(config)#inter fa 0/1

Route1(config-if)# cdp enable

这个命令需要在端口模式下配置，它在一个特定的端口开启 CDP 协议，在默认情况下，CDP 支持所有的端口发送和接收 CDP 协议消息，在特定情况下，CDP 协议是关闭的，如图 4-49 所示。

Route1(config-if)# no cdp enable　　　　//在异步端口关闭的情况下 CDP 协议消息更新

Route1# show cdp interface fa 0/1　　　　//查看 CDP 协议在特定端口是否开启

Route1#show cdp neighbors　　　　//显示邻居设备信息（见图 4-50）

Route1#show cdp neighbors detail　　// 显示邻居设备详细信息

```
route1#
route1#
route1#
route1#conf t
Enter configuration commands, one per line.  End with CNTL/Z.
route1(config)#cdp run
route1(config)#inter fa 0/1
route1(config-if)#cdp enable
route1(config-if)#exit
route1(config)#exit
route1#
00:05:26: %SYS-5-CONFIG_I: Configured from console by console
route1#show cdp inter fa 0/1
FastEthernet0/1 is up, line protocol is up
  Encapsulation ARPA
  Sending CDP packets every 60 seconds
  Holdtime is 180 seconds
route1#show cdp neighbors
Capability Codes: R - Router, T - Trans Bridge, B - Source Route Bridge
                  S - Switch, H - Host, I - IGMP, r - Repeater, P - Phone
Device ID        Local Intrfce     Holdtme    Capability  Platform  Port ID
route2           Fas 0/1            157          R S I     WS-C3550-4Fas 0/1
route1#_
```

图 4-49　CDP 协议配置过程

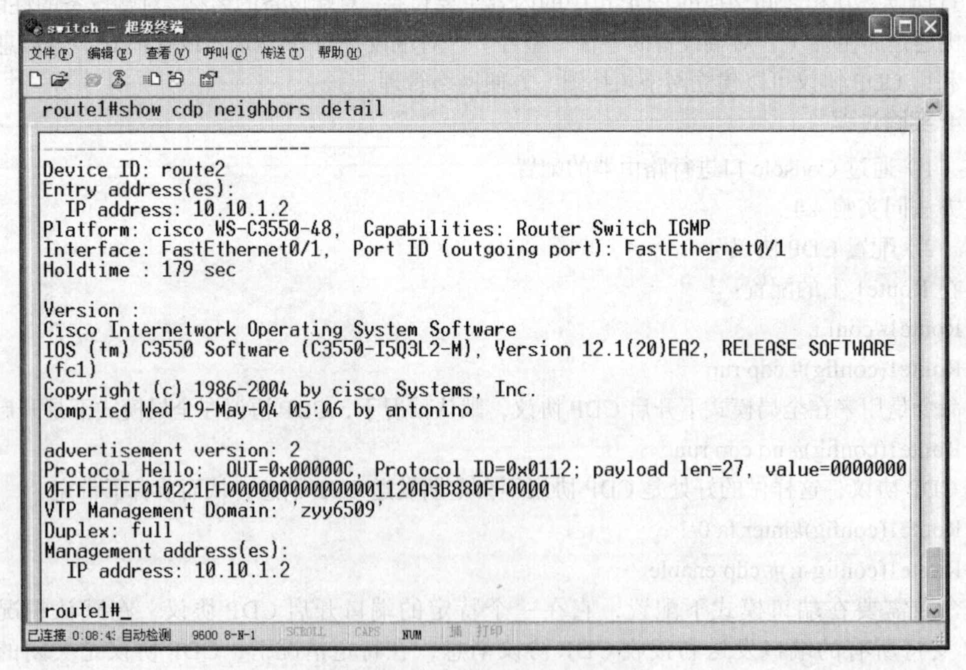

图 4-50　显示邻居设备详细信息

5. 注意事项

如果在全局模式下用 no cdp run 命令手动关闭 CDP 协议，网络端口就不能开启 CDP 协议。

6. 实验思考

为什么在实际应用中，一般都选择关闭CDP协议?

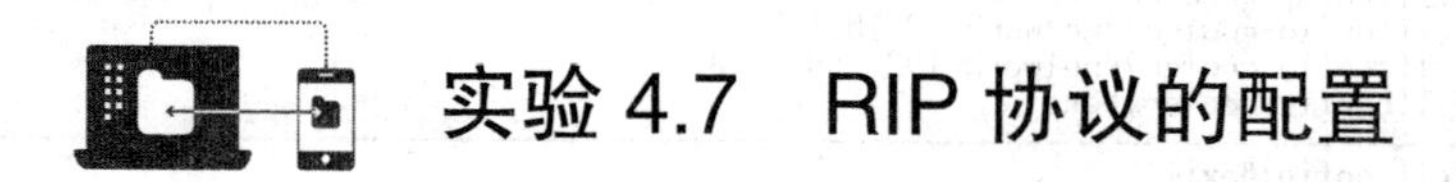

实验4.7 RIP协议的配置

1. 实验目的

1）了解RIP协议的工作原理。

2）学会路由器RIP协议的配置方法。

2. 实验环境

1）硬件：计算机2台，Cisco路由器2台（本实验用Cisco3550两台），Cisco配置命令线缆1条，交叉网线1条，直连网线2条。

2）软件：计算机中已装好Windows操作系统。

3）网络拓扑结构见图4-39。

3. 相关知识

动态路由选择协议主要有两大类，即距离向量（Distance Vector，DV）和链路状态（Link-State，LS）路由选择协议。在一个DV路由选择协议中，路由器通过一条路由信息仅能知道路由的远近和方向，而对于LS路由选择协议，路由器却有整个网络的完整路径图，即知道要到达某个网络所要经过哪些路由器以及哪些链路。RIP（Routing Information Protocol）路由信息协议采用距离向量算法，即路由器根据距离选择路由，所以也称为距离向量路由选择协议。RIP使用跳数来测量到达目的网络的距离，路由器到与它直接相连的网络的跳数为0，通过一个路由器网络跳数加1，依此类推，路由器收集所有可到达目的地的不同路径，并且保存有关到达每个目的地的最少跳数的路径信息，同时路由器也把所收集的路由信息用RIP协议通知相邻的其他路由器，但为防止产生路由环，RIP支持水平分割（Split Horizon），即从某端口学到的路由信息不再从此口发布，这样，正确的路由信息逐渐扩散到了全网。

RIP使用非常广泛，它简单、可靠，便于配置。但是RIP只适用于小型的同构网络，因为它允许的最大跳数为15，任何超过15个站点的目的地均被标记为不可达。而且RIP定期的路由更新广播也是造成网络的广播风暴的重要原因之一。

4. 实验过程

1）通过Console口进行路由器的配置

方法同实验4.4。

2）配置RIP协议

在Route1上的配置见图4-51。

```
Route1#conf t
Route1(config)#router rip
Route1(config-router)#network 10.10.1.0
Route1(config-router)#network 192.168.10.0
```

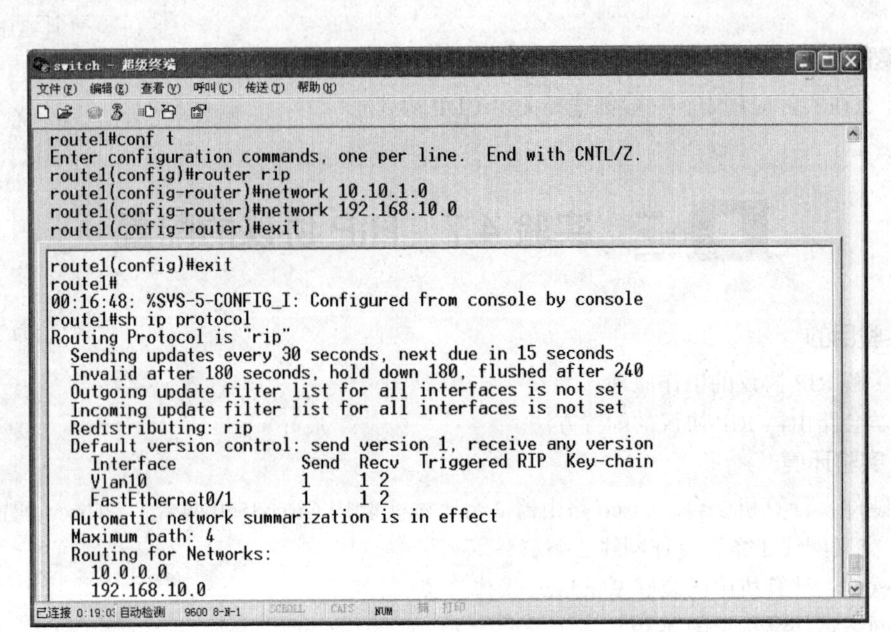

```
switch - 超级终端
文件(F) 编辑(E) 查看(V) 呼叫(C) 传送(T) 帮助(H)
route1#conf t
Enter configuration commands, one per line.  End with CNTL/Z.
route1(config)#router rip
route1(config-router)#network 10.10.1.0
route1(config-router)#network 192.168.10.0
route1(config-router)#exit

route1(config)#exit
route1#
00:16:48: %SYS-5-CONFIG_I: Configured from console by console
route1#sh ip protocol
Routing Protocol is "rip"
  Sending updates every 30 seconds, next due in 15 seconds
  Invalid after 180 seconds, hold down 180, flushed after 240
  Outgoing update filter list for all interfaces is not set
  Incoming update filter list for all interfaces is not set
  Redistributing: rip
  Default version control: send version 1, receive any version
    Interface          Send  Recv  Triggered RIP  Key-chain
    Vlan10             1     1 2
    FastEthernet0/1    1     1 2
  Automatic network summarization is in effect
  Maximum path: 4
  Routing for Networks:
    10.0.0.0
    192.168.10.0
已连接 0:19:0 自动检测 9600 8-N-1 SCROLL CAPS NUM 捕 打印
```

图 4-51　在 Route1 上配置 RIP 协议过程

在 Route2 上的配置见图 4-52。

Route2#conf t

Route2(config)#router rip

Route2(config-router)#network 10.10.1.0

Route2(config-router)#network 192.168.20.0

```
switch - 超级终端
文件(F) 编辑(E) 查看(V) 呼叫(C) 传送(T) 帮助(H)
route2#conf t
Enter configuration commands, one per line.  End with CNTL/Z.
route2(config)#router rip
route2(config-router)#network 10.10.1.0
route2(config-router)#network 192.168.20.0
route2(config-router)#exit

route2(config)#exit
route2#
00:20:09: %SYS-5-CONFIG_I: Configured from console by console
route2#sh ip protocol
Routing Protocol is "rip"
  Sending updates every 30 seconds, next due in 12 seconds
  Invalid after 180 seconds, hold down 180, flushed after 240
  Outgoing update filter list for all interfaces is not set
  Incoming update filter list for all interfaces is not set
  Redistributing: rip
  Default version control: send version 1, receive any version
    Interface          Send  Recv  Triggered RIP  Key-chain
    Vlan20             1     1 2
    FastEthernet0/1    1     1 2
  Automatic network summarization is in effect
  Maximum path: 4
  Routing for Networks:
    10.0.0.0
    192.168.20.0
已连接 0:21:4 自动检测 9600 8-N-1 SCROLL CAPS NUM 捕 打印
```

图 4-52　在 Route1 上配置 RIP 协议过程

3）查看路由表

Route#sh ip protocol // 显示当前启用的路由协议

Route#sh ip route　　// 显示当前的路由表

配置结果见图 4-53 和 4-54。

```
route1#sh run inter vlan 10
Building configuration...

Current configuration : 65 bytes
!
interface Vlan10
 ip address 192.168.10.254 255.255.255.0
end

route1#sh ip route
Codes: C - connected, S - static, I - IGRP, R - RIP, M - mobile, B - BGP
       D - EIGRP, EX - EIGRP external, O - OSPF, IA - OSPF inter area
       N1 - OSPF NSSA external type 1, N2 - OSPF NSSA external type 2
       E1 - OSPF external type 1, E2 - OSPF external type 2, E - EGP
       i - IS-IS, L1 - IS-IS level-1, L2 - IS-IS level-2, ia - IS-IS inter area
       * - candidate default, U - per-user static route, o - ODR
       P - periodic downloaded static route

Gateway of last resort is not set

R    192.168.20.0/24 [120/1] via 10.10.1.2, 00:00:03, FastEthernet0/1
     10.0.0.0/24 is subnetted, 1 subnets
C       10.10.1.0 is directly connected, FastEthernet0/1
route1#
```

图 4-53　查看 Route1 的路由表

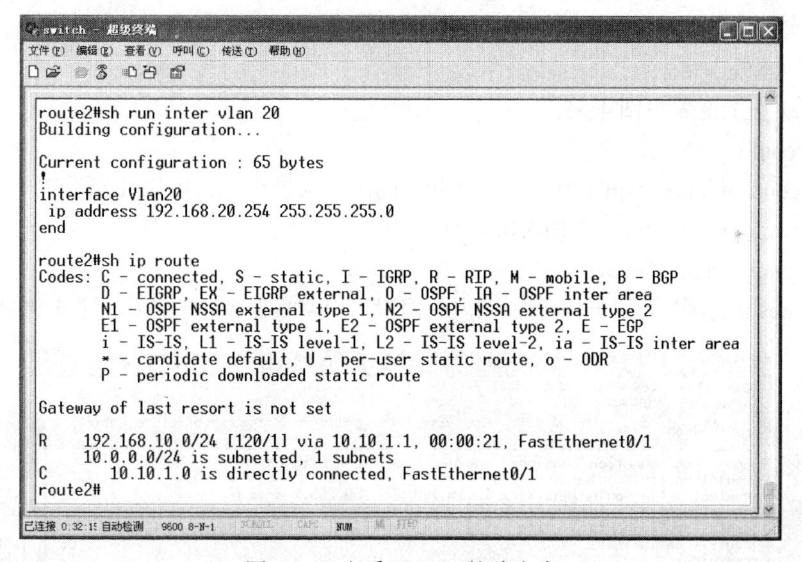

```
route2#sh run inter vlan 20
Building configuration...

Current configuration : 65 bytes
!
interface Vlan20
 ip address 192.168.20.254 255.255.255.0
end

route2#sh ip route
Codes: C - connected, S - static, I - IGRP, R - RIP, M - mobile, B - BGP
       D - EIGRP, EX - EIGRP external, O - OSPF, IA - OSPF inter area
       N1 - OSPF NSSA external type 1, N2 - OSPF NSSA external type 2
       E1 - OSPF external type 1, E2 - OSPF external type 2, E - EGP
       i - IS-IS, L1 - IS-IS level-1, L2 - IS-IS level-2, ia - IS-IS inter area
       * - candidate default, U - per-user static route, o - ODR
       P - periodic downloaded static route

Gateway of last resort is not set

R    192.168.10.0/24 [120/1] via 10.10.1.1, 00:00:21, FastEthernet0/1
     10.0.0.0/24 is subnetted, 1 subnets
C       10.10.1.0 is directly connected, FastEthernet0/1
route2#
```

图 4-54　查看 Route2 的路由表

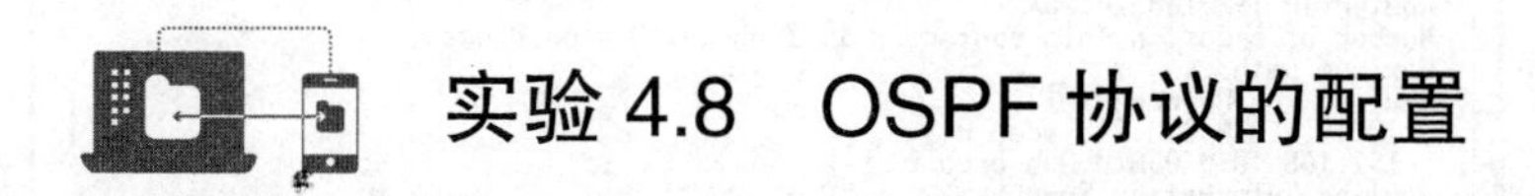

实验 4.8　OSPF 协议的配置

1. 实验目的

1）了解 OSPF 协议的工作原理。

2）学会路由器 OSPF 协议的配置方法。

2. 实验环境

实验环境同实验 4.7。

3. 相关知识

80 年代中期，RIP 已不能适应大规模异构网络的互连，OSPF 随之产生。它是网间工程任务组织（IETF）的内部网关协议工作组为 IP 网络而开发的一种路由协议。

OSPF（Open Shortest Path First，开放最短路由优先协议）是一种基于链路状态的路由协议，需要每个路由器向其同一管理域的所有其他路由器发送链路状态广播信息。在 OSPF 的链路状态广播中包括所有接口信息、所有的量度和其他一些变量。利用 OSPF 的路由器首先必须收集有关的链路状态信息，并根据一定的算法计算出到每个节点的最短路径。而基于距离向量的路由协议仅向其邻接路由器发送有关路由更新信息。

与 RIP 不同，OSPF 将一个自治域再划分为区，相应地即有两种类型的路由选择方式：当源和目的地在同一区时，采用区内路由选择；当源和目的地在不同区时，则采用区间路由选择。这就大大减少了网络开销，并且增加了网络的稳定性。当一个区内的路由器出了故障时并不影响自治域内其他区路由器的正常工作，这也给网络的管理、维护带来方便。

4. 实验过程

1）通过 Console 口进行路由器的配置

方法同实验 4.4。

2）配置 OSPF 协议

在 Route1 上的配置见图 4-55。

Route1#conf t

Route1(config)#router ospf 120 　　// 此处的 120 为进程号，可以任意设置

Route1(config-router)#network 10.10.1.0 area 0

Route1(config-router)#network 192.168.10.0 area 0

此处的 area 0 为区域号，同一个区域内的网段可以交换路由信息（0 为主干区域，必须有）。

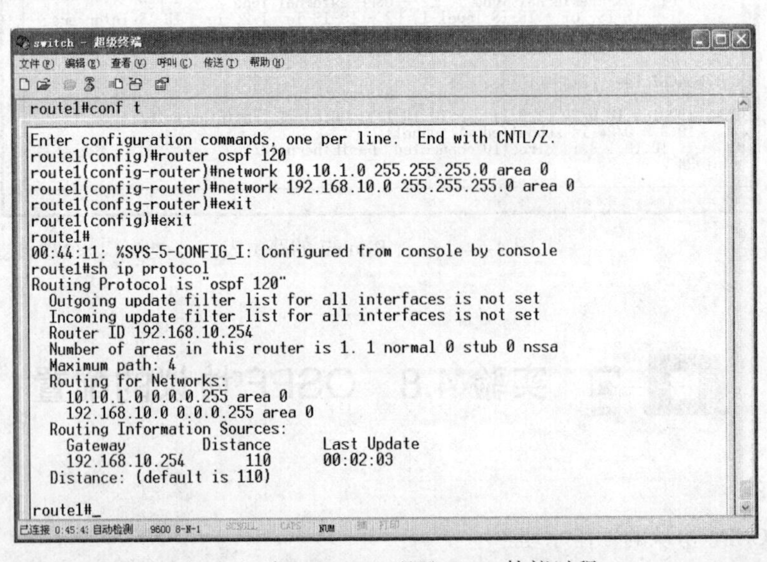

图 4-55　在 Route1 上配置 OSPF 协议过程

在 Route2 上的配置见图 4-56。

Route2#conf t

Route2(config)# router ospf 120

Route2(config-router)#network 10.10.1.0 255.255.255.0 area 0

Route2(config-router)#network 192.168.20.0 255.255.255.0 area 0

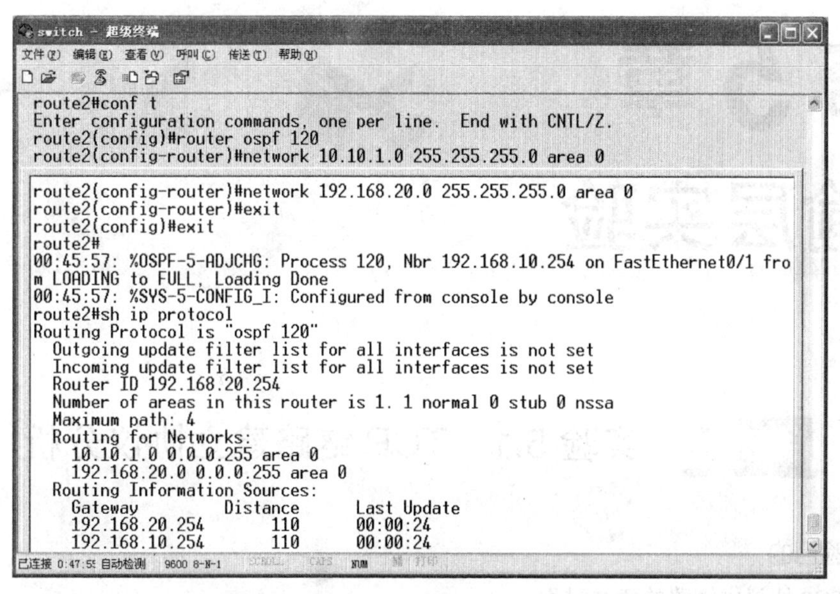

图 4-56　在 Route2 上配置 OSPF 协议过程

3）查看路由表

Route#sh ip protocol // 显示当前启用的路由协议

Route#sh ip route　　// 显示当前的路由表

图 4-57 为 OSPF 配置结果。

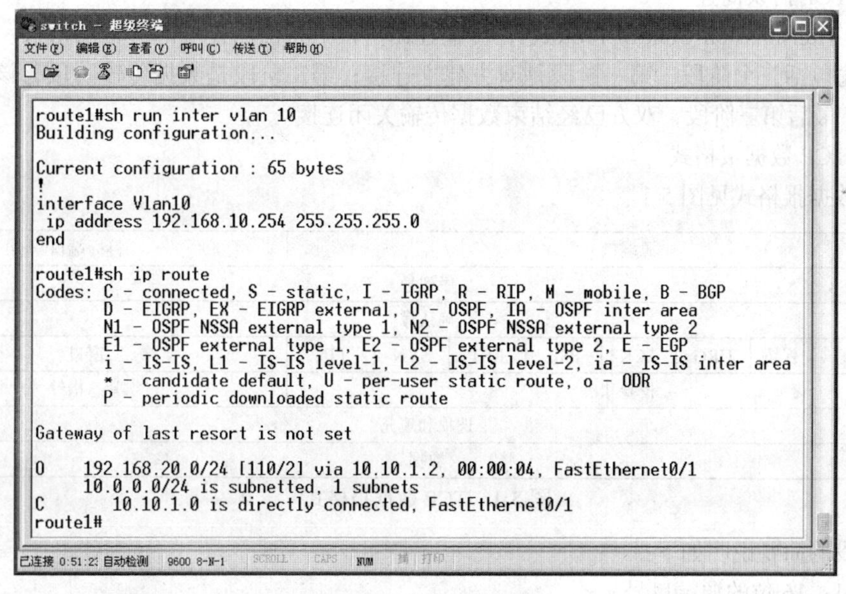

图 4-57　查看路由表

第 5 章 传输层实验

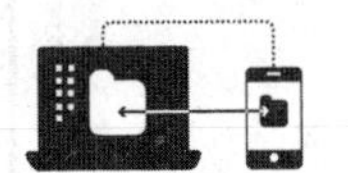

实验 5.1 TCP 链路建立协议分析

1. 实验目的

了解 TCP 协议中链路的建立过程。

2. 实验环境

1）硬件：网络环境的一台安装 Windows 操作系统的 PC。

2）软件：Wireshark。

3. 相关知识

（1）TCP 协议简述

TCP（Transmission Control Protocol，传输控制协议）是面向连接的运输层协议。基于 TCP 的数据传输包括三个阶段，第一阶段是双方建立连接；第二阶段是数据传输阶段，该阶段双方传输数据；最后第三阶段，双方已经结束数据传输关闭连接。

（2）TCP 数据报格式

TCP 数据报格式见图 5-1。

<table>
<tr><td colspan="9">源端口</td><td>目标端口</td></tr>
<tr><td colspan="10">序列号</td></tr>
<tr><td colspan="10">确认号</td></tr>
<tr><td>数据偏移</td><td>保留</td><td>URG</td><td>ACK</td><td>PSH</td><td>RST</td><td>SYN</td><td>FIN</td><td colspan="2">窗口</td></tr>
<tr><td colspan="9">校验和</td><td>紧急指针</td></tr>
<tr><td colspan="10">选项和填充</td></tr>
<tr><td colspan="10">数据</td></tr>
</table>

图 5-1　TCP 数据报格式

各字段的简要说明如下：

源端口：16 位的源端口号。

目标端口：16 位的目的端口号。

序列号：32 位，表示数据段中第一个数据字节的序号。如果 SYN 控制位是被置位的，则

序列号是初始序号（n），第一个数据字节为 n+1。

确认号：32 位，如果 ACK 控制位是被置位的，则这个字段表示接收方要接收的下一个数据报的序列号。

数据偏移：4 位，TCP 首部中 32 位字的号码，指明数据从哪里开始。

保留：6 位。

标志位：6 位，包括 URG、ACK、PSH、RST、SYN、FIN。

- URG—紧急指针。
- ACK—确认。
- PSH—推送比特。
- RST—重置连接。
- SYN—同步序号。
- FIN—结束标志。

窗口：16 位，表示希望收到的每个 TCP 数据段的大小。

校验和：16 位。

紧急指针：16 位，只有在 URG=1 时有效。

选项：其长度可变，每一选项的第一个 byte 为代码，其后一个 byte 为该项内容长度，接着为项目内容，选项栏共有 7 种可能，见表 5-1。

表 5-1　TCP 数据报选项

代码	长度	含义
0	-	选项列表末尾
1	-	无操作
2	4	最大报文端长度
3	3	窗口比例
4	2	允许选择性确认
5	X	选择性确认
8	10	时间戳

填充：为了使 TCP 首部的总长度达到 32 位的倍数，使用 0 填充 TCP 首部。

4. 实验过程

通过浏览器访问 ftp://192.168.1.130 文件服务器，用 Wireshark 捕获 TCP 协议数据报。

三次握手的目的是建立两个主机之间的链路连接，同时也向其他主机表明其一次可接收的数据量（窗口大小）。

图 5-2 为 TCP 连接的第一次握手过程，详细说明如下：

源端口：05-29（1321）。

目标端口：00-15（21）。

序列号：74-F6-A4-41。

确认号：00-00-00-00（0）。

首部长度：70（28 字节）。

标识符：02（00000010，其中 SYN 置 1，表示为握手报文）。

窗口大小：FF-FF（65535）。

校验和：E0-25。

紧急指针：00-00。

选项：02-04-05-B4（表示报文最大长度 05-B4，也就是 1460）。

选项中两个 NOP:01-01。表示无操作。

选项中 SACKpermitted：04-02。表示允许选择性确认。

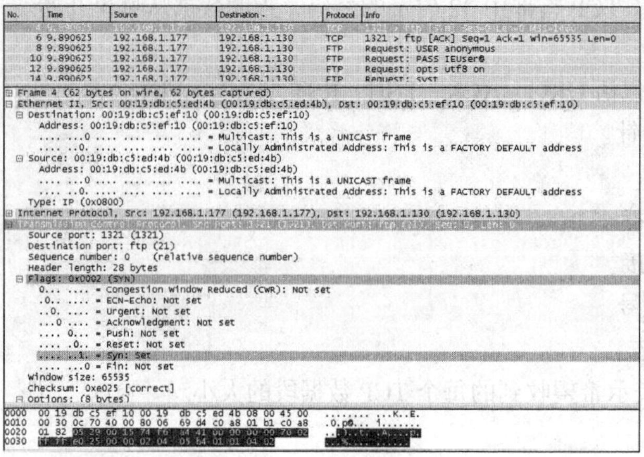

图 5-2　第一次握手过程

图 5-3 为 TCP 连接的第二次握手，详细说明如下：

源端口：00-15（21）。

目标端口：05-29（1321）。

序列号：F3-95-25-DE。

确认号：74-F6-A4-42。

头部长度：70（28 字节）。

标识符：12（00010010，其中 ACK 置 1，SYN 置 1）。

窗口大小：40-00（16384）。

校验和：86-A0。

紧急指针：00-00。

选项：02-04-05-B4（表示报文最大长度 05-B4，也就是 1460）

选项中两个 NOP:01-01。表示无操作。

选项中 SACKpermitted：04-02。表示允许选择性确认。

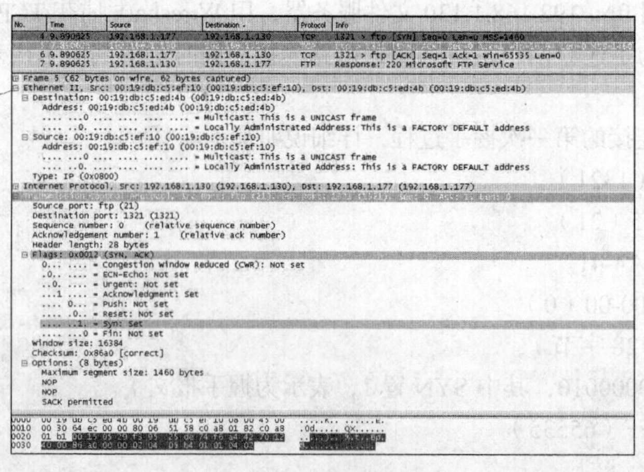

图 5-3　第二次握手过程

图 5-4 为 TCP 连接的第三次握手，详细说明如下：

源端口：05-29（1321）。

目标端口： 00-15（21）。

序列号：74-F6-A4-42。

确认号：F3-95-25-DF。

头部长度：50（20 字节）。

标识符：10（00010000，其中 ACK 置 1）。

窗口大小：FF-FF（65535）。

校验和：F3-64。

紧急指针：00-00。

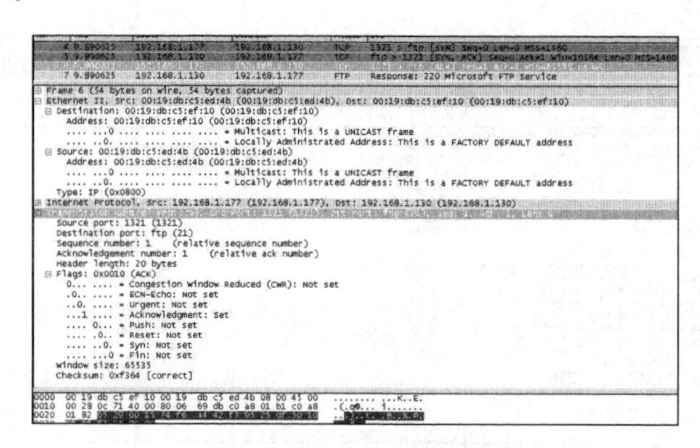

图 5-4　第三次握手过程

图 5-5 为 TCP 三个握手后服务器给客户机发送的第一个数据报，详细说明如下：

源端口：00-15（21）。

目标端口：05-29（1321）。

序列号：F3-95-25-DF。

确认号：74-F6-A4-42。

头部长度：50（20 字节）。

标识符：18（00011000，其中 ACK 置 1，PSH 置 1）。

窗口大小：FF-FF（65535）。

校验和：58-58。

紧急指针：00-00。

应用层 FTP 的数据：28 个数据。32-32-30-20……63-65-0D-0A。

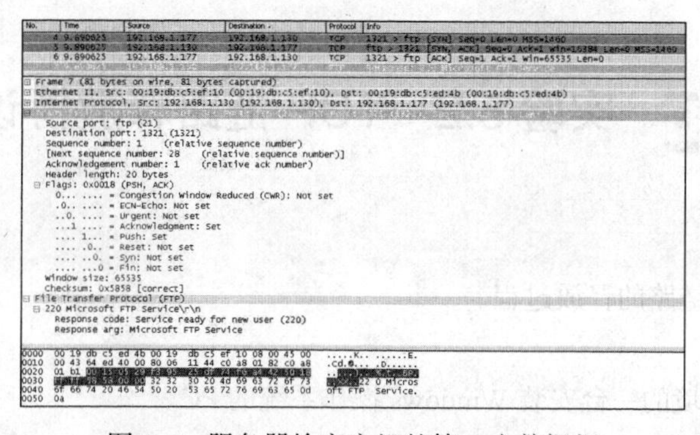

图 5-5　服务器给客户机的第一个数据报

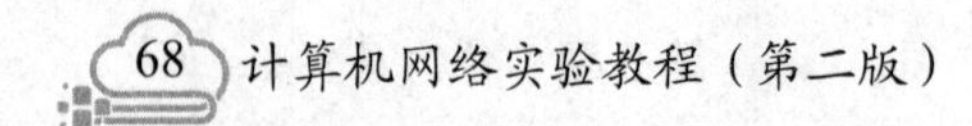

图 5-6 为 TCP 三个握手后客户机给服务器发送的第一个数据报，详细说明如下：

源端口：05-29（1321）。

目标端口： 00-15（21）。

序列号：74-F6-A4-42。

确认号: F3-95-25-FA(为第三次握手报文中的确认号+第一个数据报发送的1C(28)个数据)。

头部长度：50（20 字节）。

标识符：18（00011000，其中 ACK 置 1，PSH 置 1）。

窗口大小：FF-E4（65508）。

校验和：6B-70。

紧急指针：00-00。

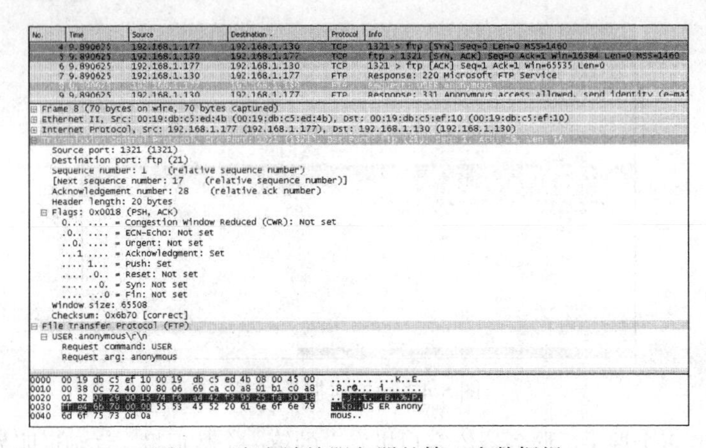

图 5-6 客户端给服务器的第一个数据报

从以上分析，TCP 的三次握手过程为：

1）客户机发送一个带 SYN 标志的 TCP 报文到服务器，客户机起始序列号 74-F6-A4-41，确认号 0。

2）服务器回应客户机的报文同时带 ACK 标志和 SYN 标志，服务器起始序列号 F3-95-25-DE，确认号为客户机起始序列号 74-F6-A4-41 加 1，即 74-F6-A4-42。

3）客户机必须回应服务器一个 ACK 报文，序列号为服务器确认号 74-F6-A4-42，确认号为服务器序列号加 1，即 F3-95-25-DF。

5. 实验思考

三次握手构建的是双向链路还是单向链路？

实验 5.2 TCP 链路释放协议分析

1. 实验目的

了解 TCP 协议中链路的释放过程。

2. 实验环境

1）硬件：网络环境的一台安装 Windows 操作系统的 PC。

2）软件：Wircshark。

3. 相关知识

数据传输完毕，释放网络资源，实验中用到 TCP 协议，TCP 报文格式等相关知识。与连接释放相关的字段有源端口、目标端口、序列号、确认号、标志位 ACK、FIN 等。

4. 实验过程

通过浏览器访问 ftp://192.168.1.130 文件服务器，用 Wireshark 捕获 TCP 协议数据报。

四次分手的目的是释放两个主机之间的链路连接。

图 5-7 为 TCP 断开前，客户机发给服务器的最后一个报文，序列号 74-F6-A4-F5，确认号 F3-95-29-B7。

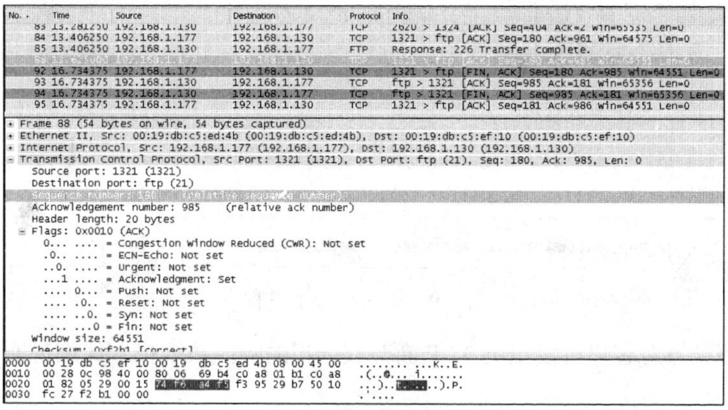

图 5-7　客户机给服务器的最后一个报文

图 5-8 为 TCP 断开前，服务器发给客户机的最后一个报文，序列号 F3-95-29-9F，确认号 74-F6-A4-F5。

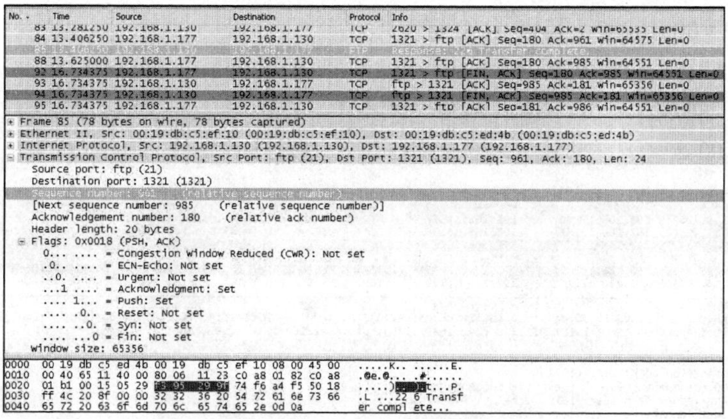

图 5-8　服务器给客户机的最后一个报文

图 5-9 为客户机发给服务器的 TCP 连接释放的请求数据报，详细说明如下：

源端口：05-29（1321）。

目标端口：00-15（21）。

序列号：74-F6-A4-F5。

确认号：F3-95-29-67。

头部长度：50（20 个字节）。

标识符：11（00010001，其中 ACK 置 1，FIN 置 1）。

窗口大小：FC-27（64551）。

校验和：F2-B0。

紧急指针：00-00。

```
No. -  Time       Source          Destination     Protocol Info
    85 13.406250  192.168.1.130   192.168.1.177   FTP      Response: 226 Transfer complete.
    88 13.625000  192.168.1.177   192.168.1.130   TCP      1321 > ftp [ACK] Seq=180 Ack=985 Win=64551 Len=0
    [illegible]
    93 16.734375  192.168.1.130   192.168.1.177   TCP      ftp > 1321 [ACK] Seq=985 Ack=181 Win=65356 Len=0
    94 16.734375  192.168.1.130   192.168.1.177   TCP      ftp > 1321 [FIN, ACK] Seq=985 Ack=181 Win=65356 Len=0
    95 16.734375  192.168.1.177   192.168.1.130   TCP      1321 > ftp [ACK] Seq=181 Ack=986 Win=64551 Len=0

+ Frame 92 (54 bytes on wire, 54 bytes captured)
+ Ethernet II, Src: 00:19:db:c5:ed:4b (00:19:db:c5:ed:4b), Dst: 00:19:db:c5:ef:10 (00:19:db:c5:ef:10)
+ Internet Protocol, Src: 192.168.1.177 (192.168.1.177), Dst: 192.168.1.130 (192.168.1.130)
- Transmission Control Protocol, Src Port: 1321 (1321), Dst Port: ftp (21), Seq: 180, Ack: 985, Len: 0
    Source port: 1321 (1321)
    Destination port: ftp (21)
    Sequence number: 180    (relative sequence number)
    Acknowledgement number: 985    (relative ack number)
    Header length: 20 bytes
  ⊟ Flags: 0x0011 (FIN, ACK)
      0... .... = Congestion Window Reduced (CWR): Not set
      .0.. .... = ECN-Echo: Not set
      ..0. .... = Urgent: Not set
      ...1 .... = Acknowledgment: Set
      .... 0... = Push: Not set
      .... .0.. = Reset: Not set
      .... ..0. = Syn: Not set
      .... ...1 = Fin: Set
    Window size: 64551
    Checksum: 0xf2b0 [correct]

0000  00 19 db c5 ef 10 00 19  db c5 ed 4b 08 00 45 00   ........ ...K..E.
0010  00 28 0c 99 40 00 80 06  69 b3 c0 a8 01 b1 c0 a8   .(..@... i.......
0020  01 82 05 29 00 15 74 f6  a4 f5 f3 95 29 b7 50 11   ...)..t. ....).P.
0030  fc 27 f2 b0 00 00                                  .'....
```

图 5-9　第一次分手过程

图 5-10 为服务器对客户机发出的 TCP 断开数据报的响应数据报，详细说明如下：

源端口：00-15（21）。

目标端口：05-29（1321）。

序列号：F3-95-29-B7。

确认号：74-F6-A4-F6。

头部长度：50（20 字节）。

标识符：10（00010000，其中 ACK 置 1）。

窗口大小：FF-4C（65356）。

校验和：EF-8B。

紧急指针：00-00。

```
No. -  Time       Source          Destination     Protocol Info
    85 13.406250  192.168.1.130   192.168.1.177   FTP      Response: 226 Transfer complete.
    88 13.625000  192.168.1.177   192.168.1.130   TCP      1321 > ftp [ACK] Seq=180 Ack=985 Win=64551 Len=0
    92 16.734375  192.168.1.177   192.168.1.130   TCP      1321 > ftp [FIN, ACK] Seq=180 Ack=985 Win=64551 Len=0
    93 16.734375  192.168.1.130   192.168.1.177   TCP      ftp > 1321 [ACK] Seq=985 Ack=181 Win=65356 Len=0
    94 16.734375  192.168.1.130   192.168.1.177   TCP      ftp > 1321 [FIN, ACK] Seq=985 Ack=181 Win=65356 Len=0
    95 16.734375  192.168.1.177   192.168.1.130   TCP      1321 > ftp [ACK] Seq=181 Ack=986 Win=64551 Len=0

+ Frame 93 (60 bytes on wire, 60 bytes captured)
+ Ethernet II, Src: 00:19:db:c5:ef:10 (00:19:db:c5:ef:10), Dst: 00:19:db:c5:ed:4b (00:19:db:c5:ed:4b)
+ Internet Protocol, Src: 192.168.1.130 (192.168.1.130), Dst: 192.168.1.177 (192.168.1.177)
- Transmission Control Protocol, Src Port: ftp (21), Dst Port: 1321 (1321), Seq: 985, Ack: 181, Len: 0
    Source port: ftp (21)
    Destination port: 1321 (1321)
    Sequence number: 985    (relative sequence number)
    Acknowledgement number: 181    (relative ack number)
    Header length: 20 bytes
  ⊟ Flags: 0x0010 (ACK)
      0... .... = Congestion Window Reduced (CWR): Not set
      .0.. .... = ECN-Echo: Not set
      ..0. .... = Urgent: Not set
      ...1 .... = Acknowledgment: Set
      .... 0... = Push: Not set
      .... .0.. = Reset: Not set
      .... ..0. = Syn: Not set
      .... ...0 = Fin: Not set
    Window size: 65356
    Checksum: 0xef8b [correct]

0000  00 19 db c5 ed 4b 00 19  db c5 ef 10 08 00 45 00   .....K.. ......E.
0010  00 28 65 12 40 00 80 06  11 3a c0 a8 01 82 c0 a8   .(e.@... .:......
0020  01 b1 00 15 05 29 f3 95  29 b7 74 f6 a4 f6 50 10   .....).. ).t...P.
0030  ff 4c ef 8b 00 00 00 00  00 00 00 00               .L...... ....
```

图 5-10　第二次分手过程

图 5-11 为服务器发出的 TCP 断开的请求数据报，详细说明如下：

源端口：00-15（21）。

目标端口：05-29（1321）。

序列号：F3-95-29-B7。

确认号：74-F6-A4-F6。

头部长度：50（20 字节）。

标识符：11（00010001，其中 ACK 置 1，FIN 置 1）。

窗口大小：FF-4C（65356）。

校验和：EF-8A。

紧急指针：00-00。

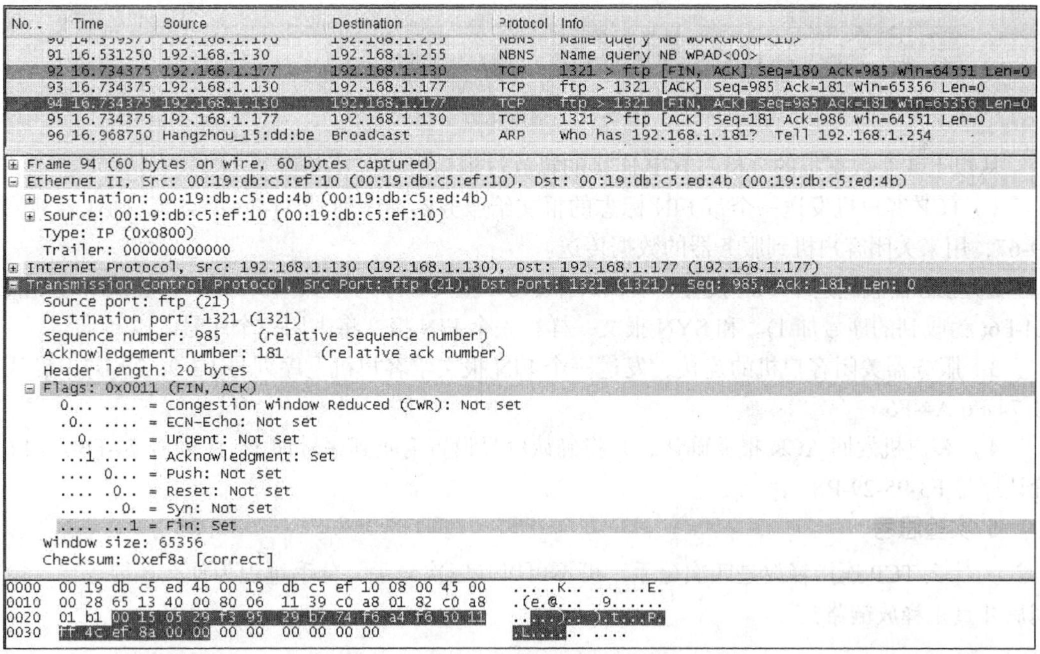

```
No.  Time      Source              Destination     Protocol Info
 90 14.559575 192.168.1.170       192.168.1.255   NBNS     Name query NB WORKGROUP<1b>
 91 16.531250 192.168.1.30        192.168.1.255   NBNS     Name query NB WPAD<00>
 92 16.734375 192.168.1.177       192.168.1.130   TCP      1321 > ftp [FIN, ACK] Seq=180 Ack=985 Win=64551 Len=0
 93 16.734375 192.168.1.130       192.168.1.177   TCP      ftp > 1321 [ACK] Seq=985 Ack=181 Win=65356 Len=0
 94 16.734375 192.168.1.130       192.168.1.177   TCP      ftp > 1321 [FIN, ACK] Seq=985 Ack=181 Win=65356 Len=0
 95 16.734375 192.168.1.177       192.168.1.130   TCP      1321 > ftp [ACK] Seq=181 Ack=986 Win=64551 Len=0
 96 16.968750 Hangzhou_15:dd:be   Broadcast       ARP      Who has 192.168.1.181?  Tell 192.168.1.254

⊞ Frame 94 (60 bytes on wire, 60 bytes captured)
⊟ Ethernet II, Src: 00:19:db:c5:ef:10 (00:19:db:c5:ef:10), Dst: 00:19:db:c5:ed:4b (00:19:db:c5:ed:4b)
  ⊞ Destination: 00:19:db:c5:ed:4b (00:19:db:c5:ed:4b)
  ⊞ Source: 00:19:db:c5:ef:10 (00:19:db:c5:ef:10)
    Type: IP (0x0800)
    Trailer: 000000000000
⊞ Internet Protocol, Src: 192.168.1.130 (192.168.1.130), Dst: 192.168.1.177 (192.168.1.177)
⊟ Transmission Control Protocol, Src Port: ftp (21), Dst Port: 1321 (1321), Seq: 985, Ack: 181, Len: 0
    Source port: ftp (21)
    Destination port: 1321 (1321)
    Sequence number: 985    (relative sequence number)
    Acknowledgement number: 181    (relative ack number)
    Header length: 20 bytes
  ⊟ Flags: 0x0011 (FIN, ACK)
      0... .... = Congestion Window Reduced (CWR): Not set
      .0.. .... = ECN-Echo: Not set
      ..0. .... = Urgent: Not set
      ...1 .... = Acknowledgment: Set
      .... 0... = Push: Not set
      .... .0.. = Reset: Not set
      .... ..0. = Syn: Not set
      .... ...1 = Fin: Set
    Window size: 65356
    Checksum: 0xef8a [correct]

0000  00 19 db c5 ed 4b 00 19  db c5 ef 10 08 00 45 00   .....K.. ......E.
0010  00 28 65 13 40 00 80 06  11 39 c0 a8 01 82 c0 a8   .(e.@... .9......
0020  01 b1 00 15 05 29 f3 95  29 b7 74 f6 a4 f6 50 11   .....).. ).t...P.
0030  ff 4c ef 8a 00 00 00 00  00 00 00 00               .L...... ....
```

图 5-11　第三次分手过程

图 5-12 为客户机对服务器提出的 TCP 释放数据报的响应数据报，详细说明如下：

源端口：05-29（1321）。

目标端口：00-15（21）。

序列号：74-F6-A4-F6。

确认号：F3-95-29-B8。

头部长度：50（20 字节）。

标识符：10（00010000，其中 ACK 置 1）。

窗口大小：FC-27（64551）。

校验和：F2-AF。

紧急指针：00-00。

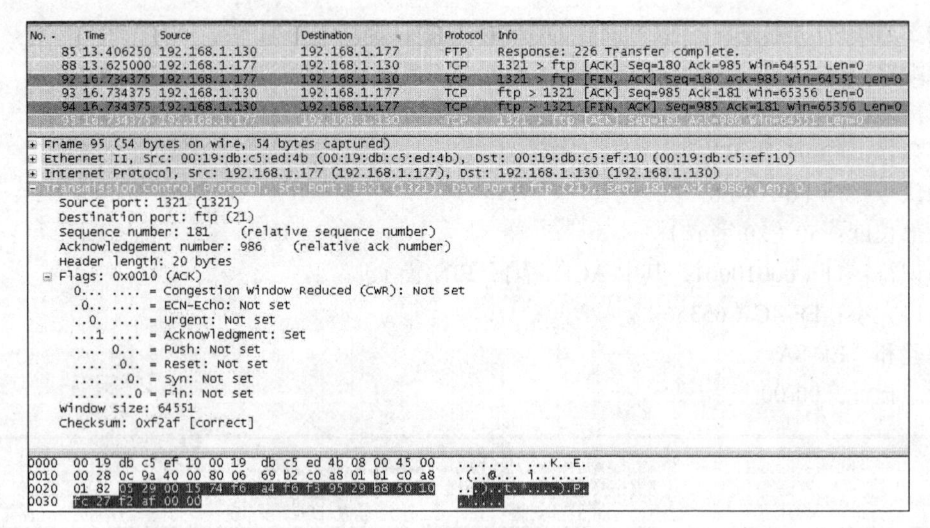

图 5-12 第四次分手过程

从以上 4 个数据报的分析，TCP 连接的释放过程为：

1）TCP 客户机发送一个带 FIN 标志的报文给服务器，序列号 74-F6-A4-F5，确认号 F3-95-29-67，用来关闭客户机到服务器的数据传送。

2）服务器收到这个 FIN 报文，发回一个 ACK 报文，序列号 F3-95-29-B7，确认序号 74-F6-A4-F6(为收到的序号加 1)。和 SYN 报文一样，一个 FIN 报文将占用一个序号。

3）服务器关闭客户机的连接，发送一个 FIN 报文给客户机，序列号 F3-95-29-B7，确认序号 74-F6-A4-F6。

4）客户机发回 ACK 报文确认，并将确认序号设置为收到序号加 1。序列号 74-F6-A4-F6，确认序号 F3-95-29-B8。

5. 实验思考

为什么 TCP 连接释放是四次分手，可不可以是三次分手，分手过程为什么还要等待一段时间后才真正释放链路？

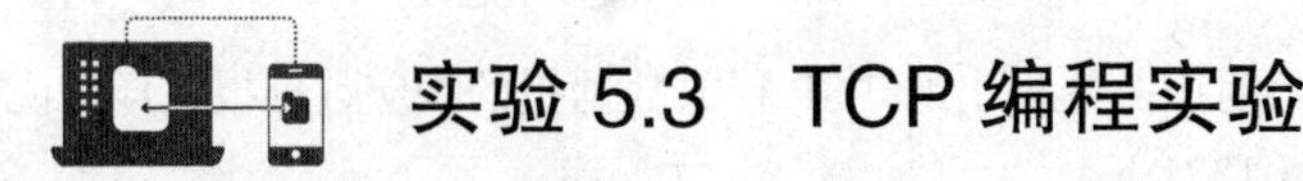

实验 5.3　TCP 编程实验

1. 实验目的

理解 TCP 协议的运行机制，熟练掌握 TCP 服务器和客户机的通信过程。

2. 实验环境

1）硬件：一台个人计算机。

2）软件：Windows 操作系统，Visual C++ 6.0。

3）编写 TCP 服务器程序，为连接到 3000 端口的客户发送一小段文本；编写 TCP 客户端程序，连接到 TCP 服务器并接收服务器数据。

3. 相关知识

传输控制协议 TCP 是一种面向连接的、可靠的、基于字节流的传输层通信协议。它为应用层协议使用底层网络实现通信功能提供服务。

TCP 协议的使用非常简单。它不需要编程者处理协议内部的事情，创建并绑定套接字后，直接发送或接收数据即可。

编写 TCP 程序时需区分服务器程序和客户机程序。服务器程序基本步骤如下：

1）启动 Windows Sockets DLL，WSAStartup()。

2）用 SOCK_STREAM 为参数创建 TCP 套接字，socket()。

3）定义服务器端数据，并绑定套接字，bind()。

4）服务器套接字进入监听状态 listen()。

5）循环等待连接，接收 / 发送数据，accept()，recv()，send()。

6）关闭套接字，closesocket()。

7）释放 winsock 资源，WSACleanup()。

客户机程序与服务器程序最大的区别是，客户机程序不需要绑定并监听端口、接收连接请求。TCP 客户机程序基本步骤如下：

1）启动 Windows Sockets DLL，WSAStartup()。

2）用 SOCK_STREAM 为参数创建 TCP 套接字，socket()。

3）定义服务器端数据，并连接服务器，connect()。

4）循环接收 / 发送数据，recv()，send()。

5）关闭套接字，closesocket()。

6）释放 winsock 资源，WSACleanup()。

4. 实验过程

1）以 Visual C++ 6.0 为编程环境编写通信程序。

2）调试程序，并完成实验报告。

5. 参考程序

```
/*===================================================================
程序名称：TcpServer.cpp
程序功能：TCP 服务器程序，为连接到 3000 端口的客户发送一小段文本
调用参数：无
编译平台：Visual C++ 6.0
运行过程：等待客户连接请求
          发送一小段文本至客户端
          用户强制中止，或通信时出错，程序退出
===================================================================*/
#include "stdafx.h"
#include "winsock2.h"
#include "stdio.h"

#pragma comment(lib,"ws2_32.lib")

#define CMD_PORT 3000                       // 服务器监听端口

int main() {
                                            // 启动 Windows Sockets DLL
   WSADATA wsaData;
```

```
if(WSAStartup(MAKEWORD(1, 1), &wsaData)) {
    printf("initializationing error!\n");
    WSACleanup();
    return false;
}

//创建套接字
SOCKET iServerSock;
if((iServerSock=socket(AF_INET, SOCK_STREAM, 0))==INVALID_SOCKET) {
    printf("Create socket error!\n");
    WSACleanup();
    return false;
}

//定义服务器端数据
SOCKADDR_IN ServerAddr;
ServerAddr.sin_family=AF_INET;
ServerAddr.sin_port=htons(CMD_PORT);
ServerAddr.sin_addr.S_un.S_addr=htonl(INADDR_ANY);

//绑定套接字
if(bind(iServerSock,(SOCKADDR*)&ServerAddr,sizeof(SOCKADDR_IN))==-1){
    printf("Bind error!\n");
    closesocket(iServerSock);
    WSACleanup();
    return false;
}

//服务器套接字进入监听状态
if(listen(iServerSock, 10)==-1) {
    printf("Listen error!\n");
    closesocket(iServerSock);
    WSACleanup();
    return false;
}

char* buf=new char[100];
buf="Hello world!";

//循环等待和接收数据
while(1) {
    printf("Waiting for connect......");

    SOCKADDR_IN ClientAddr;
    int sin_size=sizeof(SOCKADDR_IN);
    SOCKET iClientSock=accept(iServerSock, (SOCKADDR *)&ClientAddr, &sin_size);
    if (iClientSock==-1) {
        printf("Accept error!\n" );
    }
    else {
```

```
        printf("%s:%d.....",inet_ntoa(ClientAddr.sin_addr),ntohs(ClientAddr.sin_port));

        // 发送数据
        if(send(iClientSock, buf, 100, 0)==-1)
           printf("Send error!\n");
        else
           printf("OK.\n");
     }
     closesocket(iClientSock);
   }
   return 1;
}
/*=====================================================================
程序名称：TCPClient.cpp
程序功能：TCP客户端程序，连接到TCP服务器并接收服务器数据
调用参数：TCP服务器的地址
编译平台：Visual C++ 6.0
运行过程：连接到TCP服务器的3000端口
          接收服务器发送的一小段文本
=====================================================================*/
#include "stdafx.h"
#include "winsock2.h"
#include "stdio.h"

#pragma comment(lib, "ws2_32.lib")

#define CMD_PORT 3000                    // 服务器监听控制连接请求端口

int main(int argc, char* argv[]) {
   if(argc<2) {
      printf("Usage: TCPClient servername(or IP address)\n");
      return false;
   }

   // 启动Windows Sockets DLL
   WSADATA wsaData;
   if(WSAStartup(MAKEWORD(1, 1), &wsaData)) {
      printf("initializationing error!\n");
      WSACleanup();
      return false;
   }

   // 创建套接字
   SOCKET iClientSock;
   if((iClientSock=socket(AF_INET, SOCK_STREAM, 0))==INVALID_SOCKET) {
      printf("Create socket error!\n");
      WSACleanup();
      return false;
   }
```

```
    // 定义服务器主机
    HOSTENT *he;
    if((he=gethostbyname(argv[1]))==NULL) {
        printf("gethostbyname failed!\n");
        closesocket(iClientSock);
        WSACleanup();
        return false;
    }

    // 定义服务器参数
    SOCKADDR_IN ServerAddr;
    ServerAddr.sin_family=AF_INET;
    ServerAddr.sin_port=htons(CMD_PORT);
    ServerAddr.sin_addr=*(IN_ADDR *)he->h_addr_list[0];
    memset(&(ServerAddr.sin_zero), 0, sizeof(ServerAddr.sin_zero));

    // 连接服务器
    if(connect(iClientSock, (SOCKADDR *)&ServerAddr, sizeof(SOCKADDR))==-1)     {
        printf("Connect error!\n");
        closesocket(iClientSock);
        WSACleanup();
        return false;
    }

    // 接收数据
    char buf[100]={0};
    if(recv(iClientSock, buf, 100, 0)==-1)
        printf("Received error!\n");
    else
        printf("Received: %s\n", buf);

    closesocket(iClientSock);
    WSACleanup();
    return 1;
}
```

6. 实验思考

服务器和客户机之间是如何实现端口通信的?

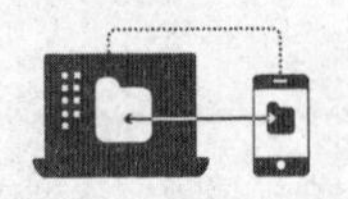

实验 5.4　UDP 编程实验

1. 实验目的

理解 UDP 协议的运行机制，熟练掌握 UDP 环境下的通信过程。

2. 实验环境

1）硬件：一台个人计算机。

2）软件：Windows 操作系统，Visual C++ 6.0。

3）实验要求编写 UDP 服务器程序，从 3000 端口接收客户发送过来的 UDP 包；编写 UDP 客户端程序，向 UDP 服务器的 3000 端口发送 UDP 数据报。”然后回车

3. 相关知识

用户数据报协议 UDP 是一种无连接的传输层协议，为应用层协议使用底层网络实现通信功能提供服务。与 TCP 不同，当报文发送之后，UDP 是无法得知其是否安全完整到达的。

UDP 具有资源消耗小，处理速度快的优点。通常在偶尔丢失一两个数据报也不会对接收结果产生太大影响的应用，如音频、视频和普通数据的传送中使用 UDP 较多。

与 TCP 编程相似，UDP 编程不需要编程者处理协议内部的事情，创建并绑定套接字后，直接发送或接收数据即可。

编写 UDP 程序也需区分服务器程序和客户机程序。UDP 服务器程序基本步骤如下：

1）启动 Windows Sockets DLL，WSAStartup()。

2）用 SOCK_DGRAM 为参数创建 UDP 套接字，socket()。

3）定义服务器端数据，并绑定套接字，bind()。

4）循环等待接收 / 发送数据，recvfrom()，sendto()。

5）关闭套接字，closesocket()。

6）释放 winsock 资源，WSACleanup()。

UDP 客户机程序与 UDP 服务器程序几乎相同，其基本步骤如下：

1）启动 Windows Sockets DLL，WSAStartup()。

2）用 SOCK_DGRAM 为参数创建 UDP 套接字，socket()。

3）接收 / 发送数据，recvfrom()，sendto()。

4）关闭套接字，closesocket()。

5）释放 winsock 资源，WSACleanup()。

4. 实验过程

1）以 Visual C++ 6.0 为编程环境编写通信程序。

2）调试程序，并完成实验报告。

5. 参考程序

```
/*=====================================================================
程序名称：UDPServer.cpp
程序功能：UDP 服务器程序，从 3000 端口接收客户发送过来的 UDP 数据报
调用参数：无
编译平台：Visual C++ 6.0
运行过程：等待客户数据报
          接收客户的 UDP 包
          用户强制中止，或通信时出错，程序退出
=====================================================================*/
#include "stdafx.h"
#include "winsock2.h"
#include "stdlib.h"

#pragma comment(lib,"ws2_32.lib")

#define CMD_PORT 3000                    // 服务器监听端口
```

```
int main() {
    //启动Windows Sockets DLL
    WSADATA wsaData;
    if(WSAStartup(MAKEWORD(1, 1), &wsaData)) {
        printf("Initializationing error!\n");
        WSACleanup();
        return false;
    }
    // 创建套接字
    SOCKET iServerSock=socket(AF_INET, SOCK_DGRAM, 0);
    if(iServerSock==INVALID_SOCKET) {
        printf("Create socket error!\n");
        WSACleanup();
        return false;
    }

    //定义服务器参数
    SOCKADDR_IN ServerAddr;
    ServerAddr.sin_family=AF_INET;
    ServerAddr.sin_port=htons(CMD_PORT);
    ServerAddr.sin_addr.S_un.S_addr=htonl(INADDR_ANY);

    //绑定套接字
    if(bind(iServerSock, (SOCKADDR *)&ServerAddr, sizeof(SOCKADDR_IN))==-1) {
        printf("Bind error!\n");
        closesocket(iServerSock);
        WSACleanup();
        return false;
    }

    //循环等待和接收数据
    while(1) {
        printf("Waiting for data......");

        char buf[1000];
        SOCKADDR_IN ClientAddr;

        int addr_len=sizeof(SOCKADDR_IN);

        // 接收UDP数据报
        int numbytes=recvfrom(iServerSock, buf, 1000, 0,(SOCKADDR *)&ClientAddr,
&addr_len);
        if(numbytes==-1) {
            printf("recvfrom error!\n");
            closesocket(iServerSock);
            WSACleanup();
            return false;
        }
```

```
      //显示包中数据
      printf("Get packet from %s.\n", inet_ntoa(ClientAddr.sin_addr));
      printf("Packet is %d bytes long.\n", numbytes);
      buf[numbytes]='\0';
      printf("Packet contains \"%s\".\n", buf);
   }
   return 1;
}
/*=====================================================================
程序名称：UDPClient.cpp
程序功能：UDP客户端程序，向UDP服务器的3000端口发送UDP数据报
调用参数：UDP服务器的地址
编译平台：Visual C++ 6.0
运行过程：生成UDP数据报
          发送UDP数据报
=====================================================================*/
#include "stdafx.h"
#include "winsock2.h"
#include "stdlib.h"

#pragma comment(lib,"ws2_32.lib")

#define CMD_PORT 3000                    // 服务器监听端口

int main(int argc, char* argv[]) {
   if(argc<2) {
      printf("Usage: UDPClient servername(or IP address)\n");
      return false;
   }

   //启动Windows Sockets DLL
   WSADATA wsaData;
   if(WSAStartup(MAKEWORD(1, 1), &wsaData)) {
      printf("Initializationing error!\n");
      WSACleanup();
      return false;
   }

   // 创建套接字
   SOCKET iClientSock;
   if((iClientSock=socket(AF_INET, SOCK_DGRAM, 0))==-1) {
      printf("Create socket error!\n");
      WSACleanup();
      return false;
   }

   // 定义服务器主机
   HOSTENT *he;
   if((he=gethostbyname(argv[1]))==NULL) {
```

```
        printf("gethostbyname failed!\n");
        closesocket(iClientSock);
        WSACleanup();
        return false;
    }

    // 定义服务器参数
    SOCKADDR_IN ServerAddr;
    ServerAddr.sin_family=AF_INET;
    ServerAddr.sin_port=htons(CMD_PORT);
    ServerAddr.sin_addr=*(IN_ADDR *)he->h_addr_list[0];
    memset(&(ServerAddr.sin_zero), 0, sizeof(ServerAddr.sin_zero));

    // 发送数据
    char *buf="hello, world!";
    int numbytes=sendto(iClientSock, buf, strlen(buf), 0,(SOCKADDR *)&ServerAddr,
sizeof(SOCKADDR));
    if(numbytes==-1)
        printf("sendto error!\n");
    else
        printf("Sent %d bytes to %s.\n", numbytes, inet_ntoa(ServerAddr.sin_addr));

    closesocket(iClientSock);
    WSACleanup();
    return 1;
}
```

6. 实验思考

在无连接状态下，服务器和客户机之间是如何实现端口通信的？

第6章 应用层实验

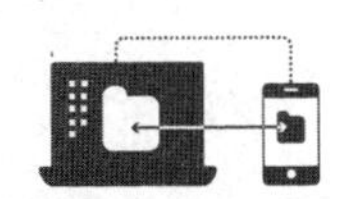

实验 6.1 DNS 协议分析

1. 实验目的

理解 DNS 协议的原理。

2. 实验环境

1）硬件：一台安装 Windows 操作系统的 PC。

2）软件：Wireshark。

3. 相关知识

（1）DNS 协议简述

DNS（Domain Name System，域名系统），是基于 TCP/UDP 的应用层协议，主要实现域名与 IP 地址之间的解析。

（2）DNS 报文格式

DNS 协议报文分为查询报文、响应报文两个类型，但其格式是相同的，见图 6-1。

DNS 报文格式：由 12 字节固定长度的首部和 4 个可变长度的字段组成。

标识	标志
问题数	资源记录数
授权资源记录数	附加资源记录数
查询问题	
回答（资源记录数可变）	
授权（资源记录数可变）	
附加信息（资源记录数可变）	

图 6-1 DNS 报文格式

DNS 报文各字段的简要说明：

1）标识：16 位的标识符。

2）标志：16 位的标志字段，见图 6-2。

QR	opcode	AA	TC	RD	RA	Zero(0)	Rcode

图 6-2 DNS 标志字段格式

- QR：1 位，0 表示查询报文，1 表示响应报文。
- opcode：4 位，0 表示标准查询，1 表示反向查询，2 表示服务器状态请求。
- AA：1 位，表示授权回答（Authoritative Answer）。
- TC：1 位，表示可截断的（Truncated），使用 UDP 时，表示当总长度超过 512 字节时，只返回前 512 字节。
- RD：1 位，表示期望递归。
- RA：1 位，表示可用递归。
- Zero：3 bit 必须为 0。
- Rcode：4 位，返回码，通常为 0（没有差错）和 3（名字差错）。

3）问题数，资源记录数，授权资源记录数，附加资源记录数：4 个 16 位字段说明最后 4 个变长字段中分别包含的资源记录数。

4）查询问题：格式见图 6-3。

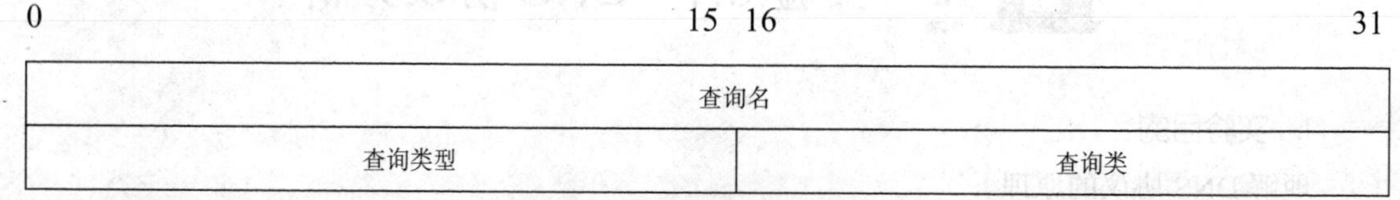

图 6-3 查询问题报文格式

- 查询名：为要查询的名字，由一个或者多个标识符序列组成，每个标识符以首字节数的计数值来说明该标识符长度，名字以 0 结束。计数字节数必须是 0 ～ 63 之间。该字段无须填充字节。如：www.cnu.edu.cn 标识符序列为：3www3cnu3edu2cn0，长度为 0 的标识符为根标识符。
- 查询类型：表示资源记录类型。通常的查询类型有 A、PTR、CNAME、MX、AXFR、SOA 等。表 6-1 为 DNS 常用资源类型及说明。

表 6-1 DNS 常用资源类型及说明

资源类型	编号（十进制）	说明
A	1	域名 -IP 地址的转换
NS	2	识别域的所有 DNS 服务器
PTR	12	IP- 域名的转换
MX		邮件交换记录。列出了负责接收发到域中的电子邮件的主机
CNAME	5	标准主机名的别名记录
SOA	6	授权的 DNS 服务器
AXFR	252	全域数据

- 查询类：通常为 1，表示 internet 数据。

5）回答字段、授权字段和附加信息字段，DNS 最后 3 个字段，均采用资源记录 RR（Resource Record）的相同格式，见图 6-4。

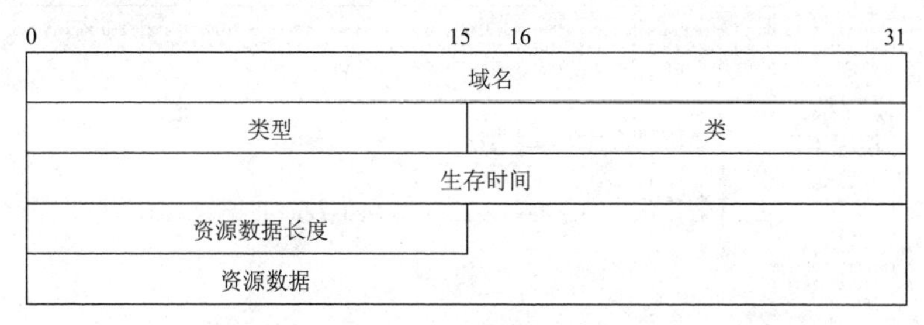

图 6-4　回答、授权、附加信息报文格式

- 域名：记录中资源数据对应的名字，它的格式和查询名字报文格式相同。
- 类型：资源记录类型。
- 类：通常为 1，表示 internet 数据。
- 生存时间：客户程序保留该资源记录的秒数。
- 资源数据长度：依赖于资源类型。

4. 实验过程

通过 ping www.sohu.com 捕获的 DNS 数据报，如图 6-5 所示，通过本机共产生 2 个报文。

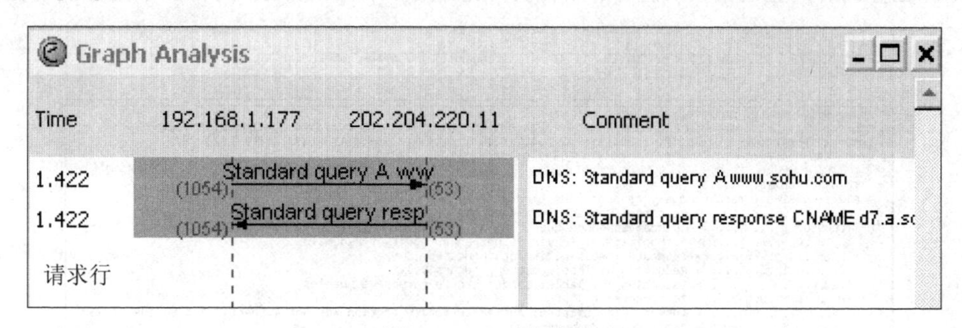

图 6-5　DNS 数据报

（1）DNS 查询报文

图 6-6 为 DNS 查询报文的解码，详细说明如下：

标识符：48-3C（18492）。

标志：01-00，表示标准查询报文，期望递归。

问题数：00-01，表示 1 个问题。

回答数：00-00。

权威资源记录数：00-00。

附加资源记录数：00-00。

问题：

域名：03-76-76-76-04-73-6F-68-75-03-63-6F-6D-00（www.sohu.com）。

类型：00-01，表示 A 类记录。

类：00-01，表示 internet 类。

可以看到，标识符为 18492 的标准查询报文，查询 A 类资源记录。

```
No. - Time       Source          Destination     Protocol Info
    8 1.421875 192.168.1.177   202.204.220.11  DNS      Standard query A www.sohu.com
    9 1.421875 202.204.220.11  192.168.1.177   DNS      Standard query response CNAME d7.a.sohu.com CNAME cachecerne

⊞ Frame 8 (72 bytes on wire, 72 bytes captured)
⊞ Ethernet II, Src: 00:19:db:c5:ed:4b (00:19:db:c5:ed:4b), Dst: Hangzhou_15:dd:be (00:0f:e2:15:dd:be)
⊞ Internet Protocol, Src: 192.168.1.177 (192.168.1.177), Dst: 202.204.220.11 (202.204.220.11)
⊞ User Datagram Protocol, Src Port: 1054 (1054), Dst Port: domain (53)
⊟ Domain Name System (query)
    Transaction ID: 0x483c
  ⊟ Flags: 0x0100 (Standard query)
      0... .... .... .... = Response: Message is a query
      .000 0... .... .... = Opcode: Standard query (0)
      .... ..0. .... .... = Truncated: Message is not truncated
      .... ...1 .... .... = Recursion desired: Do query recursively
      .... .... .0.. .... = Z: reserved (0)
      .... .... ...0 .... = Non-authenticated data OK: Non-authenticated data is unacceptable
    Questions: 1
    Answer RRs: 0
    Authority RRs: 0
    Additional RRs: 0
  ⊟ Queries
    ⊟ www.sohu.com: type A, class IN
        Name: www.sohu.com
        Type: A (Host address)
        Class: IN (0x0001)

0000  00 0f e2 15 dd be 00 19  db c5 ed 4b 08 00 45 00   ........ ...K..E.
0010  00 3a 00 c1 00 00 80 11  d0 c0 c0 a8 01 b1 ca cc   .:...... ........
0020  dc 0b 04 1e 00 35 00 26  14 a1 48 3c 01 00 00 01   .....5.& ..H<....
0030  00 00 00 00 00 00 03 77  77 77 04 73 6f 68 75 03   .......w ww.sohu.
0040  63 6f 6d 00 00 01 00 01                            com.....
```

图 6-6　DNS 查询报文解码

（2）DNS 响应报文

从图 6-7 中可以看到：针对上述查询报文的响应报文（标识符 18492，标志 0x8180），报文中 1 个问题（内容同查询报文），6 个回答资源记录，2 个权威资源记录，2 个附加资源记录。

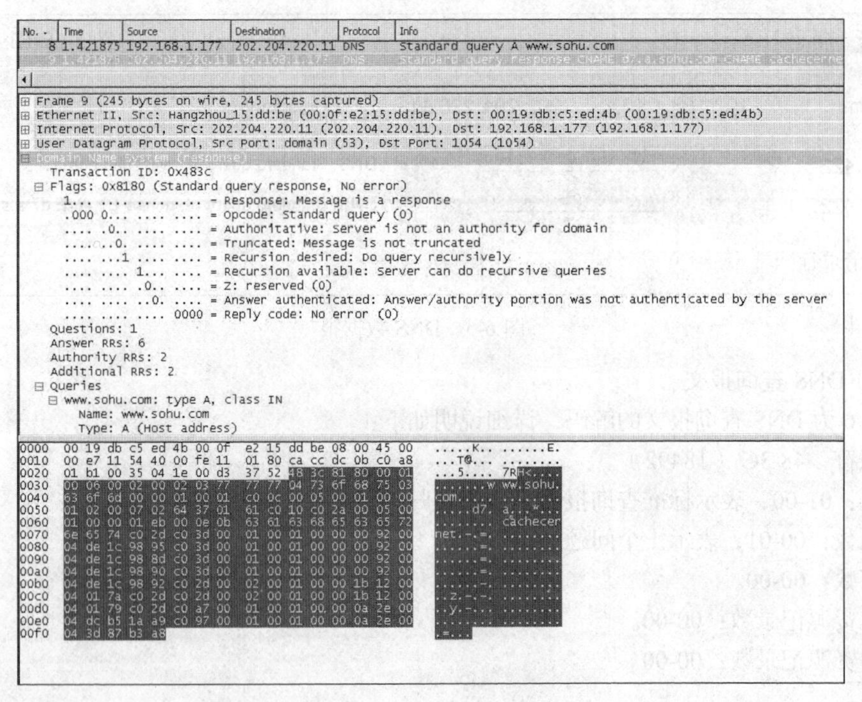

图 6-7　DNS 响应报文

下面针对第一个回答记录进行说明，其他的报文可进行类似的分析，如图 6-8 所示。

域名：C0-0C（www.sohu.com）。

类型：00-05，表示 CNAME 记录。

类：00-01，表示 internet 类。

生存时间：00-00-01-02（258 s）。

数据长度：00-07（7字节）。

数据：02-64-36-01-61-C0-10（d7.a.sohu.com）。

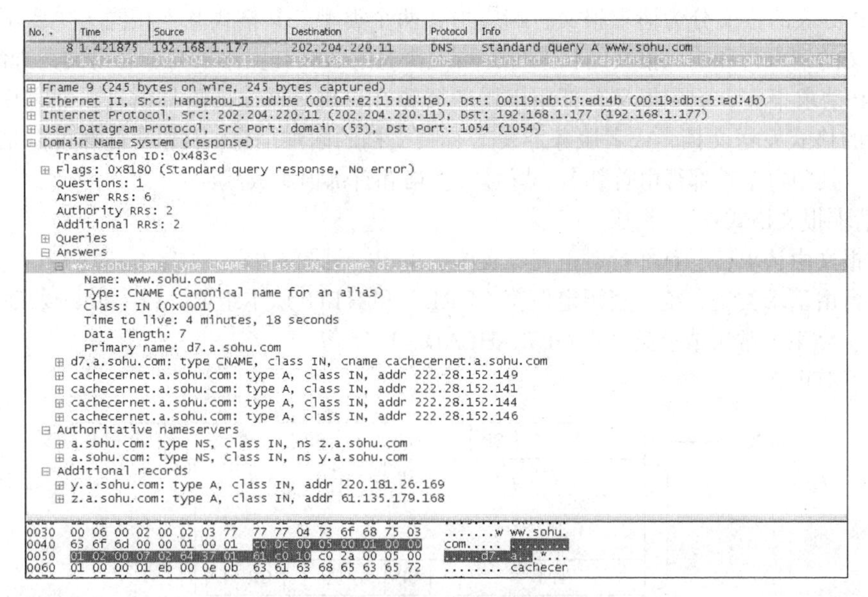

图 6-8　DNS 响应报文解码

通过分析，可以看到6个回答资源记录中，包括2个CNAME记录，4个A类记录。2个权威资源记录中，包括2个NS记录。2个附加资源记录中，包括2个A类记录。也就是说，www.sohu.com、d7.a.sohu.com的规范名称为cachecernet.a.sohu.com，共有4个IP地址：222.28.152.149，222.28.152.141，222.28.152.144，222.28.152.146。a.sohu.com的DNS权威服务器有2个y.a.sohu.com和z.a.sohu.com，IP地址分别是220.181.26.169，61.135.179.168。

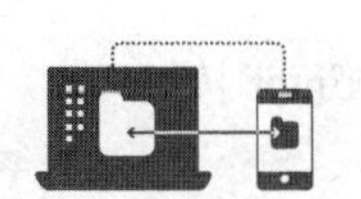

实验 6.2　WWW 协议分析

1. 实验目的

掌握HTTP协议的原理。

2. 实验环境

1）硬件：网络环境的一台安装Windows操作系统的PC。

2）软件：Wireshark。

3. 相关知识

（1）HTTP协议简述

HTTP（Hyper Text Transport Protocol，超文本传输协议），基于TCP服务的应用层协议。主要用于访问Web上的各种形式的数据。

HTTP是一种请求/响应式协议。一个客户机与服务器建立连接后，发送一个请求给服务器，请求的格式是：统一资源定位符（URL）、协议版本号，后面是附加信息，包括客户机信息。

服务器收到请求后，给予相应的响应信息，其格式是：一个状态行，包括信息的版本号、一个成功或错误的代码，后面也是附加信息，包括服务器的信息、实体信息。

（2）HTTP 请求报文、响应报文格式

HTTP 协议的报文分为请求报文、响应报文两个类型，其格式基本相同，主要不同之处在于请求报文的请求行和响应报文的状态行，均用普通的 ASCII 文本书写，容易阅读理解。

HTTP 请求报文、响应报文首部用于服务器和客户机之间交换附加信息，如客户机请求以某种特殊的格式发送文档，或者服务器发送有关文档的附加信息。HTTP 首部可以是一个或多个首部行，其中每个首部行由首部名、冒号、空格和首部值组成。

1）请求报文格式：

请求报文由请求行、首部行、正文（实体）组成，见图 6-9。

请求行由请求类型、统一资源定位符（URL）和 HTTP 版本组成，以【Enter】键（CR）、换行（LF）结束，常用请求类型有 GET、HEAD、PUT 等。

实体可有可无。

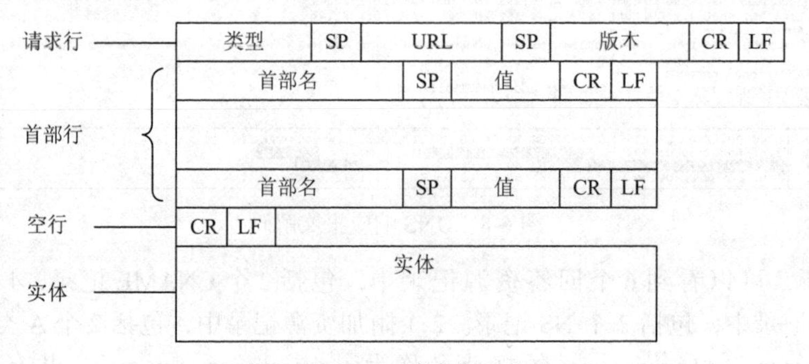

图 6-9　HTTP 请求报文格式

URL 格式：HTTP: // 主机名 [: 端口]/ 路径 [参数][查询]。

2）响应报文格式：

响应报文由状态行、首部、正文（实体）组成，见图 6-10。

状态行由 3 字段组成。HTTP 版本、状态码、状态短语，以【Enter】键（CR）、换行结束（LF）。

实体可有可无。

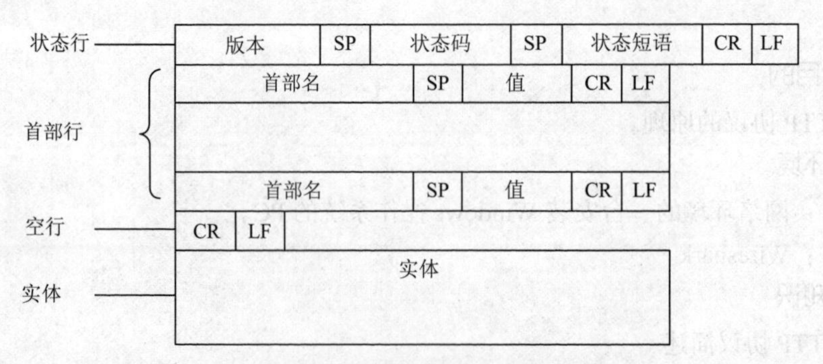

图 6-10　HTTP 响应报文格式

响应报文中常用状态码及含义：

1××：保留。

2××：表示请求成功。如 200 OK，表示协议一切正常。

3××：为完成请求客户需进一步细化请求。

4××：客户错误。如：404 NotFound，表示文件不存在。401 Unauthorized，未认证的请求，通常浏览器接收到这个状态值，就会弹出一个对话框，要求用户输入密码。403 Forbidden，表示服务器无法满足现在的请求，有可能是现在连接数太多等原因。

5××：服务器错误。如：500 InternalServerError，服务器内部错误。

4. 实验过程

通过浏览器访问 http://www.cnu.edu.cn 网页，捕获数据报，并对 HTTP 报文进行分析。

1）浏览器访问 http://www.cnu.edu.cn。

2）通过 Wireshark 捕获的 HTTP 请求报文。

通过捕获的数据报（如图 6-11）分析，可以看到，访问上述网页的请求报文为：

// 请求报文开始

GET / HTTP/1.1　　// 请求行，表示使用 GET 方式取得文件，使用 HTTP/1.1 协议

Accept: application/x-ms-application,image/jpeg,application/xaml+xml, image/jpeg, image/x-　　// 接收的对象类型

Accept-Language: zh-cn　　// 希望得到的某种语言版对象

User-Agent: Mozilla/4.0 (compatible; MSIE 8.0; Windows NT 6.1; wow64;Trident/4.0;SLCC2;.NET　　// 用户代理（浏览器）

Accept-Encoding: gzip, deflate // 编码方式

Host:www.cnu.edu.cn　　// 目的主机名称

Connection: Keep-Alive　　// 表示持续性连接

空行

// 请求报文结束

```
No.  Time        Source           Destination      Protocol  Length  Info
  31 5.825110    202.204.221.10   172.19.207.221   TCP       66 80→55841 [SYN…
  32 5.825175    172.19.207.221   202.204.221.10   TCP       54 55841→80 [ACK…
  33 5.826203    172.19.207.221   202.204.221.10   HTTP      642 GET / HTTP/1.…

▷ Frame 33: 642 bytes on wire (5136 bits), 642 bytes captured (5136 bits) on interface 0
▷ Ethernet II, Src: 50:9a:4c:02:2f:2b (50:9a:4c:02:2f:2b), Dst: CiscoInc_22:3c:00 (00:18:74:22:3c:0
▷ Internet Protocol Version 4, Src: 172.19.207.221, Dst: 202.204.221.10
▷ Transmission Control Protocol, Src Port: 55841, Dst Port: 80, Seq: 1, Ack: 1, Len: 588
◢ Hypertext Transfer Protocol
  ▷ GET / HTTP/1.1\r\n
    Accept: application/x-ms-application, image/jpeg, application/xaml+xml, image/gif, image/pjpeg,
    Accept-Language: zh-CN\r\n
    User-Agent: Mozilla/4.0 (compatible; MSIE 8.0; Windows NT 6.1; WOW64; Trident/4.0; SLCC2; .NET
    Accept-Encoding: gzip, deflate\r\n
    Host: www.cnu.edu.cn\r\n
    Connection: Keep-Alive\r\n
  ▷ Cookie: _gscu_1977141498=99817070f5un8381; qqmail_alias=lihuan@cnu.edu.cn\r\n
    \r\n
    [Full request URI: http://www.cnu.edu.cn/]
    [HTTP request 1/13]
    [Response in frame: 76]
    [Next request in frame: 140]

wireshark_F524ED0F-38EA-48F9-A…33D056A2_20170804154602_a08104 | 分组: 4130 · 已显示: 4130 (100.0%) | 配置文件: Default
```

图 6-11　HTTP 请求报文解码

3）捕获的 HTTP 响应报文分析。

图 6-12 为响应报文，包括有开始部分（状态行、首部行）、实体（网页）部分和结束部分。

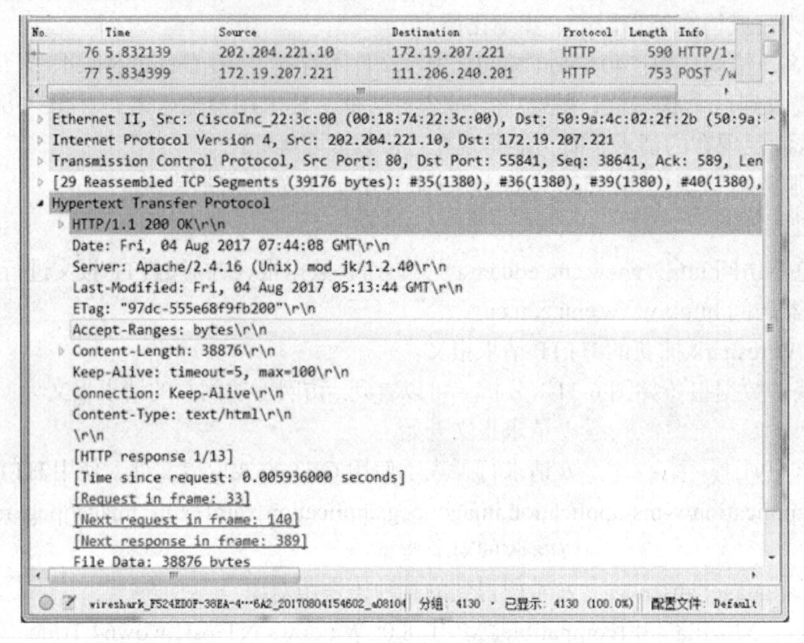

图 6-12　HTTP 响应报文

通过上述捕获数据（如图 6-12）分析，可以看到，访问上述网页的响应报文为：

// 响应报文开始

HTTP/1.1 200 OK　　　　// 响应行，服务器使用 HTTP/1.1 协议，状态值为 200 OK，表示文件可以读取

Data: Fri,04 Aug 2017 07:44:08 GMT // 发送响应报文的时间，用格林威治时间表示

Server:Apache/2.4.16(unix)mod_jk/1.2.40　　// 服务器类型

Last-Modified:Fri,04 Aug 2017 05:13:44 GMT // 网页最后一次更新日期

Content-Length: 38876　　　　// 被发送对象的长度

Keep-Alive:timeout=5,max=100　　// 持续连接

Connection：keep-Alive

Content-Type: text/html　　　　// 实体对象（数据）类型

空行

// 响应报文首部结束

5. 注意事项

HTTP 请求报文、响应报文必须以两个回车（0DH）、换行（0AH）结束。

6. 实验思考

客户机 / 服务器之间是如何进行通信的?

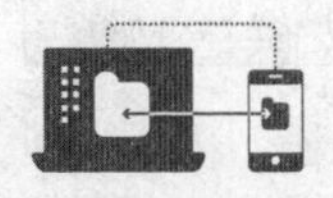

实验 6.3　电子邮件协议分析及仿真

1. 实验目的

掌握 SMTP POP3 协议的原理。

2. 实验环境

1）硬件：网络环境的一台安装 Windows 操作系统的 PC。

2）软件：Wireshark。

3. 相关知识

（1）SMTP、POP3 协议简述

SMTP(Simple Mail Transfer Protocol，简单邮件传输协议)，POP3(Post Office Protocol)邮局协议，基于 TCP 服务的应用层协议，在网络中应用于收发电子邮件，使用客户机 / 服务器操作方式。

电子邮件的收发过程，也是客户机、服务器之间通过命令的会话过程。客户机向服务器发送命令，服务器以状态码、状态短语的模式对客户机进行响应。

使用 SMTP 发送邮件的过程为：建立 TCP 连接（服务端口号 25），传送邮件，释放连接。

使用 POP3 接收邮件的过程：建立 TCP 连接（服务端口号 110），接收邮件，释放连接。

通常 E-mail 地址包括两部分：邮箱地址（或用户名）和目标主机的域名。

（2）SMTP、POP3 常用命令

所有命令以【Enter】键换行结束。

1）SMTP 命令及状态码，SMTP 命令及描述见表 6-2。SMTP 状态码及描述见表 6-3。

表 6-2 SMTP 命令及描述

命令	描述
EHLO	启动一个 SMTP 会话
MAIL FROM：	启动邮件传输
RCPT TO：	确定邮件接收者
DATA	启动邮件数据传输
NOOP	测试和服务器的连接
REST	取消当前邮件事务并复位连接
HELP	提供帮助信息
QUIT	关闭 SMTP 通信

表 6-3 SMTP 状态码及描述

状态码	描述
211	系统状态或系统帮助应答
214	显示系统帮助，通常用于显示非标准命令的帮助
220	服务就绪
221	服务正在关闭传输通道
250	请求动作已正确完成，可以继续邮件对话。通常在 EHLO/HELO 命令后会通过“250-”来描述服务器所支持的特性
251	收件人非本地用户，将转发到 <forward-path>
354	开始接收邮件内容输入，以 <CRLF>.<CRLF> 结束输入
421	无法提供正常服务，关闭传输连接
450	请求动作无法执行，邮箱不可用
451	处理器内部错误，动作取消
452	系统空间不足，动作未执行
500	命令格式错误，不可识别
501	命令参数错误
502	命令未完成

续表

状态码	描述
503	错误的命令顺序
554	命令的参数尚未完成
550	所要求动作无法执行：信箱不存在。不再尝试投递
551	邮箱不存在，动作未执行
552	超出所分配的储存空间，动作取消
553	非法邮箱名，动作未执行
554	事务失败

2）POP3 命令及状态码，POP3 命令及描述见表 6-4。POP3 只有两种状态码：+OK，表示确认。-ERR 表示失败。

表 6-4　POP3 命令及描述

命令	描述
USER username	登录用户名
PASS password	登录密码
STAT	请求服务器回送邮箱统计资料，如邮件数、邮件总字节数
UIDL n	服务器返回用于该指定邮件的唯一标识，如果没有指定，返回所有的
LIST n	服务器返回指定邮件的大小等
RETR n	服务器返回邮件的全部文本
DELE n	服务器标记删除，quit 命令执行时才真正删除
RSET	撤销所有的 dele 命令
TOP n,m	返回 n 号邮件的前 m 行内容，m 必须是自然数
NOOP	服务器返回一个肯定的响应
QUIT	结束会话

4. 实验过程

（1）配置 Outlook

建立邮件服务器 172.19.205.61，域名为 gl.net，创建用户邮箱，用户名 user1、user2。在客户机配置 Outlook 应用，参数如图 6-13 所示。

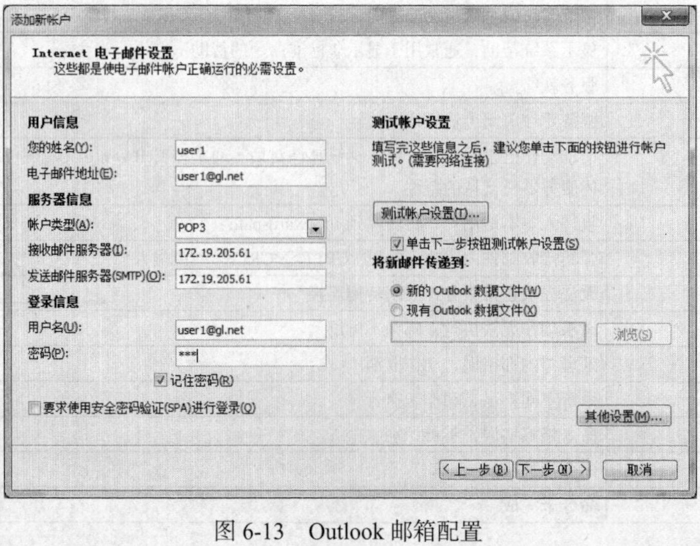

图 6-13　Outlook 邮箱配置

（2）使用 Outlook Express 发送邮件，并用 Wireshark 捕获数据报，并对数据报进行分析。图 6-14 为捕获的发送邮件数据报。

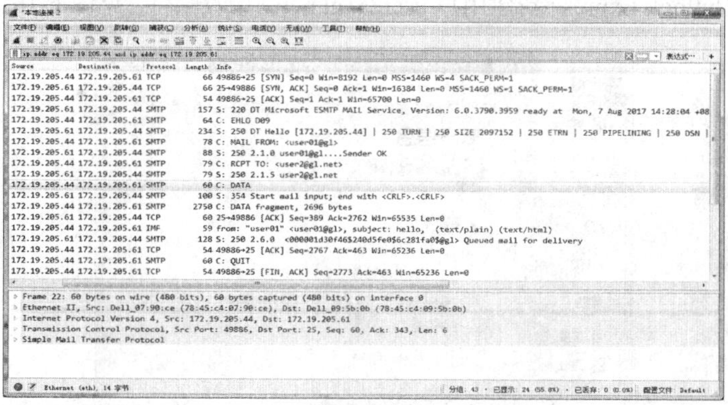

图 6-14 发送邮件数据报的过程

通过上述捕获数据（见图 6-14）分析，可以看到发送邮件的过程：

1）客户端通过 TCP 25 端口连接服务器（标准的 TCP 三次握手），邮件服务器返回连接成功信息，并返回服务器操作系统类型、版本和当前时间。

2）客户端通过 EHLO 命令跟服务器开始通信，服务器以 250 回应表示服务器做好了进行通信的准备。

3）客户端通过 MAIL FROM 命令提供发信人地址。

4）客户端通过 RCPT TO 命令提供收信人地址。

5）客户端输入 DATA 命令，准备输入邮件正文，服务器回应开始邮件输入，以 <CRLF>. <CRLF>（按【Enter】键换行）结束邮件输入；此时客户端可根据需要开始输入邮件正文。

6）发送结束后，使用 QUIT 命令结束本次会话，断开连接（标准的 TCP 分手）。

（3）通过 Telnet 发送邮件，模拟客户端、服务器之间的交互过程

在命令行方式下，输入：Telnet 172.19.205.61 25，然后以客户机方式与邮件服务器进行信息交互，演示 SMTP 邮件的发送过程。

图 6-15 为发送邮件（邮件内容 :abc hello）与发送邮件服务器实现交互的过程截图。

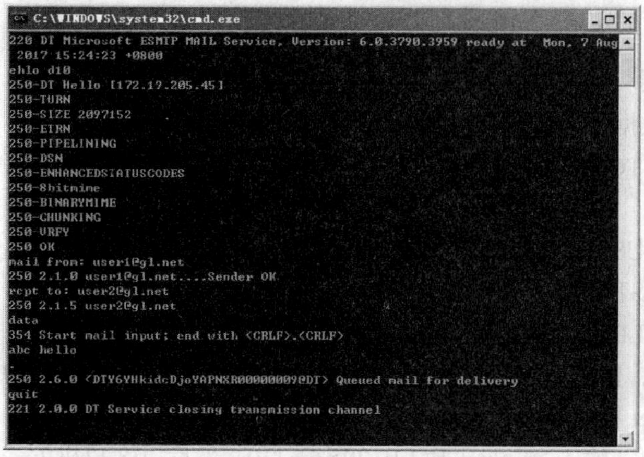

```
C:\WINDOWS\system32\cmd.exe
220 DT Microsoft ESMTP MAIL Service, Version: 6.0.3790.3959 ready at  Mon, 7 Aug
 2017 15:24:23 +0800
ehlo d10
250-DT Hello [172.19.205.45]
250-TURN
250-SIZE 2097152
250-ETRN
250-PIPELINING
250-DSN
250-ENHANCEDSTATUSCODES
250-8bitmime
250-BINARYMIME
250-CHUNKING
250-VRFY
250 OK
mail from: user1@gl.net
250 2.1.0 user1@gl.net....Sender OK
rcpt to: user2@gl.net
250 2.1.5 user2@gl.net
data
354 Start mail input; end with <CRLF>.<CRLF>
abc hello
.
250 2.6.0 <DTY6YHkidcDjoYAPNXR000000009@DT> Queued mail for delivery
quit
221 2.0.0 DT Service closing transmission channel
```

图 6-15 邮件发送仿真过程

从图 6-15 可以看到，客户端通过 Telnet 跟邮件服务器通信的过程与上述通过 Outlook

Express 通信的过程一致。

（4）接收邮件

客户端使用 Outlook Express 新建用户 user2@gl.net，接收邮件，见图 6-16。

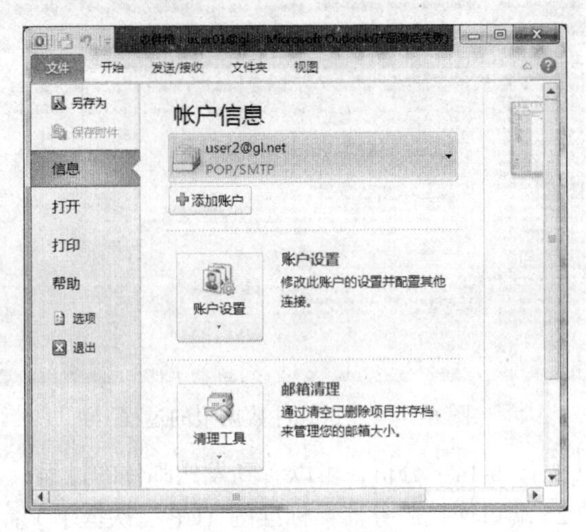

图 6-16 新建用户

（5）wireshark 捕获数据报

对数据报进行 POP3 协议分析，图 6-17 为 Wireshark 捕获的接收邮件数据报。

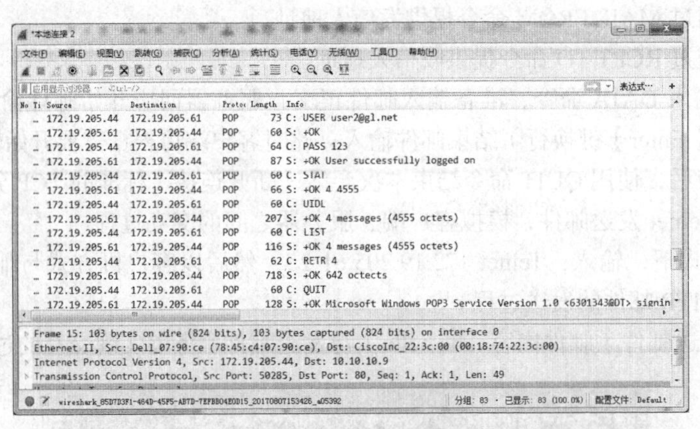

图 6-17 Wireshark 捕获的接收邮件数据报

通过上述捕获数据（见图 6-17）分析，可以看到接收邮件的过程：

1）客户端通过 TCP 110 端口连接服务器（标准的 TCP 三次握手），邮件服务器返回连接成功信息。

2）客户端通过 USER、PASS 命令通过身份验证。

3）客户端通过 STAT 命令查看邮件清单。

4）客户端通过 LIST、UIDL n、RETR n 命令处理邮件。

5）接收完毕后，使用 QUIT 命令结束本次会话，断开连接（标准的 TCP 分手）。

（6）通过 Telnet 接收邮件，模拟客户端、服务器之间的交互过程

在命令行方式下，输入：Telnet 172.19.205.61 110，然后以客户机方式与邮件服务器进行信息交互，演示邮件的接收过程。

图 6-18 为接收邮件客户机与邮件服务器实现交互的过程截图。

```
C:\WINDOWS\system32\cmd.exe
+OK Microsoft Windows POP3 Service Version 1.0 <6709265@DT> ready.
user user2@gl.net
+OK
pass 123
+OK User successfully logged on
stat
+OK 4 4555
list
+OK 4 messages (4555 octets)
1 2924
2 347
3 642
4 642
.
retr 4
+OK 642 octects
Received: from D09 ([172.19.205.44]) by DT with Microsoft SMTPSVC(6.0.3790.3959)
;
        Mon, 7 Aug 2017 15:32:24 +0800
From: Microsoft Outlook <user2@gl.net>
To: =?utf-8?B?dXNlcjI=?= <user2@gl.net>
Subject: =?utf-8?B?TW1jcm9zb2Z0IE91dGxvb2sg5rWL6K+V5raI5oGv?=
MIME-Version: 1.0
Content-Type: text/html;
    charset="utf-8"
Content-Transfer-Encoding: 8bit
Return-Path: user2@gl.net
Message-ID: <DTaLSZtLNcj38znn2Ti00000000b@DT>
X-OriginalArrivalTime: 07 Aug 2017 07:32:24.0093 (UTC) FILETIME=[4FE224D0:01D30F
4F]
Date: 7 Aug 2017 15:32:24 +0800
```

图 6-18　邮件接收仿真过程

从图 6-18 可以看到，邮件服务器内有 4 封邮件，成功下载了第 4 封邮件。

5. 注意事项

实验前先设置邮件服务器，建立邮箱。

6. 实验思考

邮件发送的时候为什么没有检查邮件的发送者信息？

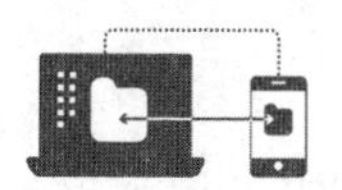

实验 6.4　动态主机配置协议分析

1. 实验目的

掌握 DHCP 协议的原理。

2. 实验环境

1）硬件：网络环境的一台安装 Windows 的 PC。

2）软件：Wireshark。

3. 相关知识

（1）DHCP 概述

DHCP（Dynamic Host Configuration Protocol，动态主机配置协议），基于 UDP 服务的应用层协议，常用于给主机动态地分配 IP 地址，并对其进行配置（子网掩码、DNS 服务器、WINS 等）。对于一个新加入网络的主机，通过 DHCP 服务可以动态获取 IP 地址，该过程通过四个阶段进行。

1）发现阶段：新加主机（客户机）以广播方式发送发现报文 Discover。

2）提供阶段：DHCP 服务器提供 IP 地址的阶段。DHCP 服务器接收到客户机的 DHCP Discover 报文后，根据 IP 地址分配的优先次序选出一个 IP 地址，与其他参数一起通过 DHCP Offer 报文发送给客户机。

3）选择阶段：客户机选择 IP 地址的阶段。如果有多台 DHCP 服务器向该客户机发来 DHCP Offer 报文，客户机只接收第一个收到的 DHCP Offer 报文，然后以广播方式发送 DHCP Request 报文，该报文中包含 DHCP 服务器在 DHCP Offer 报文中分配的 IP 地址。

4）确认阶段：服务器确认 IP 地址的阶段。DHCP 服务器收到客户机发来的 DHCP Request

报文后，只有客户机选择的服务器会进行如下操作：如果确认将地址分配给该客户机，则返回 DHCP Ack 报文；否则返回 DHCP Nak 报文，说明地址不能分配给该客户机。

（2）DHCP 报文格式

DHCP 报文格式见图 6-19。

操作码	硬件类型	物理地址长度	跳数
标识号			
秒数		标志	
曾用 IP 地址（ciaddr）			
服务器分配给客户的 IP 地址（yiaddr）			
网络开机地址（siaddr）			
中继代理地址（giaddr）			
客户机物理地址（chaddr）			
服务器名称（sname）			
网络开机的程序名（file）			
选项			

图 6-19　DHCP 数据报格式

各字段的含义说明如下：

操作码：1 字节，1 为客户机发送给 DHCP 服务器的报文，反之为 2。具体的报文类型在选项字段中标识。

硬件类别：1 字节，1 为以太网。

物理地址长度：6 字节，以太网的物理地址为 48 位。

跳数：1 字节，DHCP 数据报经过的 DHCP 中继代理的数目。DHCP 请求报文每经过一个 DHCP 中继，该字段就会增加 1。

标识号：4 字节，客户机报文中产生的，用来在客户机和 DHCP 服务器之间匹配请求和响应报文。

秒数：2 字节，客户机开始请求一个新地址后所经过的时间，目前没有使用，固定为 0。

标志：2 字节，2 字节的最高比特为广播响应标识位，用来标识 DHCP 服务器响应报文是采用单播还是广播方式发送，0 表示采用单播方式，1 表示采用广播方式，其余比特保留不用。

ciaddr：4 字节，客户机首次申请 IP 地址时，该字段填 0.0.0.0，要是客户机想继续使用之前取得的 IP 地址，则填于该字段。

yiaddr：4 字节，DHCP 服务器分配给客户机的地址，只有 DHCP 服务器可以填写该字段。DHCP OFFER 与 DHCP ACK 数据报中，此字段填写分配给客户机的 IP 地址。

siaddr：4 字节，若客户机需要通过网络开机，则该字段填写开机程式所在服务器的地址。

giaddr：4 字节，若需跨网段进行 DHCP 发放，该字段为中继代理的地址，否则为 0。

chaddr：6 字节，客户机的物理地址。

sname：64 字节，服务器的名称。

file：128 字节，若客户机需要通过网络开机，该字段将填写开机程序名称。

选项：长度可变，包含报文的类型、有效租期、DNS 服务器的 IP 地址、WINS 服务器的 IP 地址等配置信息。每一选项的第 1 个字节为选项代码，其后 1 个字节为选项内容长度，接着为选项内容，最后为结束标志 0xFF。

利用代码 0x35 选项来设定报文的类型，表 6-5 为 DHCP 报文类型表。

表 6-5　DHCP 报文类型

选项代码	选项内容	报文类型	描述
0x35	1	DHCP DISCOVER	客户机发送，确定可用的服务器传输
0x35	2	DHCP OFFER	由 DHCP 服务器发送给客户机，以响应客户机的 Discover 报文
0x35	3	DHCP REQUEST	客户机向 DHCP 服务器发送的请求消息，请求具体的服务器提供的参数
0x35	4	DHCP DECLINE	由客户机向服务器发送的指明无效参数的报文
0x35	5	DHCP ACK	由 DHCP 服务器向客户机发送，确认提供的配置参数
0x35	6	DHCP NAK	由客户机向 DHCP 服务器发送的拒绝配置参数请求的报文
0x35	7	DHCP RELEASE	客户机向 DHCP 服务器发送的放弃 IP 地址和取消现有租约的报文
0x35	8	DHCP INFORM	由客户机向 DHCP 服务器发送的只请求配置（客户机已经有了 IP 地址）的报文

本实验捕获系列 DHCP 数据报，通过协议分析，了解 DHCP 的工作过程。

4. 实验过程

（1）通过 ipconfig 命令捕获数据报，并对 DHCP 报文进行分析

配置 DHCP 服务器，客户端选择自动获取 IP 地址和 DNS 服务，通过 ipconfig/release 命令产生 DHCP Release 报文，见图 6-20。

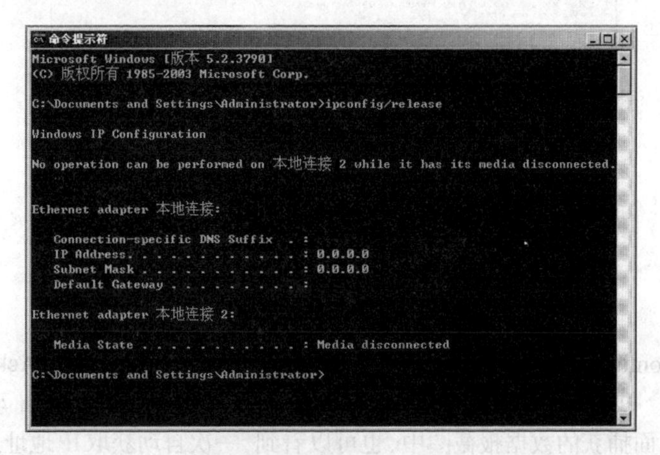

图 6-20　释放 DHCP 的配置

图 6-21 为 DHCP release 报文的解码，详细说明如下：

操作码：01，表示客户机发送给服务器的报文。

硬件类型：01，表示以太网。

物理地址长度：06，表示以太网物理地址长度为 6 字节。

跳数：00，表示报文在同一网内传输。

标识号：3F-E8-F8-5C。

SECONDS：00-00，0 s。

标志：80-00，最左一位为 1，表示为广播包。

客户机 IP 地址：C0-A8-01-77（192.168.1.119）。

你的 IP 地址：00-00-00-00，在服务器发出的报文中，该字段一般为分配给客户机的 IP 地址。

服务器地址：00-00-00-00，注意这里不是 DHCP 服务器地址。与 BOOTP 有关的选项。

中继代理 IP 地址：00-00-00-00，DHCP 中继代理地址。

物理地址：00-19-DB-C5-EF-27，客户机的物理地址。

服务器名：64 字节长度，内容为 0。

引导文件：128 字节长度，内容为 0。与 BOOTP 有关的选项。

Magic cookie：63-82-53-63（99.130.83.99），租用标识符。与 BOOTP 有关的选项。

选项：

报文类型：35-01，07，表示 DHCP 的 Release 报文。

服务器标识：36-04，C0-A8-01-F8（192.168.1.248），DHCP 服务器的 IP 地址。

客户机标识：3D-07，01，00-19-DB-C5-EF-27，客户机的物理地址。

结束符：FF，表示该报文结束。

通过分析，客户机（物理地址 00-19-DB-C5-EF-27）通过 DHCP Release 报文，向 DHCP 服务器（地址 192.168.1.248）释放了原有的 IP 地址（192.168.1.119）。

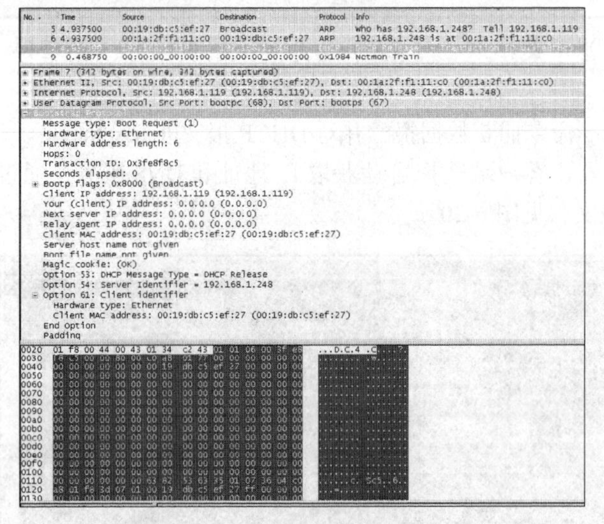

图 6-21　DHCP 释放报文解码

（2）通过 Ipconfig/renew 命令产生 DHCP Discover、Offer、Request、Ack 报文

从图 6-22 中，可以看到通过 ipconfig/renew 命令，客户机重新自动获取了 IP 地址 192.168.1.119。从下面捕获的数据报截图中，也可以看到，一次自动获取 IP 地址过程中，在客户机、DHCP 服务器之间依次产生了 DHCP Discover、Offer、Request、Ack 报文，下面对这 4 个报文一一进行分析说明。

1）DHCP Discover 报文。

图 6-23 和图 6-24 分别为 DHCP Discover 报文和 DHCP Discover 报文的解码，详细说明如下：

操作码：01，表示客户机发送给服务器的报文。

硬件类型：01，表示以太网。

物理地址长度：06，表示以太网物理地址长度为 6 字节。

跳数：00，表示报文在同一网内传输。

标识号：FD-5D-D4-0D。

秒数：00，0 s。

标志：00-00，最左一位为 0，表示为非广播包。

客户机 IP 地址：00-00-00-00。

图 6-22　DHCP 重新建立结果

你的 IP 地址：00-00-00-00，一般为分配给客户机的 IP 地址。

服务器地址：00-00-00-00，注意这里不是 DHCP 服务器地址，与 BOOTP 有关的选项。

中继代理 IP 地址：00-00-00-00，DHCP 中继代理地址。

物理地址：00-19-DB-C5-EF-27，客户机的物理地址。

服务器名：64 字节长度，内容为 0。

引导文件：128 字节长度，内容为 0。与 BOOTP 有关的选项。

Magic cookie：63-82-53-63（99.130.83.99），租用标识符。与 BOOTP 有关的选项。

选项：

报文类型：35-01，01，表示 DHCP 的 Discover 报文。

自动配置：74-01-01。

客户机标识：3D-07，01，00-19-DB-C5-EF-27，客户机物理地址。

请求地址：32-04，C0-A8-01-77（192.168.1.119）。

主机名：0C-03，6E-32-34（n42）。

客户机信息：3C-8，4D-53-46-54-20-35-2E-30（MSFT 5.0）。

参数请求列：36-0B，01-0F-03-06-2C-2E-2F-1F-21-F9-2B。客户机需要从服务器获取哪些网络配置参数的请求列表，请求的参数按顺序依次为：子网掩码、客户机的 DNS 域名、网关、DNS 服务器地址、NetBIOS 名称服务器、NetBIOS 结点类型、NetBIOS 作用域、路由器发现、静态路由选择表、无类别路由、厂商专用信息。

结束符：FF，表示报文结束。

客户机以目标地址 255.255.255.255，源地址 0.0.0.0 向 DHCP 服务器发出 Discover 报文，以请求 IP 地址及配置参数（子网掩码、DNS 服务器等），并标明了本次申请过程的标识号（FD-5D-D4-0D）。

2）DHCP Offer 报文

图 6-25 为 DHCP Offer 报文的解码，详细说明如下：

操作码：02，表示服务器发送给客户机的报文。

硬件类型：01，表示以太网。

物理地址长度：06，表示以太网物理地址长度为 6 字节。

跳数：0，表示报文在同一网内传输。

标识号：FD-5D-D4-0D。

秒数：00，0 s。

标志：00-00，最左一位为 0，表示为非广播包。

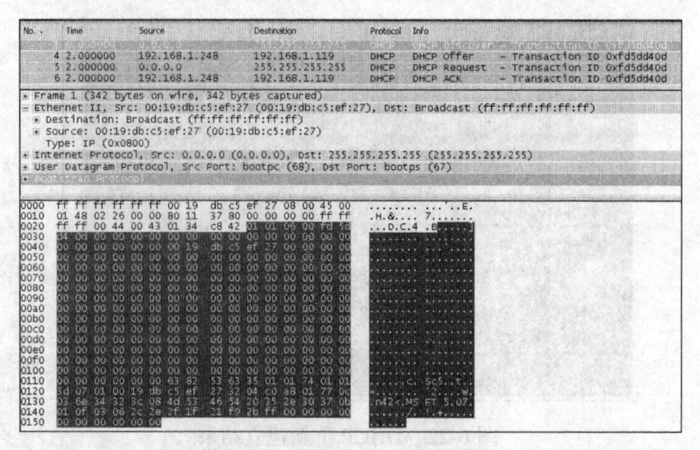

图 6-23　DHCP Discover 报文

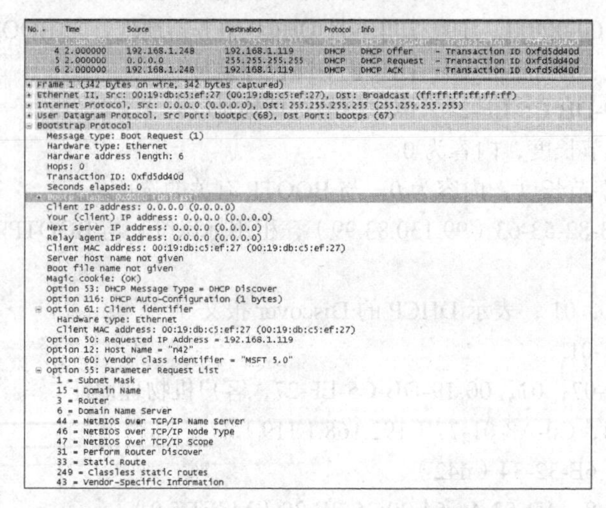

图 6-24　DHCP Discover 报文解码

客户机 IP 地址：00-00-00-00。

你的 IP 地址：C0-A8-01-77（192.168.1.119），分配给客户机的 IP 地址。

服务器地址：C0-A8-01-F9（192.168.1.249），注意这里不是 DHCP 服务器地址。与 BOOTP 有关的选项。

中继代理 IP 地址：00-00-00-00，DHCP 中继代理地址。

物理地址：00-19-DB-C5-EF-27，客户机的物理地址。

服务器名：64 字节长度，内容为 0。

引导文件：6D-65-6E-75-2E-70-78-65（menu.pxe），与 BOOTP 有关的选项。

Magic cookie：63-82-53-63（99.130.83.99），租用标识符。与 BOOTP 有关的选项。

选项：

报文类型：35-01，02，表示 DHCP 的 Offer 报文。

服务器标识：36-04，C0-A8-01-F8（192.168.1.248），DHCP 服务器的 IP 地址。

租约时间：33-04，00-01-51-80（1 天 =86400（0x00015180）秒）。表示 IP 地址的租约时间 1 天。

续约时间：3A-04，00-00-A8-C0（1/2 天 =43200（0x0000A8C0）秒）。表示 12h 后需要续约。

再次申请时间：3B-04，00-01-26-50（12750 秒（0x00012750））。表示 21h 后该 IP 地址时失效，

需要重新租约。

子网掩码：01-04，FF-FF-FF-00（255.255.255.0）。

路由（默认网关）：03-04，C0-A8-01-FE（192.168.1.254）。表示默认网关 IP 地址。

DNS：06-04，CA-CC-DC-0B（202.204.220.11）。表示 DNS 服务器地址。

结束符：FF，表示报文结束。

DHCP 服务器通过发送 Offer 报文对客户机发出的 Discover 报文做出响应。源地址为 DHCP 服务器地址，目标地址为客户机在 Discover 报文中申请的 IP 地址。其中在 Yiaddr 字段给出了客户机 IP 地址，在选项字段中给出了子网掩码、默认网关、租约时间等参数。

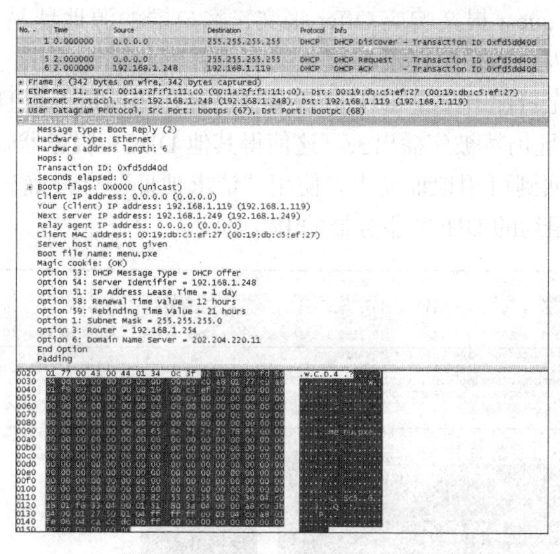

图 6-25　DHCP Offer 报文解码

5. DHCP Request 报文

图 6-26 和图 6-27 为 DHCP Request 报文和解码，详细说明如下：

操作码：01，表示客户机发送给服务器的报文。

硬件类型：01，表示以太网。

物理地址长度：06，表示以太网物理地址长度为 6 字节。

跳数：00，表示报文在同一网内传输。

标识号：FD-5D-D4-0D。

秒数：00，0 s。

标志：00-00，最左一位为 0，表示为非广播包。

客户机 IP 地址：00-00-00-00。

你的 IP 地址：00-00-00-00，一般为分配给客户机的 IP 地址。

服务器地址：00-00-00-00，注意这里不是 DHCP 服务器地址，与 BOOTP 有关的选项。

中继代理 IP 地址：00-00-00-00，DHCP 中继代理地址。

物理地址：00-19-DB-C5-EF-27，客户机的物理地址。

服务器名：64 字节长度，内容为 0。

引导文件：128 字节长度，内容为 0。与 BOOTP 有关的选项。

Magic cookie：63-82-53-63（99.130.83.99），租用标识符。与 BOOTP 有关的选项。

选项：

报文类型：35-01，03 ，表示 DHCP 的 Request 报文。

客户机标识：3D-07，01，00-19-DB-C5-EF-27，客户机的物理地址。

请求地址：32-04，C0-A8-01-77（192.168.1.119）。

服务器标识：36-04，C0-A8-01-F8（192.168.1.248），DHCP 服务器的 IP 地址。

主机名：0C-03，6E-34-32（n42）。

FQNS：51-07，00-00-00-6E-34-32-2E。有关 DNS 更新的信息。

客户机信息：3C-8，4D-53-46-54-20-35-2E-30（MSFT 5.0）。

参数请求列：36-0B，01-0F-03-06-2C-2E-2F-1F-21-F9-2B。

结束：FF，表示报文结束。

客户机通过发送 Request 报文响应 Offer 报文，客户端的源地址是 0.0.0.0，目标地址仍然是 255.255.255.255。原因是客户机还没有从 DHCP 服务器收到对提供的地址的确认，所以客户机仍然保留 0.0.0.0。甚至可能有多个 DHCP 服务器已经作出响应，而且可能预订了为客户机产生的 Offer，所以目标地址仍然被广播出去。这使得其他 DHCP 服务器知道：可以释放已提供的地址，并将这些地址返回到可用地址池中。使用“请求地址”字段确认所提供的地址，“服务器标识”字段显示提供租约的 DHCP 服务器的 IP 地址。

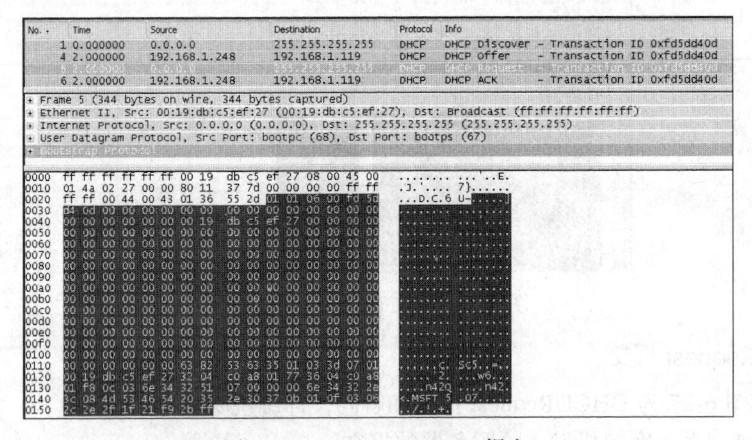

图 6-26 DHCP Request 报文

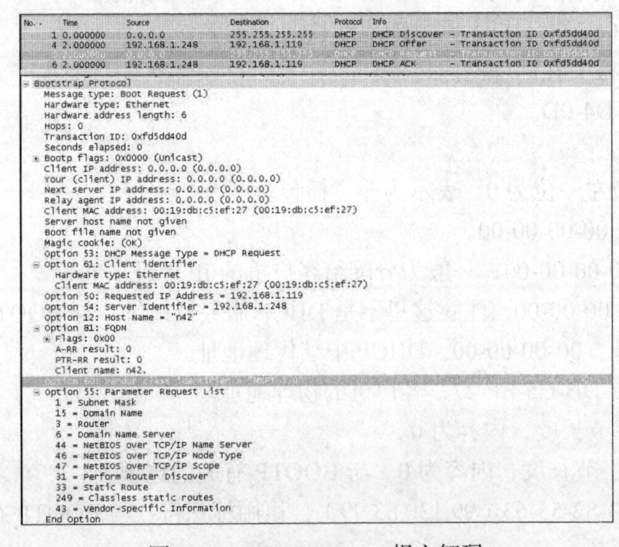

图 6-27 DHCP Request 报文解码

6. DHCP Ack 报文

图 6-28 和图 6-29 为 DHCP Ack 报文及其解码，详细说明如下：

操作码：02，表示服务器发送给客户机的报文。

硬件类型：01，表示以太网。

物理地址长度：06，表示以太网物理地址长度为 6 字节。

跳数：00，表示报文在同一网内传输。

标识号：FD-5D-D4-0D。

秒数：00，0 s。

标志：00-00，最左一位为 0，表示为非广播包。

客户机 IP 地址：00-00-00-00。

你的 IP 地址：C0-A8-01-77（192.168.1.119），分配给客户机的 IP 地址。

服务器地址：C0-A8-01-F9（192.168.1.249），注意这里不是 DHCP 服务器地址，与 BOOTP 有关的选项。

中继代理 IP 地址：00-00-00-00，DHCP 中继代理地址。

物理地址：00-19-DB-C5-EF-27，客户机的物理地址。

服务器名：64 字节长度，内容为 0。

引导文件：6D-65-6E-75-2E-70-78-65（menu.pxe）。与 BOOTP 有关的选项。

Magic cookie：63-82-53-63（99.130.83.99），租用标识符。与 BOOTP 有关的选项。

选项：

报文类型：35-01，05，表示 DHCP 的 Ack 报文。

服务器标识：36-04，C0-A8-01-F8（192.168.1.248），DHCP 服务器的 IP 地址。

租约时间：33-04，00-01-51-80（1 天 =86400（0x00015180）s）。表示 IP 地址的租约时间 1 天。

续约时间：3A-04，00-00-A8-C0（1/2 天 =43200（0x0000A8C0）s）。表示 12 h 后需要续约。

再次申请时间：3B-04，00-01-26-50（12750 秒（0x00012750））。表示 21 h 后该 IP 地址时失效，需要重新租约。

FQDN：内容比 request 报文中内容增长 10 字节。51-11，00-00-00-6E-34-32-2E-6E-65-74-6C-61-62-2E-69-65-2E。有关 DNS 更新信息。

子网掩码：01-04，FF-FF-FF-00（255.255.255.0）。

路由（默认网关）：03-04，C0-A8-01-FE（192.168.1.254）。默认网关 IP 地址。

DNS：06-04，CA-CC-DC-0B（202.204.220.11）。DNS 服务器地址。

结束符：FF，表示报文结束。

服务器用 Ack 报文响应 Request 报文。源地址是 DHCP 服务器地址，目标地址为客户机在 Discover 报文中申请的 IP 地址。其中在 Yiaddr 字段给出了客户机 IP 地址，在选项字段中给出了子网掩码、默认网关、租约时间等参数。

通过对上述 4 个 DHCP 报文的分析，可以看出客户机发给服务器的 Discover、Request 报文内容基本相同，服务器发给客户机的 Offer、Ack 报文内容基本相同。

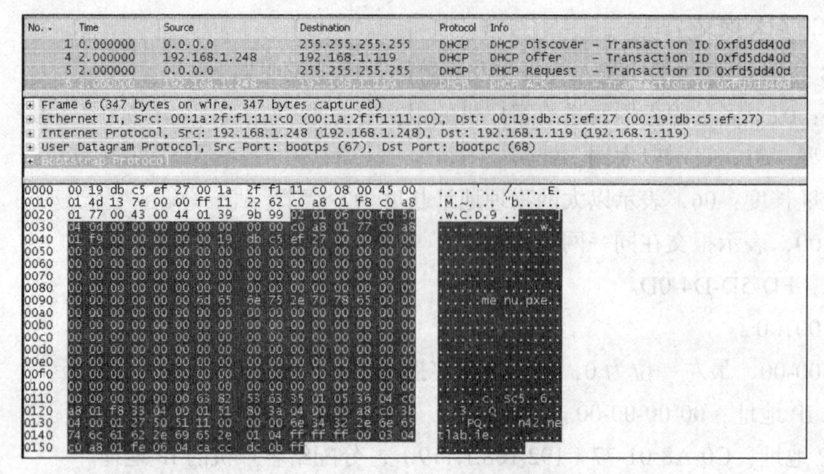

图 6-28 DHCP Acknowledge 报文

```
No.  Time        Source          Destination       Protocol  Info
  1 0.000000    0.0.0.0         255.255.255.255   DHCP      DHCP Discover  - Transaction ID 0xfd5dd40d
  4 2.000000    192.168.1.248   192.168.1.119     DHCP      DHCP Offer     - Transaction ID 0xfd5dd40d
  5 2.000000    0.0.0.0         255.255.255.255   DHCP      DHCP Request   - Transaction ID 0xfd5dd40d
  6 2.000000    192.168.1.248   192.168.1.119     DHCP      DHCP ACK       - Transaction ID 0xfd5dd40d
+ Frame 6 (347 bytes on wire, 347 bytes captured)
+ Ethernet II, Src: 00:1a:2f:f1:11:c0 (00:1a:2f:f1:11:c0), Dst: 00:19:db:c5:ef:27 (00:19:db:c5:ef:27)
+ Internet Protocol, Src: 192.168.1.248 (192.168.1.248), Dst: 192.168.1.119 (192.168.1.119)
+ User Datagram Protocol, Src Port: bootps (67), Dst Port: bootpc (68)
- Bootstrap Protocol
    Message type: Boot Reply (2)
    Hardware type: Ethernet
    Hardware address length: 6
    Hops: 0
    Transaction ID: 0xfd5dd40d
    Seconds elapsed: 0
  + Bootp flags: 0x0000 (Unicast)
    Client IP address: 0.0.0.0 (0.0.0.0)
    Your (client) IP address: 192.168.1.119 (192.168.1.119)
    Next server IP address: 192.168.1.249 (192.168.1.249)
    Relay agent IP address: 0.0.0.0 (0.0.0.0)
    Client MAC address: 00:19:db:c5:ef:27 (00:19:db:c5:ef:27)
    Server host name not given
    Boot file name: menu.pxe
    Magic cookie: (OK)
    Option 53: DHCP Message Type = DHCP ACK
    Option 54: Server Identifier = 192.168.1.248
    Option 51: IP Address Lease Time = 1 day
    Option 58: Renewal Time Value = 12 hours
    Option 59: Rebinding Time Value = 21 hours
  - Option 81: FQDN
    + Flags: 0x00
      A-RR result: 0
      PTR-RR result: 0
      Client name: n42.netlab.ie.
    Option 1: Subnet Mask = 255.255.255.0
    Option 3: Router = 192.168.1.254
    Option 6: Domain Name Server = 202.204.220.11
    End Option
```

图 6-29 DHCP Ack 报文解码

7. 注意事项

客户机在获得新的 IP 地址的时候，要先设置 IP 为自动获取。

8. 实验思考

一个网络如果有多台 DHCP 服务器会如何?

第7章 网络管理实验

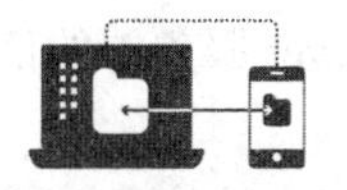

实验 7.1 SNMP 服务的安装和配置

1. 实验目的

掌握在 Windows Server 2016 环境中 SNMP 服务的安装和配置方法。

2. 实验环境

1）硬件：Hyper-V 虚拟主机 1 台，内建 1 台虚拟机服务器 SNMP，1 台虚拟机客户机 Client3。内建 1 台虚拟交换机 vNet-Corp 为内部连接类型，子网为 192.168.0.0/24。

2）软件：虚拟机服务器安装 Windows Server 2016 Datacenter 服务器操作系统，虚拟机客户机安装 Windows 10 操作系统，各虚拟机的 TCP/IP 信息和相关配置如表 7-1 所示。

表 7-1 设备配置表

设备名称	操作系统	IP 地址	子网码	网关	DNS
SNMP	Windows Server 2016 Datacenter	192.168.0.104	255.255.255.0	192.168.0.254	192.168.0.1
Client3	Windows 10	192.168.0.203	255.255.255.0	192.168.0.254	192.168.0.1

3. 相关知识

简单网络管理协议（Simple Network Management Protocol，SNMP）是 TCP/IP 协议簇的一部分，是一种应用层协议。它通过网络设备之间的客户机 / 服务器模式进行通信，使网络设备间能方便地交换管理信息。路由器、交换机、打印机、服务器等都可以成为被管理的网络设备结点（也称为 SNMP 系统中的服务器方），每个结点上都运行着一个称为设备代理（Agent）的应用进程，实现对被管理设备的各种被管理对象的信息的搜集和对这些被管对象的访问的支持。而 SNMP 系统中的管理方（也称为 SNMP 系统中的客户机方）往往是一台单独的计算机，它能够轮询各个网络设备结点并记录它们所返回的数据，并为管理员提供被管理设备的可视化图形界面。

SNMP 在发展过程中一共有 3 个主版本，分别为 SNMPv1、SNMPv2 和 SNMPv3。其中，SNMPv2 又分为若干个子版本，并以 SNMPv2c 应用最为广泛。

SNMP 协议是运行在 UDP 协议之上，它利用的是 UDP 协议的 161/162 端口。其中 161 端口被设备代理监听，等待接收管理者进程发送的管理信息查询请求消息；162 端口由管理者进程监听等待设备代理进程发送的异常事件报告陷阱消息，如 Trap。

设备所有被管理的信息被视为一个集合，这些被管理对象由 OSI 定义在一个被称作管理信息库（Management Information Base，MIB）的虚拟信息库中。

SNMPv1 和 SNMPv2c 均采用了一种简单的基于团体名的安全机制，这里所谓的团体名在管理端和被管理结点间的数据传输过程中担任密码的作用。同时，对应于每个团体名都有一个访问控制权限，只有请求的操作和使用的团体名的权限相符合才允许进行相应操作。

SNMP 允许使用很少的网络带宽和系统资源收集到很多有用的系统、网络数据。它提供了一种统一的、跨平台的设备管理办法，并且能够让网络管理员及时发现和解决网络问题以及对网络功能进行扩充。

许多流行网络管理软件，如通用开源多路由器通信图形工具（Multi Router Traffic Grapher，MRTG），就是依靠 SNMP 来捕捉多台网络设备——包括 Windows Server 服务器的信息，然后显示详细的系统参数图形。

为了让一个类似 MRTG 这样的工具正常工作，并从网络中收集相应的信息，需要在每一台网络设备上启用 SNMP。我们以 Windows Server 2016 服务器为例，讨论 SNMP 服务的安装和配置。

4. 实验过程

（1）安装 SNMP 协议

步骤 1：在一台 Hyper-V 虚拟机上安装全新的 Windows Server 2016 Datacenter 版本。将其 IP 地址按上表设置好，并将其计算机名称更改为 SNMP，重启计算机后，使用管理员账号登入系统。

在图 7-1 所示的“服务器管理器”界面中，单击“添加角色和功能”按钮，在后续三个界面中，依次查看向导说明（见图 7-2），确认选中了“基于角色或基于功能的安装”按钮（见图 7-3），确认“SNMP”按钮服务器已经被选中（见图 7-4），在相应界面单击“下一步”按钮继续。

图 7-1 “服务器管理器”界面

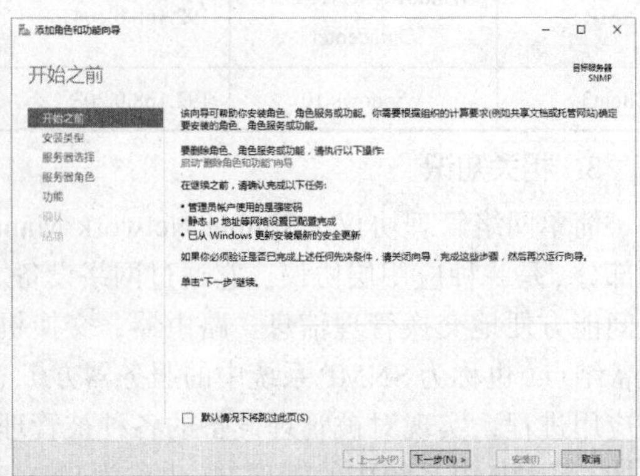

图 7-2 “添加角色和功能向导”说明

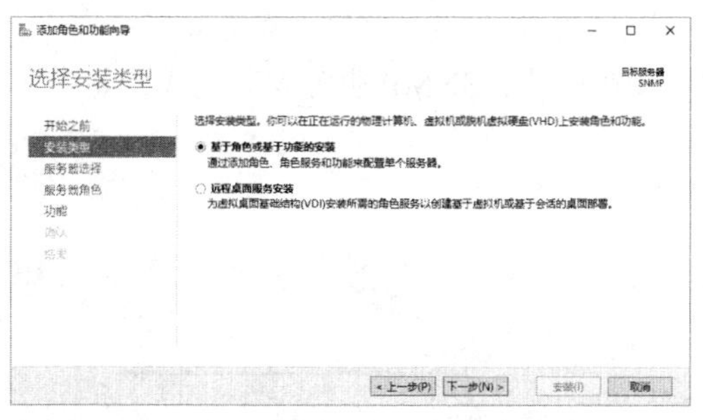

图 7-3　角色和功能安装类型选择界面

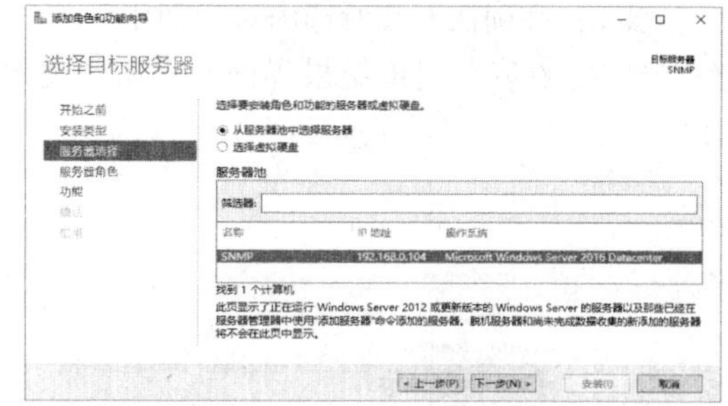

图 7-4　选择待安装的服务器

步骤 2：在 Windows Server 2016 中，SNMP 服务是一项功能而不是角色，因此在图 7-5 所示的“服务器角色”界面直接单击“下一步”按钮继续。

步骤 3：在“选择功能”界面，查看到列表框下方有“SNMP 服务”功能选项，单击前面的复选框，如图 7-6 所示。

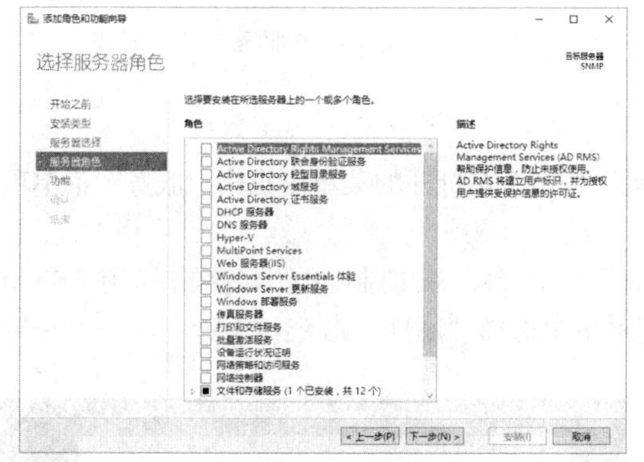

图 7-5　服务器角色安装界面

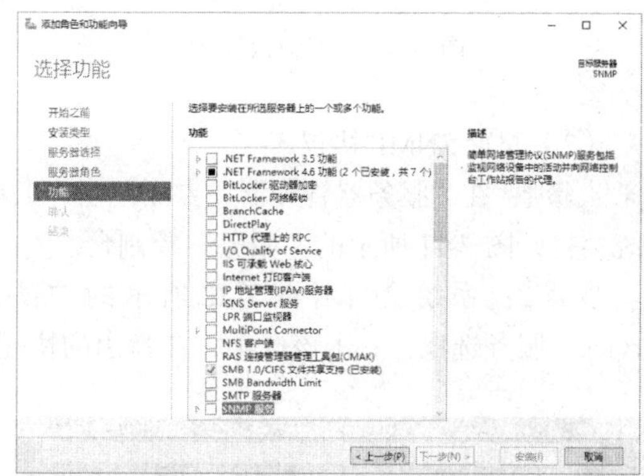

图 7-6　功能安装界面

步骤 4：在弹出的添加 SNMP 服务所需的功能对话框中，单击“添加功能”按钮继续，如图 7-7 所示。

步骤 5：在接下来的“选择功能”确认界面，选择“SNMP 服务”选项，如图 7-8 所示，单击“下一步”按钮继续。

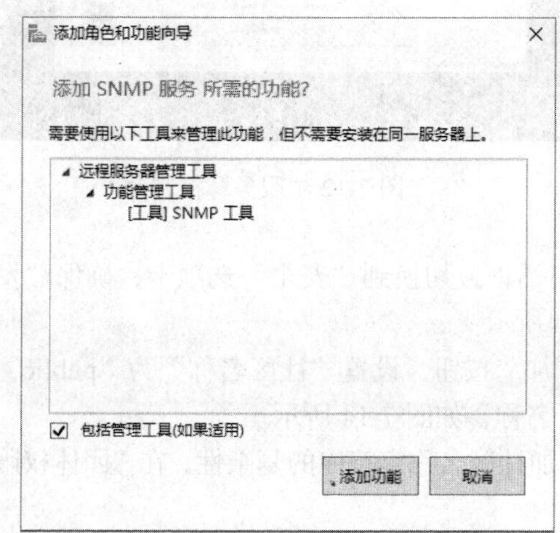

图 7-7　添加 SNMP 服务所需的功能对话框

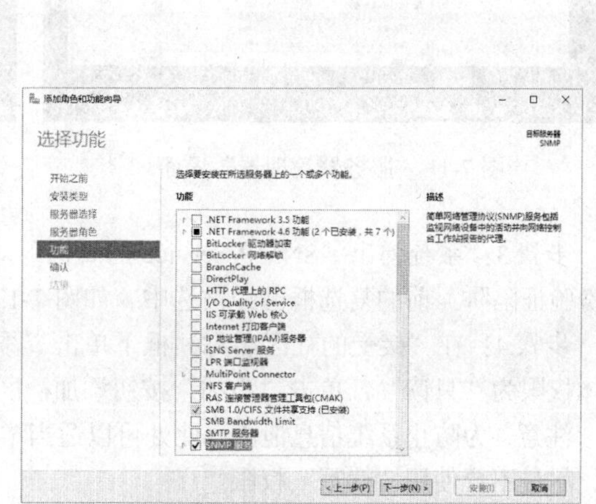

图 7-8　确认 SNMP 服务安装界面

步骤 6：在确认安装所选内容界面中，单击“安装”按钮继续，如图 7-9 所示。

步骤 7：在安装进度结果界面，单击“关闭”按钮确认，SNMP 服务安装完成，如图 7-10 所示。

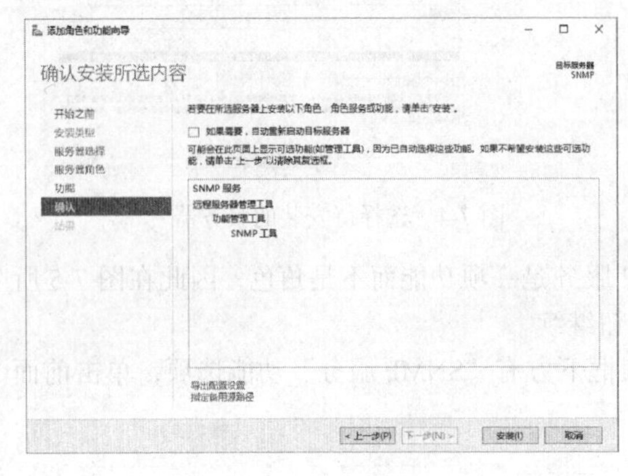

图 7-9　安装确认界面

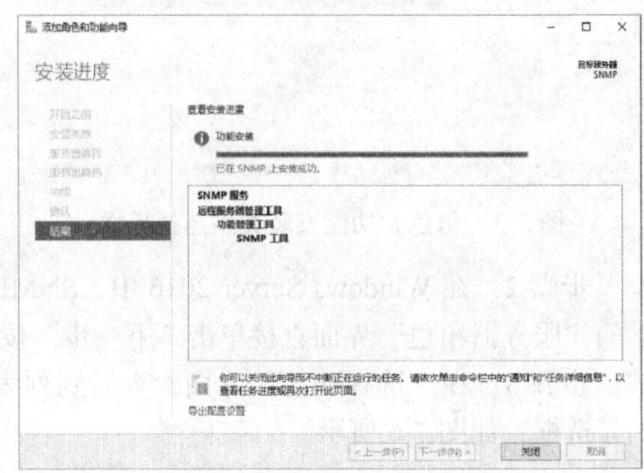

图 7-10　完成 SNMP 服务器功能安装

（2）配置 SNMP 协议

步骤 1：在“服务器管理器”界面单击“工具”按钮，在打开的菜单中点击“服务”菜单项，系统会打开图 7-11 所示的“服务”控制台。

步骤 2：系统会打开图 7-12 所示的“服务”控制台，在控制台右侧窗格找到“SNMP Service”服务选项，右击该选项，在弹出的快捷菜单中选择“属性”命令。

图 7-11 “服务器管理器”界面

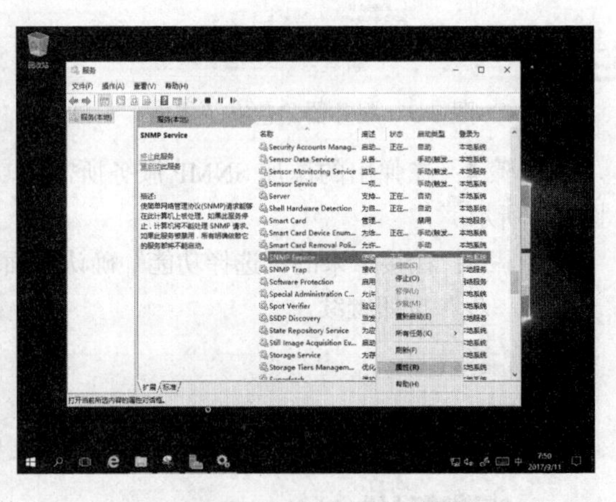

图 7-12 “服务”控制台

步骤 3：系统弹出“SNMP Service 的属性”对话框，切换到“安全”选项卡，确保“发送身份验证陷阱”前的复选框已经被选中，如图 7-13 所示。

步骤 4：在“接受的社区名称”框下单击“添加”按钮，设置“社区名称”为“public”，团体权限为“只读”，单击“添加”按钮添加社区名称，如图 7-14 所示。

注意，为防止系统信息泄露，此处可以适当增加社区名称字符串的复杂性，在“团体权限”中，尽量不要使用“读写”权限。

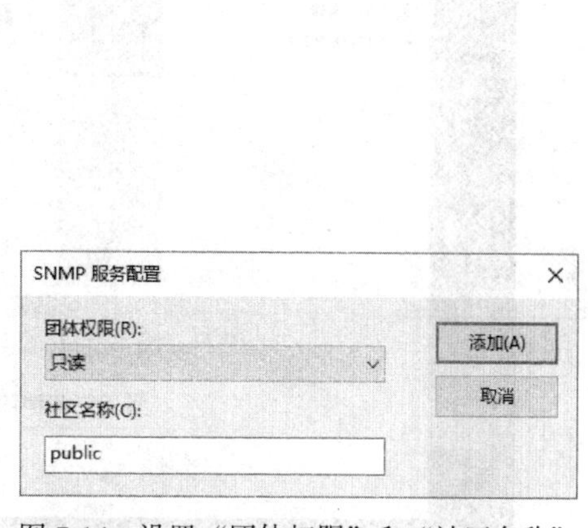

图 7-13 “SNMP Service 的属性”界面　　图 7-14 设置“团体权限”和“社区名称”

步骤 5：选中“接受来自下列主机的 SNMP 数据报”单选按钮，可以进一步增进安全，限制可接收 SNMP 信息的主机。在此，添加一台将要进行 SNMP 信息接收和管理的主机——Client3，单击下面的“添加”按钮，在弹出的对话框中输入 Client3 主机的 IP 地址 192.168.0.203，单击“添加”按钮继续，见图 7-15。

步骤 6：确认相关信息无误后，单击“确定”按钮完成 SNMP 服务的配置，见图 7-16。

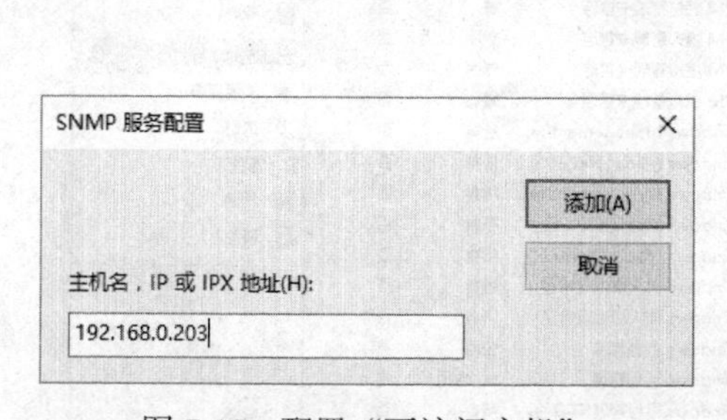

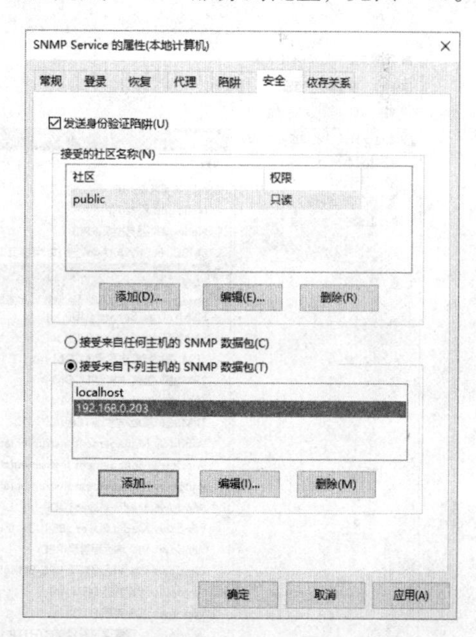

图 7-15 配置“可访问主机”　　图 7-16 “SNMP Service 属性”配置完成

（3）配置防火墙允许 SNMP 协议通过

步骤 1：在“服务器管理器”界面单击“工具”按钮，在打开的菜单中单击“高级安全 Windows 防火墙”菜单项，系统会打开图 7-17 所示的“高级安全 Windows 防火墙”控制台。

图 7-17 通过“服务器管理器”打开高级防火墙设置

步骤 2：在“高级安全 Windows 防火墙”控制台界面（见图 7-18），单击左侧的“入站规则”命令，在右侧的窗格中查看，确保有关“SNMP 服务（UDP In）”的防火墙规则属于“已启用”状态。

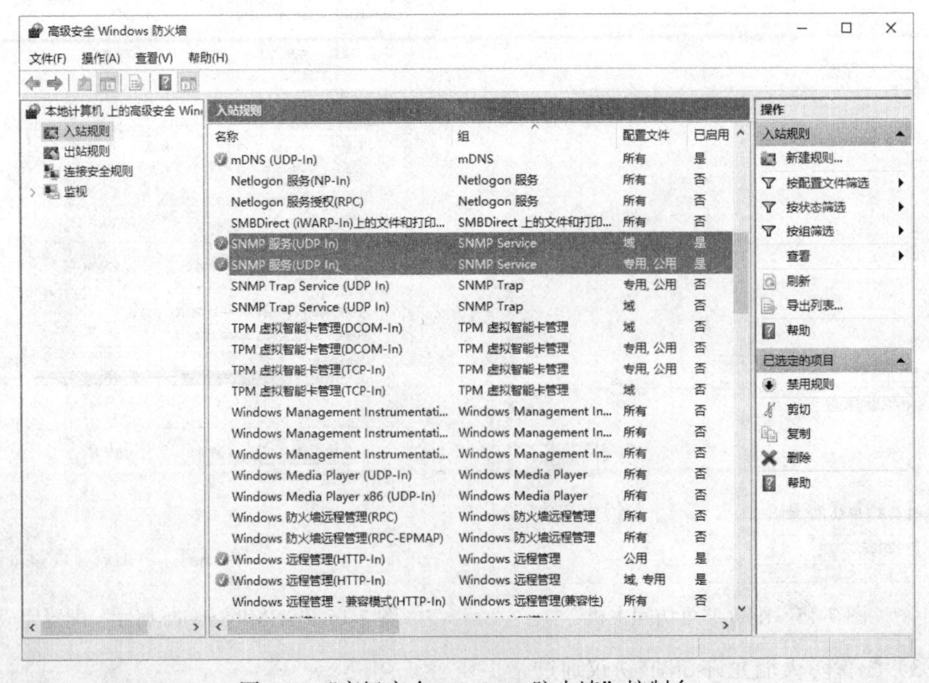

图 7-18 “高级安全 Windows 防火墙”控制台

步骤 3：双击相应的防火墙规则，可以弹出该规则的“属性”对话框，切换到“协议和端口”

选项卡，可以看到 SNMP 协议传输所使用的端口是 UDP 161 端口，见图 7-19。

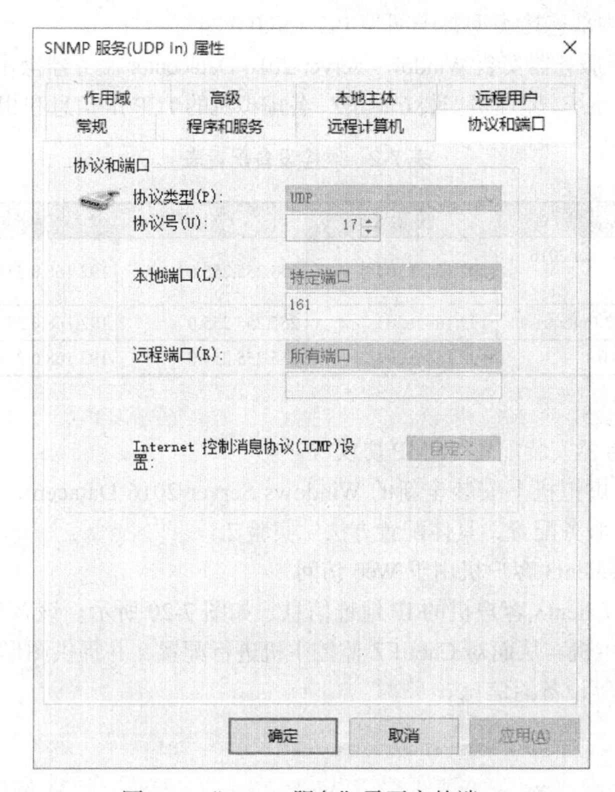

图 7-19 “SNMP 服务”需开启的端口

5. 注意事项

1）SNMP 的安全设置：为保证网络信息的安全，在实际网络管理中“团体权限”应设为“只读”，且团体名不建议使用默认的“public”，最好对网络内所有启用 SNMP 服务的设备团体名进行统一规划。为了进一步限制访问权限，可在“安全”选项卡下半部分选择只“接受来自这些主机的 SNMP 数据报”选项，并设置可信任的主机名或 IP 地址。

2）修改防火墙设置：如果系统启用了 Windows 防火墙或者安装了第三方防火墙软件，一定要打开相应的端口。其中被管理设备需要开放 UDP 161 监听端口，而管理主机需要开放 UDP 162 监听端口，否则 SNMP 数据报将无法被捕捉和发送。

6. 实验思考

团体名设为 public 的后果是什么？

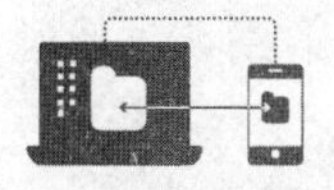

实验 7.2　SNMP 服务——监控端配置实验

1. 实验目的

掌握利用 Cacti 软件进行 SNMP 服务监控的安装配置方法。

2. 实验环境

1）硬件：Hyper-V 虚拟主机 1 台，内建 1 台虚拟机服务器 SNMP 作为被监控主机（该服务器按照实验 7.1 配置完成）、1 台虚拟机客户机 Client3、1 台监控用机 CactiEZ。内建 1 台虚拟交换机 vNet-Corp 为内部连接类型，子网为 192.168.0.0/24。

2）软件：虚拟机服务器安装 Windows Server 2016 Datacenter 服务器操作系统，虚拟机客户机安装 Windows 10 操作系统，监控机安装 CactiEZ，各虚拟机的 TCP/IP 信息和相关配置如表 7-2 所示。

表 7-2　监控设备配置表

设备名称	操作系统	IP 地址	子网码	网关	DNS
SNMP	Windows Server 2016 Datacenter	192.168.0.104	255.255.255.0	192.168.0.254	192.168.0.1
Client3	Windows 10 Enterprise	192.168.0.203	255.255.255.0	192.168.0.254	192.168.0.1
CactiEZ	CENTOS 6.0	192.168.0.204	255.255.255.0	192.168.0.254	192.168.0.1

3. 实验过程

（1）被监控服务器安装配置 SNMP 协议

在一台 Hyper-V 虚拟机上安装全新的 Windows Server 2016 Datacenter 版本。根据表 7-2 中的信息，完成 SNMP 服务配置，具体配置方法见实验 7.1。

（2）安装配置 Client3 客户机用于 Web 访问

根据表 7-2 设置 Client3 客户机的 IP 地址信息，如图 7-20 所示。该客户机用于通过 Web 界面访问 CactiEZ 监控主机，从而对 CactiEZ 监控主机进行配置，并提供图形化界面来显示被监控主机、应用及交换机等设备的信息。

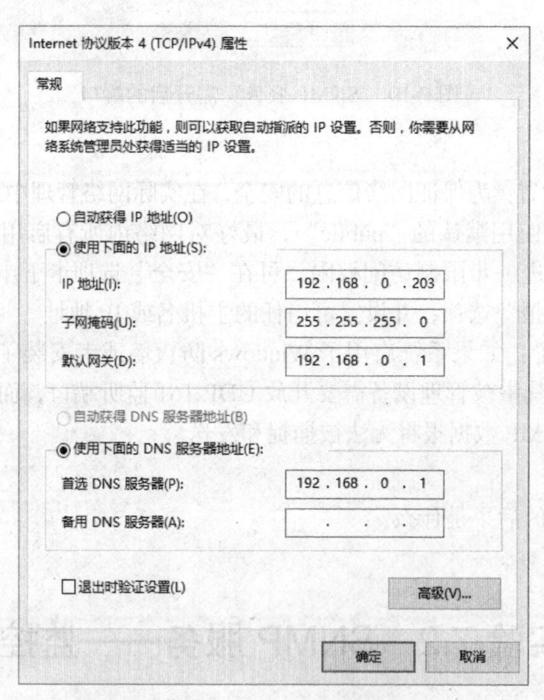

图 7-20　Client3 客户机 IP 地址配置

（3）安装配置 CactiEZ 服务器

步骤 1：更改虚拟机设置，增加旧版网络适配器。

首先在虚拟主机的“Hyper-V 管理器”里创建一台虚拟机用于安装 CactiEZ。该虚拟机可以使用虚拟机创建向导里的默认设置完成，注意要使用“第一代”虚拟机，硬盘容量需要大于

10 GB。将虚拟机设置为“从 CD 启动”并挂接 CactiEZ 的 ISO 文件。

虚拟机安装完成后，不要启动。打开该虚拟机的“设置”界面，选中左侧的“添加硬件”命令，在右侧列表框中选中“旧版网络适配器”，单击“添加”按钮，见图 7-21。

在“旧版网络适配器”配置窗口，选择“虚拟交换机”下拉列表中的 vNet-Corp 网络，见图 7-22，单击“确定”按钮继续。

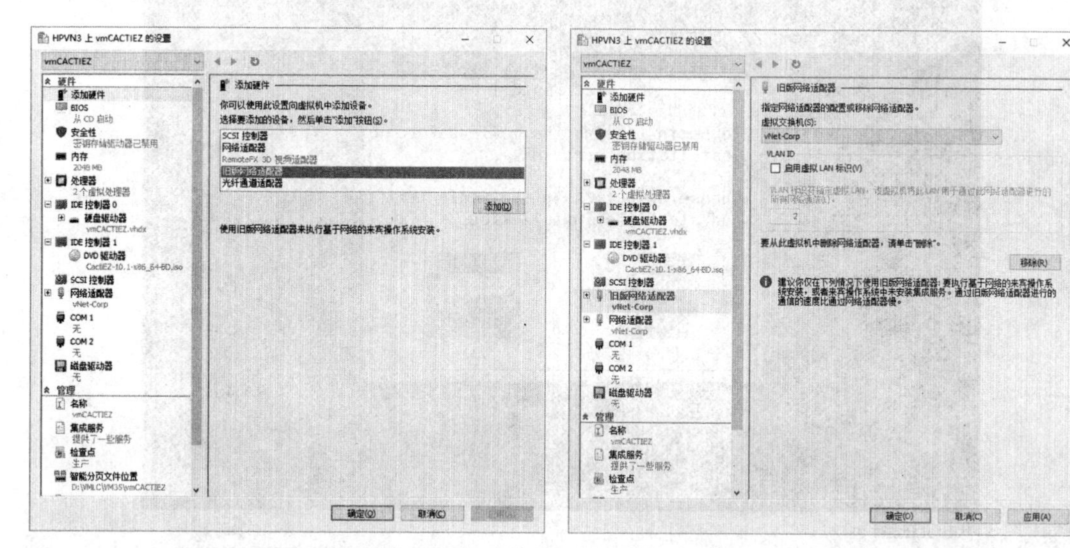

图 7-21　添加旧版网络适配器　　图 7-22　选择 vNet-Corp 网络

选中虚拟机的“设置”界面左侧系统默认添加的“网络适配器”，单击右侧“移除”按钮，见图 7-23，然后单击右下角的“应用”按钮删除原网络适配器。

查看虚拟机的各项配置，见图 7-24，确认无误后，单击“确定”按钮继续。

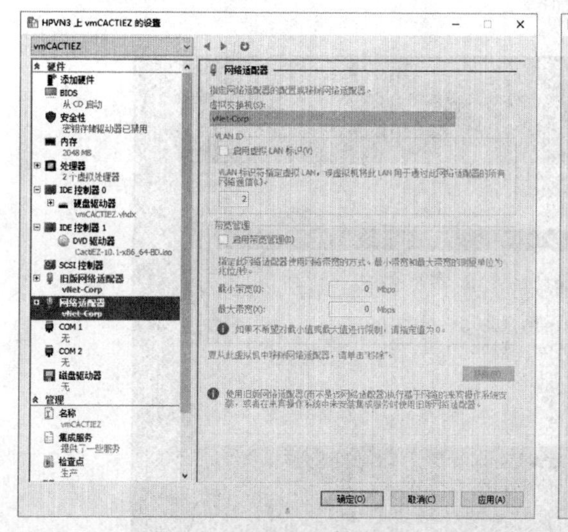

图 7-23　删除原网络适配器

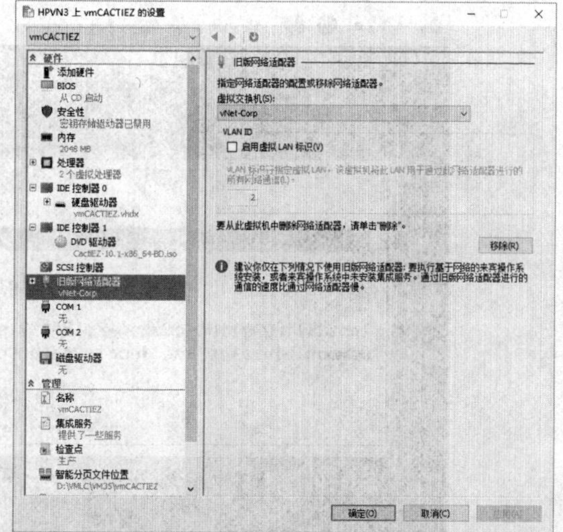

图 7-24　确认虚拟机配置信息

步骤 2：安装 CactiEZ 系统。

启动虚拟机，系统从光驱启动，进入欢迎界面后按【Enter】键，开始安装。在图 7-25 的界面里，选择“Skip”按钮并按【Enter】键，跳过介质检查步骤（可以通过键盘上的【Tab】按键和【Shiift+Tab】组合键切换按钮选择）。

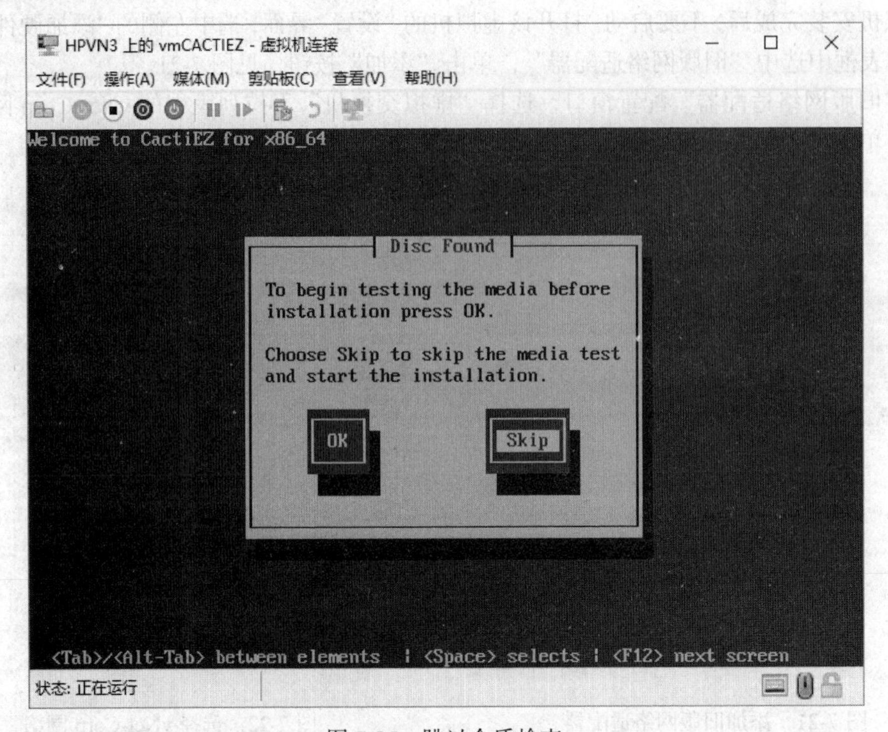

图 7-25 跳过介质检查

系统自动开始安装，进入图 7-26 所示界面。

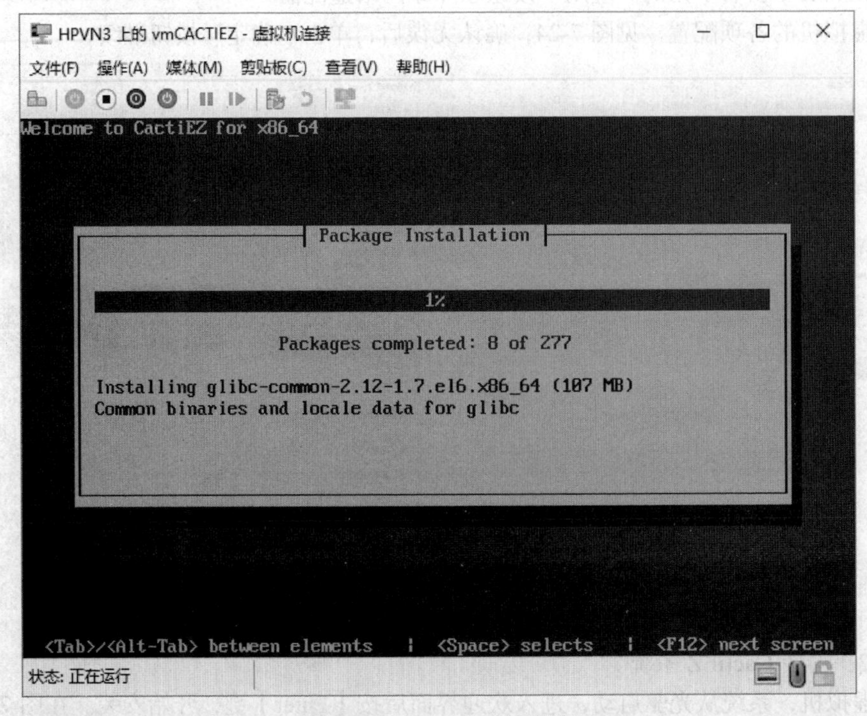

图 7-26 CactiEZ 系统安装

在安装完成界面图 7-27 中，系统提示“Reboot”，直接按【Enter】键重启系统。

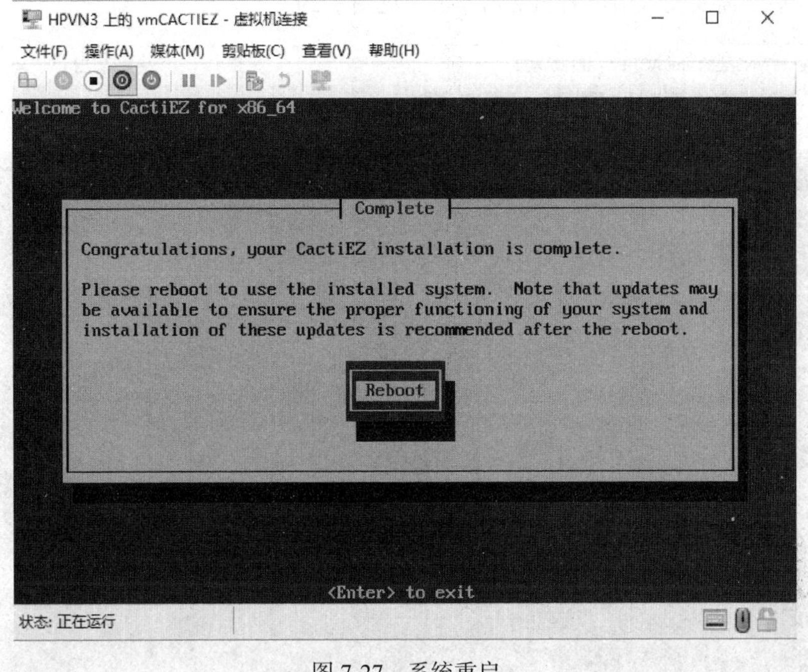

图 7-27 系统重启

步骤 3：配置 CactiEZ 系统。

系统重启后，进入图 7-28 所示界面，通过上下键选中“Boot from local drive”命令，从本地硬盘启动。

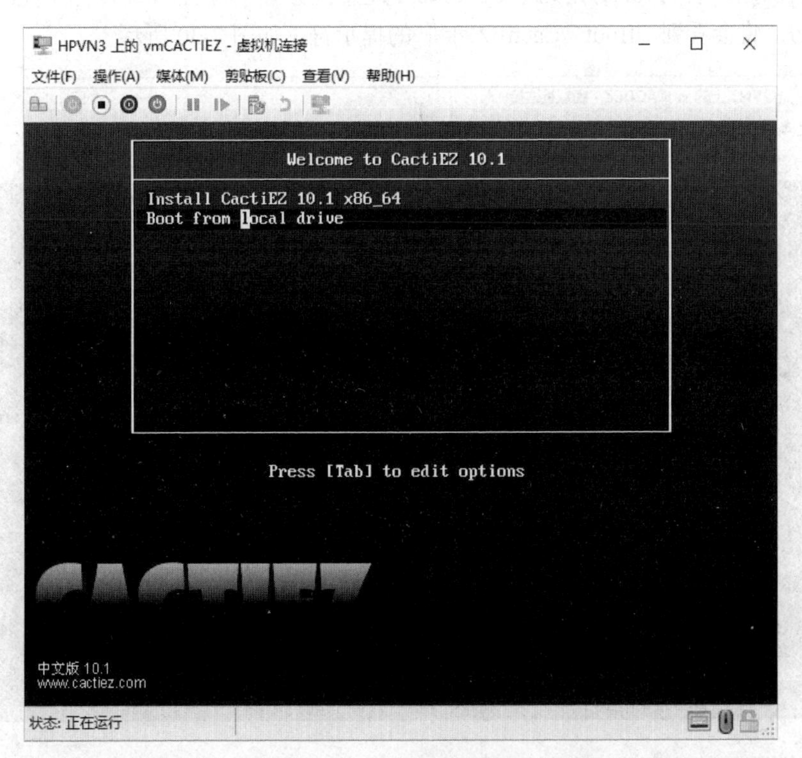

图 7-28 从本地硬盘启动

系统启动后，需要输入用户名和密码登录，见图 7-29。

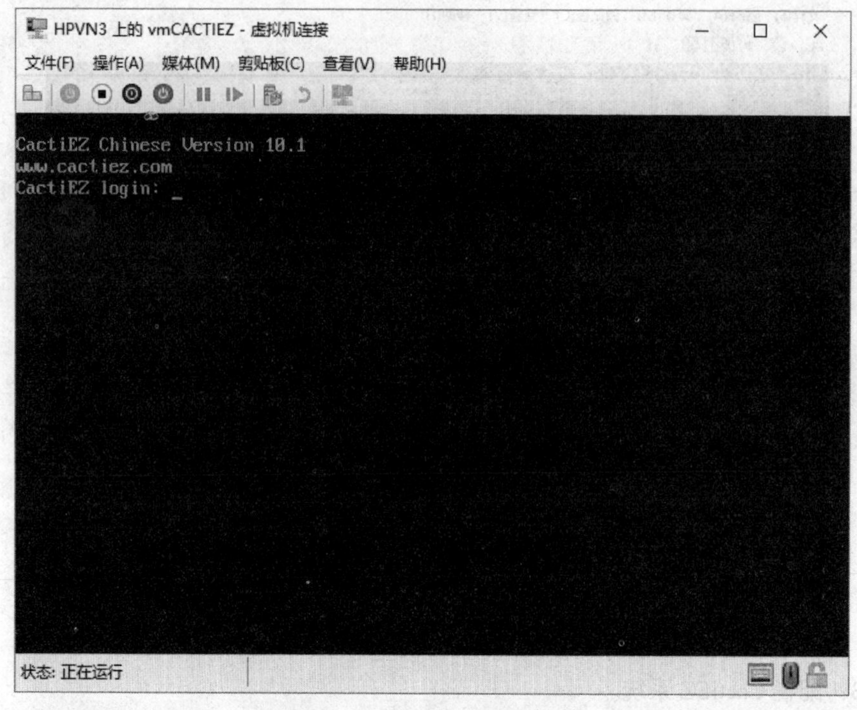

图 7-29 输入用户名和密码登录

系统管理员用户名为 root，密码是 CactiEZ（注意区分大小写）。再输入密码按【Enter】键。如果登录成功，将会看到“[root@CactiEZ~]#”的提示符，如图 7-30 所示。

图 7-30 CactiEZ 登录成功

成功登录 CactiEZ 系统后，需要更改网络配置。在提示符后输入“system-config-network”命令后按【Enter】键（可以输入前面的部分字符后然后按下【Tab】键自动补充完整命令），见图 7-31。

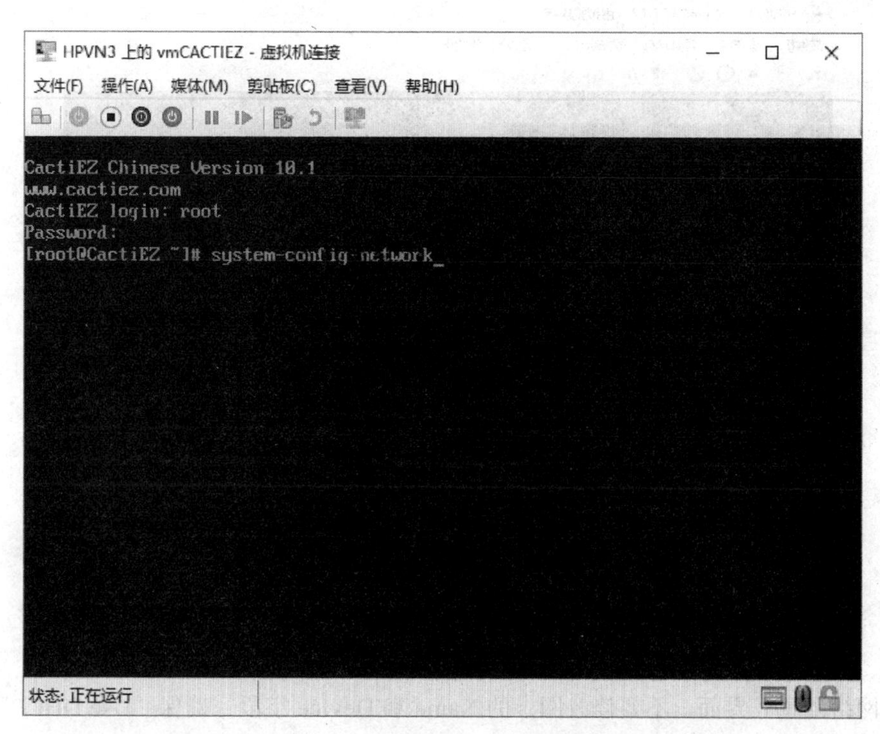

图 7-31　输入命令更改网络配置

在“网络配置”界面中，确保“Device configuration”（设备配置）被选中，按【Enter】键进入下一界面，见图 7-32。

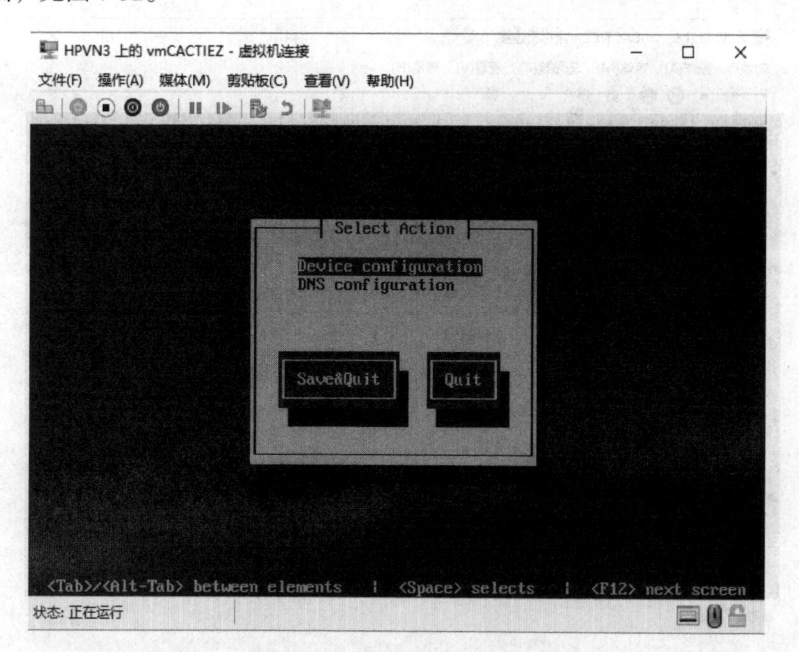

图 7-32　选中设备配置项

此时，可以看到我们只有一块网卡 eth0，确保该网卡被选中后，按【Enter】键进入“Network Configuration”（网络配置），见图 7-33。

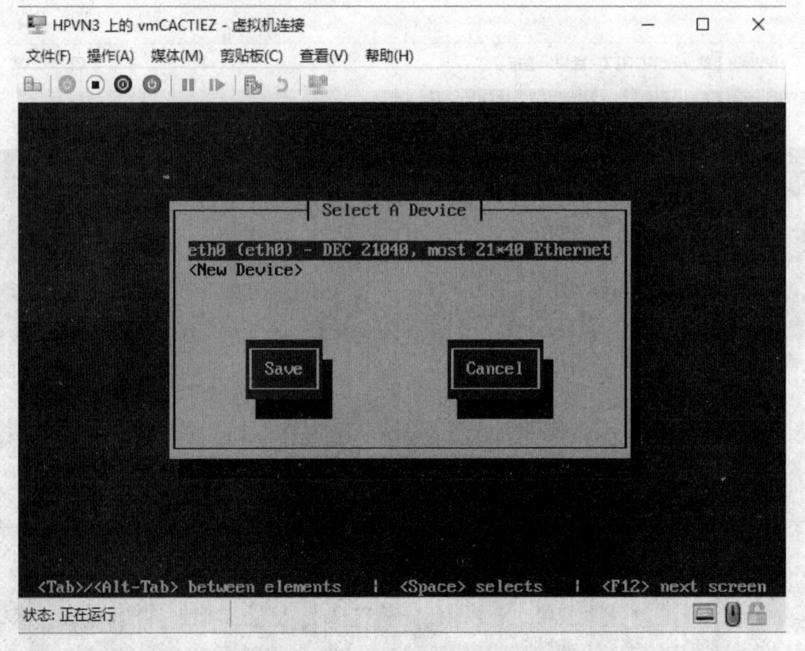

图 7-33 选中 eth0 网卡

在“网络配置”界面，不要修改网卡的 Name 和 Device 字段，确保“Use DHCP”未被选中，设置网卡的 IP 地址、子网掩码、网关和 DNS，具体信息如图 7-34 所示。提示：此处可以通过按【Tab】键切换到下一个输入框、按【Shift+Tab】组合键切换到上一个输入框。

设置完成后，通过【Tab】键切换到“OK”按钮，按【Enter】键继续。

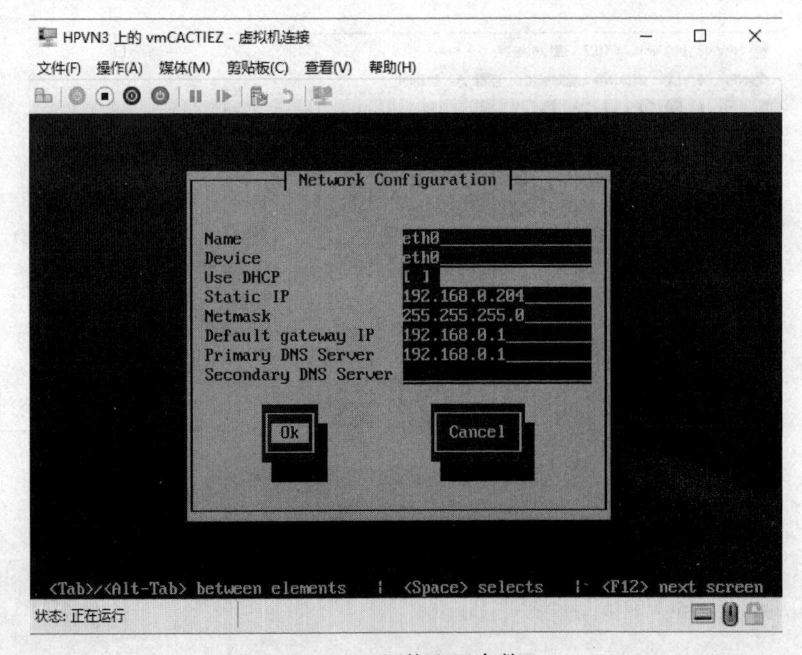

图 7-34 网络配置参数

系统回到上一界面，通过【Tab】键切换到“Savc”按钮，按【Enter】键保存 IP 配置，见图 7-35。

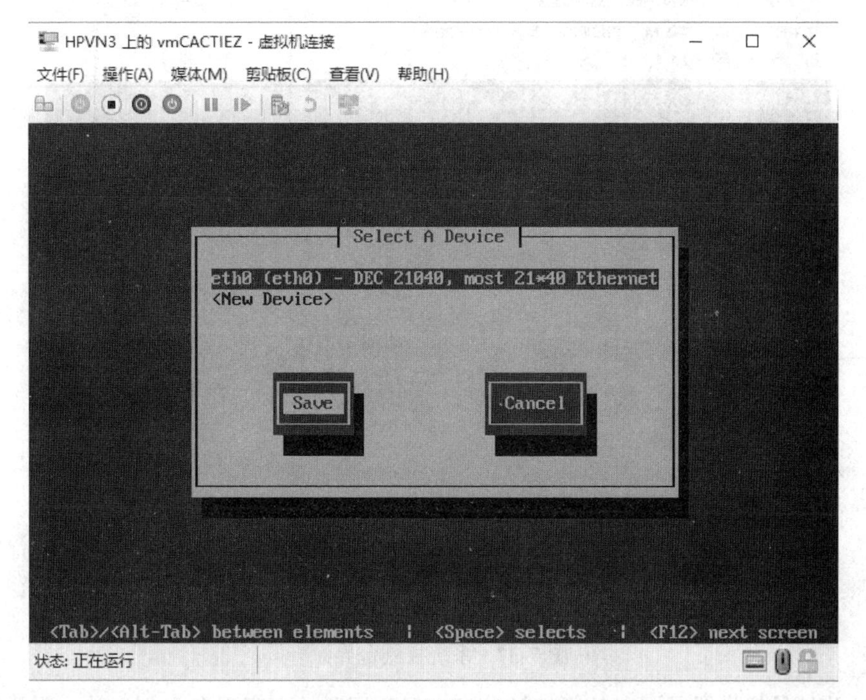

图 7-35　保存 IP 配置

系统回到上一层界面，再次通过【Tab】键切换到“Save&Quit”按钮，按【Enter】键保存网络配置，见图 7-36。

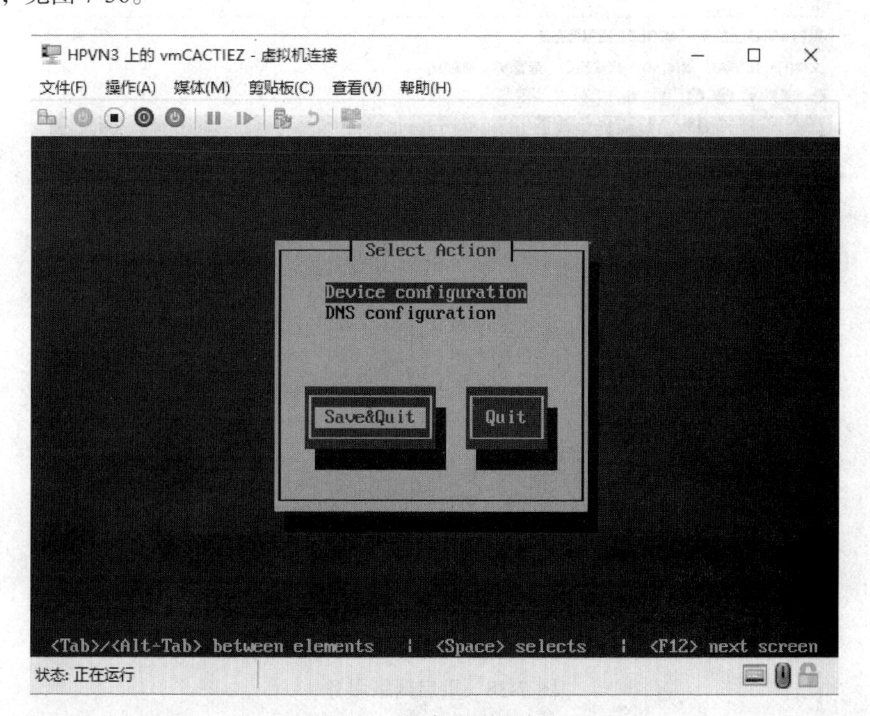

图 7-36　保存设置并退出

系统回到控制台界面，见图 7-37。

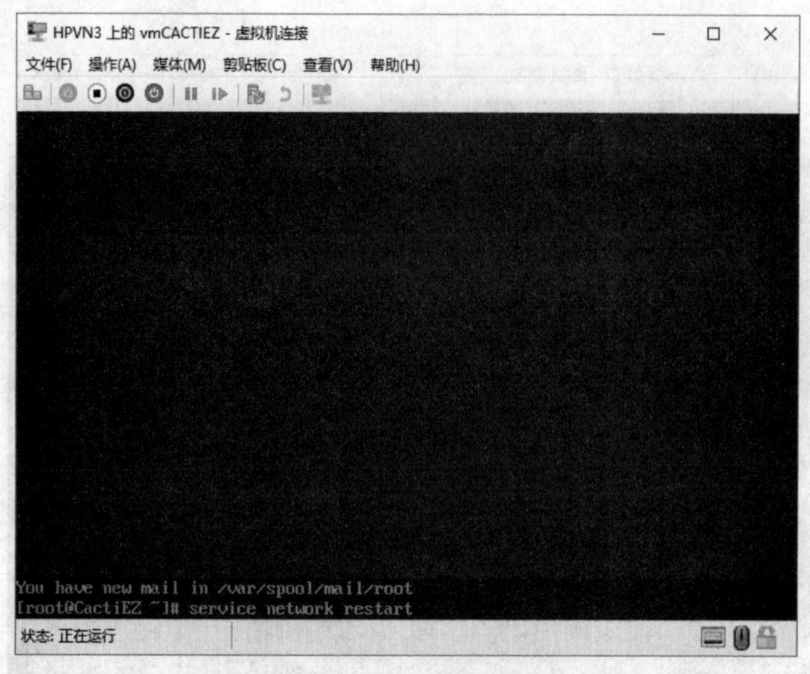

图 7-37　系统控制台界面

注意，此处虽然设置了网卡的新地址信息，但新配置的内容不会立刻生效，需要重启系统或重启网络服务。输入“service network restart”命令后按【Enter】键，见图 7-38，可以重启网络服务。如需重启操作系统，可输入“reboot”命令后按【Enter】键。

图 7-38　重启网络服务

网络服务重启后，配置正式完成，现在可以测试网络是否正常。输入“ping 192.168.0.1”（此系列实验中的网关地址）后按【Enter】键，如果看到类似以下结果，表示网络配置已成功，见图 7-39。

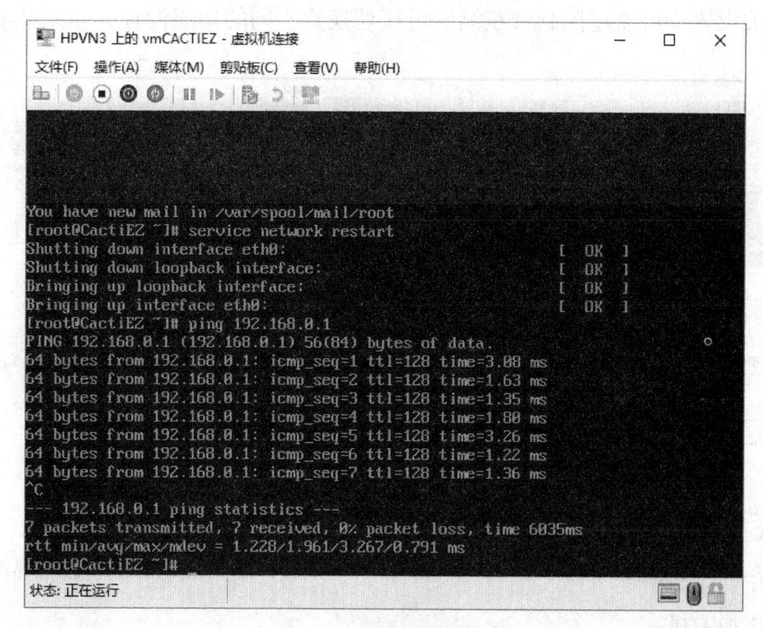

图 7-39　网络配置成功

（4）设置 CactiEZ 服务

CactiEZ 服务器的网络配置成功后，需要使用安装了 Windows 系统的 Client3 终端通过 Web 浏览器登录到 CactiEZ 服务器。后续的监控系统使用和配置都是基于客户端的浏览器操作来完成的。

步骤 1：登录系统。

首先打开 Client3 计算机上的 Internet Explorer（因 Windows 10 默认的浏览器 EDGE 兼容性有问题，建议使用 IE 或其他第三方浏览器），在地址栏内输入前面的 CactiEZ 监控主机地址 192.168.0.204，系统弹出如图 7-40 所示登录界面。默认 CactiEZ 的 Web 管理端用户名及密码均为 admin，单击“登录”按钮继续。

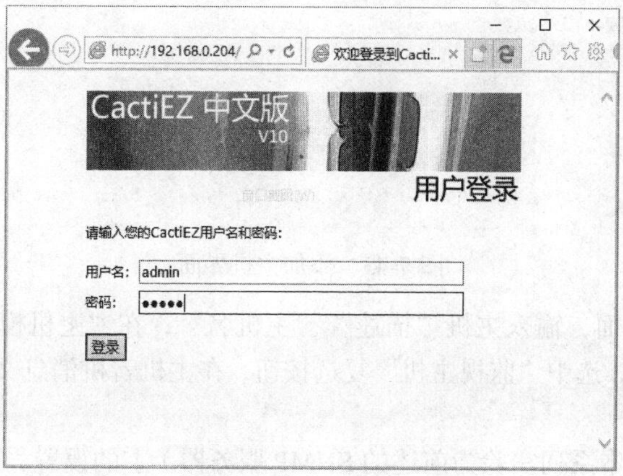

图 7-40　登录界面

首次登录，系统强制要求修改密码，输入新密码并确认后，见图 7-41，单击“保存”按钮继续。

登录后，系统显示 CactiEZ 的控制台界面，作为管理员，现在可以进行主机、图形、数据源的管理及相关设置，可通过控制台左侧的链接切换到不同的功能设置，如图 7-42 所示。

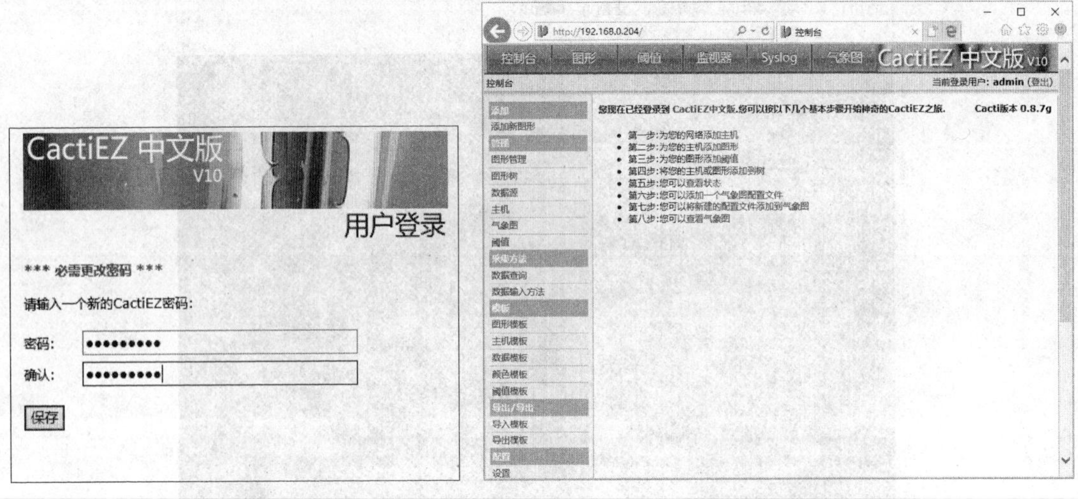

图 7-41　修改登录密码　　　　　图 7-42　CactiEZ 的控制台界面

步骤 2：添加主机。

首先，需要添加被监控的对象。先在左侧窗格内单击“主机”链接，然后单击右侧窗格右上角的“添加”链接，见图 7-43。

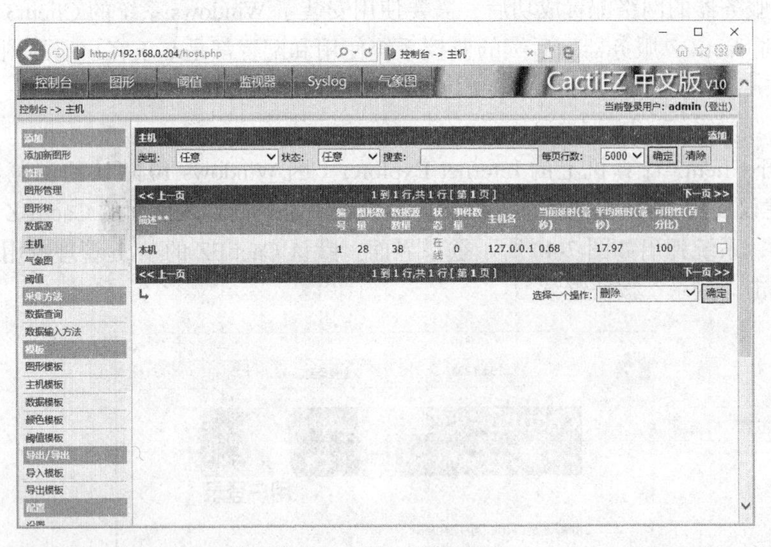

图 7-43　添加主机界面

在“主机编辑”界面，输入主机“描述”“主机名”，在“主机模板”下拉列表框中选择“Windows 主机”命令，选中“监视主机”复选按钮，在主机宕机消息文本框内输入有关信息，见图 7-44。

根据被监控主机（本系列实验为前述的 SNMP 服务器）上的设置，修改“SNMP 团体名称”和“SNMP 端口”字段。本实验中，团体字为“public”，端口使用默认的 161 端口。其他信息使用系统默认设置，然后单击“添加”按钮继续。

注意：一定要确定在被监控主机上在设置 SNMP 服务和防火墙时，已经允许 CactiEZ 监控主机（192.168.0.204）的 SNMP 包通过。

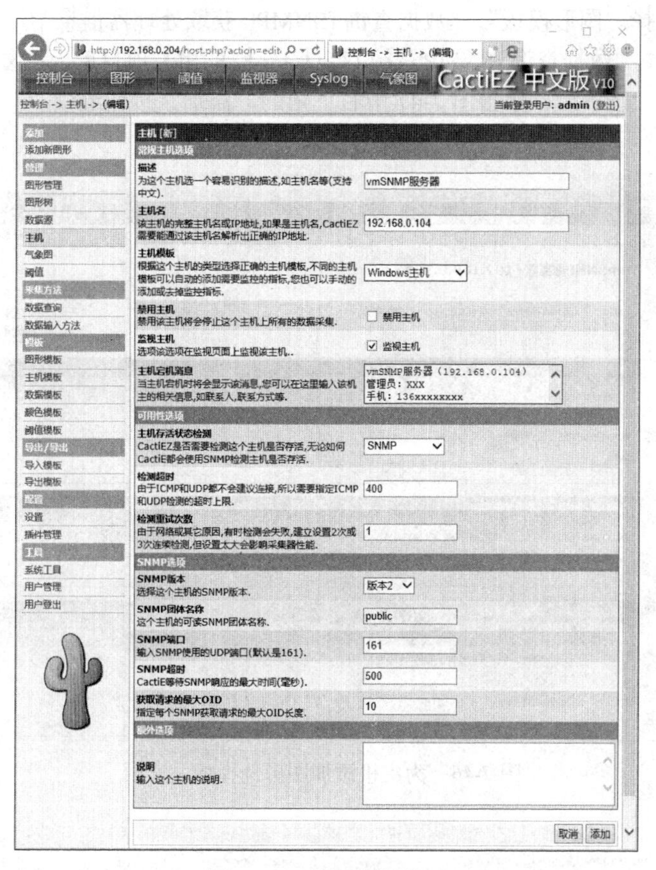

图 7-44　主机编辑界面

如果设置无误，系统提示“保存成功”，并在界面上显示该主机的相关 SNMP 信息，如操作系统、运行时间、主机名等，见图 7-45。

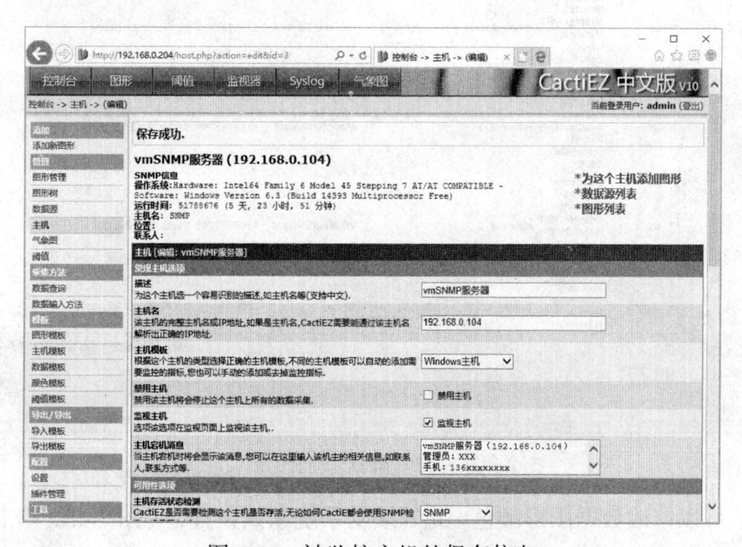

图 7-45　被监控主机的保存信息

步骤 3：为主机添加图形。

在图 7-45 所示的界面中，单击右上方的“为这个主机添加图形”链接，系统弹出图 7-46 所示的界面，分别选择“图形模板”“数据查询 [SNMP- 获取处理器信息]”“数据查询 [SNMP- 获取已挂载分区]”“数据查询 [SNMP- 接口统计]”栏里相关项目后面的复选框，将相应的图形内容与主机绑定。选中后，单击图 7-47 中右下角的“添加”按钮继续。

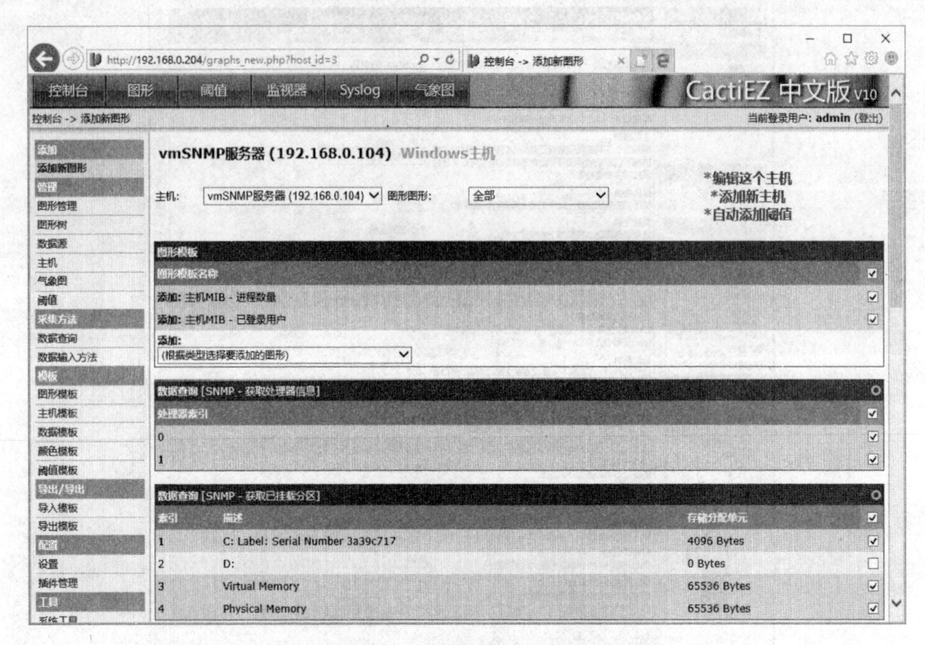

图 7-46　为主机添加图形选择相关选项

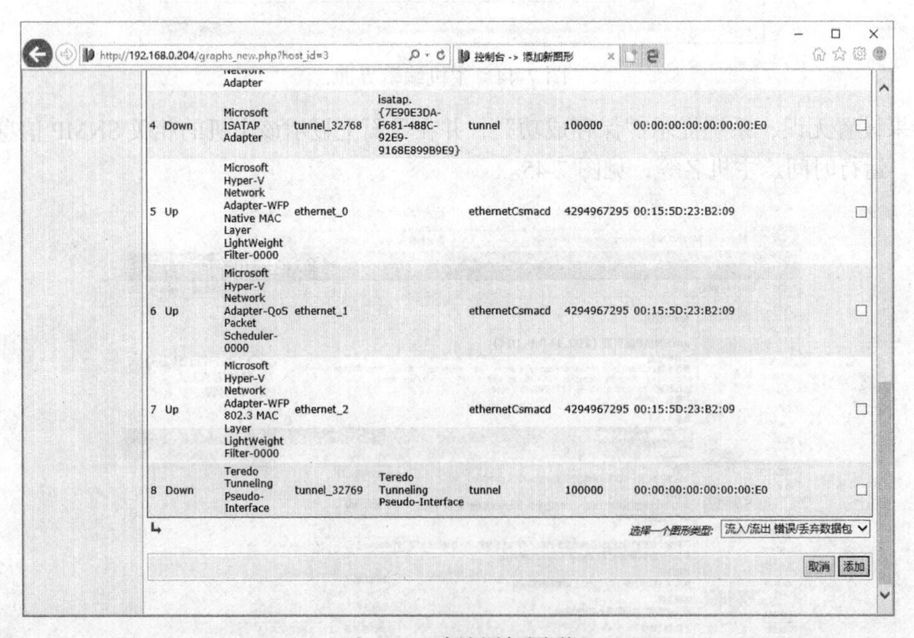

图 7-47　确认添加图形

如有需要，可以修改数据图形颜色。此处接受系统默认设置，见图 7-48，单击右下角“添加”按钮继续。

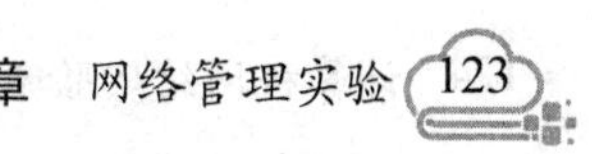

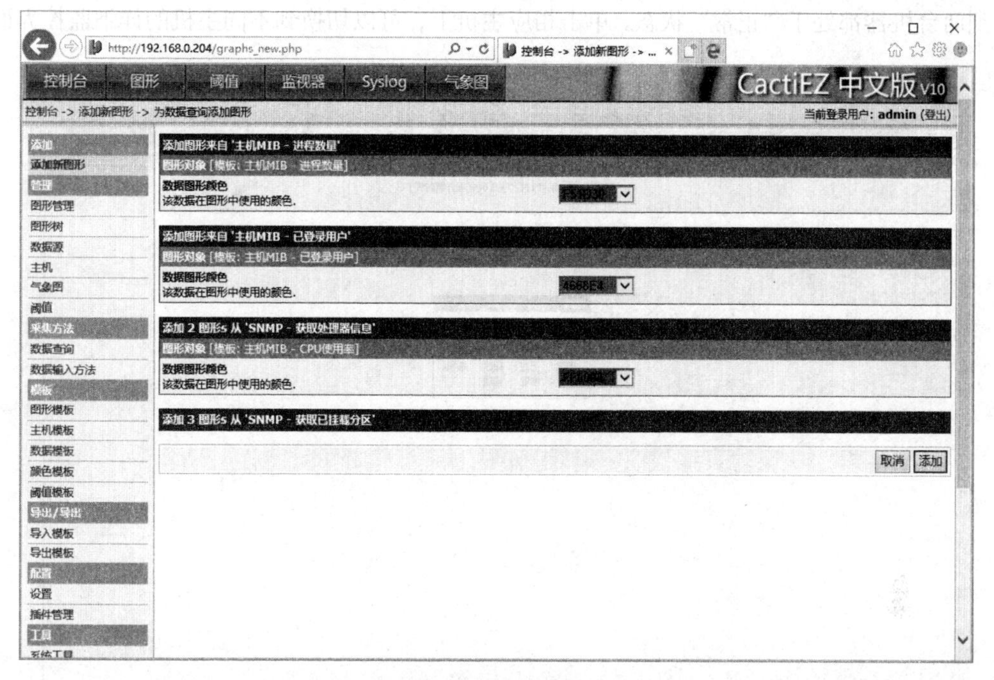

图 7-48　修改数据图形颜色

至此，为主机添加图形完成，见图 7-49。

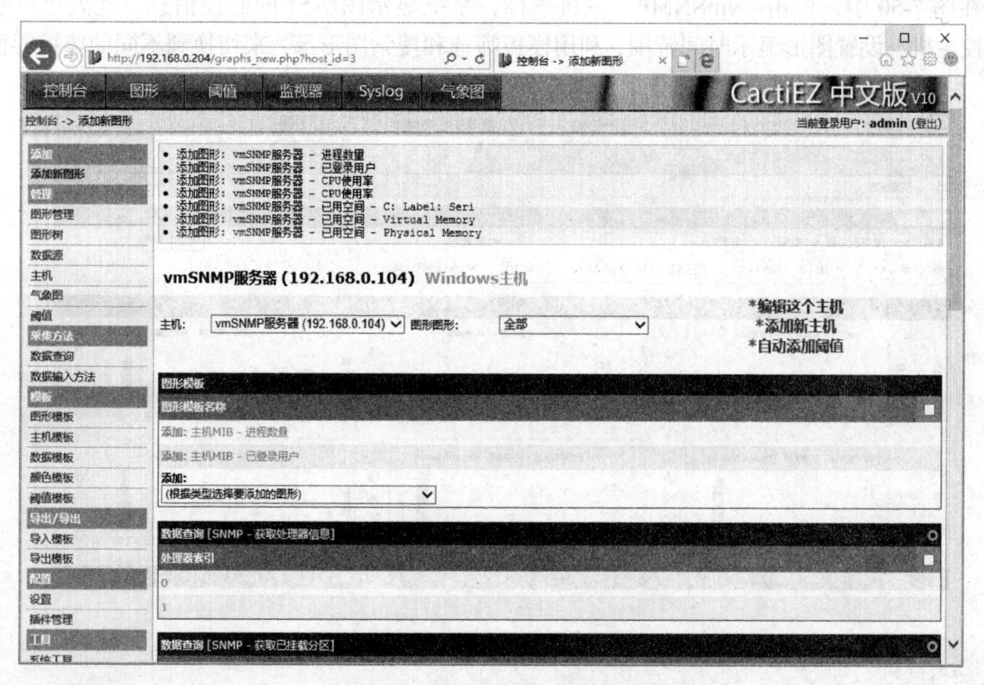

图 7-49　为主机添加图形成功

步骤 4：监控主机状态。

如需查看图形，可以单击页面顶部的“监视器”按钮，系统显示现有的被检测主机状态（本实验中的被监控 Windows Server 主机 vmSNMP 和代表 CactiEZ 服务器的本机），从图 7-50 可以看到两台机器都处于“正常”状态。单击相应主机上，可以切换到不同主机的详细监控界面。

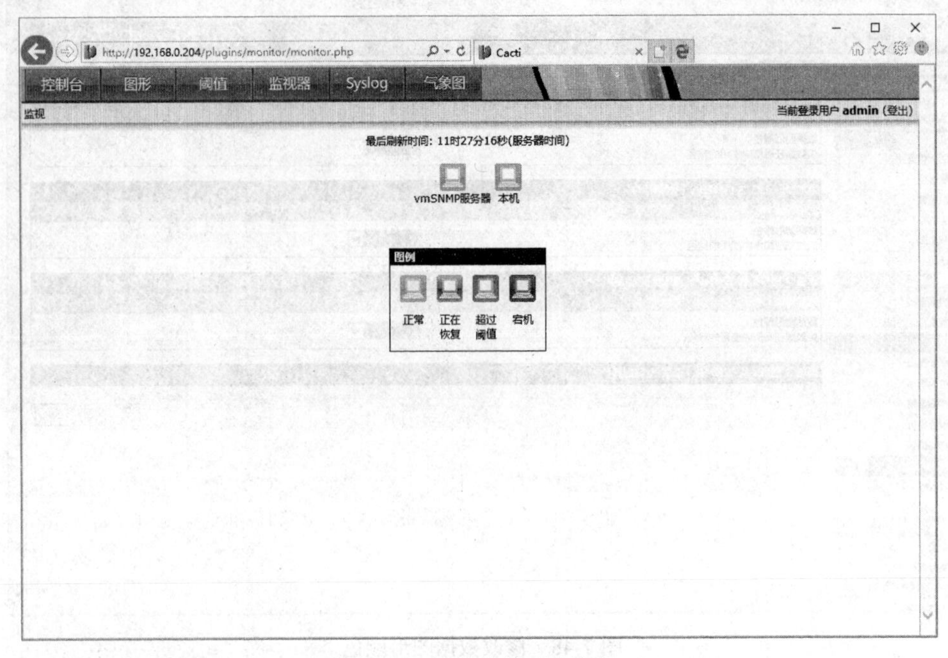

图 7-50　被监控的两台主机

在图 7-50 中，单击“vmSNMP”主机图标，系统显示图 7-51 的监控信息。此处可以切换被监控主机、设置图形显示时间范围、利用模板筛选和搜索图形等，来切换到不同的监控界面。

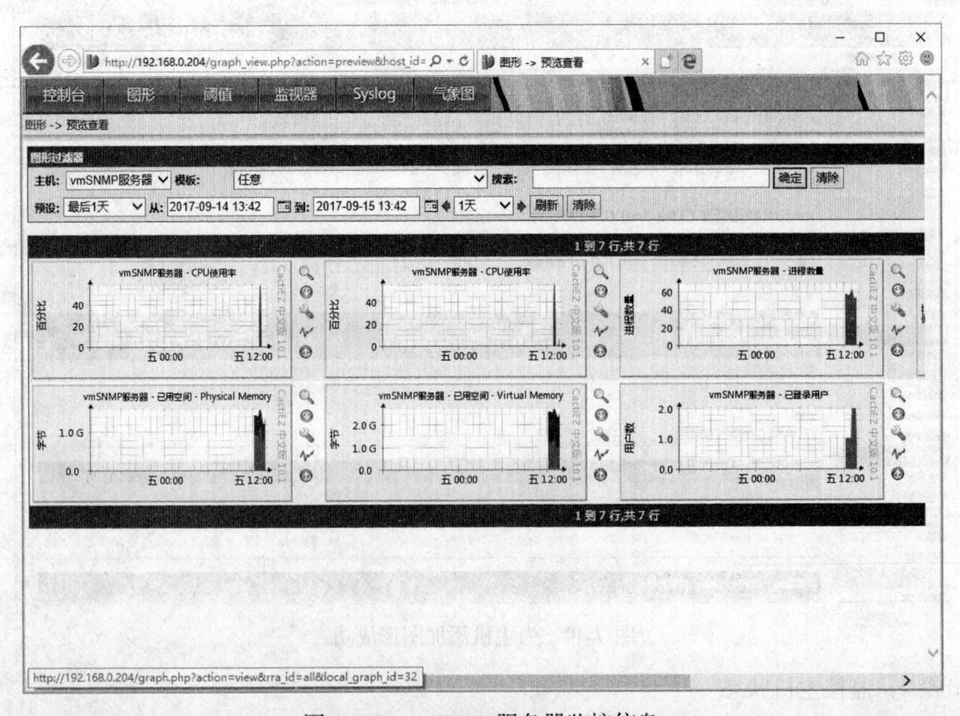

图 7-51　vmSNMP 服务器监控信息

至此，已经初步完成了 CactiEZ 系统的设置，已经能够添加主机（包括 Windows 或 Linux

计算机、交换机、路由器甚至系统应用），并以图形方式展示相应主机的各种信息。

但以上都是以 admin 系统管理员的身份来进行设置和浏览。下面建立普通用户，并为用户设置具有权限限制的界面内容。

步骤 5：将主机添加到图形树。

选择控制台左侧窗格的“主机”链接，在右侧窗格的主机列表中，选中“vmSNMP 服务器”后面的复选框，在“选择一个操作”下拉列表框中选择“添加到树（默认树）”项，见图 7-52，单击“确定”按钮继续。

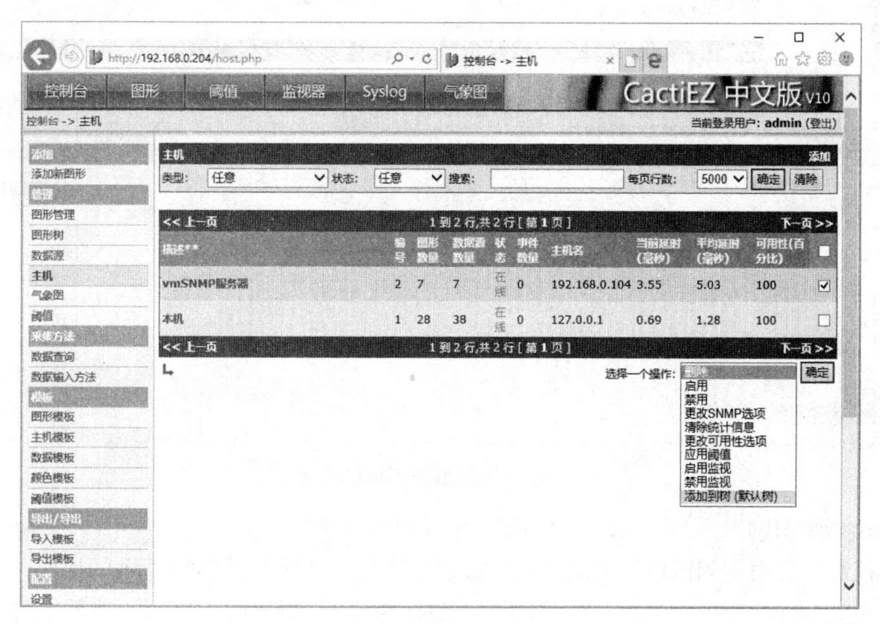

图 7-52　将主机添加到树

页面的设置接受系统默认内容，如图 7-53 所示，单击“继续”按钮。

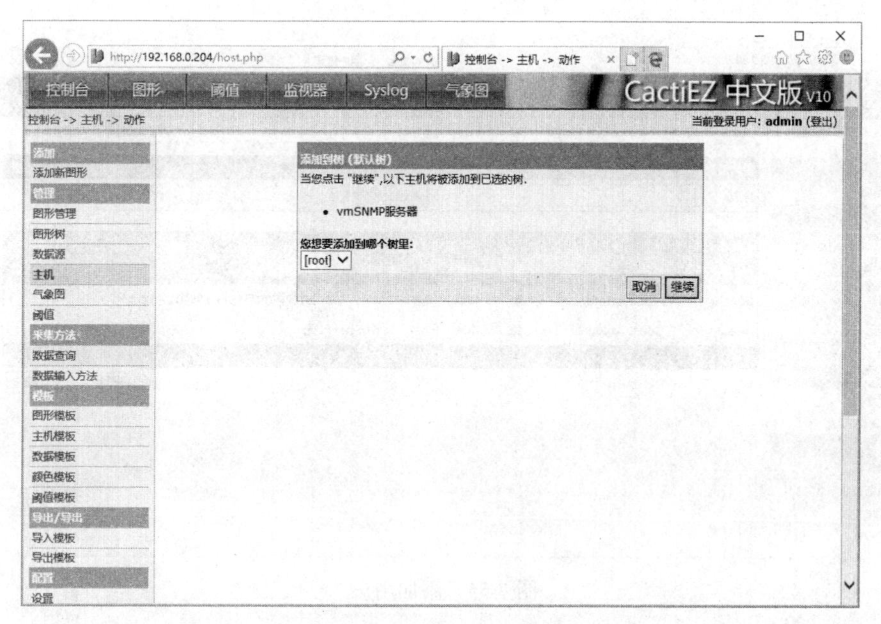

图 7-53　接受添加到树的默认设置

在图 7-54 的界面中，单击右下角“保存”按钮继续。

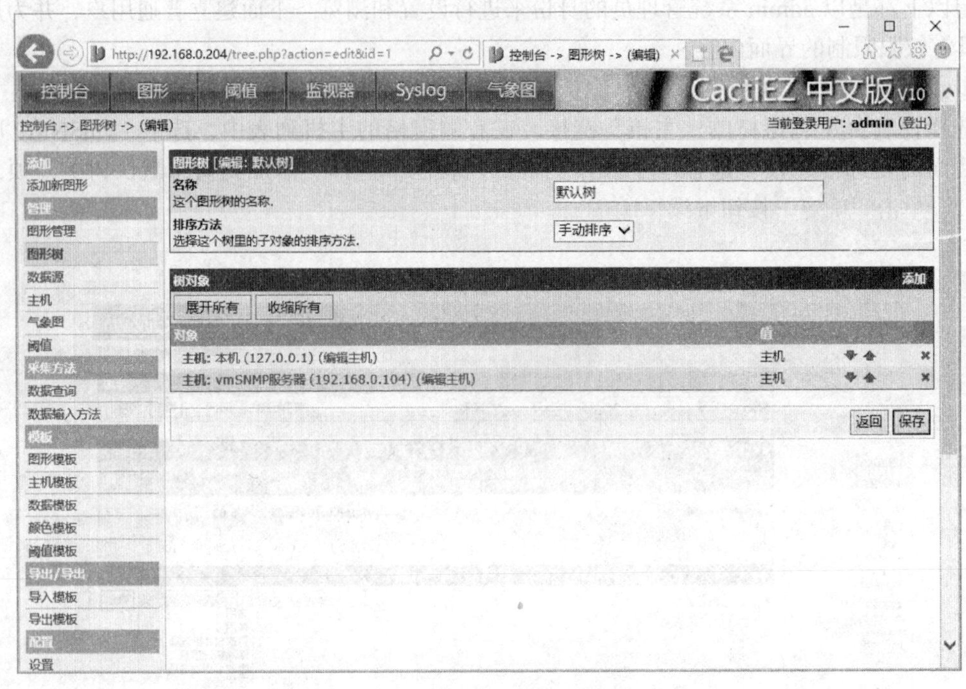

图 7-54 保存添加到树的设置

步骤 6：添加用户。

单击控制台界面左侧窗格下面的“用户管理”链接，会弹出图 7-55 所示的界面，可以看到当前系统有“admin”和“guest”两个用户，注意“guest”用户的“启用”项显示为“否”，表示该用户默认没有被启用。

此处，单击右上角“添加”按钮，增加一个新的用户，见图 7-55。

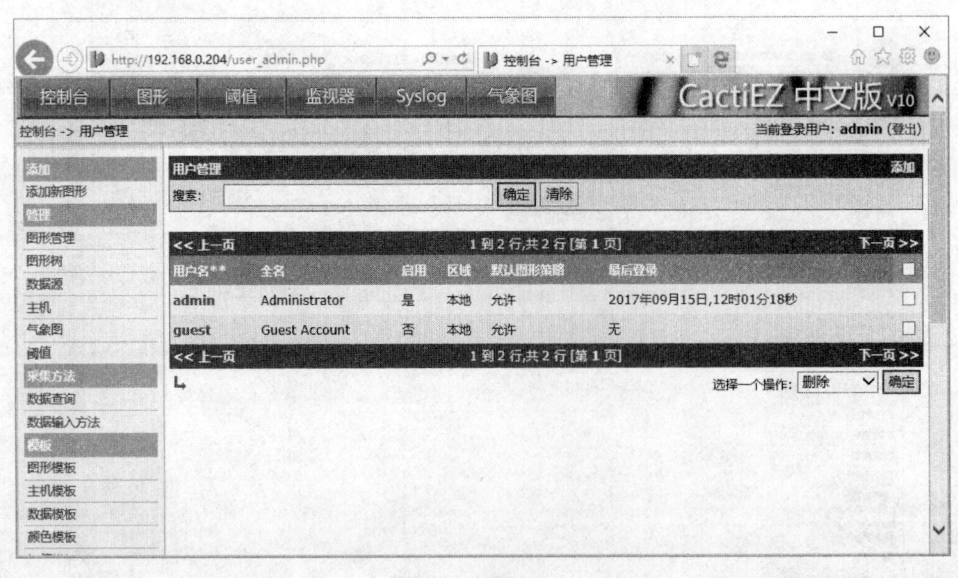

图 7-55 添加用户

在图 7-56 页面中，输入新用户的用户名、全名、密码，选择“启用”前的复选框确保用户为“启用”状态。

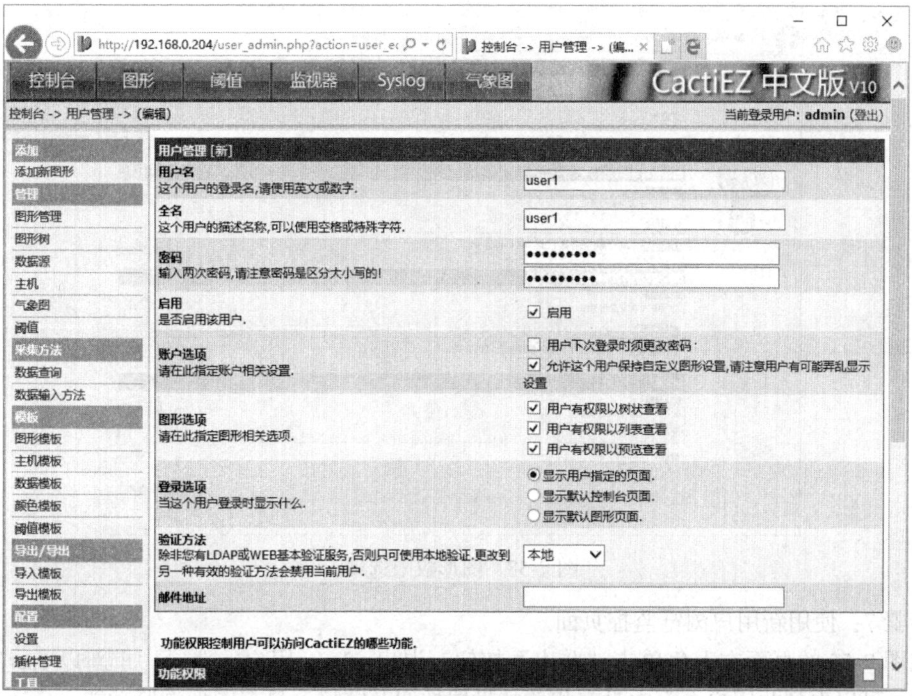

图 7-56　添加用户信息

在页面的“功能权限”选项卡中，选中“查看图形”前的复选按钮，见图 7-57。

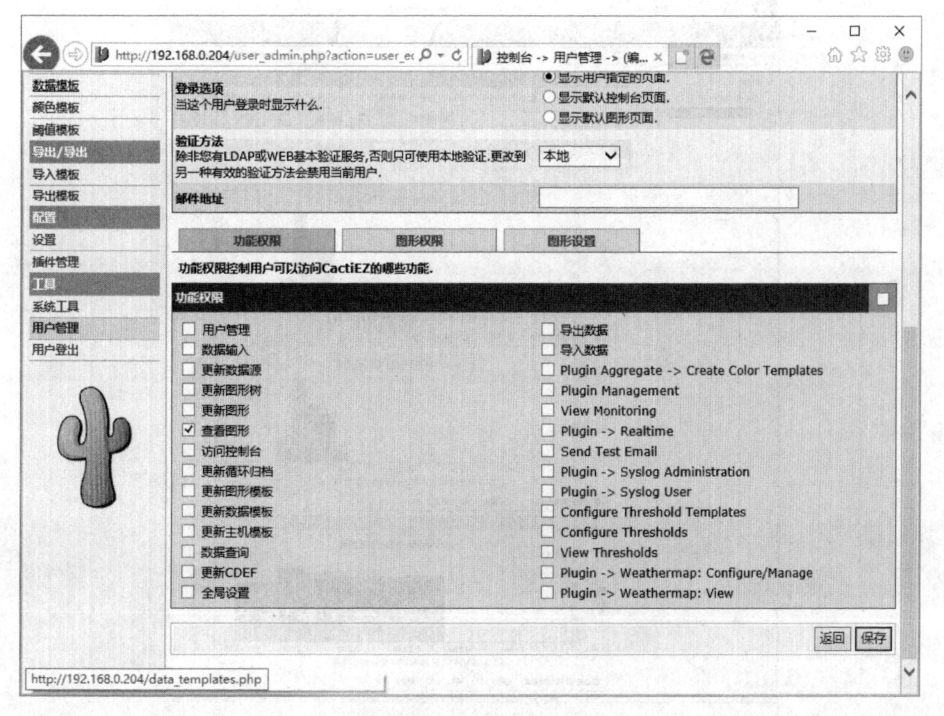

图 7-57　添加用户权限

单击切换到“图形权限”选项卡，将各项“默认策略”后面的权限下拉列表由“拒绝”更改为“允许”。单击“保存”按钮，完成新用户的建立和权限设置，见图 7-58。

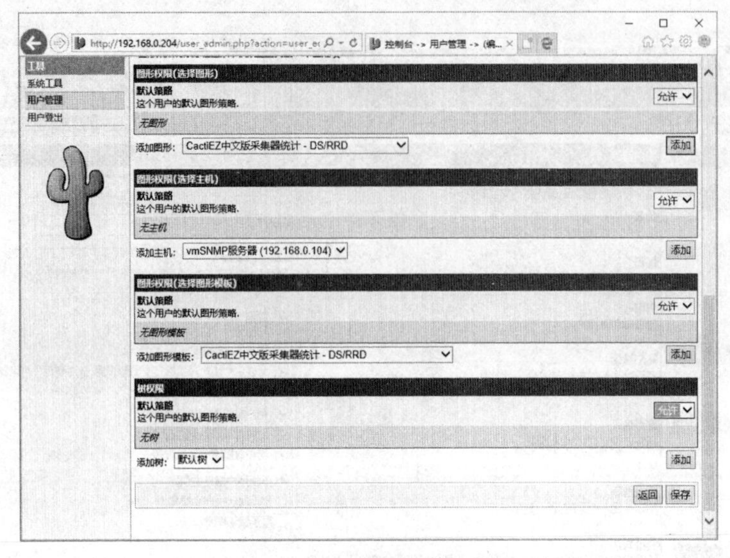

图 7-58　图形权限选项卡

步骤 7：使用新用户浏览监控页面。

在图 7-55 的页面右上角单击“登出”按钮，退出 admin 用户的登录。重新以 user1 用户登录系统，可以看到此用户页面中没有相关的设置按钮及链接，只有图形浏览功能。

通过单击“默认树”下的不同主机，用户可以查看相应设备的各项状态信息，见图 7-59。

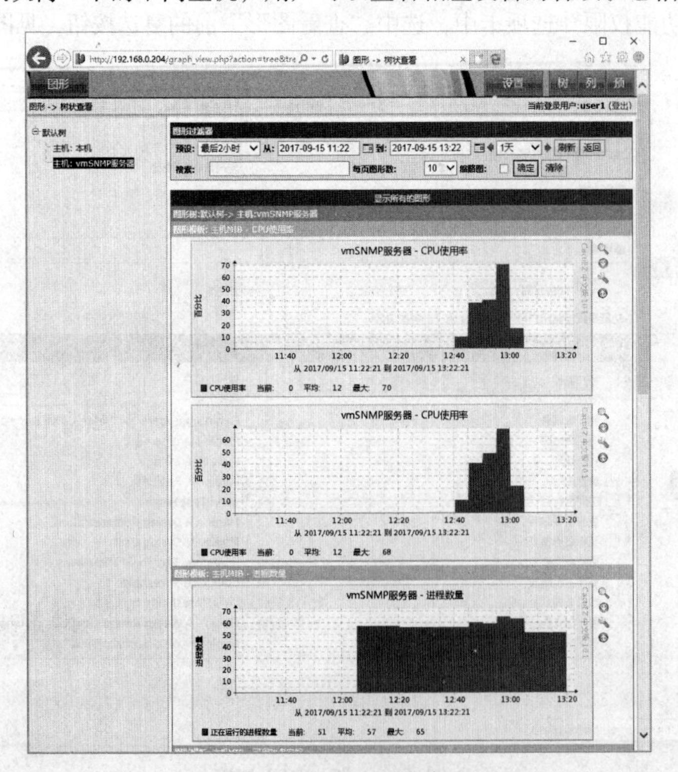

图 7-59　user1 查看相应设备的状态信息

用户可以调整监控图形显示的时间范围、使用缩略图浏览（见图 7-60），或者单击某个图形，进入到该项监控内容更详细的小时、天、星期、月、年不同时间段情况的页面。

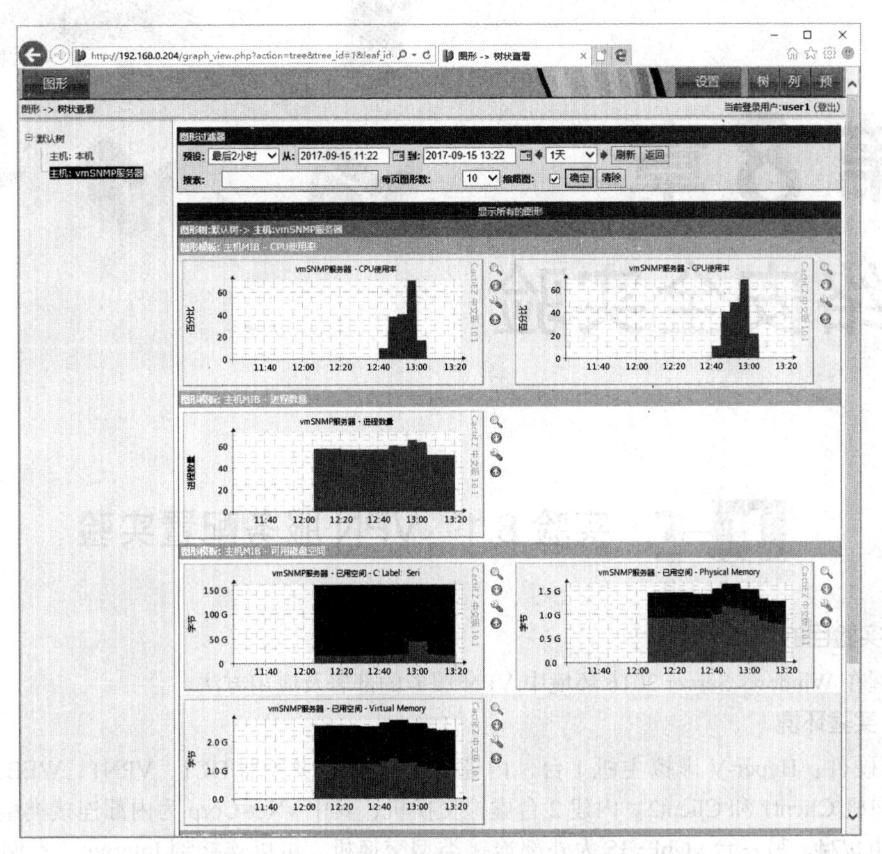

图 7-60　用缩略图显示查看相应设备的各项状态信息

至此，我们简单实现了通过 CactiEZ 系统利用 SNMP 协议对主机的监控。大家可以通过管理员界面的控制台各项链接，浏览使用 CactiEZ 系统的更多功能和配置。

4. 注意事项

本实验在 MSNE.COM 域环境内完成，但 SNMP 主机、CactiEZ 服务器、Client3 客户机均可以不加入域，使用单机方式实验。

5. 实验思考

Cacti 软件是如何监控网络设备的，比较其他网络监控软件和设备。

第 8 章 网络安全实验

实验 8.1 VPN 服务配置实验

1. 实验目的

掌握在 Windows Server 2016 环境中 VPN 服务的部署及应用方法。

2. 实验环境

1）硬件：Hyper-V 虚拟主机 1 台，内建 3 台虚拟机服务器 DC1、VPN1、WEB1，2 台虚拟机客户机 Client1 和 Client2。内建 2 台虚拟交换机，其中 vNet-Corp 为内部连接类型，子网为 192.168.0.0/24；另一台 vGbE-35 为外部连接类型交换机，可以连接到 Internet，本例中子网为 202.204.35.0/24。

2）软件：3 台虚拟机服务器均安装 Windows Server 2016 Datacenter 服务器操作系统，2 台虚拟机客户机安装 Windows 10 操作系统，各虚拟机的 TCP/IP 信息和相关配置如表 8-1 所示。

表 8-1 设备配置表

设备名称	操作系统	IP 地址	子网码	网关	DNS
DC1	Windows Server 2016 Datacenter	192.168.0.1	255.255.255.0	192.168.0.254	192.168.0.1
VPN1	Windows Server 2016 Datacenter	192.168.0.102	255.255.255.0	192.168.0.254	192.168.0.1
		202.204.35.187	255.255.255.0	202.204.35.254	202.204.35.1
Web1	Windows Server 2016 Datacenter	192.168.0.103	255.255.255.0	192.168.0.254	192.168.0.1
Client1	Windows 10	192.168.0.201	255.255.255.0	192.168.0.254	192.168.0.1
Client2	Windows 10	202.204.35.176	255.255.255.0	202.204.35.254	202.204.35.1

3. 相关知识

VPN（Virtual Private Network），即“虚拟专用网络”，它可以在公用网络上建立专用网络，进行加密的通信，在企业网络中有广泛的应用。VPN 通过对数据报的加密和数据报目标地址的转换实现远程访问。

VPN 可以让员工通过 Internet 安全访问内网资源。通过在内网中架设一台 VPN 服务器，员工通过互联网连接该 VPN 服务器，然后通过 VPN 服务器进入企业内网。VPN 服务器和客户机之间的通信数据都进行了加密处理。有了 VPN 技术，用户无论是在外地出差还是在家中办公，只要能上互联网就能利用 VPN 访问内网资源。

实现 VPN 有多种方式，可以通过 Windows/Linux 服务器、专用硬件、专用软件等。Windows Server 2016 服务器内置了远程访问角色用于搭建基于 Windows 服务器系统的 VPN。

利用 Windows Server 2016 搭建远程访问管理服务不仅可以使用 VPN，也可以使用其 Direct Access 功能。但 Direct Access 仅支持 Windows 客户端，且仅支持 Windows 8 以上的 Enterprise 版本的操作系统，应用范围十分有限；而 VPN 则支持 Windows 以下任意版本及非 Windows 客户端的连接，应用范围广。

Windows Server 2016 支持的 VPN 隧道技术 / 封装技术有以下几种：

- PPTP，Point-to-Point Tunneling Protocol
- L2TP，Layer 2 Tunneling Protocol
- SSTP，Secure Socket Tunneling Protocol
- IKEv2，Internet Key Exchange version 2

在认证协议上，Windows Server 2016 支持以下几种协议：

- PAP，Password Authentication Protocol
- CHAP，Challenge-Handshake Authentication Protocol
- MSCHAPv2，Microsoft Challenge-Handshake Auth. Protocol
- EAP/PEAP，Extensible Authentication Protocol

在选用上，PAP 用明文传送密码，不建议使用；CHAP 虽然能实现加密，但要求密钥以明文形式存在，安全上也存在隐患。建议选择安全性高的后两类协议。

4. 实验过程

（1）安装 DC1 域控制器角色

在一台 Hyper-V 虚拟机上安装全新的 Windows Server 2016 Datacenter 版本，用于域控制器服务器。将其 IP 地址按表 8-1 设置好，并将其计算机名称更改为 DC1，安装配置域控制器 DC1。

步骤 1：在一台 Hyper-V 虚拟机上安装全新的 Windows Server 2016 Datacenter 版本，用于域控制器服务器。将其 IP 地址按表 8-1 设置好，见图 8-1，并将其计算机名称更改为 DC1，见图 8-2，根据系统提示，重启操作系统使配置生效。

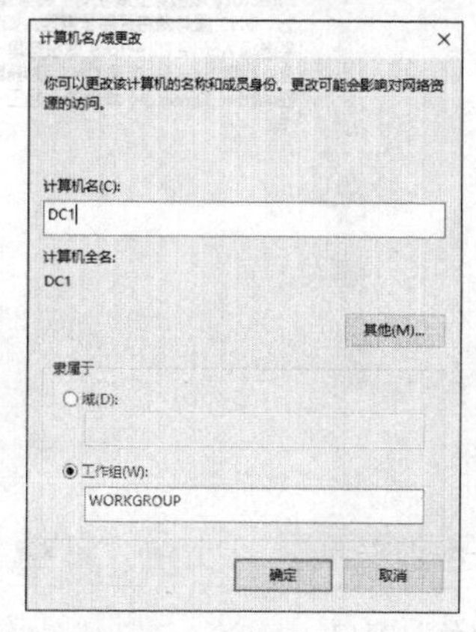

图 8-1. TCP/IPyml 设置

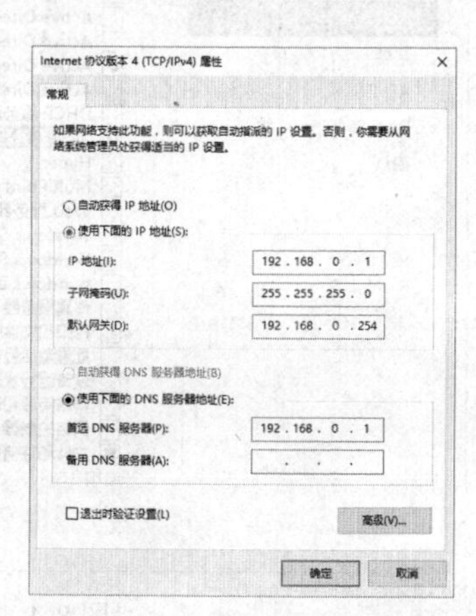

图 8-2　更改计算机名称

步骤2：登录到DC1系统，启动“服务器管理器”，见图8-3，单击“添加角色和功能”按钮，在弹出的“添加角色和功能向导”窗口中单击“下一步”按钮，在“选择安装类型”窗口中选择“基于角色或功能的安装”选项，单击“下一步”按钮，在弹出的“选择目标服务器”窗口中选择“从服务器池中选择服务器”选项，确保默认的“DC1”已被选中，单击“下一步”按钮会弹出如图8-4所示的“选择服务器角色”窗口。单击选中列表中“Active Directory 域服务”和“DNS服务器”复选框。

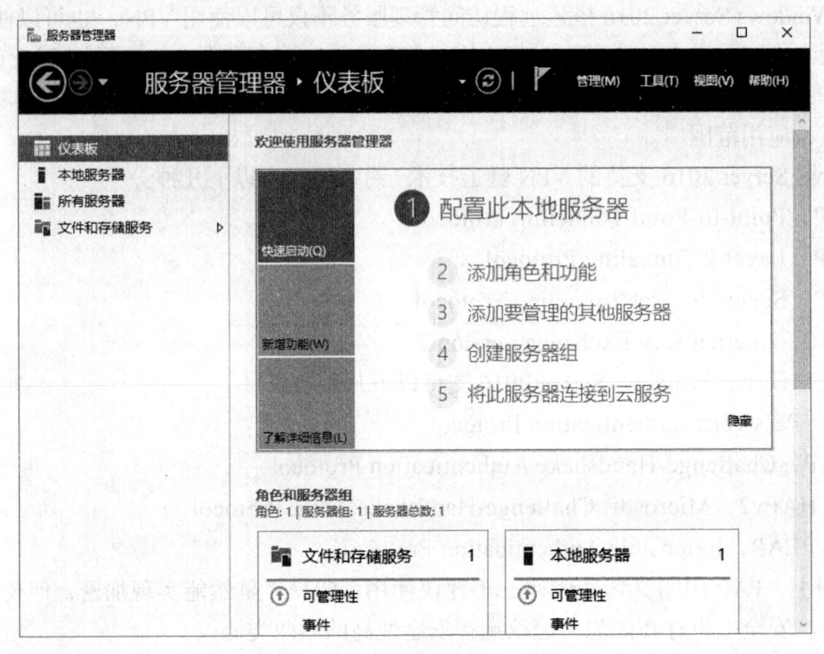

图8-3 “服务器管理器”窗口

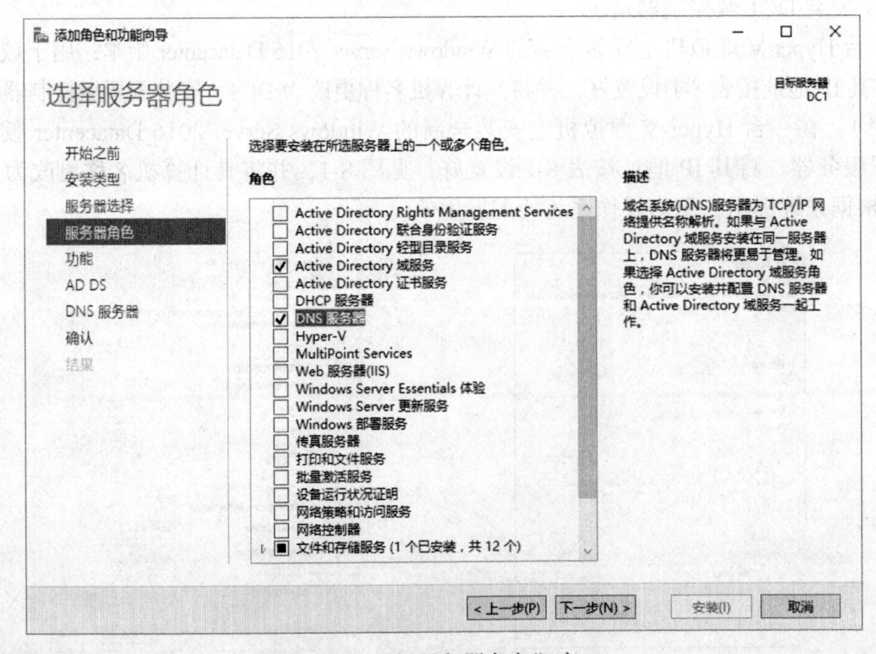

图8-4 “选择服务器角色”窗口

步骤 3：在系统弹出的“添加 Active Directory 域服务所需的功能”和“添加 DNS 服务器所需的功能”对话框中，接受默认功能，单击“添加功能”按钮继续，如图 8-5 和图 8-6 所示。系统回到“选择服务器角色”界面，单击“下一步”按钮继续。

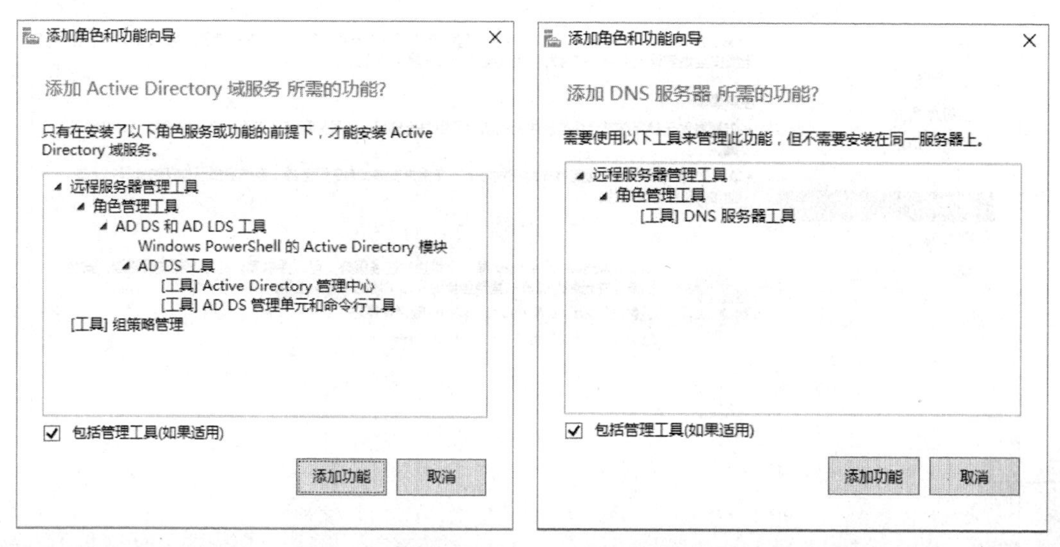

图 8-5 “添加 Active Directory 域服务所需的功能”对话框　图 8-6 “添加 DNS 服务器所需的功能”对话框

步骤 4：在弹出的“选择功能”窗口中，直接单击“下一步”按钮继续，如图 8-7 所示。

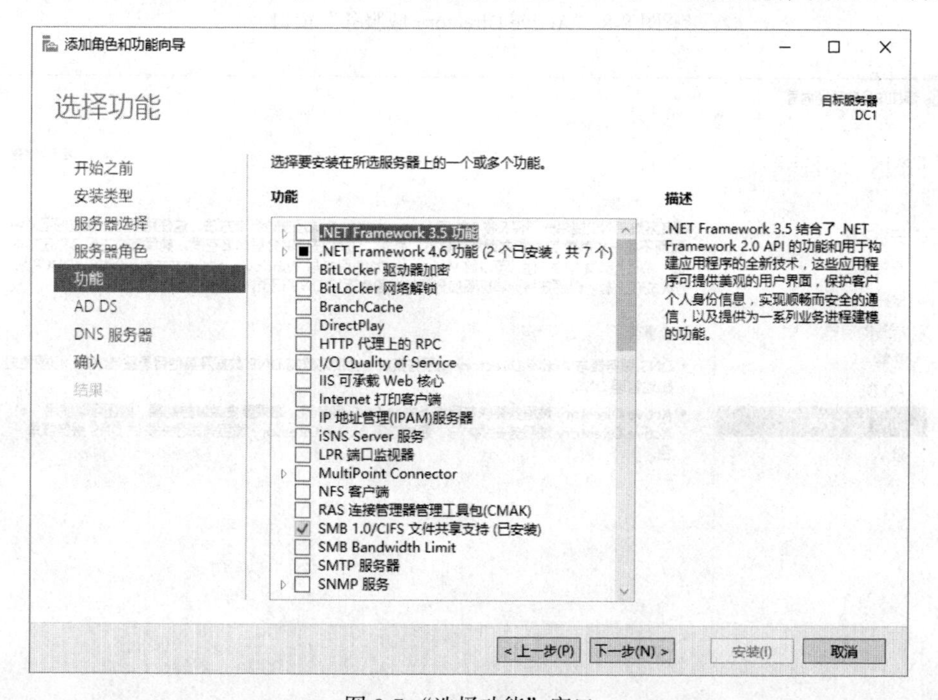

图 8-7 “选择功能”窗口

步骤 5：在“Active Directory 域服务”和“DNS 服务器”界面查看相关信息，如图 8-8 和图 8-9 所示，单击“下一步”按钮，进入“确认安装所选内容”界面，如图 8-10 所示，单击“安装”按钮进行相应组件安装，安装完成后，在“安装进度”窗口中单击“关闭”按钮结束安装，如图 8-11 所示。

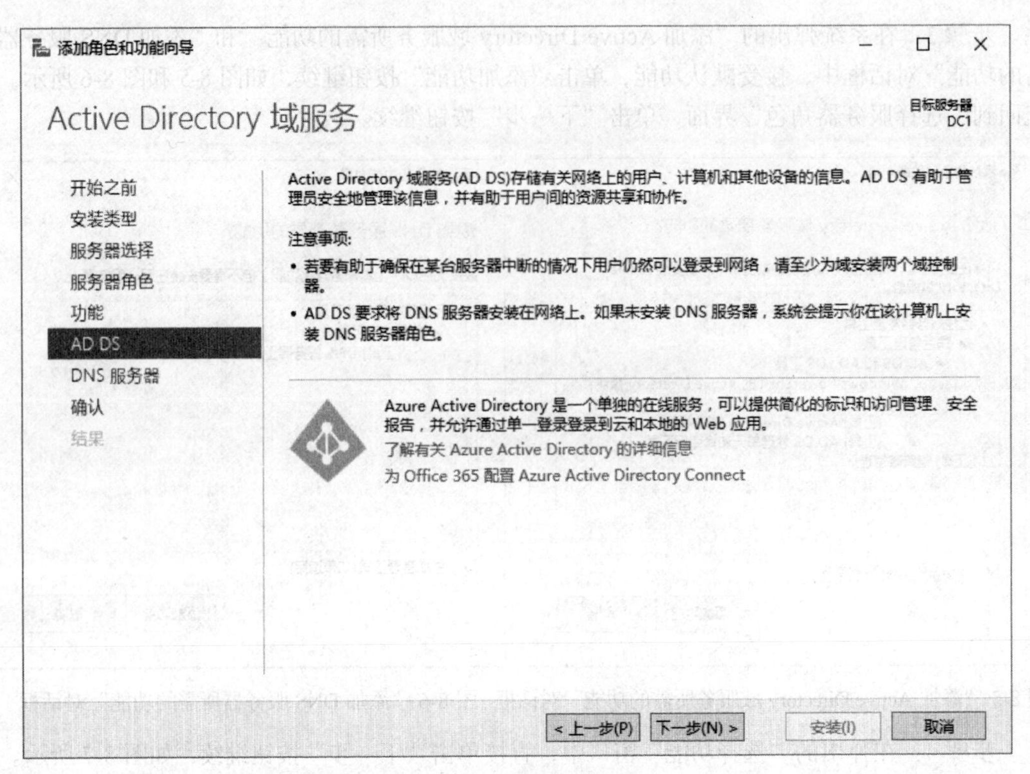

图 8-8 “Active Directory 域服务”窗口

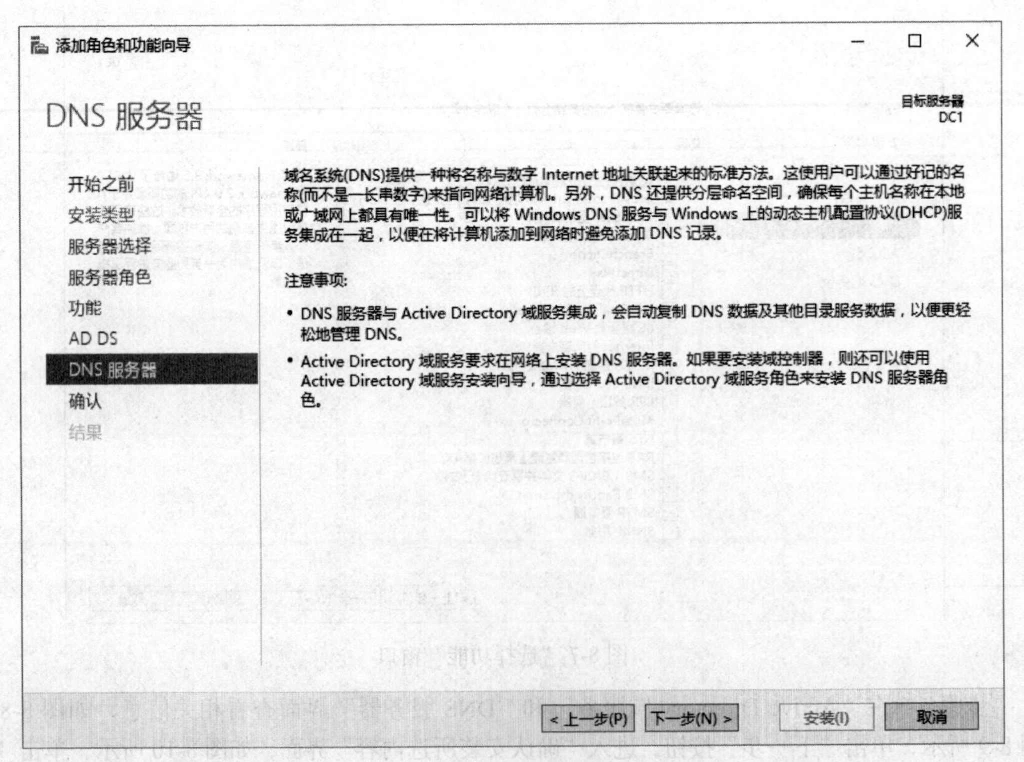

图 8-9 “DNS 服务器”窗口

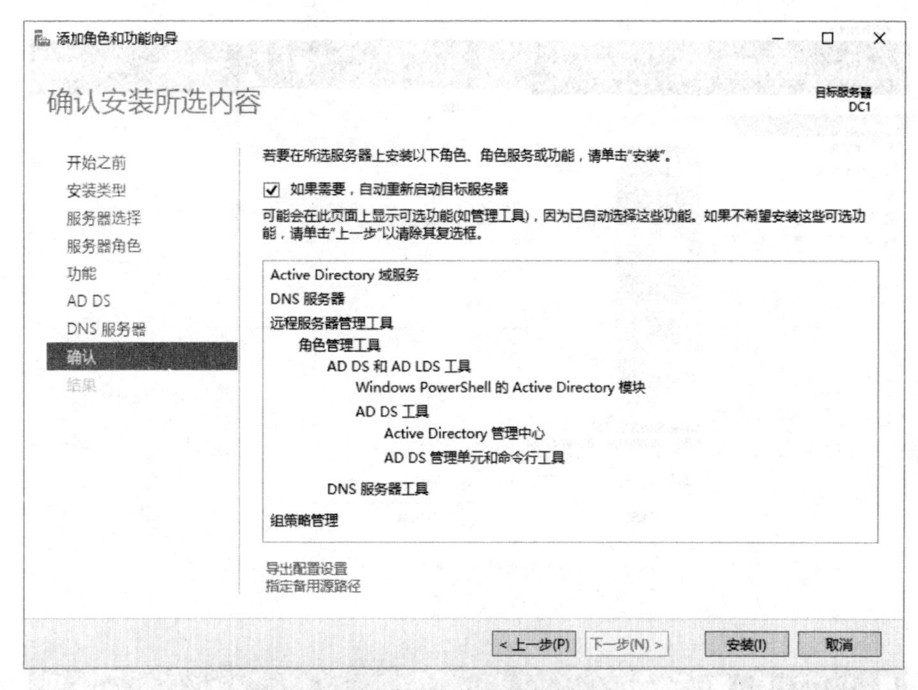

图 8-10 "确认安装所选内容" 窗口

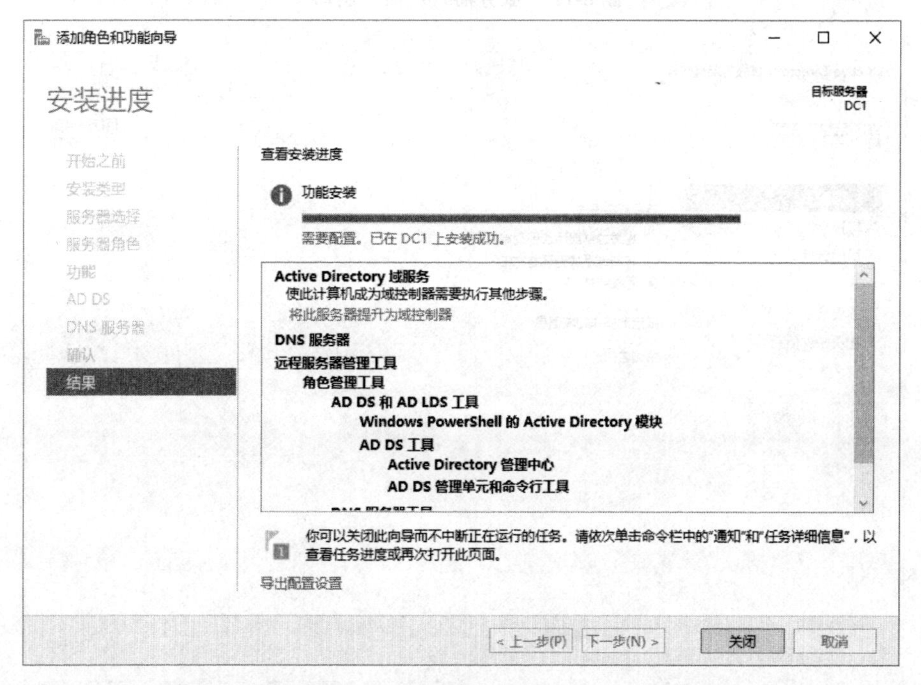

图 8-11 "安装进度" 窗口

（2）将 DC1 服务器提升为域控制器

步骤 1：在"服务器管理器"窗口（见图 8-12）中单击上方警示标志，在弹出的界面中单击"将此服务器提升为域控制器"链接。系统弹出"部署配置"界面，在"选择部署操作"部分选择"添加新林"前的选项按钮，输入根域名，本实验根域名使用"msne.com"，如图 8-13 所示。

图 8-12 “服务器管理器”窗口

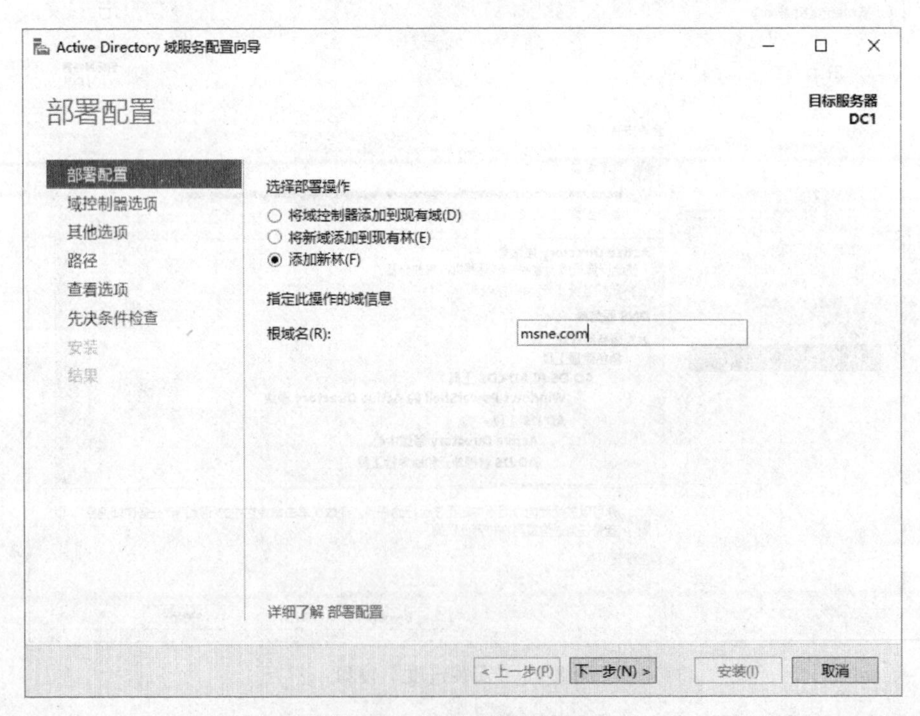

图 8-13 “部署配置”窗口

步骤 2：在“域控制器选项”界面，见图 8-14，保持默认选项不变，在“键入目录服务还原模式（DSRM）密码”的文本框内输入密码，如图 8-15 所示，单击“下一步”按钮后，在“DNS 选项”界面（见图 8-16）直接单击“下一步”按钮继续。

图 8-14 “域控制器选项”窗口

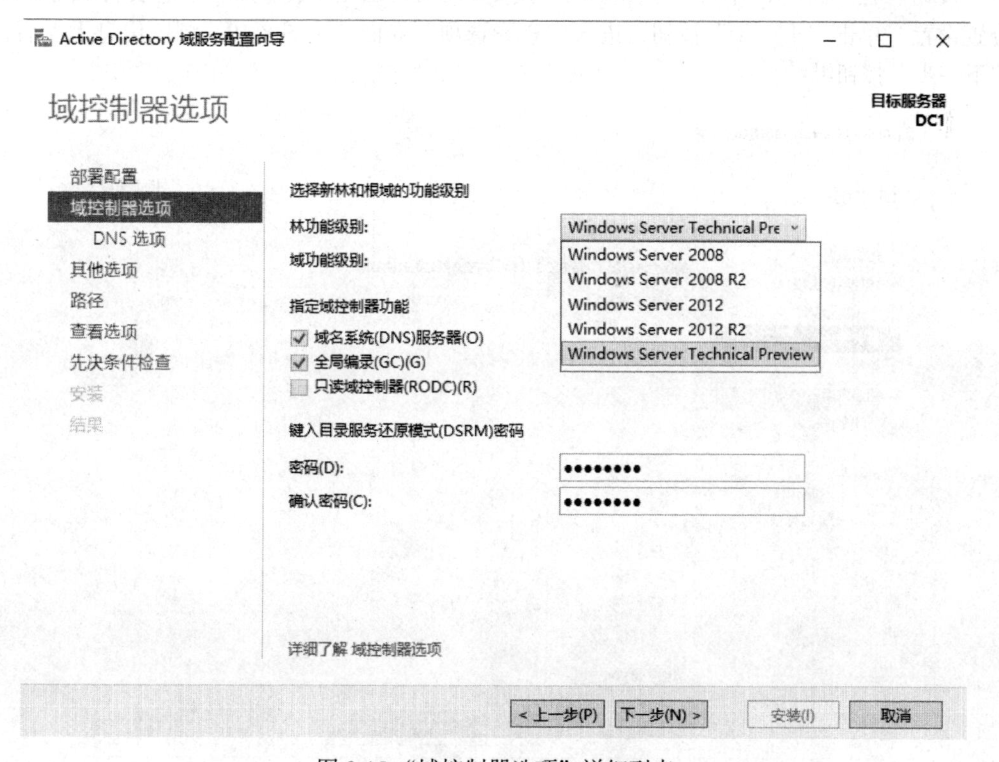

图 8-15 “域控制器选项”详细列表

Active Directory 域服务配置向导
DNS 选项
目标服务器
DC1
无法创建该 DNS 服务器的委派，因为无法找到有权威的父区域或者它未运行 Windows DNS 服务器。如... 显示详细信息
部署配置
域控制器选项
DNS 选项
其他选项
路径
查看选项
先决条件检查
安装
结果
指定 DNS 委派选项
创建 DNS 委派(D)
详细了解 DNS 委派
< 上一步(P)
下一步(N) >
安装(I)
取消

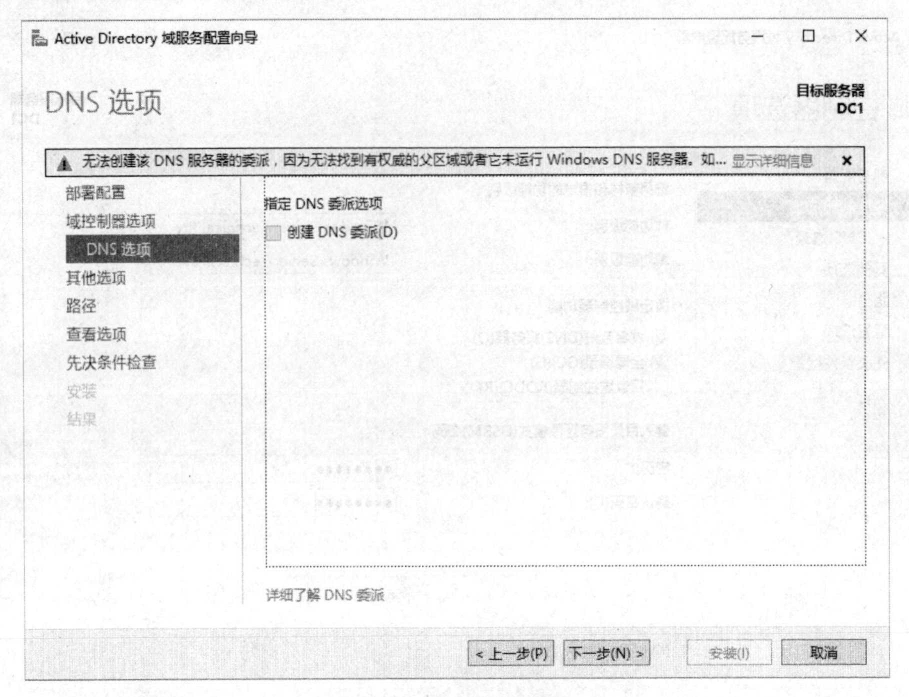

图 8-16 “DNS 选项”窗口

步骤 3：在“其他选项”界面，见图 8-17，接受系统指定的 NetBIOS 域名“MSNE”，单击“下一步”按钮。在“路径”界面，见图 8-18，接受默认的 AD DS 数据库、日志文件和 SYSVOL 的位置设置，单击“下一步”按钮，进入“查看选项”界面，见图 8-19，浏览信息无误后，单击“下一步”按钮继续。

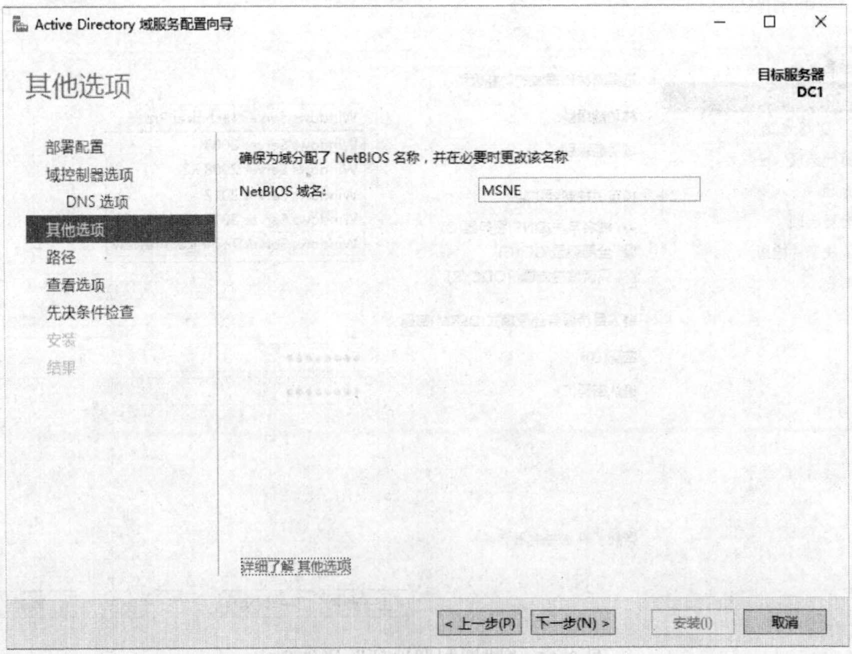

Active Directory 域服务配置向导
其他选项
目标服务器
DC1
部署配置
域控制器选项
DNS 选项
其他选项
路径
查看选项
先决条件检查
安装
结果
确保为域分配了 NetBIOS 名称，并在必要时更改该名称
NetBIOS 域名:
MSNE
详细了解 其他选项
< 上一步(P)
下一步(N) >
安装(I)
取消

图 8-17 “其他选项”窗口

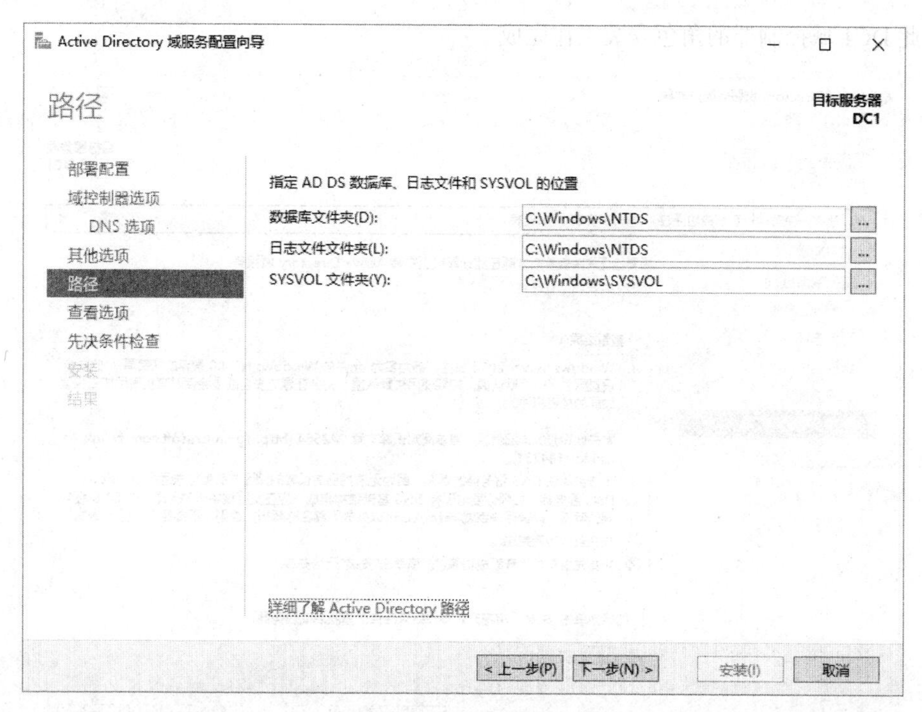

图 8-18 “路径”窗口

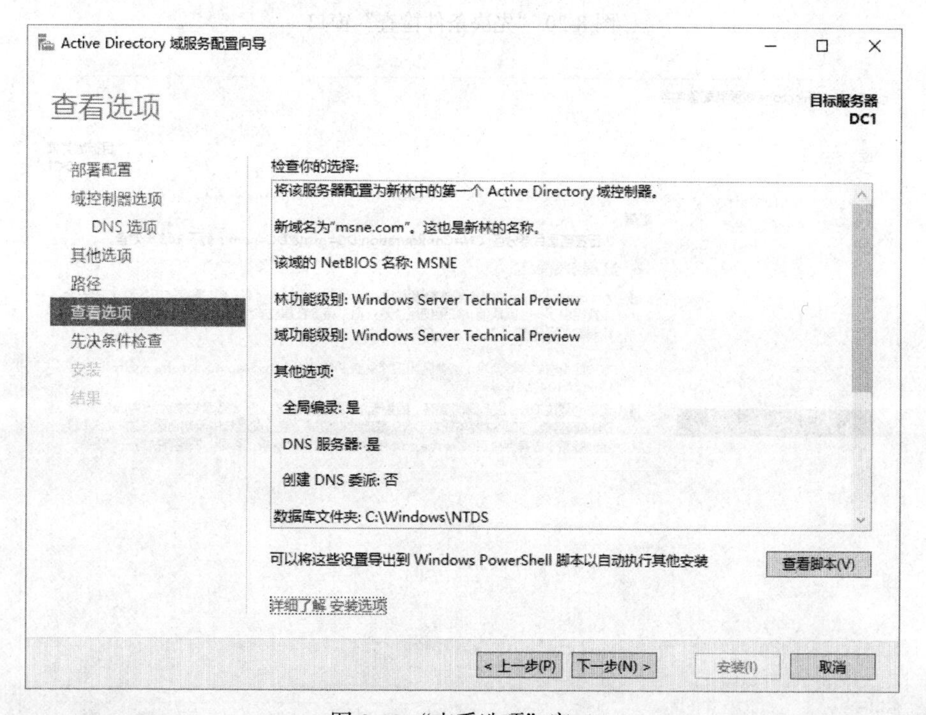

图 8-19 “查看选项”窗口

步骤 4：系统此时会弹出“先决条件检查”窗口运行检查，如果设置无误，会显示如图 8-20 所示的“安装”界面，此时单击“安装”按钮，系统进入“安装”界面，如图 8-21 所示，安装完成后，系统会自动重新启动。

至此 DC1 域控制器的角色安装工作完成。

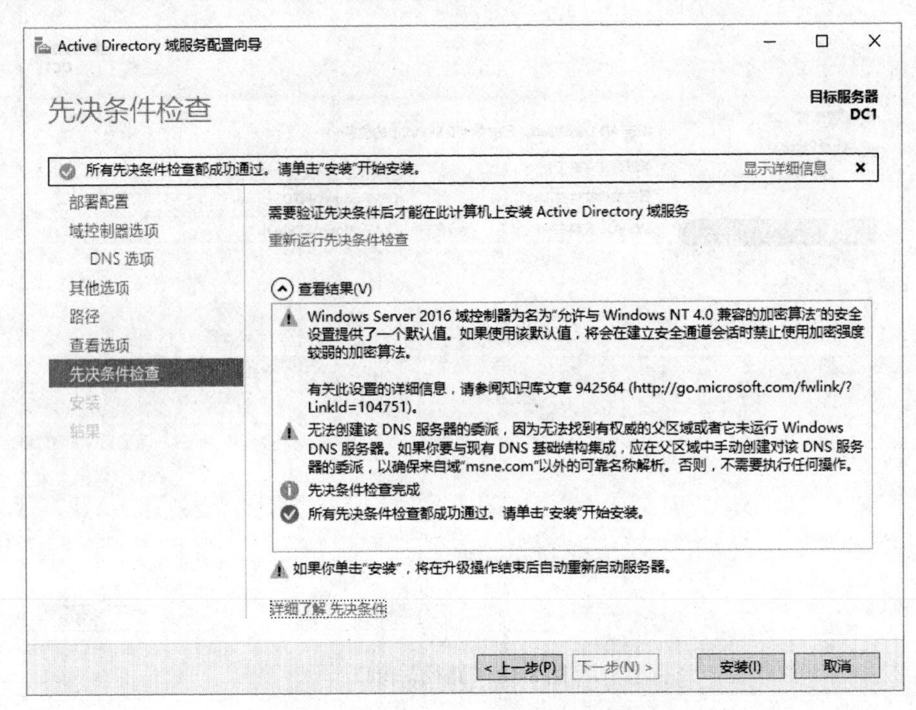

图 8-20 “先决条件检查”窗口

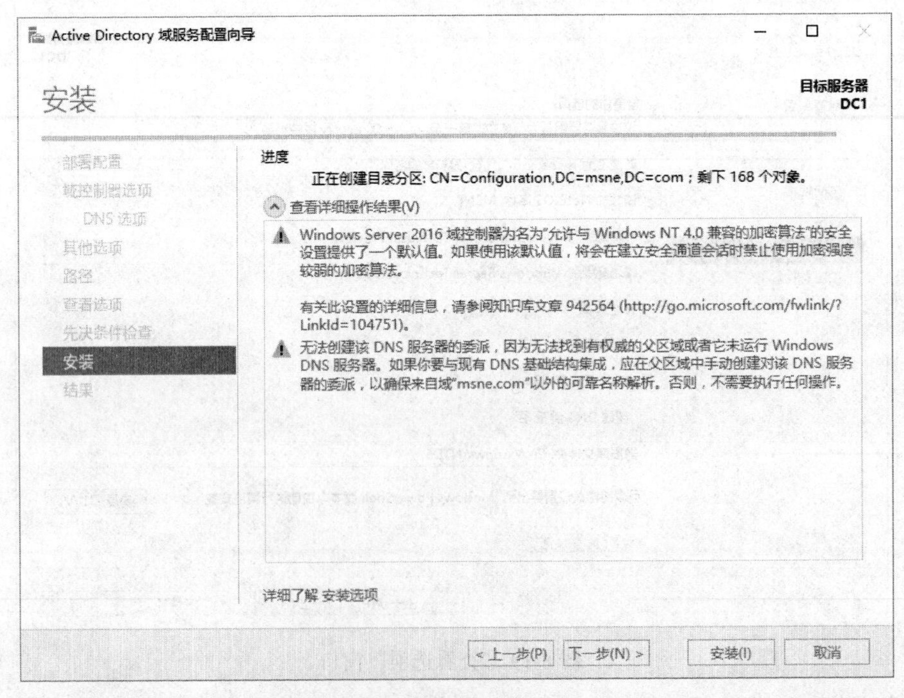

图 8-21 “安装”窗口

（3）创建 VPN 远程访问用户和组

使用 msne\administrator 域管理员身份登入 DC1 域控制器服务器，在“服务器管理器”界面，打开“工具”菜单，选择“Active Directory 用户和计算机”命令，系统会打开“Active Directory 用户和计算机”管理控制台，见图 8-22。

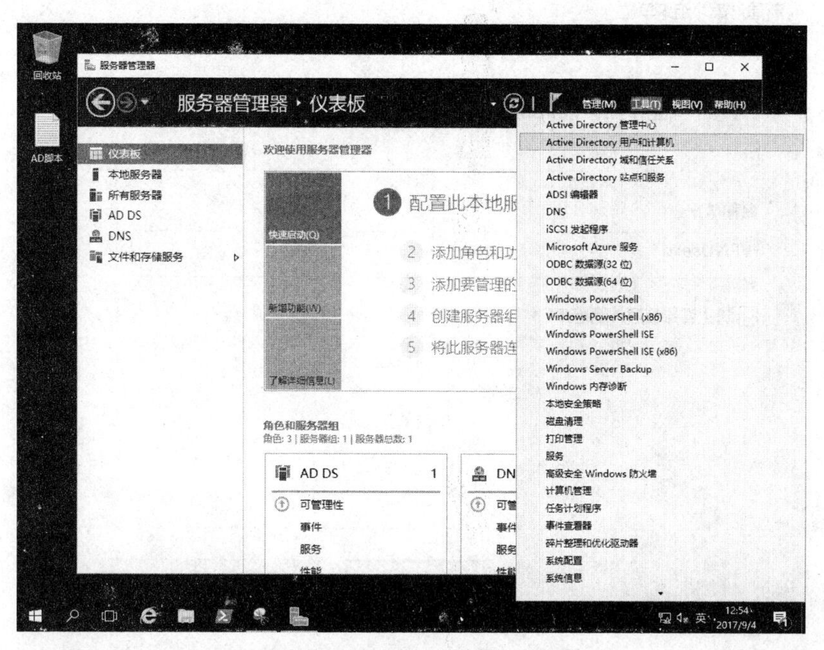

图 8-22 “服务器管理器”窗口

为方便组织和管理，我们将在域控制器中新建一个组织单位“VPNUsers”，然后在该组织单位内创建所需的 VPN 用户和组。

在“Active Directory 用户和计算机”管理界面中，右击左侧窗格的“msne.com”服务器，在弹出的快捷菜单中单击“新建”命令，在二级菜单中单击“组织单位”命令，见图 8-23。

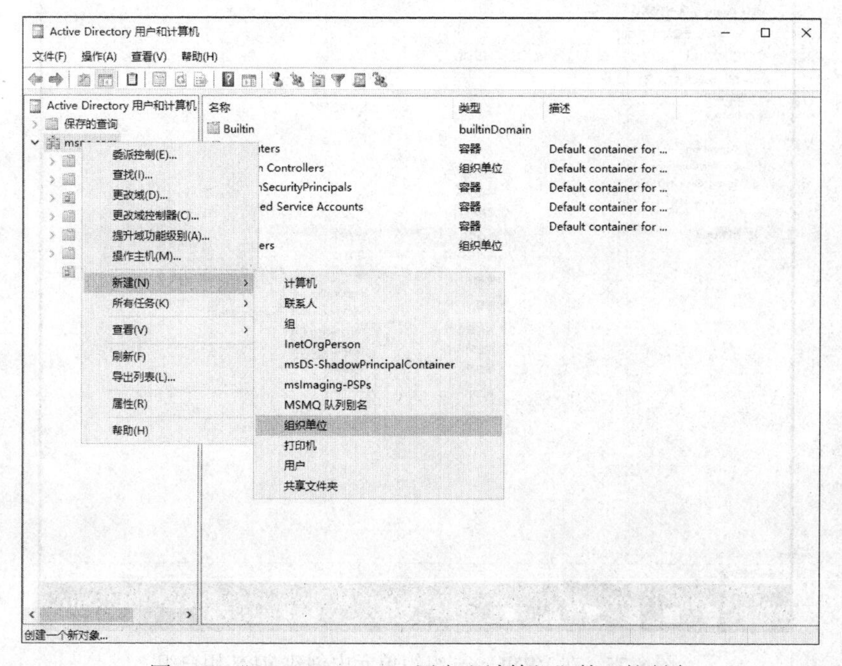

图 8-23 “Active Directory 用户和计算机”管理控制台

在“新建对象 - 组织单位”对话框中，输入组织单位名称“VPNUsers”，如图 8-24 所示。

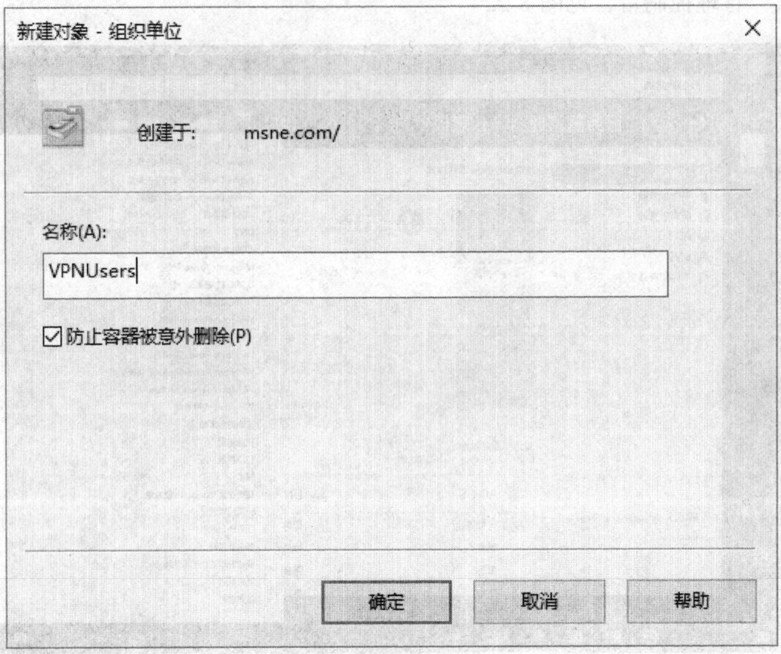

图 8-24　创建 VPNUsers 组织单元

选择展开左侧窗格中的“VPNUsers”组织单元，在右侧窗格中右击，在弹出的快捷菜单中选择“新建”命令，在二级菜单中单击“组”命令，见图 8-25，在弹出的“新建对象 - 组”对话框中输入组名称“VPNGroup”，其他选项不变，单击“确定”按钮继续，见图 8-26。

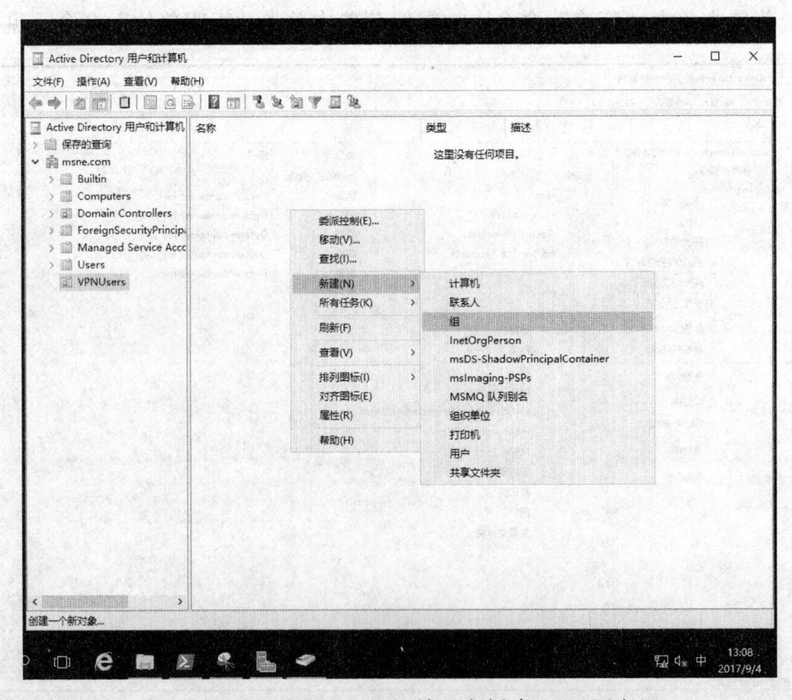

图 8-25　在 VPNUsers 组织单元内创建 VPN 用户组

图 8-26 创建“VPNGroup”组

再次在“Active Directory 用户和计算机”管理控制台右侧窗格空白处右击，在弹出的快捷菜单中选择“新建”命令，在二级菜单中单击“用户”命令，在弹出的“新建对象 - 用户”对话框中，根据提示输入用户信息，完成密码选项设置，创建 vpnUser1 用户和 vpnUser2 用户，如图 8-27 和图 8-28 所示，结果如图 8-29 所示。

新建对象 - 用户
创建于: msne.com/VPNUsers
姓(L): vpnUser1
名(F):
英文缩写(I):
姓名(A): vpnUser1
用户登录名(U):
vpnUser1 @msne.com
用户登录名(Windows 2000 以前版本)(W):
MSNE\ vpnUser1
< 上一步(B) 下一步(N) > 取消

图 8-27 “新建对象 - 用户”界面

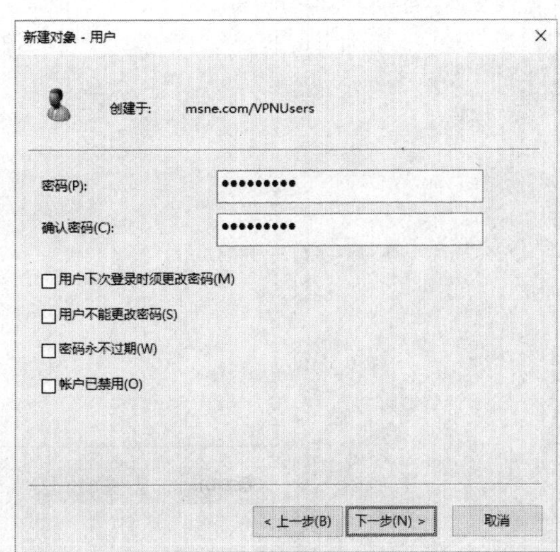

图 8-28 设置用户密码选项

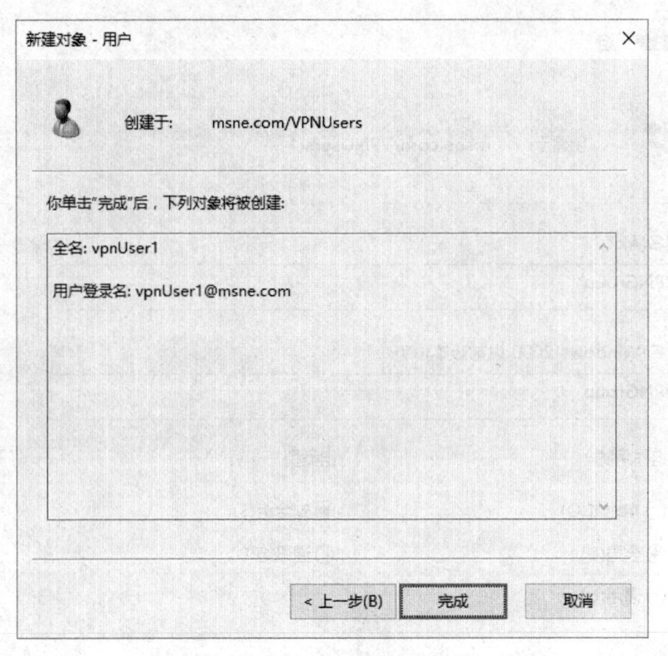

图 8-29 完成用户创建

双击“Active Directory 用户和计算机”管理控制台右侧窗格中的“VPNGroup”组，在“VPNGroup”属性对话框中，切换到“成员”选项卡，见图 8-30，单击下面的“添加”按钮，将 vpnUser1 和 vpnUser2 用户加入到“VPNGroup”组，见图 8-31，添加结果如图 8-32 所示。

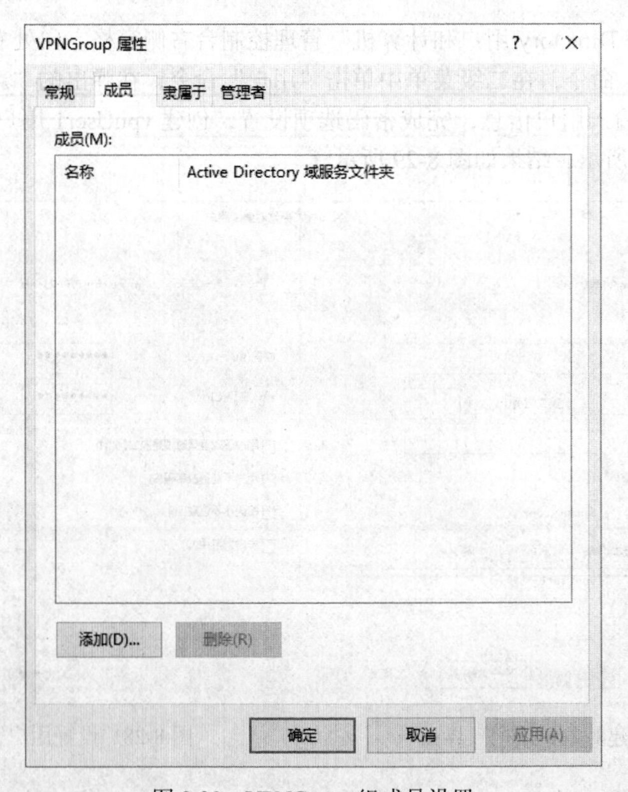

图 8-30 VPNGroup 组成员设置

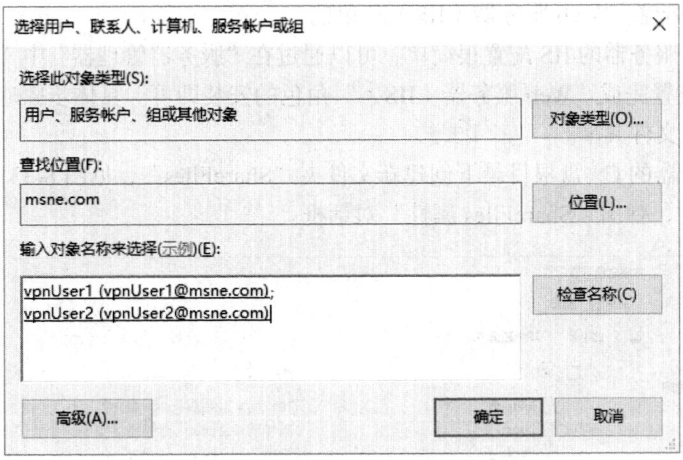

选择用户、联系人、计算机、服务帐户或组
选择此对象类型(S):
用户、服务帐户、组或其他对象
对象类型(O)...
查找位置(F):
msne.com
位置(L)...
输入对象名称来选择(示例)(E):
vpnUser1 (vpnUser1@msne.com);
vpnUser2 (vpnUser2@msne.com)
检查名称(C)
高级(A)...
确定
取消

图 8-31　添加成员到 VPNGroup 组

VPNGroup 属性
常规
成员
隶属于
管理者
成员(M):
名称
Active Directory 域服务文件夹
vpnUser1
msne.com/VPNUsers
vpnUser2
msne.com/VPNUsers
添加(D)...
删除(R)
确定
取消
应用(A)

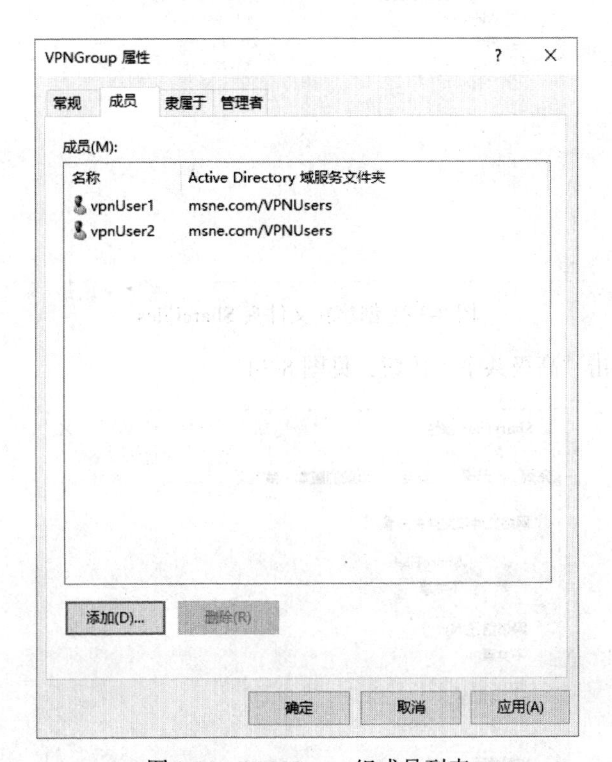

图 8-32　VPNGroup 组成员列表

至此，完成远程访问用户组和用户的设置。

（4）安装 Web 服务器设置内网资源

为了模拟 Internet 用户通过 VPN 进行内网资源访问，使用 Web1 服务器搭建 IIS 服务并开放文件共享，用来为公司内网用户提供资源访问。Web1 服务器只有一个内网 IP 地址，因此外网用户在不通过 VPN 连入的情况下是无法访问的。

为使实验内容尽可能接近真实，本文设置了 Web1 服务器担任网站服务和文件服务角色。如果为减少实验所需部署的服务器数量，也可以将 IIS 服务和文件共享部署到 DC1 域控制器上，可以节省一台虚拟服务器数量。

步骤 1：安装配置“Web 服务器（IIS）”角色。

本实验 Web1 服务器的 IIS 配置很简单，可以通过在“服务器管理器”中“添加角色和功能”向导，使用默认设置完成“Web 服务器（IIS）”角色的安装即可。具体步骤略。

步骤 2：设置文件共享。

在 Web1 服务器的 C:\ 盘根目录下创建新文件夹“ShareFiles”，见图 8-33，右击该文件夹，选择“属性”命令，弹出“ShareFiles 属性”对话框。

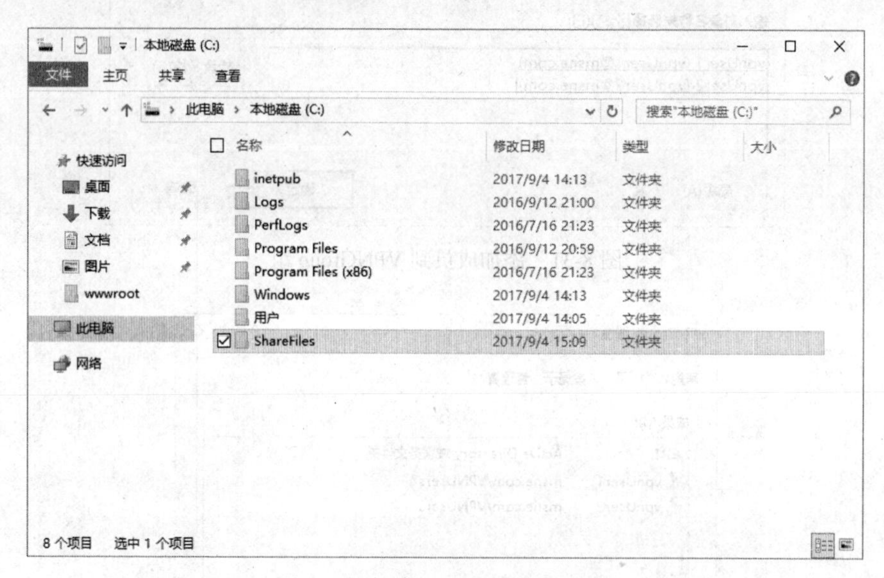

图 8-33　创建新文件夹 ShareFiles

在对话框中，单击“高级共享”按钮，见图 8-34。

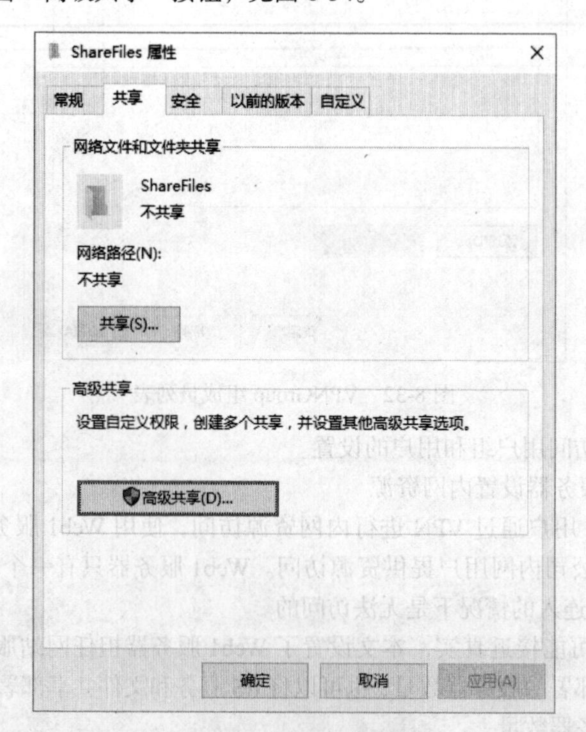

图 8-34　ShareFiles 属性设置

在对话框中，选择“共享此文件夹”复选框，单击“确定”按钮。见图 8-35，回到“ShareFiles 属性”对话框，单击“关闭”按钮结束文件夹共享设置。共享显示结果见图 8-36。

注意本实验只是模拟用户对文件夹 / 文件的只读访问，因此共享步骤均采用系统默认设置。如需更详细的权限设置，请参考相应书籍或系统帮助文件。

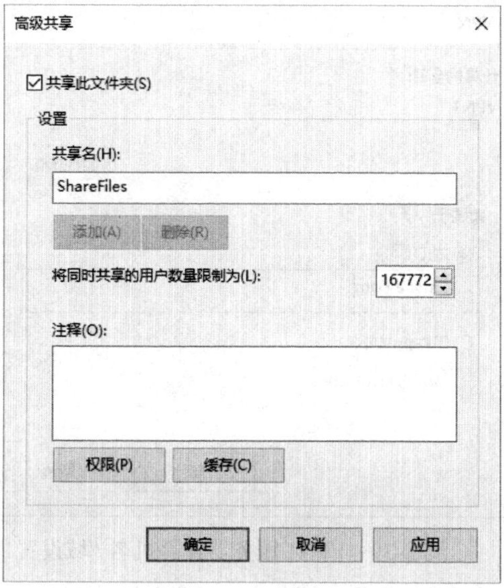

图 8-35　共享名字设定

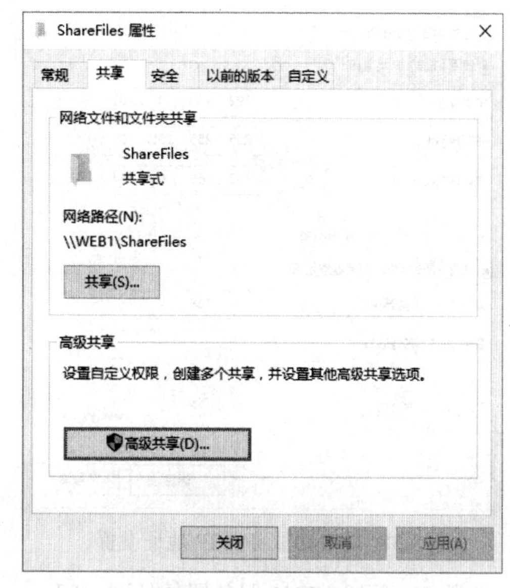

图 8-36　共享结果显示

在资源管理器中，通过新建或复制，在 ShareFiles 文件夹内创建一些文件资源，如图 8-37 所示。

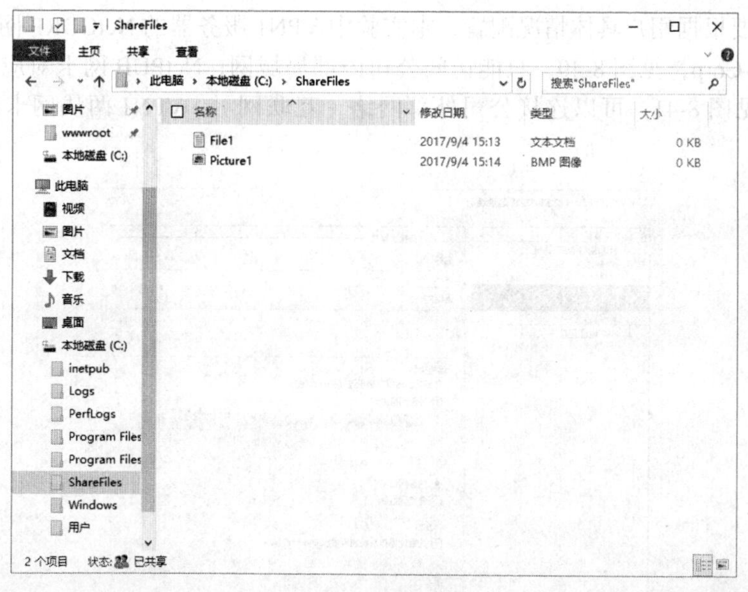

图 8-37　添加文件

（5）安装 VPN1 远程访问角色

步骤 1：更改并设置 VPN1 服务器的 IP 地址、主机名，见图 8-38，并将之加入到 msne.com 域，见图 8-39。

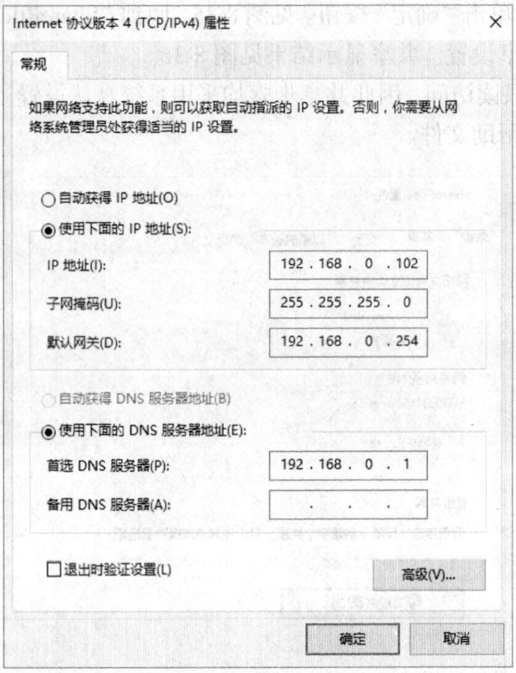

Internet 协议版本 4 (TCP/IPv4) 属性
常规
如果网络支持此功能，则可以获取自动指派的 IP 设置。否则，你需要从网络系统管理员处获得适当的 IP 设置。
自动获得 IP 地址(O)
使用下面的 IP 地址(S):
IP 地址(I): 192 . 168 . 0 . 102
子网掩码(U): 255 . 255 . 255 . 0
默认网关(D): 192 . 168 . 0 . 254
自动获得 DNS 服务器地址(B)
使用下面的 DNS 服务器地址(E):
首选 DNS 服务器(P): 192 . 168 . 0 . 1
备用 DNS 服务器(A):
退出时验证设置(L)
高级(V)...
确定
取消

图 8-38　VPN1 服务器 IP 地址设置

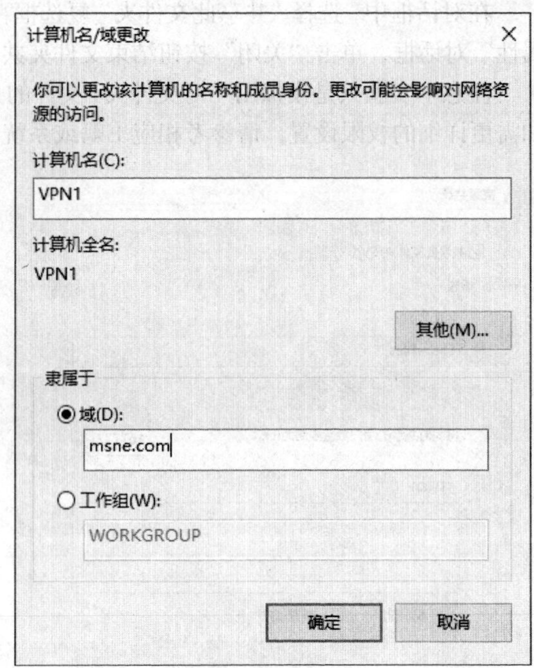

图 8-39　VPN1 服务器计算机名 / 域设置

步骤 2：配置 VPN1 服务器的外网访问。

为 VPN1 服务器增加一块网卡，并为该网卡设置相应的外网地址，用以连接公司外网络。设置该网卡连接到可以访问 Internet 的虚拟交换机上。

此步骤需要根据用户具体情况配置，本实验中 VPN1 服务器的 NetCORP 网卡对应的虚拟交换机为 vNet-Corp，见图 8-40，只能访问公司内部局域网；NetPUB 网卡对应的虚拟交换机为 vGbE-35，见图 8-41，可以连接公司外部网络（互联网）。VPN1 两块网卡的连接状态见图 8-42。

图 8-40　虚拟交换机 vNet-Corp 设置

HPV2016R820-3 的虚拟交换机管理器

虚拟交换机
新建虚拟网络交换机
vGbE-35
Broadcom NetXtreme Gigabit Ether...
vNet-Corp
仅内部
全局网络设置
MAC 地址范围
00-15-5D-23-B2-00 到 00-15-5D-2...

虚拟交换机属性
名称(N):
vGbE-35
说明(T):
连接类型
你要将此虚拟交换机连接到什么地方?
外部网络(E):
Broadcom NetXtreme Gigabit Ethernet #4
允许管理操作系统共享此网络适配器(M)
启用单根 I/O 虚拟化(SR-IOV)(S)
内部网络(I)
专用网络(P)
VLAN ID
为管理操作系统启用虚拟 LAN 标识(V)
VLAN 标识符指定虚拟 LAN，管理操作系统使用该 LAN 通过此网络适配器进行所有网络通信(L)。此设置不影响虚拟机网络。
2
移除(R)
只能在创建虚拟交换机时配置 SR-IOV。无法将启用了 SR-IOV 的外部虚拟交换机转换为内部或专用交换机。
确定(O)　取消(C)　应用(A)

图 8-41　虚拟交换机 vGbE-35 设置

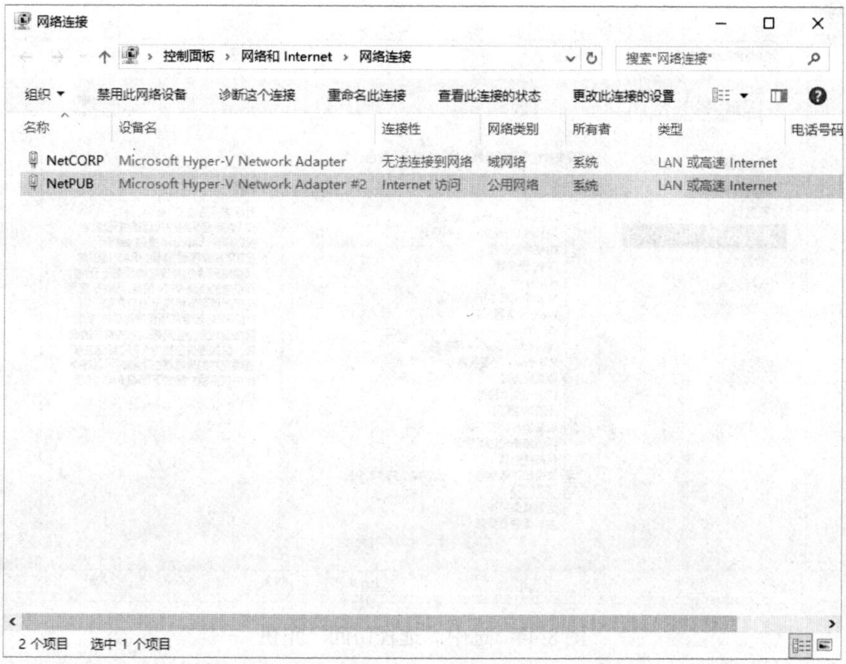

网络连接
控制面板 › 网络和 Internet › 网络连接
搜索"网络连接"
组织 ▾　禁用此网络设备　诊断这个连接　重命名此连接　查看此连接的状态　更改此连接的设置

名称	设备名	连接性	网络类别	所有者	类型	电话号码
NetCORP	Microsoft Hyper-V Network Adapter	无法连接到网络	域网络	系统	LAN 或高速 Internet	
NetPUB	Microsoft Hyper-V Network Adapter #2	Internet 访问	公用网络	系统	LAN 或高速 Internet	

2 个项目　选中 1 个项目

图 8-42　VPN1 服务器两块网卡的连接状态

步骤 3：为 VPN1 服务器添加远程访问角色。

在 VPN1 服务器界面，启动“服务器管理器”，单击“添加角色和功能”链接，在弹出的“添加角色和功能”向导窗口中单击“下一步”按钮，在“选择安装类型”窗口中选择“基于角色或功能的安装”选项，单击“下一步”按钮，在弹出的“选择目标服务器”窗口中选择“从服务器池中选择服务器”选项，确保默认的“VPN1”已被选中，如图 8-43 所示。

单击“下一步”按钮会弹出图 8-44 所示的“选择服务器角色”窗口。单击选中列表中“远程访问”复选框。

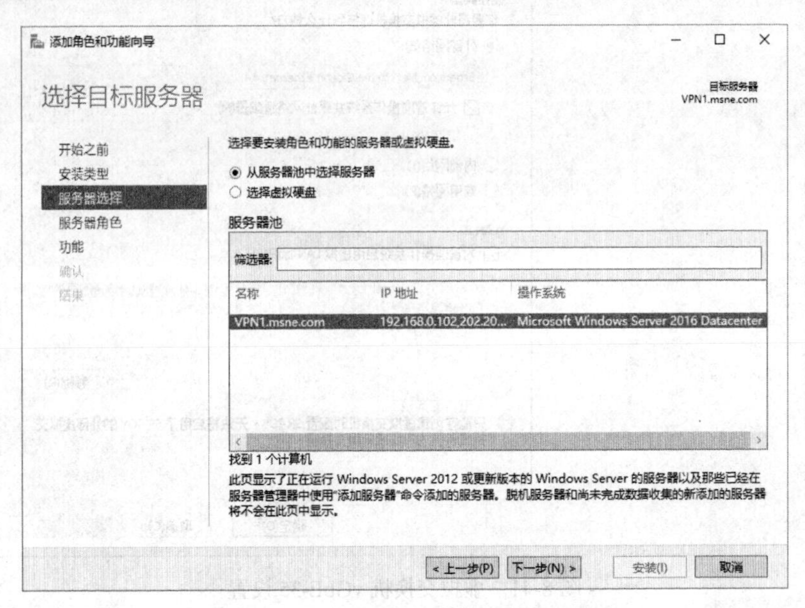

图 8-43　为 VPN1 目标服务器添加角色

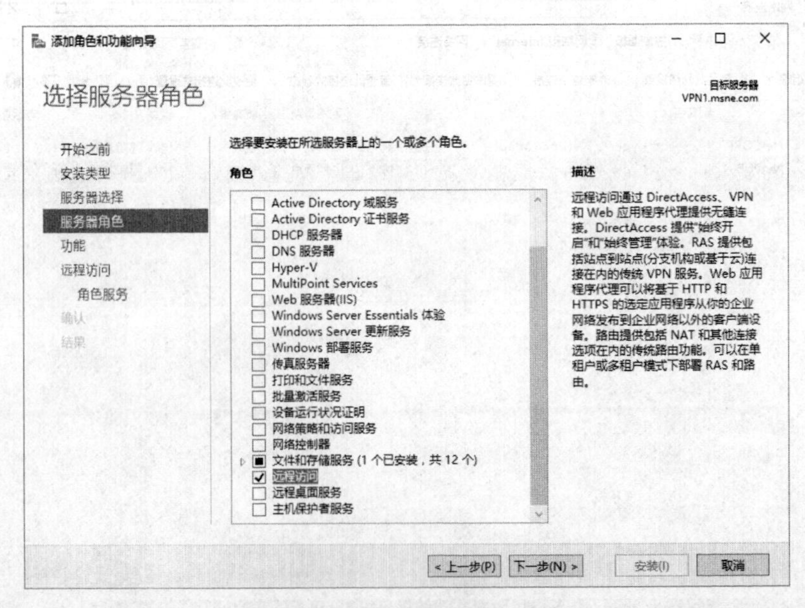

图 8-44　选中“远程访问”角色

在“选择功能”（见图 8-45）和“远程访问”（见图 8-46）界面选择“下一步”按钮继续。

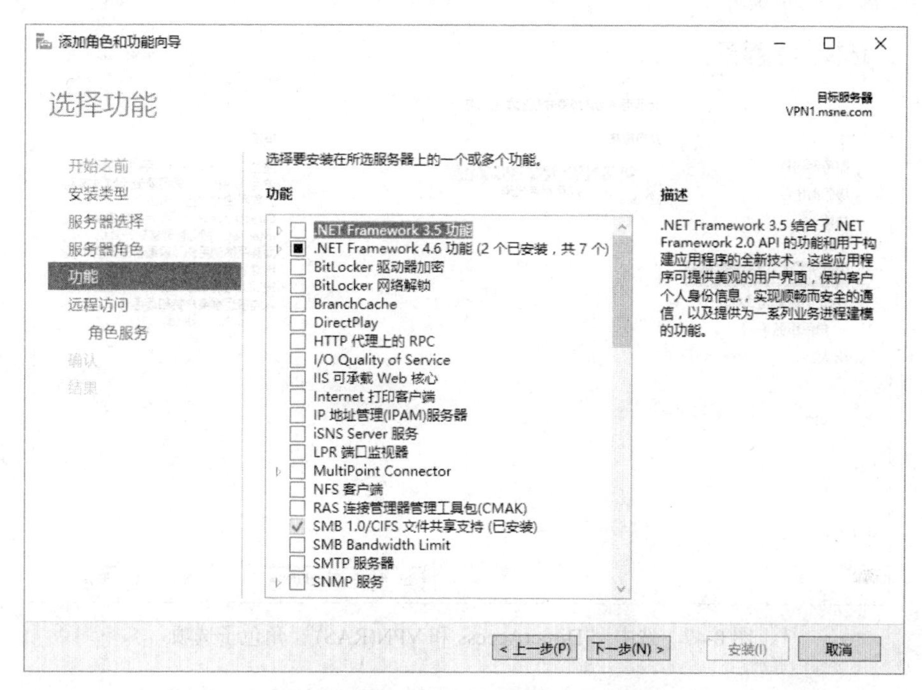

图 8-45　接受默认的“功能”安装设置

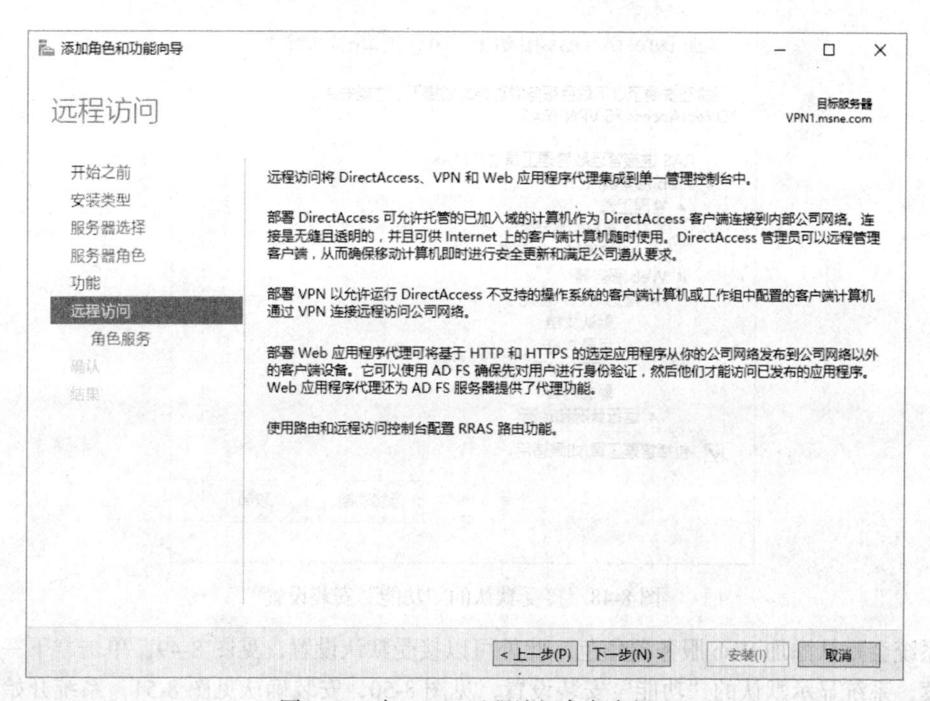

图 8-46　为 VPN1 远程访问角色介绍

在“选择角色服务”界面选择“DirectAccess 和 VPN(RAS)”复选框，见图 8-47，在弹出的“添加功能”提示框中单击“添加功能”按钮继续，见图 8-48。

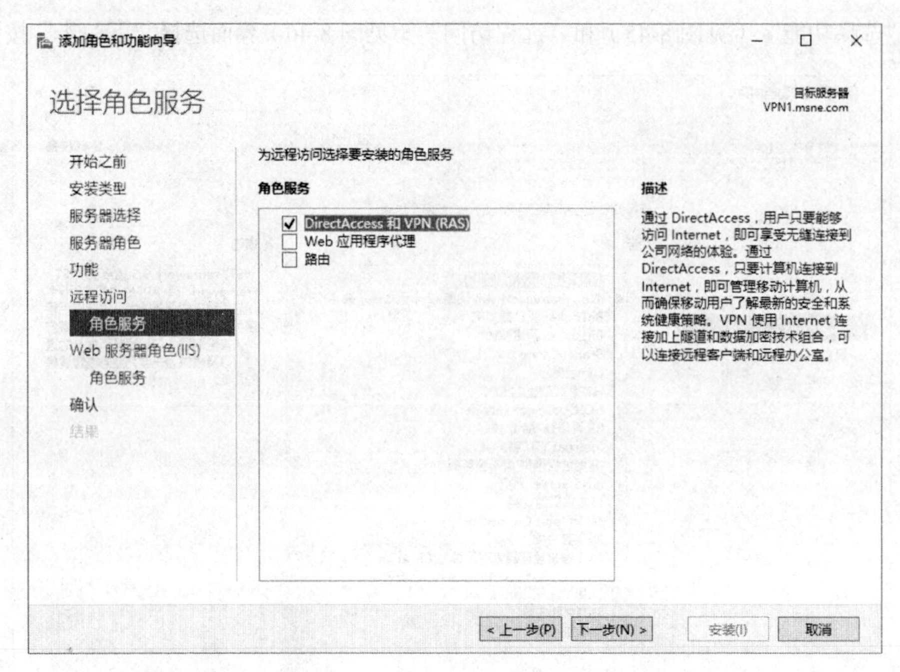

图 8-47　选中“DirectAccess 和 VPN(RAS)”角色子选项

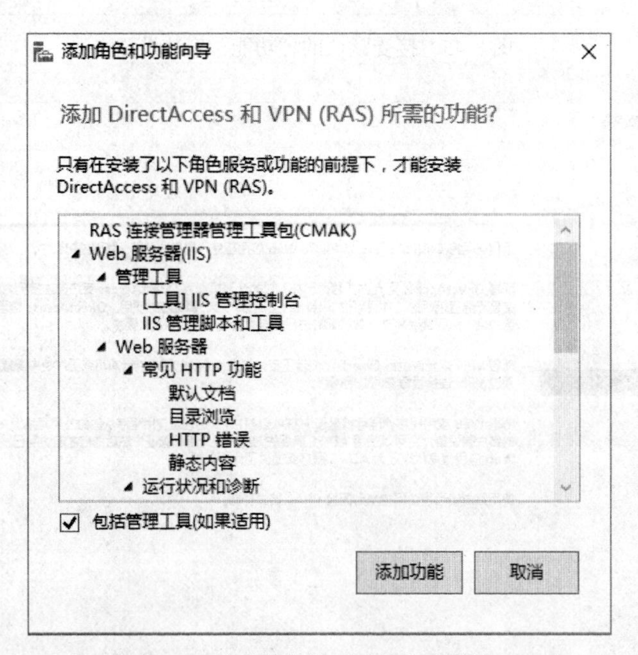

图 8-48　接受默认的“功能”安装设置

系统会默认添加 Web 服务器角色，此处可以接受默认设置，见图 8-49，单击“下一步”按钮继续，系统显示默认的“功能”安装设置，见图 8-50，安装确认见图 8-51，系统开始安装所设定的各种角色，出现“安装完成”界面，如图 8-52 所示。

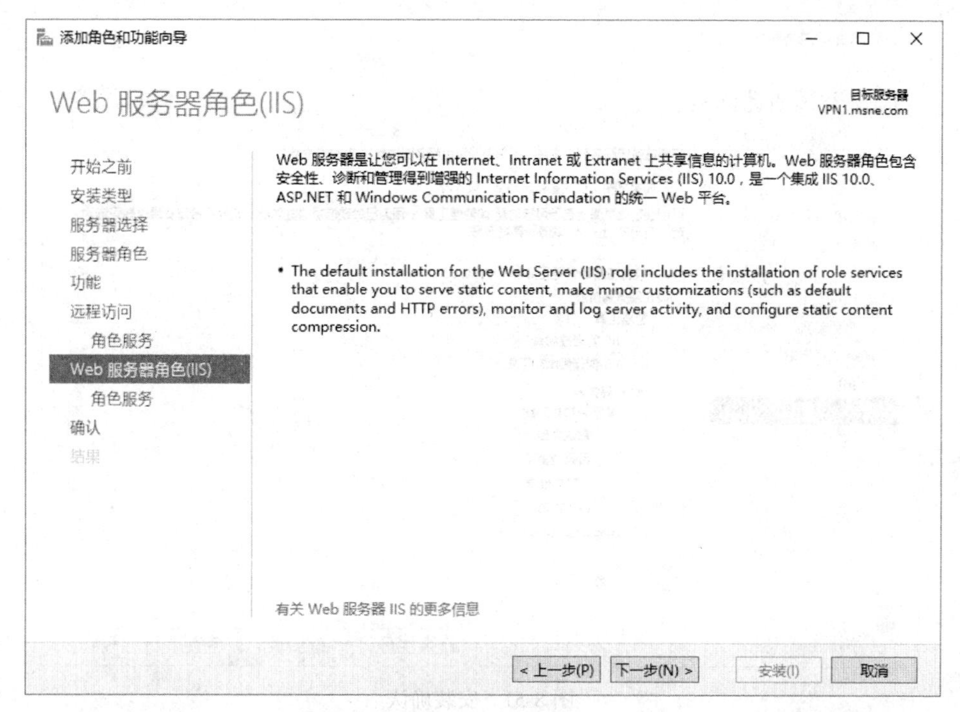

图 8-49　“Web 服务器角色 IIS”介绍

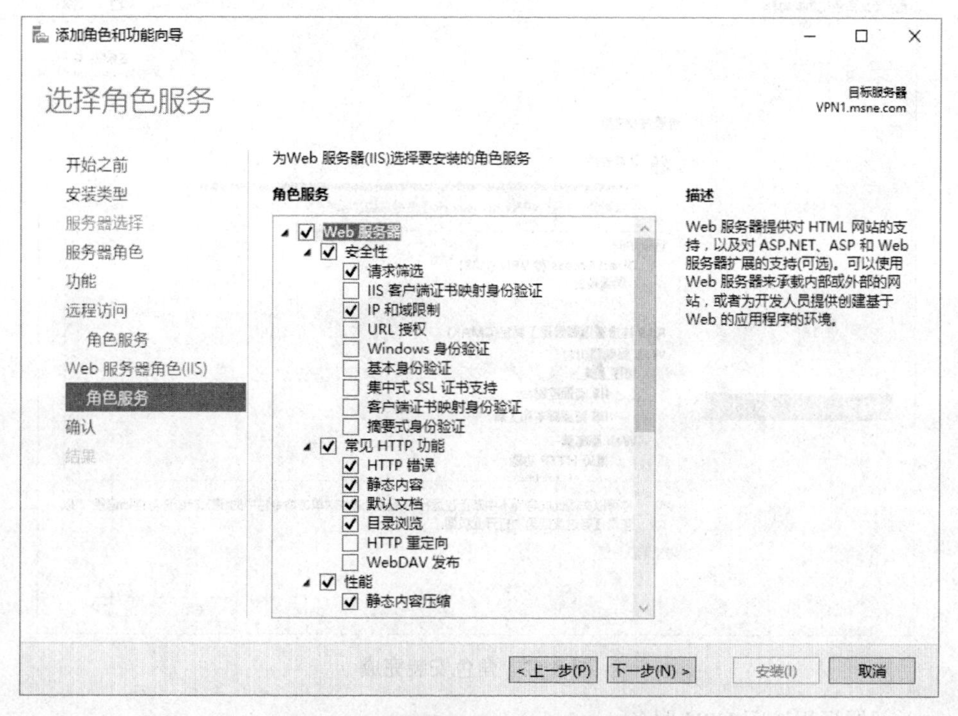

图 8-50　接受默认的“功能”安装设置

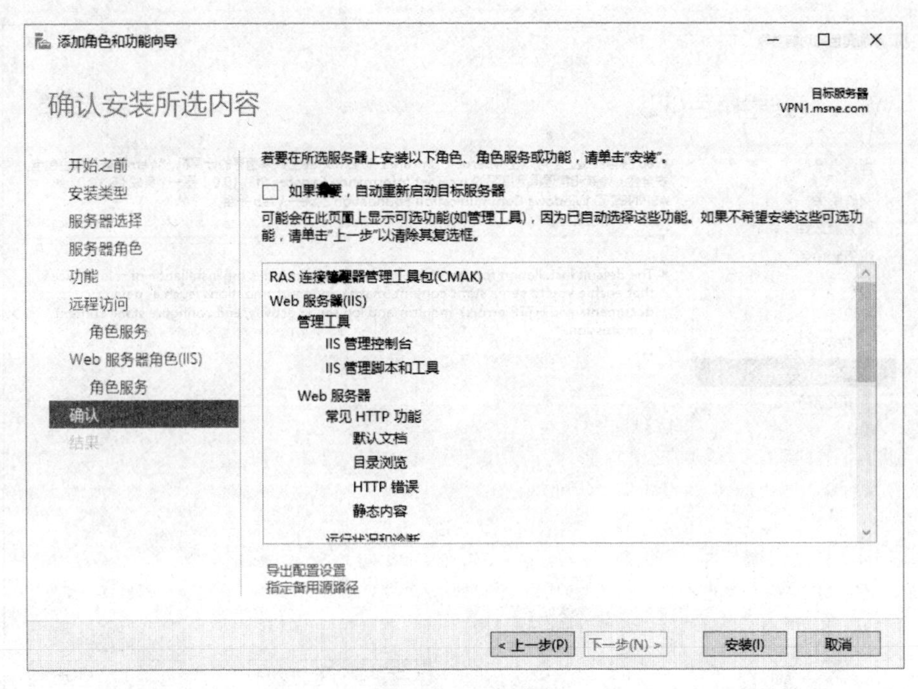

图 8-51　安装确认

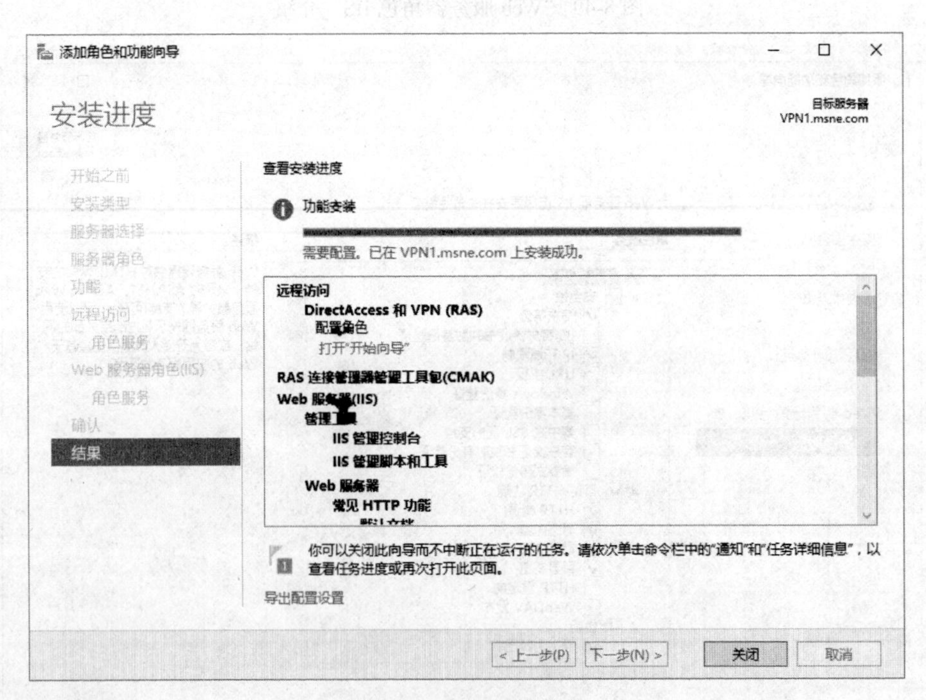

图 8-52　角色安装完成

（6）部署远程访问 VPN 服务

在图 8-52 中，单击“下一步”按钮，系统弹出“配置远程访问向导”界面，如图 8-53 所示。

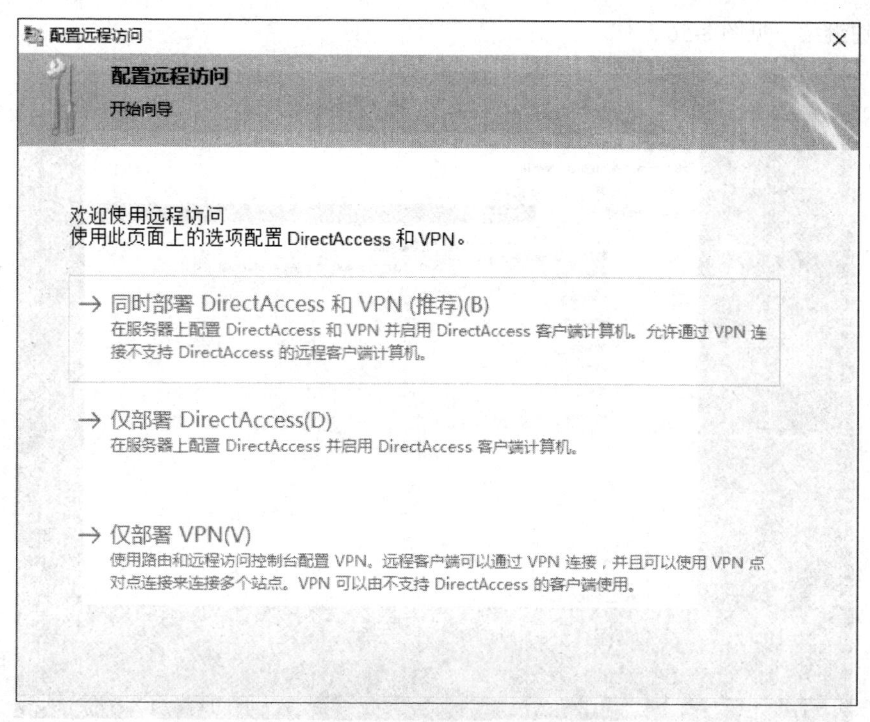

图 8-53 “配置远程访问向导”界面

单击“仅部署 VPN”选项，弹出“路由和远程访问”控制台界面，见图 8-54。

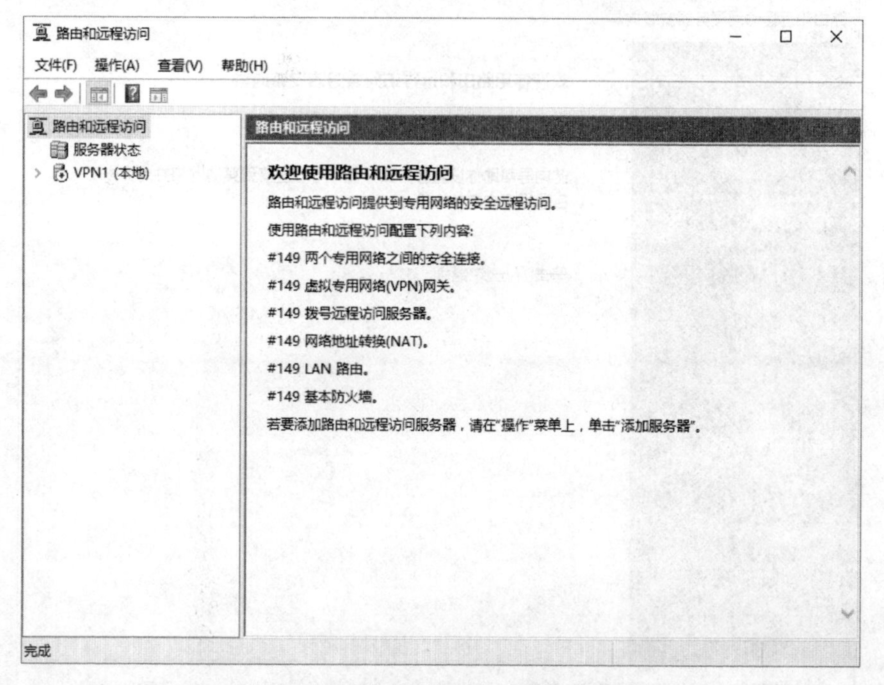

图 8-54 “路由和远程访问”控制台界面

右击左侧窗格中的“VPN1（本地）”服务器，在弹出的快捷菜单中选取“配置并启用路由和远程访问”命令，见图 8-55。在弹出的“路由和远程访问服务器安装向导”初始界面中单击“下一步”按钮继续，见图 8-56。

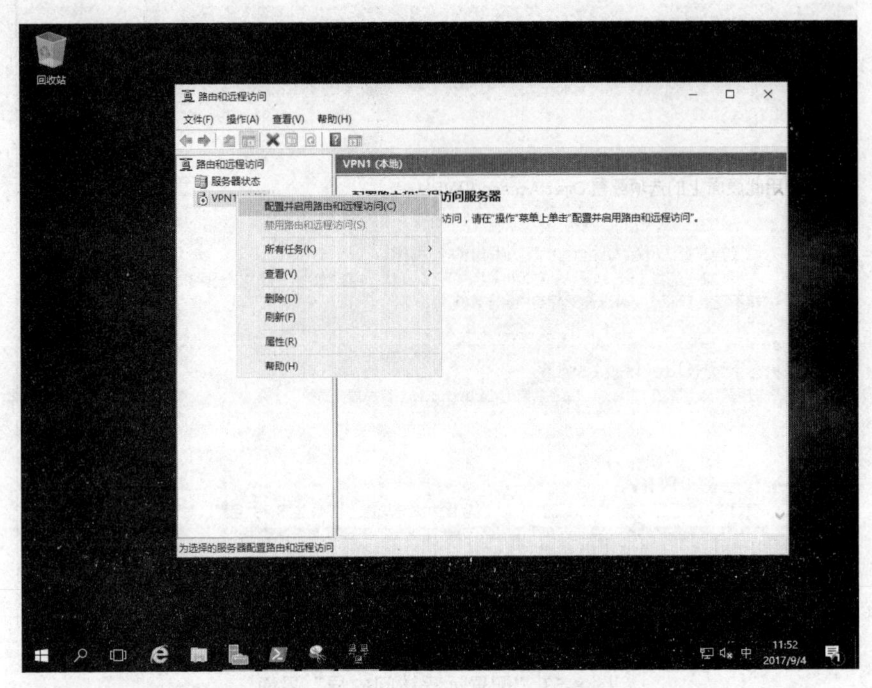

图 8-55 在 VPN1 服务器上启动“配置并启用路由和远程访问”

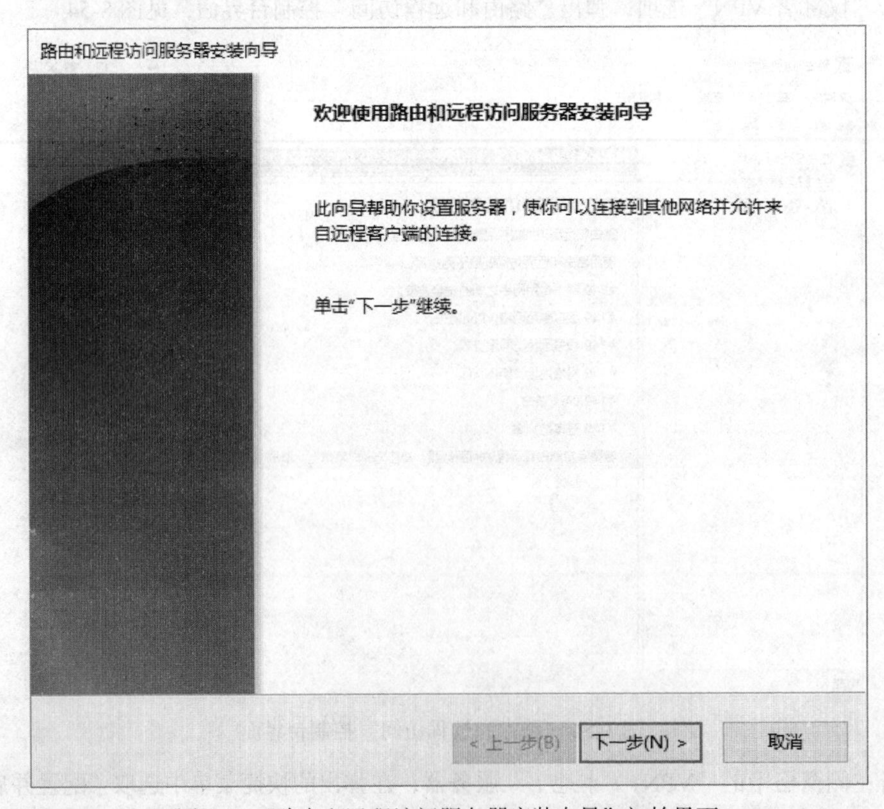

图 8-56 “路由和远程访问服务器安装向导”初始界面

在图 8-57“路由和远程访问服务器安装向导”界面中，确保“虚拟专用网（VPN）访问和 NAT”选项按钮被选中，然后单击“下一步”按钮继续。

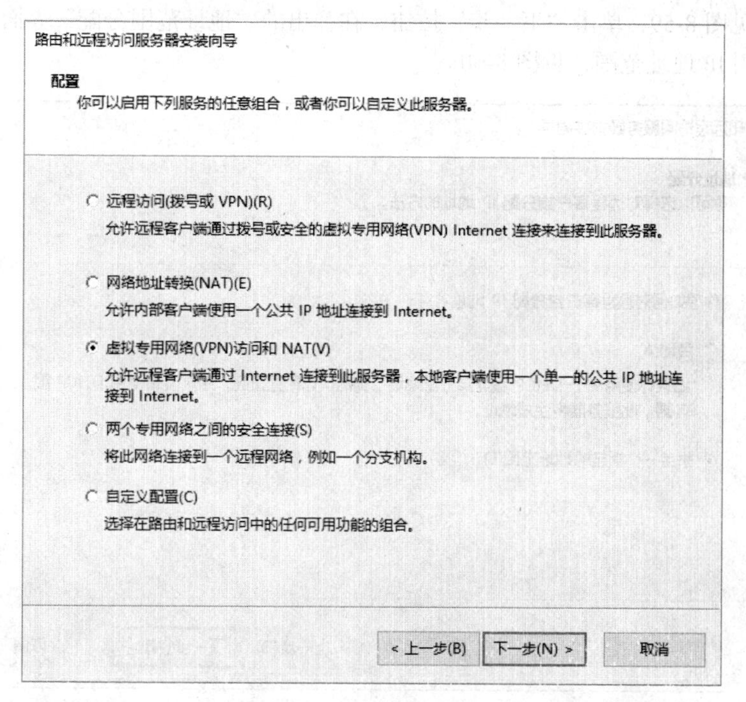

图 8-57 “路由和远程访问服务器安装向导－配置”界面

在图 8-58“路由和远程访问服务器安装向导”界面中，选择“NetPUB”网络接口连接到 Internet，单击“下一步”按钮继续。

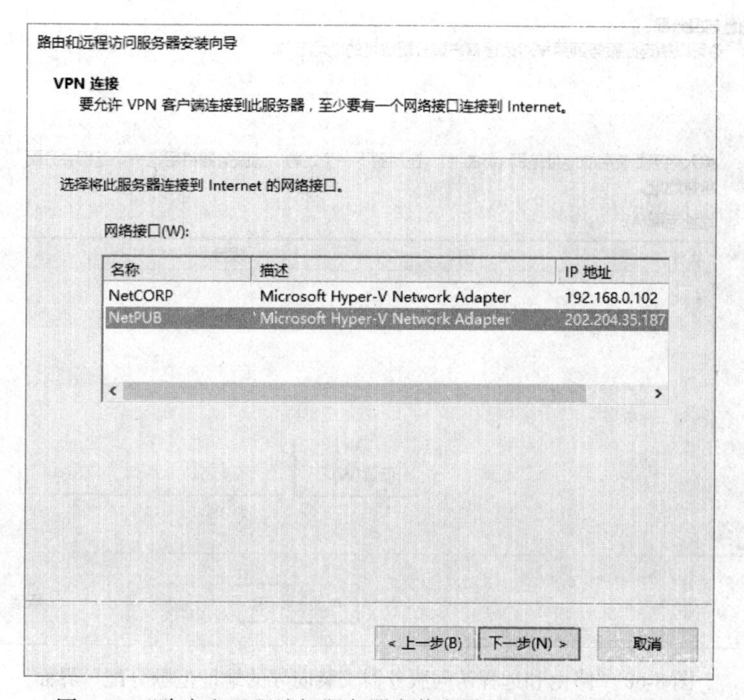

图 8-58 “路由和远程访问服务器安装向导的 VPN 连接”界面

系统弹出“IP 地址分配”界面。因本实验环境中没有设置 DHCP 服务，因此选择“来自一个指定的地址范围”选项，通过 VPN 服务器指定从远程连入公司内部网络的计算机应该获取的 IP 地址范围，见图 8-59，单击“下一步”按钮，在弹出的“地址范围分配”界面中单击“新建”按钮，添加可用 IP 地址范围，见图 8-60。

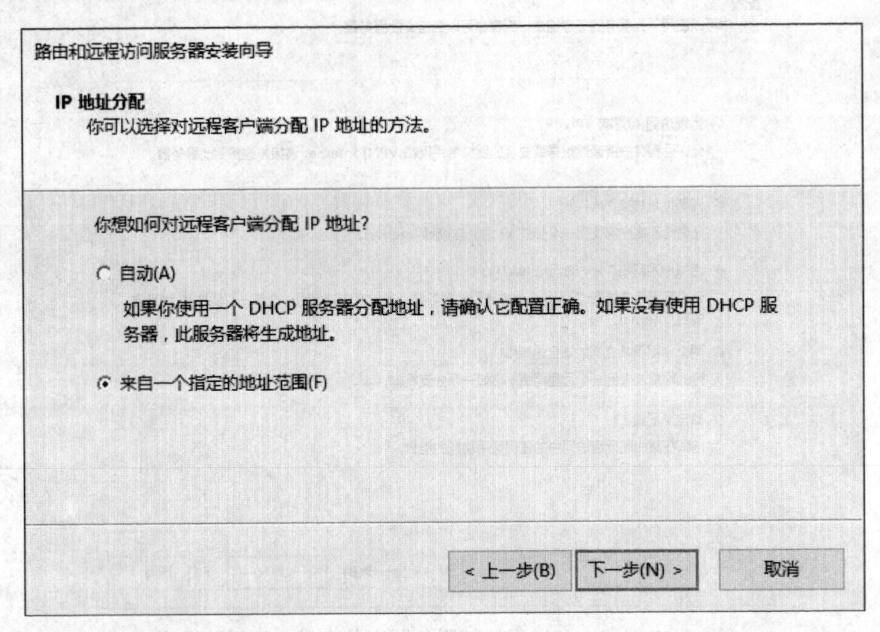

图 8-59 “路由和远程访问服务器安装向导 -IP 地址分配”界面

路由和远程访问服务器安装向导

地址范围分配

你可以指定此服务器用来对远程客户端分配地址的地址范围。

输入你想要使用的地址范围 (静态池)。在用到下一个之前，此服务器将用第一个范围去分配所有地址。

地址范围(A):

从	到	数目

新建(W)... 编辑(E)... 删除(D)

< 上一步(B) 下一步(N) > 取消

图 8-60 “路由和远程访问服务器安装向导的地址范围分配”界面

在弹出的“新建 IPv4 地址范围”对话框中，输入“起始 IP 地址”和“结束 IP 地址”，如图 8-61 所示。这里指定的 IP 地址范围应该是公司内网的 IP 地址，并且不能与公司内部已经被使用的 IP 地址有重叠。单击“确定”按钮后，“地址分配范围”界面显示可供远程连接客户机使用的 IP 范围，见图 8-62。根据实际需要，可以增加更多的 IP 地址范围。

新建 IPv4 地址范围　?　×

输入一个起始 IP 地址，和结束 IP 地址或范围中的地址数。

起始 IP 地址(S):　192 . 168 . 0 . 51

结束 IP 地址(E):　192 . 168 . 0 . 100

地址数(N):　50

确定　取消

图 8-61 “新建 IPv4 地址范围”对话框

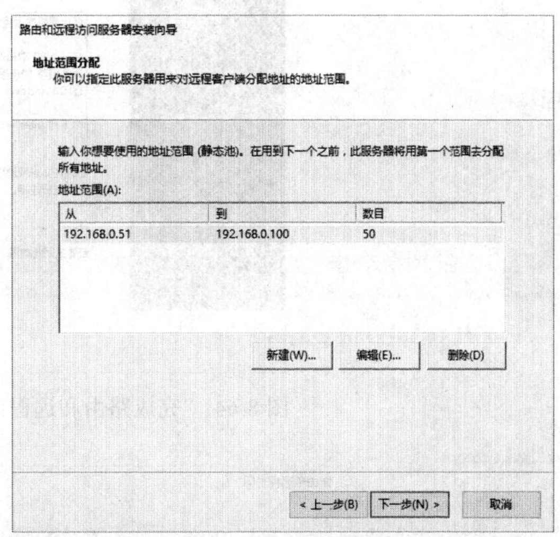

图 8-62 “地址范围分配”界面

在弹出的“管理多个远程访问服务器”对话框中，选择“否，使用路由和远程访问来对连接请求进行身份验证”选项，见图 8-63。单击“下一步”按钮，在弹出的“完成路由和远程访问服务器安装向导”界面中，见图 8-64，单击“完成”按钮，系统弹出有关“DHCP 中继代理”的提示框，见图 8-65，单击“确定”结束安装。

路由和远程访问服务器安装向导

管理多个远程访问服务器

连接请求可以在本地进行身份验证，或者转发到远程身份验证拨入用户服务(RADIUS)服务器进行身份验证。

虽然路由和远程访问可以对连接请求进行身份验证，包含多个远程访问服务器的大型网络通常使用一个 RADIUS 服务器来集中进行身份验证。

如果你在网络上使用一个 RADIUS 服务器，你可以设置此服务器将身份验证请求转发到 RADIUS 服务器。

你想设置此服务器与 RADIUS 服务器一起工作吗?

◉ 否，使用路由和远程访问来对连接请求进行身份验证(O)

○ 是，设置此服务器与 RADIUS 服务器一起工作(Y)

< 上一步(B)　下一步(N) >　取消

图 8-63 “管理多个远程访问服务器”界面

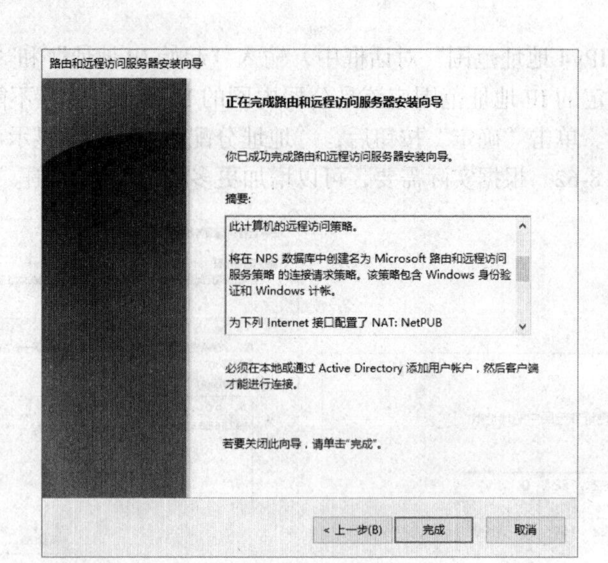

图 8-64 “完成路由和远程访问服务器安装向导”界面

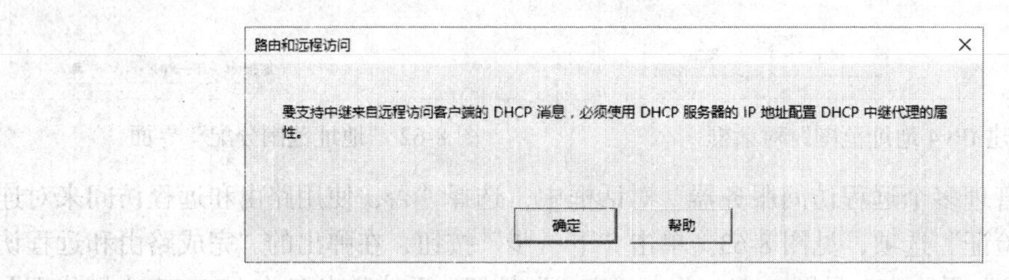

图 8-65 “DHCP 中继代理”提示框

“路由和远程访问服务器安装向导”设置完成后，会返回“路由和远程访问”控制台界面，可以看到，左侧窗格里的“VPN1(本地)”服务器旁的按钮已经呈绿色，表明 VPN 服务部署成功，见图 8-66。该界面也可以通过打开“服务器管理器”窗口，选择“工具”菜单中的“路由和远程访问”命令项，进行相关的配置工作。

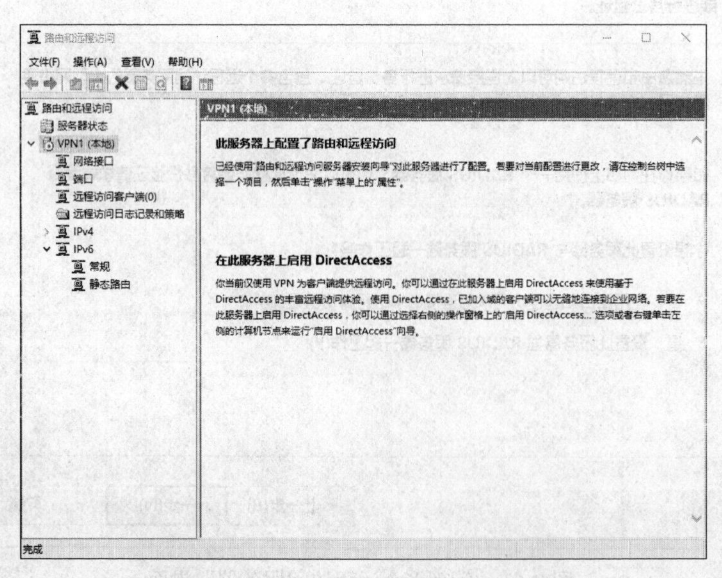

图 8-66 “路由和远程访问”控制台界面

（7）配置远程访问网络策略

要实现 Internet 上的客户端通过 VPN 远程访问公司内部网络，还需要进行远程访问策略的设置，允许特定的组、用户通过 VPN 服务器登录到内网进行资源访问。

在“服务器管理器”界面中，单击“工具”菜单，在菜单中选择“网络策略服务器”命令，系统打开“网络策略服务器”管理控制台，见图 8-67。

图 8-67 “服务器管理器”界面

在“服务器管理器”界面中，单击“工具”菜单，在菜单中选择“网络策略服务器”命令，系统打开“网络策略服务器”管理控制台。选择控制台左侧窗格中的“NPS（本地）”→“策略”→“网络策略”命令，可以在右侧窗格中看到目前系统只有两条策略，均为“拒绝访问”类型，如图 8-68 所示，我们需要在这里新增一条允许用户远程访问的策略。

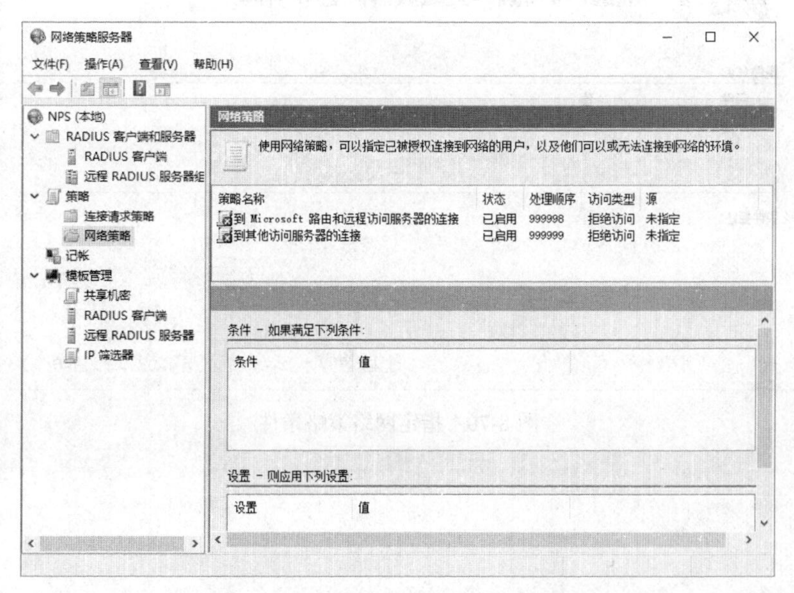

图 8-68 “网络策略服务器”管理控制台

在左侧窗格的“网络策略”对象上右击，在弹出的快捷菜单中选择“新建”命令，系统弹出如下“新建网络策略”界面，在“策略名称”文本框中输入策略名称“允许用户远程访问”，在“网络访问服务器的类型”下拉列表中选择“远程访问服务器（VPN 拨号）”，见图 8-69，单击“下一步”按钮继续。

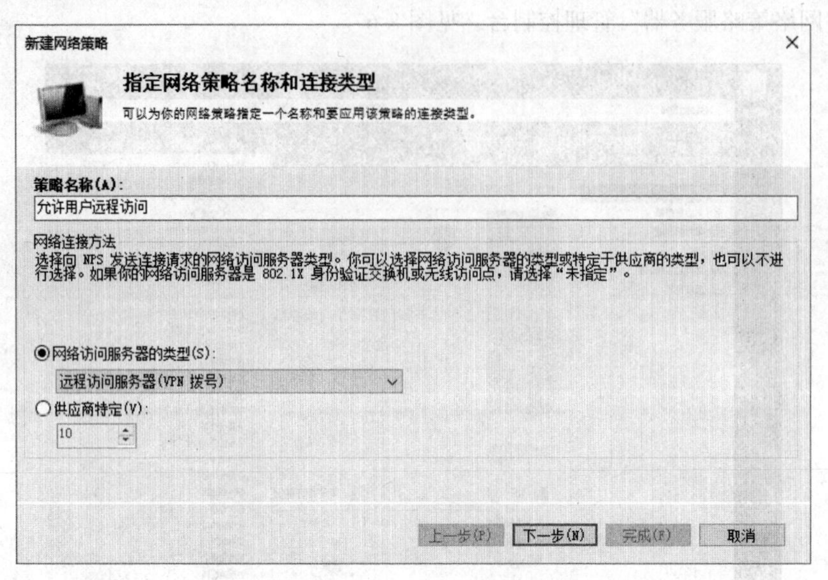

图 8-69　指定网络策略名称和连接类型

在“新建网络策略”指定条件对话框中，单击“添加”按钮，见图 8-70，在弹出的“选择条件”对话框中选中“Windows 组”，并添加“VPNGroup”组，回到“新建网络策略”指定条件界面，单击“下一步”按钮继续，如图 8-71~ 图 8-75 所示。

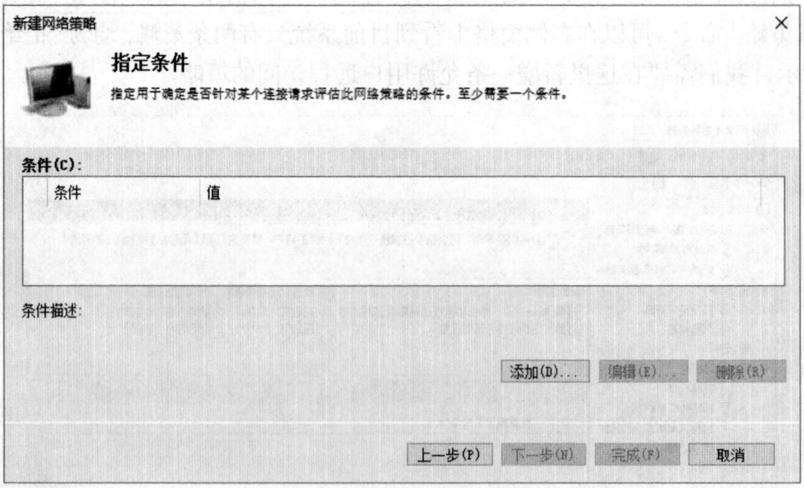

图 8-70　指定网络策略条件

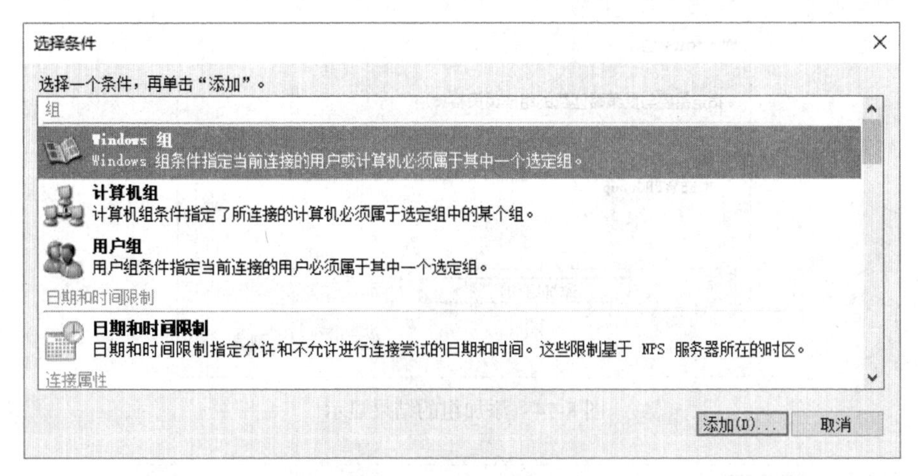

图 8-71　选择条件对话框

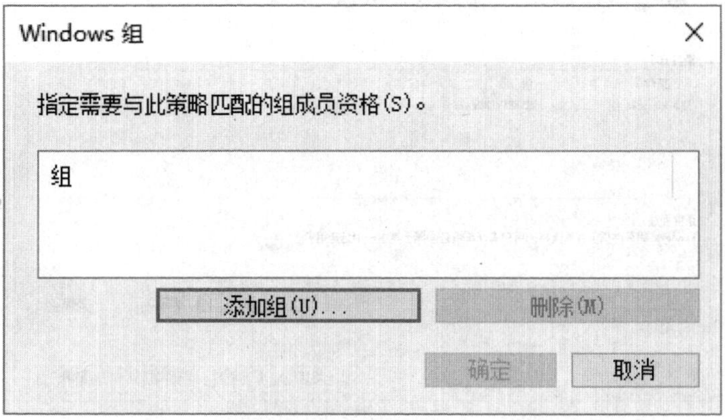

Windows 组

指定需要与此策略匹配的组成员资格(S)。

组

添加组(U)...　删除(M)

确定　取消

图 8-72　添加与策略匹配的组

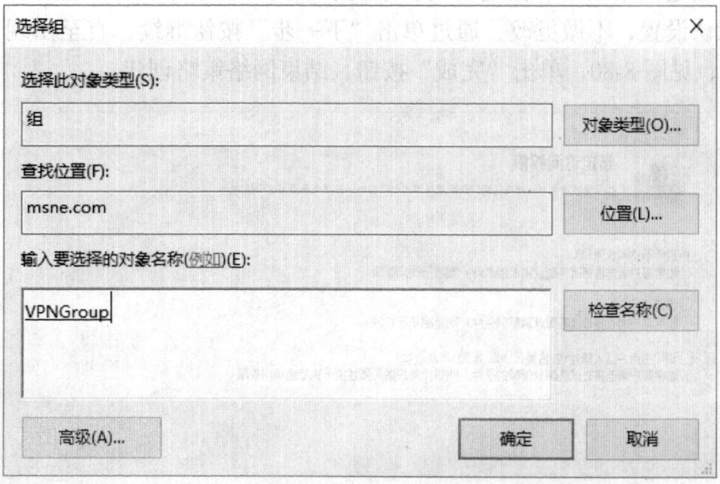

选择组

选择此对象类型(S):

组　对象类型(O)...

查找位置(F):

msne.com　位置(L)...

输入要选择的对象名称(例如)(E):

VPNGroup　检查名称(C)

高级(A)...　确定　取消

图 8-73　指定具体的组

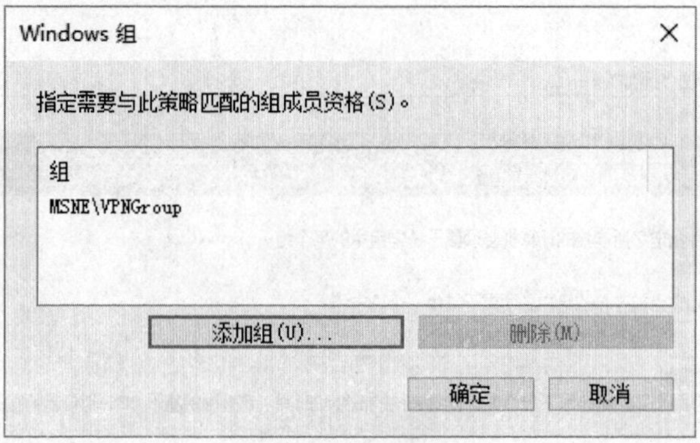

Windows 组

指定需要与此策略匹配的组成员资格(S)。

组

MSNE\VPNGroup

添加组(U)... 删除(M)

确定 取消

图 8-74　添加组的结果显示

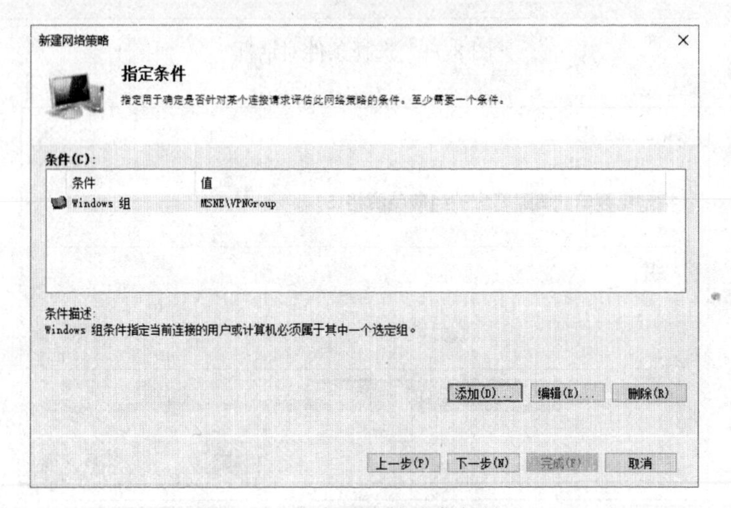

图 8-75　指定网络策略条件结果

在弹出的“新建网络策略”指定访问权限及后续的对话框中，对话框图如图 8-76~ 图 8-79 所示。均接受默认设置，不做更改，通过单击“下一步”按钮继续，直至出现“正在完成新建网络策略”界面，见图 8-80，单击“完成”按钮，结束网络策略创建。

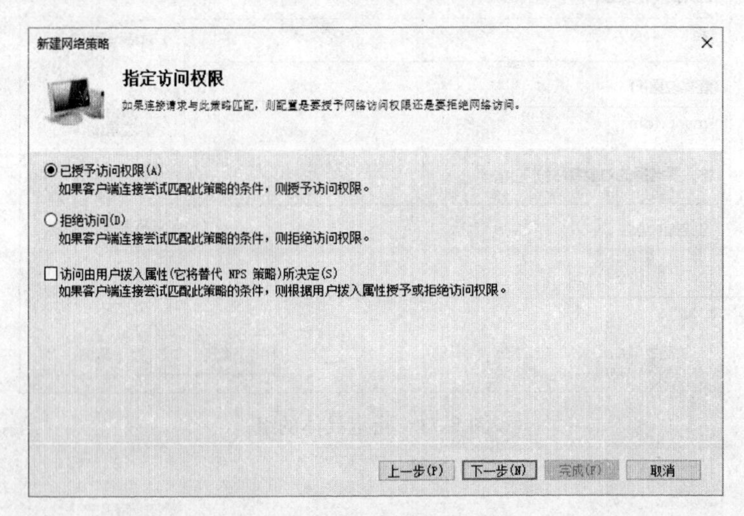

图 8-76　指定访问权限设置

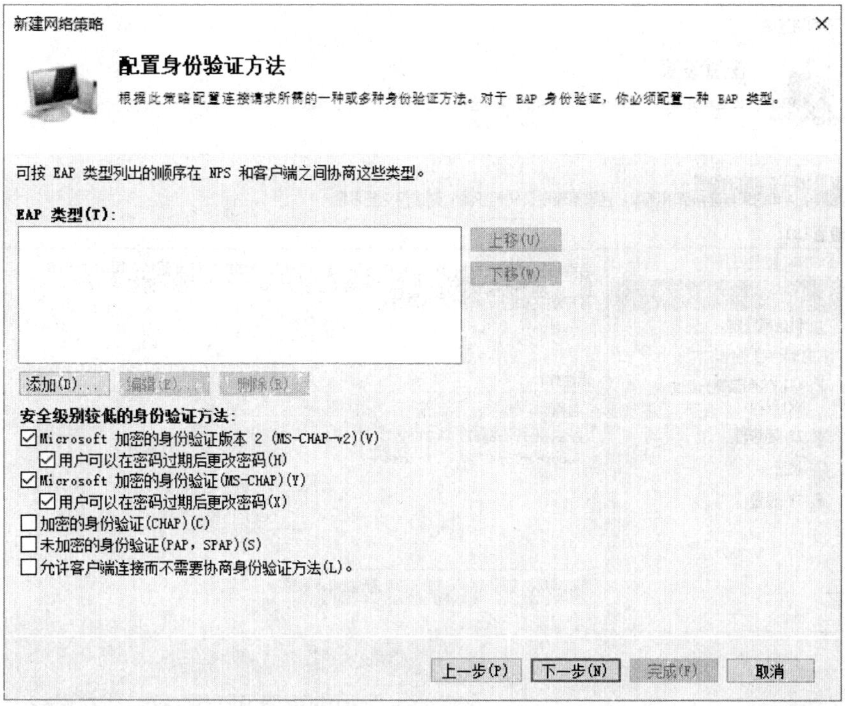

新建网络策略

配置身份验证方法

根据此策略配置连接请求所需的一种或多种身份验证方法。对于 EAP 身份验证，你必须配置一种 EAP 类型。

可按 EAP 类型列出的顺序在 NPS 和客户端之间协商这些类型。

EAP 类型(T):

上移(U)　下移(W)

添加(D)...　编辑(E)...　删除(R)

安全级别较低的身份验证方法:

☑Microsoft 加密的身份验证版本 2 (MS-CHAP-v2)(V)

☑用户可以在密码过期后更改密码(H)

☑Microsoft 加密的身份验证(MS-CHAP)(Y)

☑用户可以在密码过期后更改密码(X)

☐加密的身份验证(CHAP)(C)

☐未加密的身份验证(PAP，SPAP)(S)

☐允许客户端连接而不需要协商身份验证方法(L)。

上一步(P)　下一步(N)　完成(F)　取消

图 8-77 “配置身份验证方法”对话框

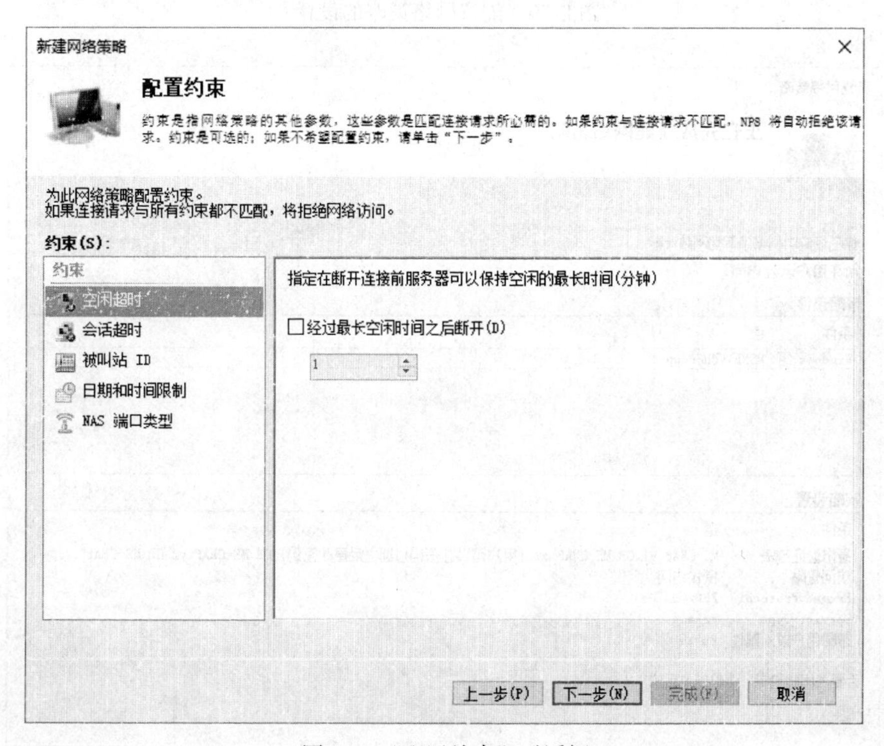

图 8-78 “配置约束”对话框

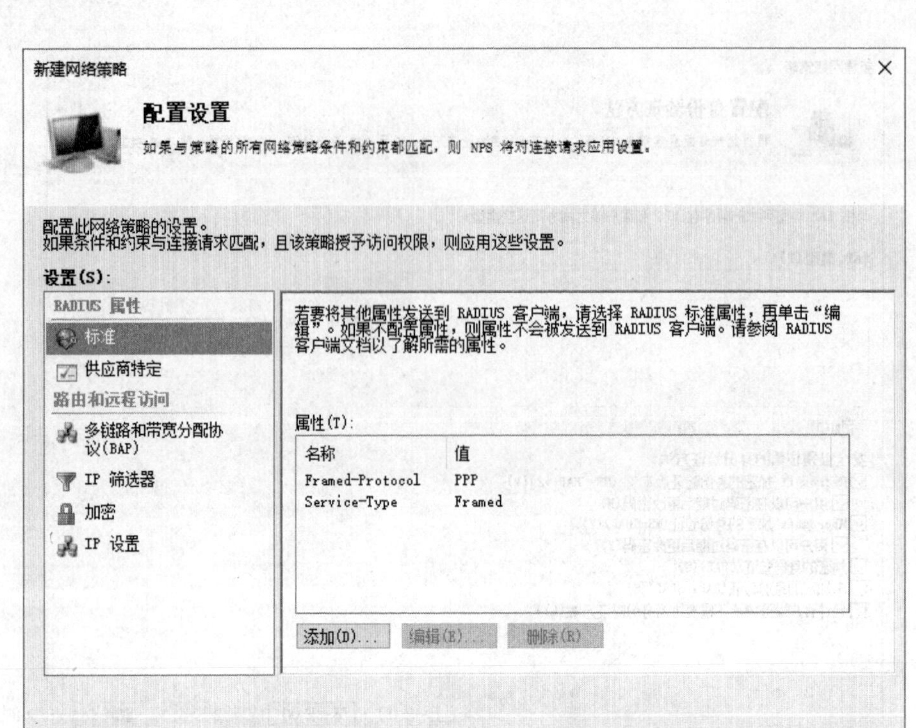

图 8-79　配置网络策略的设置

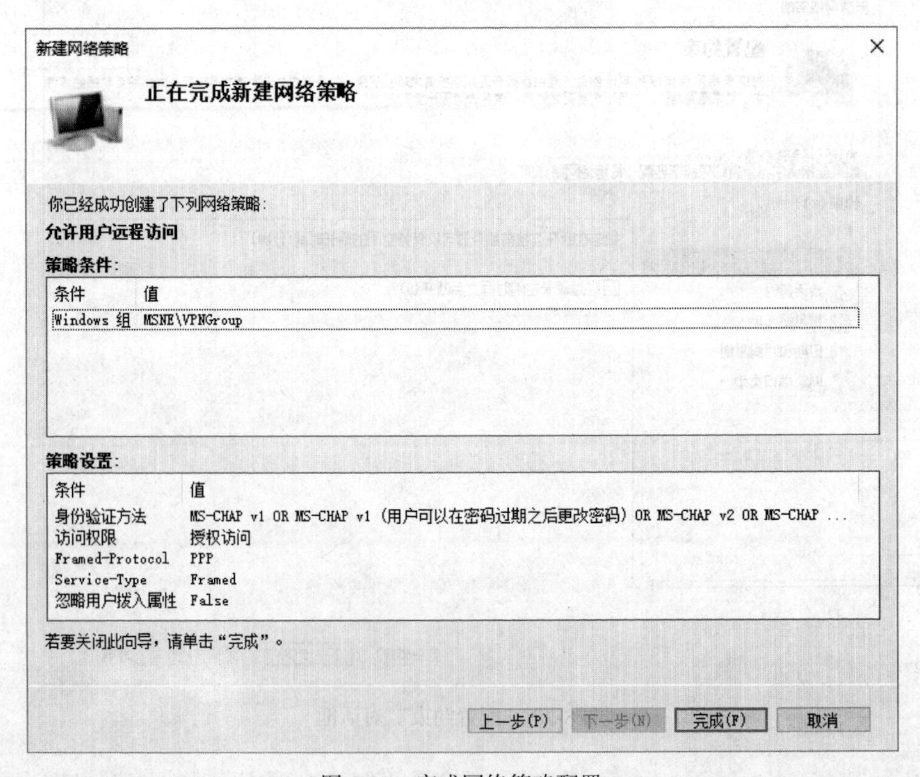

图 8-80　完成网络策略配置

系统回到“网络策略服务器”管理控制台界面，此时可以看到右侧网络策略窗格中已有新创建的“允许用户远程访问”策略，确保该策略出现在两条系统策略之上（可以通过右击该策略，选择“上移”命令设置），否则会被拒绝访问的策略屏蔽，如图 8-81 所示。

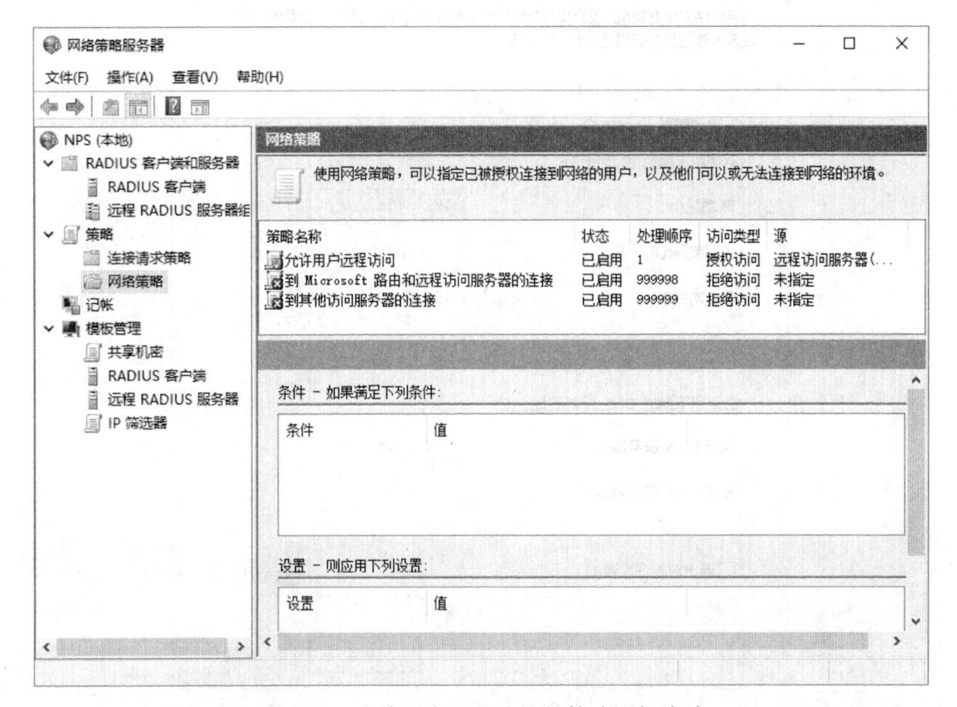

图 8-81　允许用户远程访问的策略添加成功

至此，在服务器端的设置已经完成。路由和远程访问的远程访问客户端显示如图 8-82 所示。下面通过在 Client1 和 Client2 机器上分别模拟内网用户和外网用户的访问。

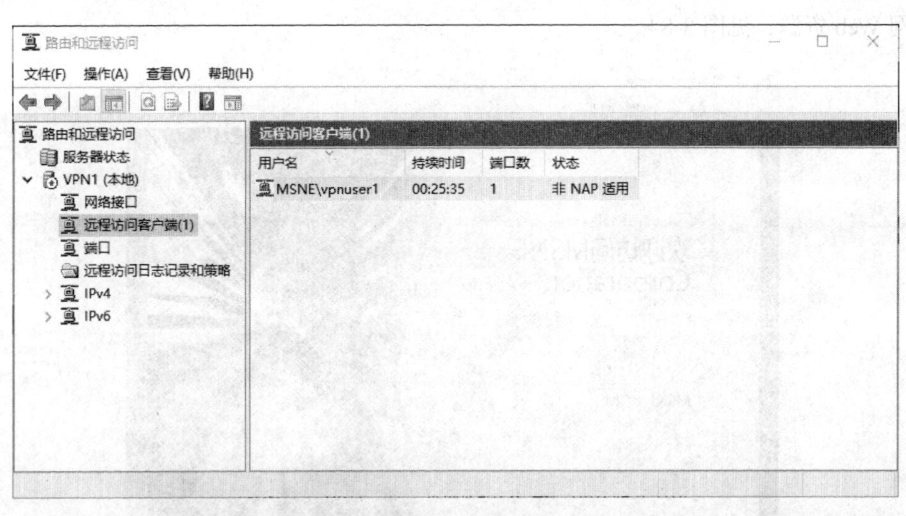

图 8-82 “选择服务器角色”窗口

（8）通过 VPN 服务器访问内网资源

步骤 1：内网用户对资源的访问。

在 Client1 计算机上，配置其 IP 地址如图 8-83 所示。

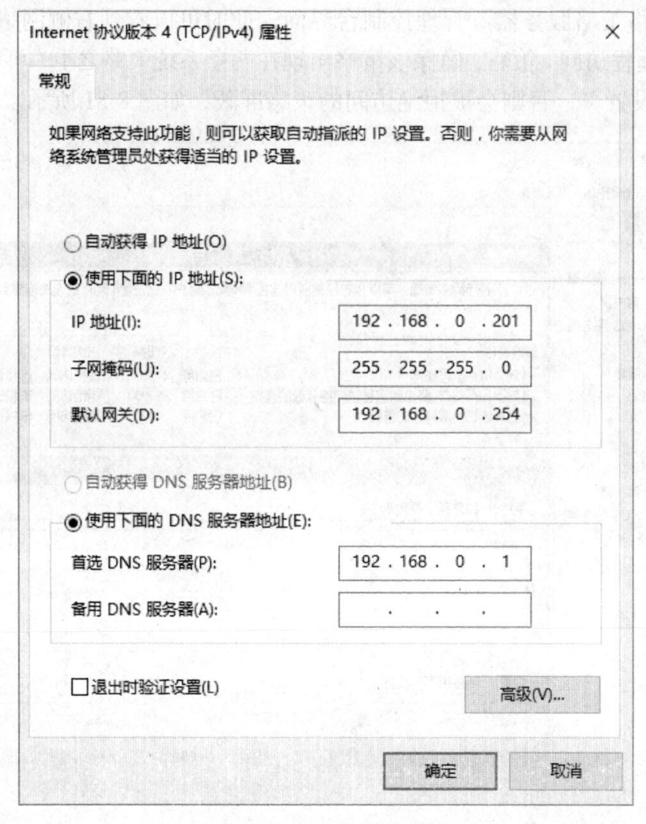

图 8-83　Client1 的 IP 配置

打开 Client1 计算机上的浏览器，在地址栏输入公司 Web1 服务器的 IP 地址 192.168.0.103，按【Enter】键后，可以看到公司内网主页，表明在公司局域网内（192.168.0.1/24 网段），可以访问内网 Web 资源，见图 8-84。

图 8-84　Client1 访问到的 WEB 资源

步骤 2：外网用户对资源的访问。

登录到 Client2 计算机，该计算机具有外网地址，能够访问 Internet，IP 地址信息如图 8-85 所示。

注意，根据用户实际情况，此处 IP 信息应有所不同。

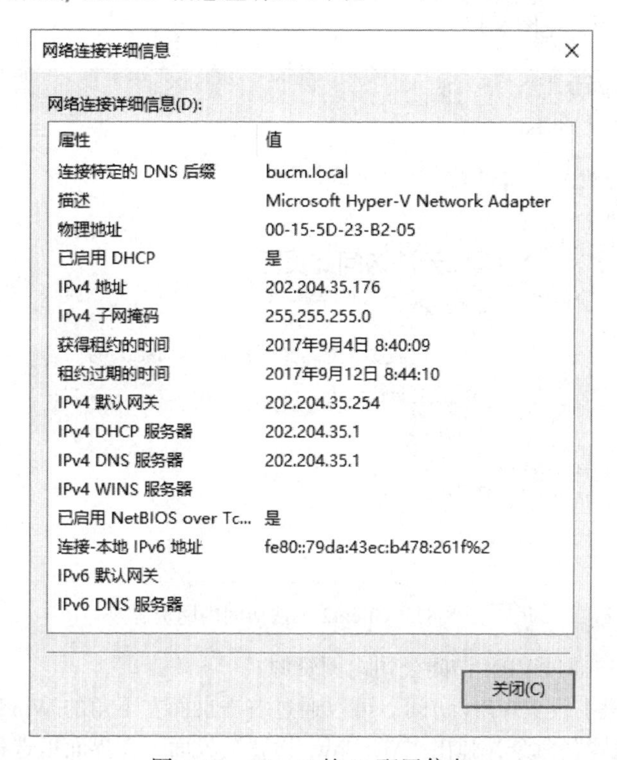

图 8-85　Client2 的 IP 配置信息

在 Client2 计算机的浏览器栏里输入 Internet 网址，可以看到能够进行正常访问，见图 8-86。

图 8-86　Client2 正常访问 Internet

在 Client2 计算机的浏览器栏里输入公司内网 Web1 服务器网址 192.168.0.103，可以看到不能够访问公司内网资源，见图 8-87。

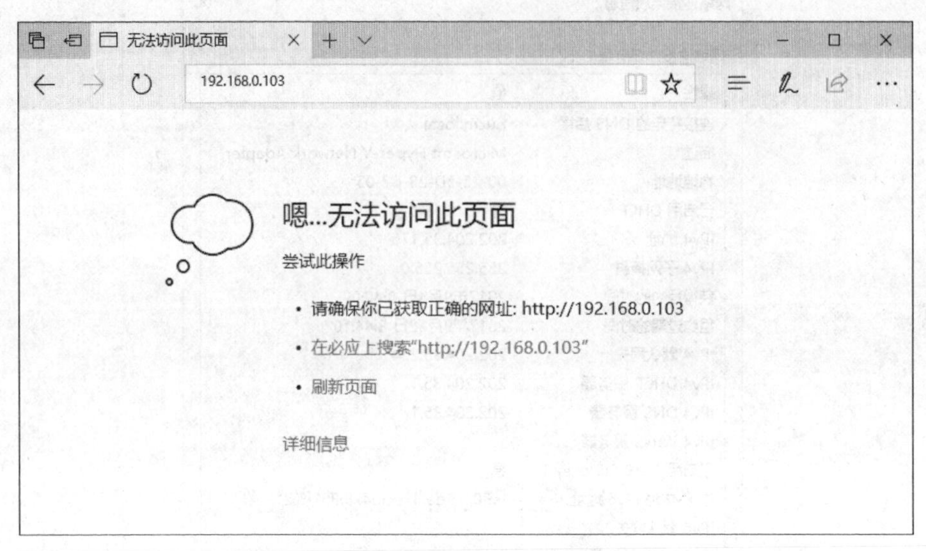

图 8-87　Client2 无法访问内网资源

步骤 3：外网用户通过 VPN 访问公司内网资源。

在 Client2 计算机上设置 VPN 访问。可以通过右击桌面左下角的 Windows 按钮，在弹出的系统菜单中选择“设置”命令，弹出“Windows 设置”界面，在界面里选择“网络和 Internet”选项，见图 8-88。

图 8-88　启动网络和 Internet 设置

在弹出的“网络和 Internet”设置界面中，选择左侧的“VPN”选项，然后单击右侧的“添加 VPN 连接”，见图 8-89。

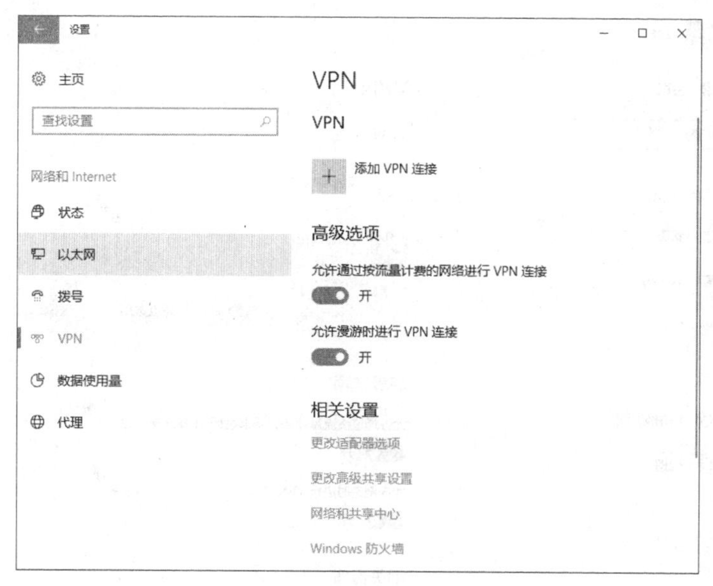

图 8-89　添加 VPN 连接

在弹出的“添加 VPN 连接”界面中，根据图 8-90 所示，选择 VPN 提供商，输入连接名称、服务器名称或地址及其他选项。注意，此处关键信息为“服务器名称或地址”，该地址应是实验环境中的外网地址，应该与此处示例不同。

此处“用户名”“密码”可以先不填写，后续连接过程中系统会提示输入。单击右下角“保存”按钮继续。

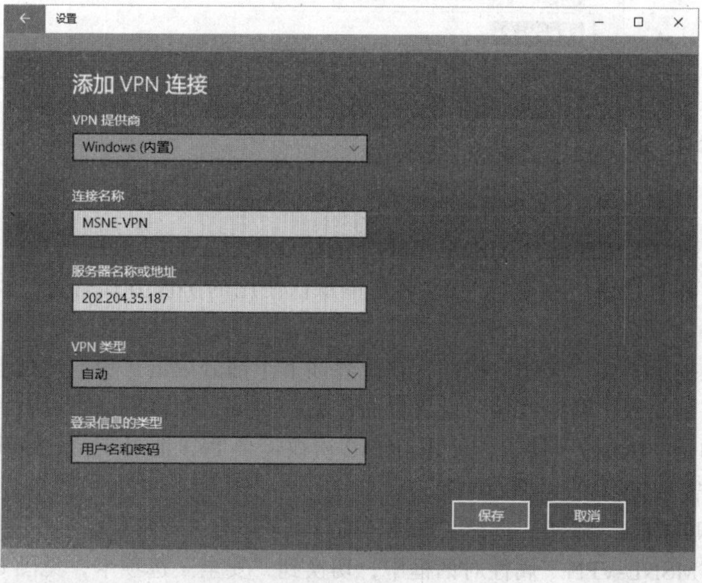

图 8-90　客户端设置 VPN 的参数

此时，可以看到右侧已经出现刚刚设置的 VPN 连接——“MSNE-VPN”，如图 8-91 所示，单击“连接”按钮，在提示框中输入前面步骤创建的 VPN 用户 vpnUser1 或 vpnUser2 的账号登录测试，如图 8-92 所示。

注意，此处用户名必须使用域账号模式。

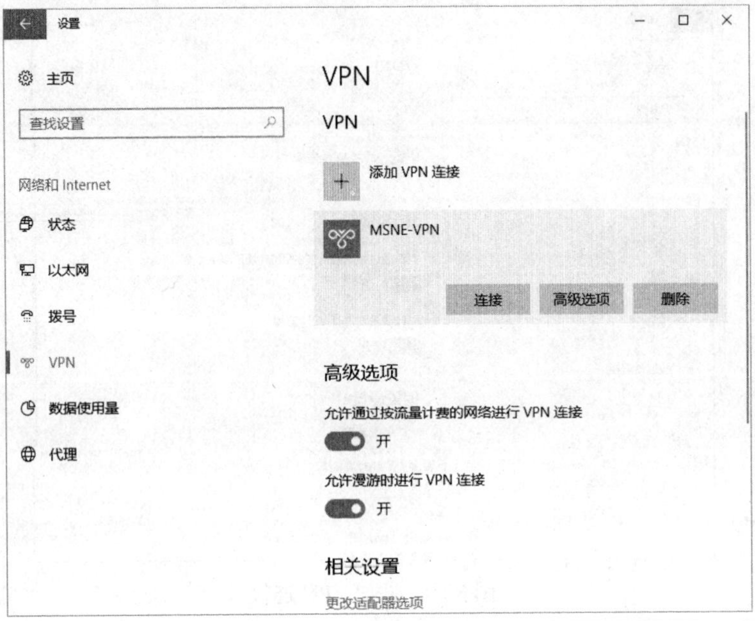

图 8-91　MSNE-VPN 添加成功

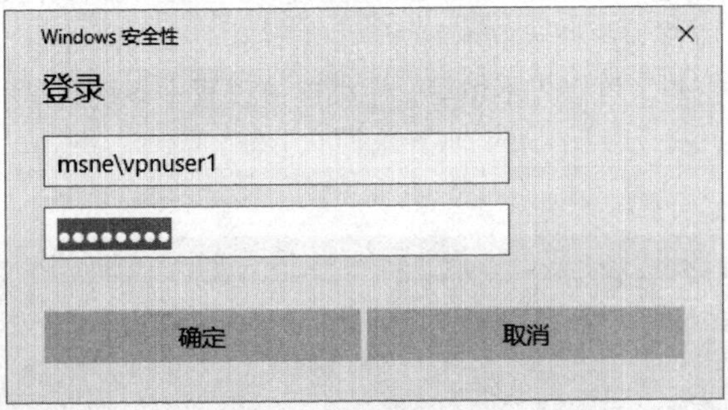

图 8-92　client2 登录

此时，会出现“无法连接到 MSNE-VPN”的错误提示，如图 8-93 所示。这里出现的错误，不是因为前述步骤有错误，而是与 VPN 客户端默认使用的协议方式有关，我们需要进一步的设置更改。

单击该错误提示下的“关闭”按钮，在此界面下半部分单击“更改适配器选项”按钮，见图 8-94，弹出控制面板“网络连接”设置界面，见图 8-95，在该界面可以看到“MSNE-VPN”连接默认使用的是“IKEv2”协议，使用 IKEv2 协议需要 PKI 证书支持，在我们的实验环境中并不具备，因此需要进行更改协议设置。

右击“MSNE-VPN”按钮，选择“属性”命令。

在弹出的“MSNE-VPN”属性对话框中，切换到“安全”选项卡，见图 8-96，可以看到该连接使用“可选加密”，且只使用 IKEv2 协议。

更改“MSNE-VPN”属性对话框中的“数据加密”选项，选择下拉列表中的“需要加密（如果服务器拒绝将断开连接）”选项，这样可以保障信息安全；在“身份验证”下，选择“允许使用这些协议”单选按钮，选择“Microsoft CHAP Version 2（MS-CHAP v2）”复选框，如图 8-97 所示的参数设定，单击“确定”按钮。

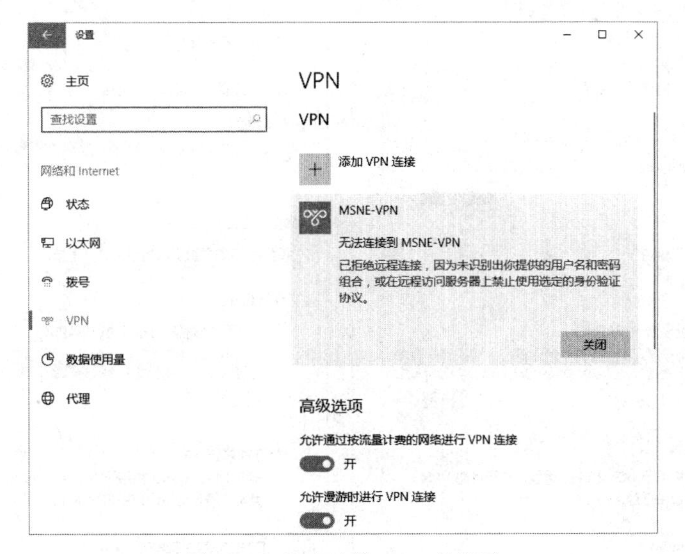

图 8-93　无法连接 VPN 的提示

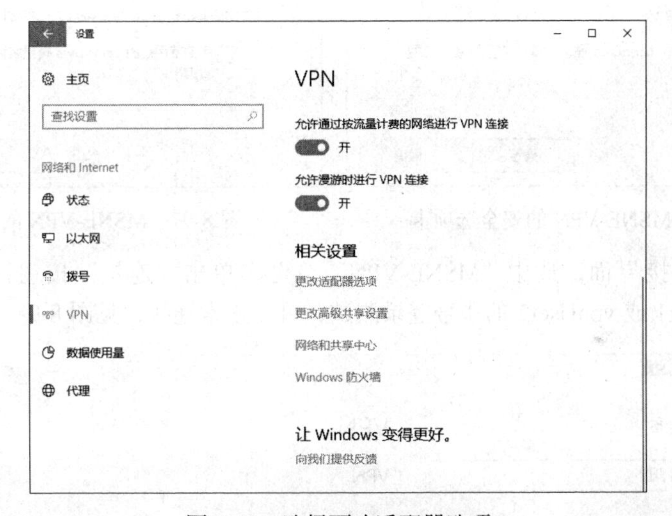

图 8-94　选择更改适配器选项

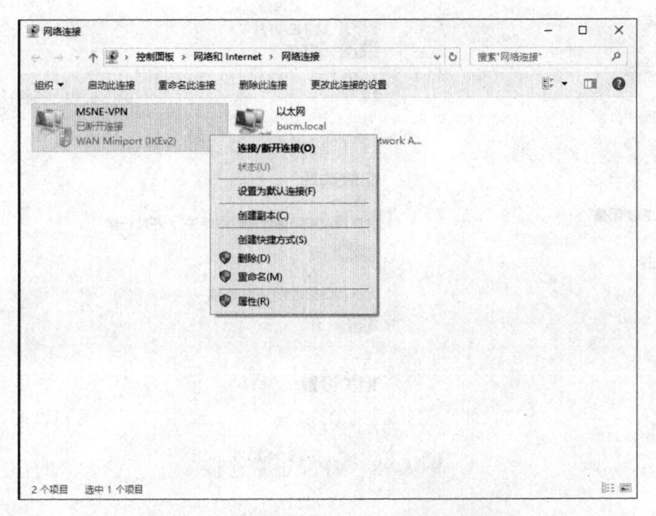

图 8-95　选择 MSNE-VPN 连接属性

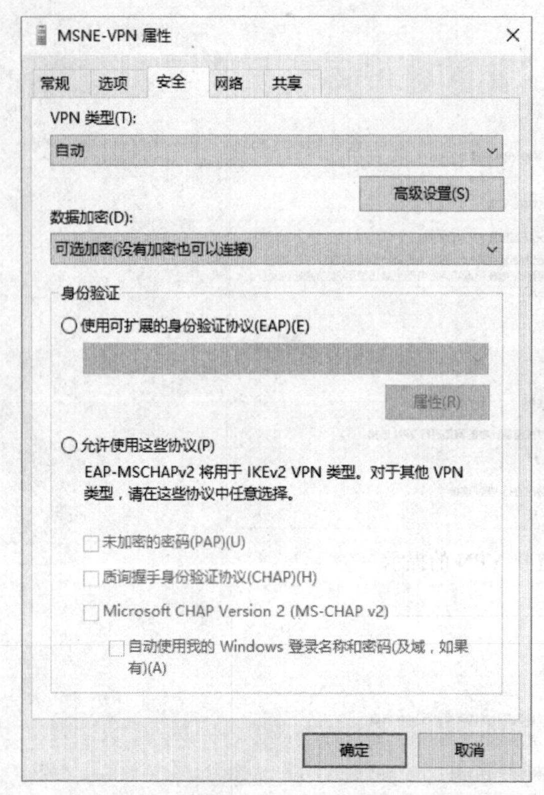

图 8-96　MSNE-VPN 的安全选项卡

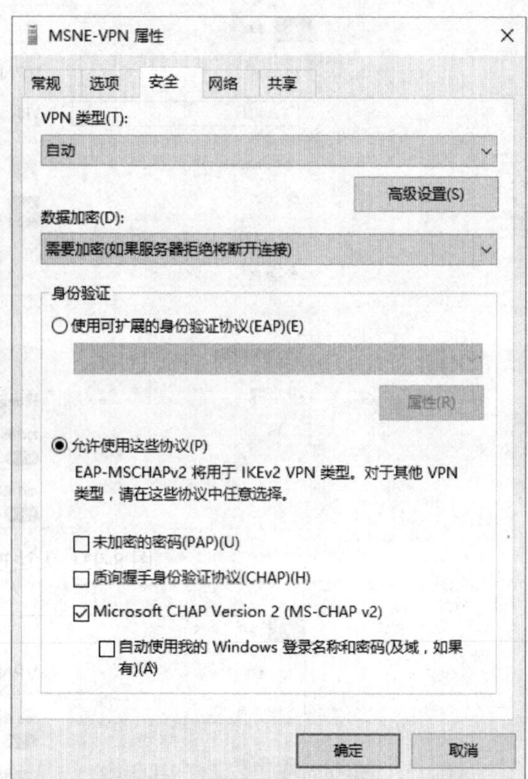

图 8-97　MSNE-VPN 的安全协议配置

回到 VPN 连接界面，选中“MSNE-VPN”，再次单击“连接”按钮，在提示框中输入 VPN 用户 vpnUser1 或 vpnUser2 的账号登录测试，可以正常连接，见图 8-98。

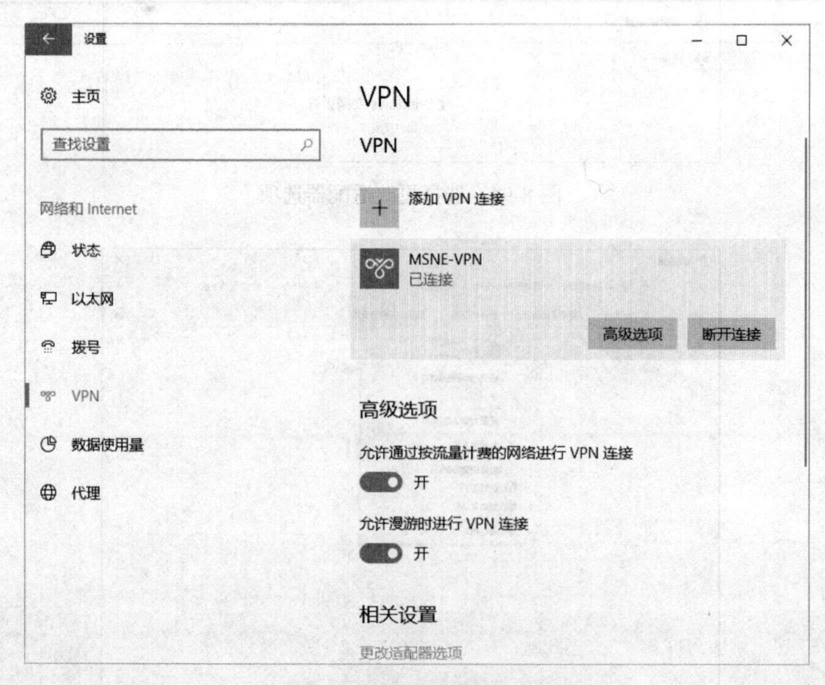

图 8-98　VPN 正常连接

单击“MSNE-VPN”连接下的“高级选项”按钮，系统弹出图 8-99 所示的界面。

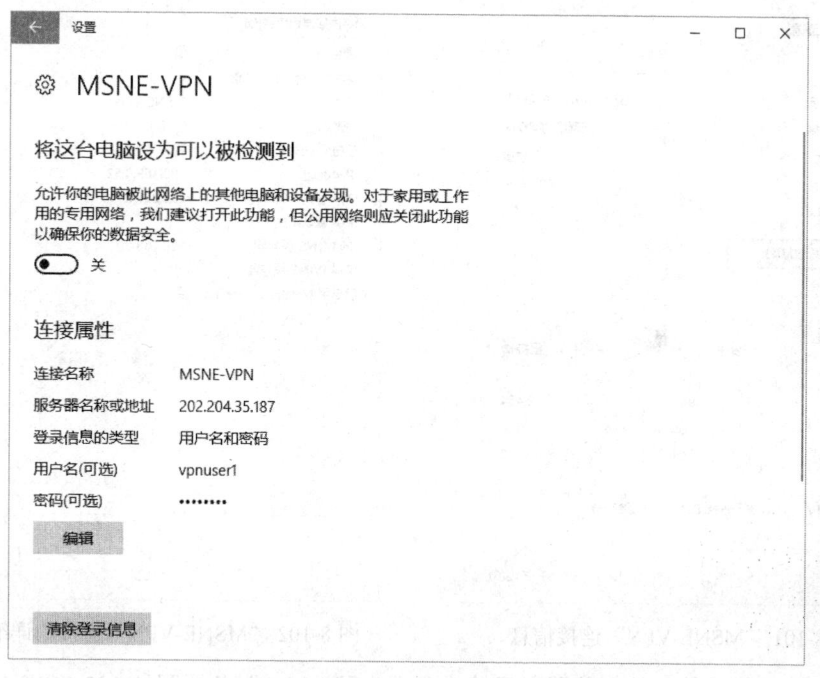

图 8-99　MSNE-VPN 的高级选项显示

回到控制面板的“网络连接”界面，可以看到“MSNE-VPN”连接已经使用 PPTP 协议连接，见图 8-100。右击该连接，选择“状态”命令，单击“详细信息”按钮，可以看到该连接获得的 IPv4 地址为 192.169.0.52 内网地址，见图 8-101，说明该机器已经通过 VPN 连入到公司内网，见图 8-102。

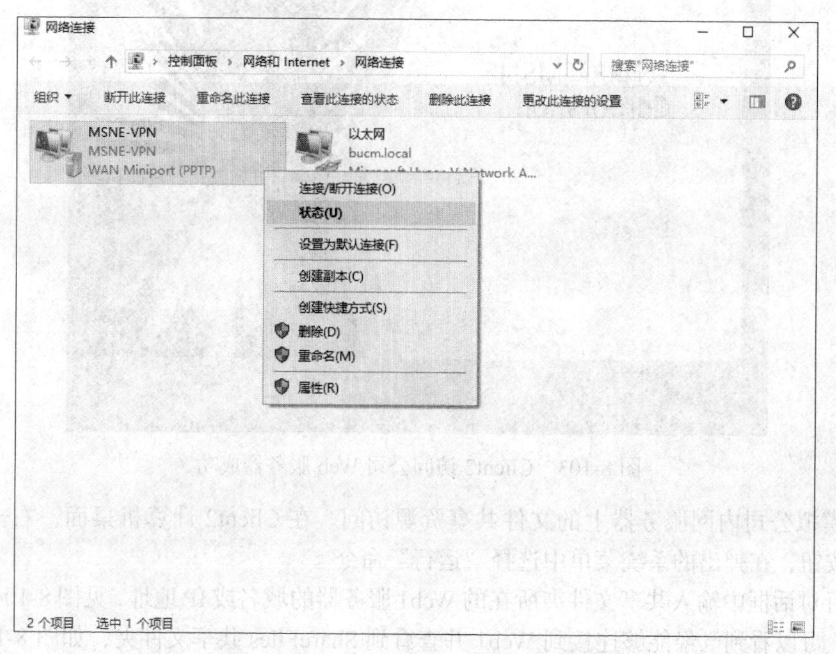

图 8-100　显示“MSNE-VPN”连接

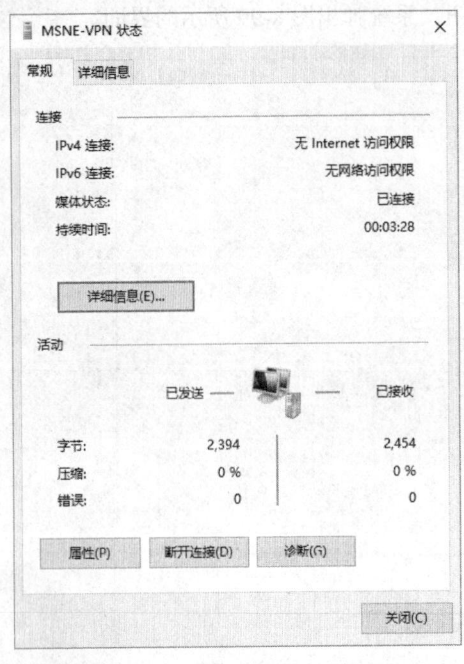

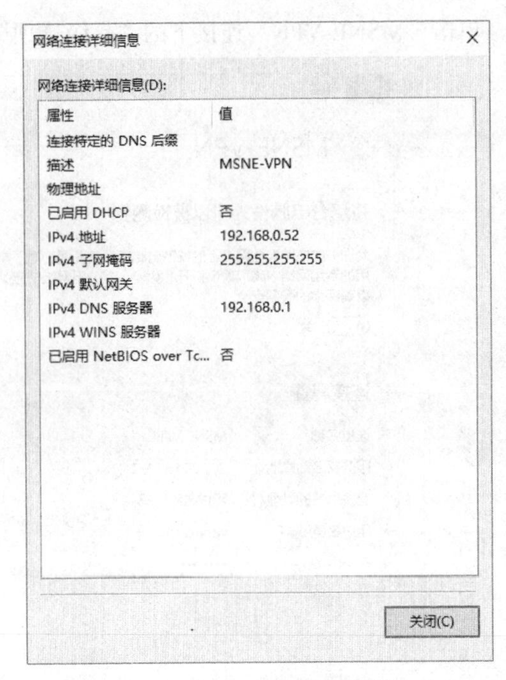

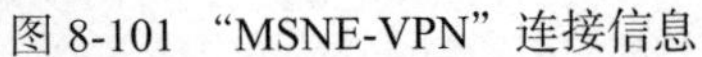

图 8-101 “MSNE-VPN”连接信息　　　　图 8-102 “MSNE-VPN”连接的详细信息

再次在 Client2 计算机的浏览器栏里输入公司内网 Web1 服务器网址 192.168.0.103，可以看到已经能够正常访问公司内网网站，见图 8-103。

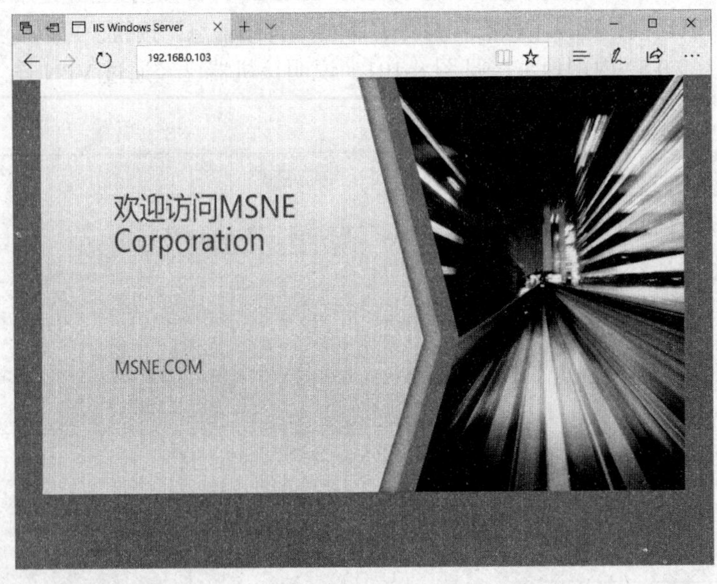

图 8-103 Client2 访问公司 Web 服务器成功

下面模拟公司内网服务器上的文件共享资源访问。在 Client2 计算机桌面，右击左下角的 Windows 按钮，在弹出的系统菜单中选择“运行”命令。

在运行对话框中输入共享文件夹所在的 Web1 服务器的域名或 IP 地址，见图 8-104，单击“确定”按钮，可以看到已经能够连接到 Web1 并查看到 ShareFiles 共享文件夹，如图 8-105 所示。

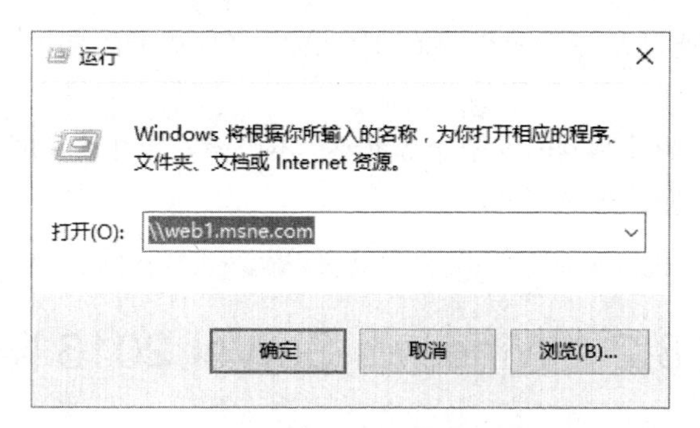

图 8-104　通过 VPN 访问公司内部共享服务器

双击 ShareFiles 共享文件夹，可以看到在前述步骤中创建的文件，见图 8-106，说明已经实现在外网计算机 Client2 上实现内网文件资源的访问。

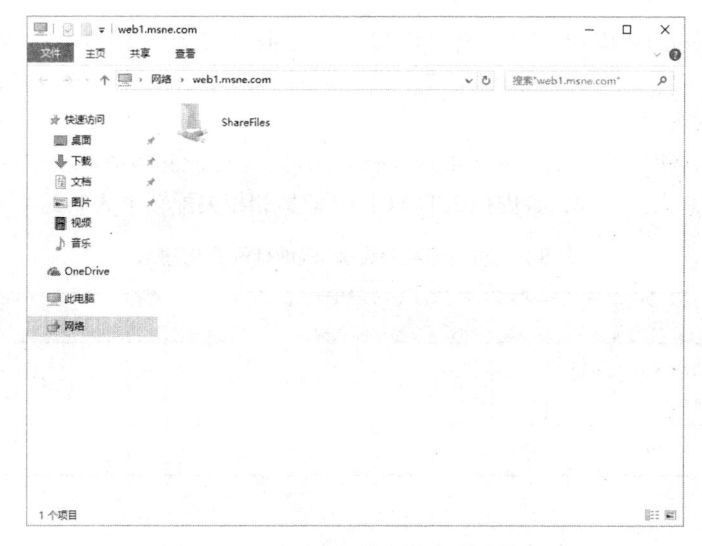

图 8-105　成功访问公司内部共享资源

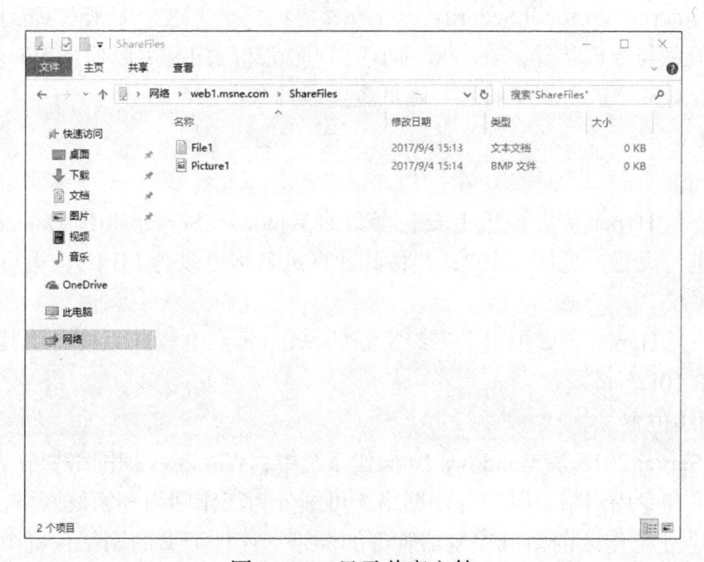

图 8-106　显示共享文件

至此，完整实现了通过 Windows Server 2016 设置 VPN 服务的配置实验。

5. 注意事项

1）在生产环境中，域控制器的安全非常重要，不应该安装任何与域管理无关的服务。

2）客户端登录用户应该是域定义用户。

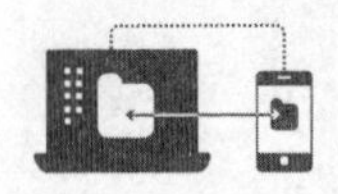

实验 8.2　Windows Server 2016 防火墙配置实验

1. 实验目的

掌握在 Windows Server 2016 系统中防火墙的配置方法。

2. 实验环境

1）硬件：Hyper-V 虚拟主机 1 台，内建 1 台虚拟机服务器 FILE1，1 台虚拟机客户机 Client3（可使用前述实验 7.2 中的虚拟客户机 Client3）。内建 1 台虚拟交换机 vNet-Corp 为内部连接类型，子网为 192.168.0.0/24。

2）软件：虚拟机服务器安装 Windows Server 2016 Datacenter 服务器操作系统，虚拟机客户机安装 Windows 10 操作系统，各虚拟机的 TCP/IP 信息和相关配置见表 8-2。

表 8-2　防火墙实验设备 IP 地址配置信息表

设备名称	操作系统	IP 地址	子网码	网关	DNS
FILE1	Windows Server 2016 Datacenter	192.168.0.105	255.255.255.0	192.168.0.254	192.168.0.1
Client3	Windows 10	192.168.0.203	255.255.255.0	192.168.0.254	192.168.0.1

3. 相关知识

Windows Server 2016 内置的系统防火墙能够实现 IP 地址、协议等的双向过滤与防护，并可通过使用 IPSec（Internet Protocol Security，Internet 协议安全）这一加密的安全服务确保在 IP 网络上进行安全的信息与数据传输。在一般的小型企业或部门内，可以使用 Windows Server 2016 自带的防火墙功能对网络进行安全管理，降低企业运行成本。

4. 实验步骤

（1）安装配置

步骤 1：在一台 Hyper-V 虚拟机上安装全新的 Windows Server 2016 Datacenter 版本。将其 IP 地址按表 8-2 进行设置，见图 8-107，并将其计算机名称更改为 FILE1，重启计算机后，使用管理员账号登录系统。

步骤 2：在一台 Hyper-V 虚拟机上安装全新的 Windows 10 操作系统。将其 IP 地址按表 8-2 进行设置，见图 8-108。

（2）设置网络位置

在 Windows Server 2016 及 Windows 10 操作系统中，Windows 把网络划分为三种网络位置：域网络、公用网络和专用网络，其中专用网络又可细分为工作网络和家庭网络。

域网络用于企业工作区内由域控制器管理的网络。这种类型的网络位置由管理员控制，普通用户无法更改。

图 8-107　FILE1 服务器 IP 地址设置 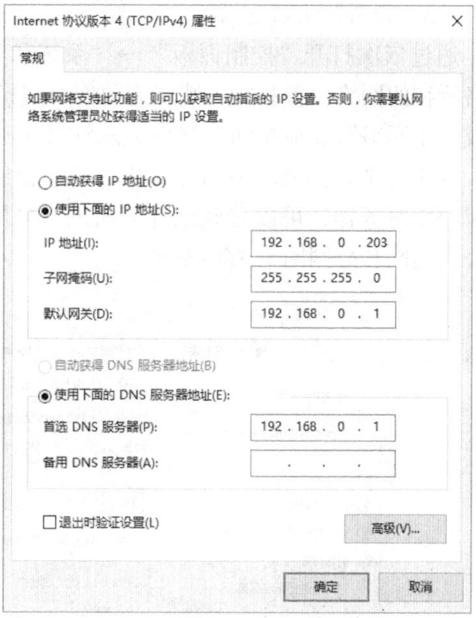　　　　图 8-108　IP 地址设置

公用网络为公共场所（如咖啡店或机场）中建议使用的网络位置。此位置旨在使用户的计算机对周围的计算机不可见，保护计算机免受来自 Internet 的恶意软件的攻击。如果用户在企业外部直接连接到 Internet，或者通过移动宽带进行网络连接，建议选择此项。

工作网络适用于小型办公网络或其他工作区域有一定安全保障的网络。在工作网络中，默认“网络发现”处于启用状态，它允许用户查看网络上的其他计算机和设备，同时也允许其他网络用户查看自己的计算机。注意，工作网络位置的用户无法创建或加入家庭组。

家庭网络目的是为了方便用户在家庭内对相互认识并信任网络设备设备进行管理。家庭网络中的计算机可以加入到某个家庭组。对于家庭网络，“网络发现”处于启用状态，它允许用户查看网络上的其他计算机和设备并允许其他网络用户查看用户的计算机。

在用户第一次登录操作系统并设置好网络适配器的相关 IP 地址信息、系统能够对外进行通信后，Windows 会弹出如图 8-109 所示的界面，提示用户进行“网络发现”配置方式的选择。

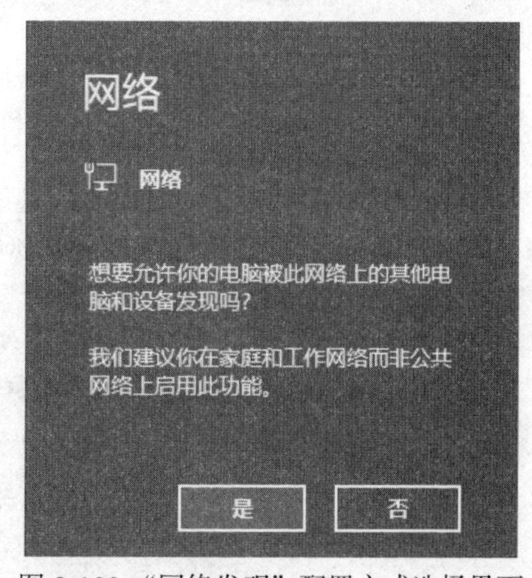

图 8-109　“网络发现”配置方式选择界面

此时，如果选择“是”按钮，则当前网络适配器会加入“专用网络”，将会在防火墙上配置启用“网络发现”、启用“文件和打印机共享”相关策略；如果此刻选择“否”，则当前网络适配器加入“公用网络”位置，相应的“网络发现”和“文件和打印机共享”等配置也是关闭状态。

注意，仅在计算机第一次联网时会出现上述选择界面。如果需要在其后更改选择的网络位置，需要通过启用或停用“网络发现”方式或使用 PowerShell 命令来实现。

（3）查看防火墙配置

通过依次打开“控制面板”→“系统和安全”→“Windows 防火墙”命令，可以看到当前网络所在的网络位置和防火墙状态。如果该计算机没有加入到域环境，则只显示“专用网络”和“来宾或公用网络”，相应按钮为绿色表示针对该网络位置的防火墙状态是启用状态，如图 8-110 所示。

如果是加入到域环境的计算机，则还会显示“域网络”的状态，图 8-111 所示是实验 8.1 中的 VPN1 服务器，可以看到该计算机的“域网络”和“来宾或公用网络”都已经连接（分别对应公司内网和公网网卡）。

图 8-110　FILE1 服务器的“Windows 防火墙”管理界面

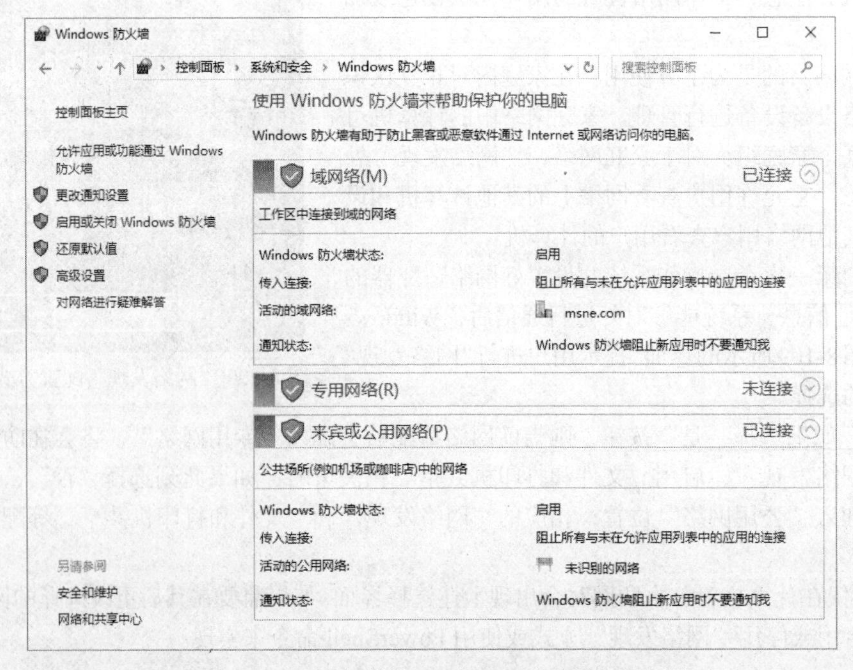

图 8-111　VPN1 服务器的“Windows 防火墙”管理界面

（4）使用控制面板配置防火墙

在控制面板的“Windows 防火墙”设置界面（见图 8-110），可以通过左窗格的按钮实现防火墙的配置。

方法 1：通过“启用或关闭防火墙”设置。

通过单击“启用或关闭 Windows 防火墙”链接，可以针对不同网络位置的防火墙分别进行启用或关闭设置，在防火墙开启状态下，还可以对防火墙的行为进一步设置，如图 8-112 所示。

图 8-112 “自定义设置”界面

现在的 FILE1 服务器的防火墙处于“开启”状态下，切换到 Client3 客户机，在 Client3 上打开“命令提示符”窗口或“PowerShell”窗口，输入命令：ping 192.168.0.105。可以看到图 8-113 所示的结果，表明 FILE1 服务器上的相关端口处于关闭状态。

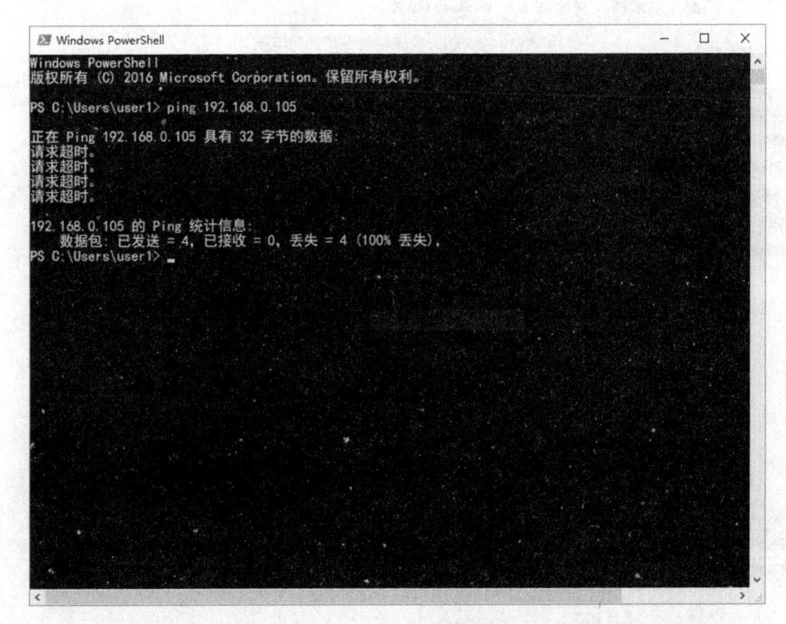

图 8-113 从 Client3 客户机测试 FILE1 服务器的网络连通性

下面，我们完全关闭 FILE1 服务器上的 Windows 防火墙。切换回 FILE1 服务器，在控制面板相关界面，选择“专用网络设置”和“公用网络设置”下的“关闭 Windows 防火墙”按钮，见图 8-114，单击“确定”按钮继续。

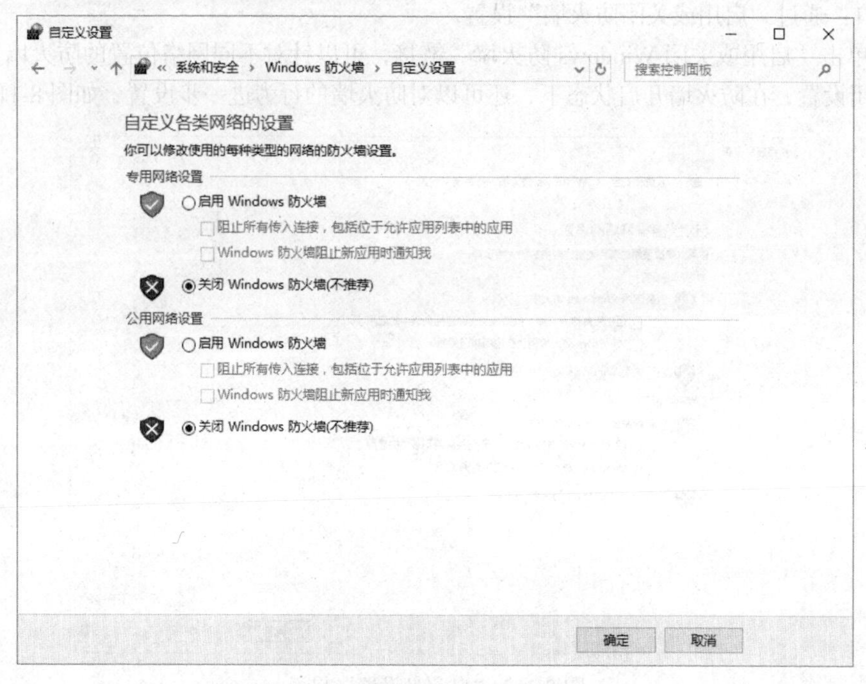

图 8-114 关闭 FILE1 服务器的防火墙

回到上一级界面，可以看到相关网络位置的防火墙均已处于关闭状态，见图 8-115。

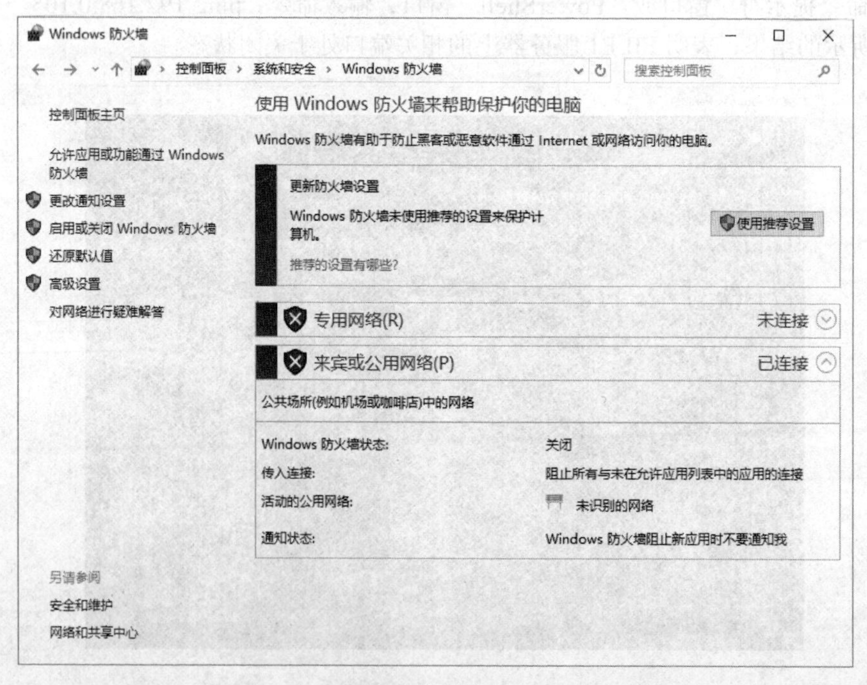

图 8-115 FILE1 服务器的防火墙处于关闭状态

再次切换回 Client3 客户机，在 Client3 上的“命令提示符”窗口或“PowerShell”窗口输入命令：ping 192.168.0.105。可以看到图 8-116 所示的结果，表明 FILE1 服务器上的相关端口已经开启。

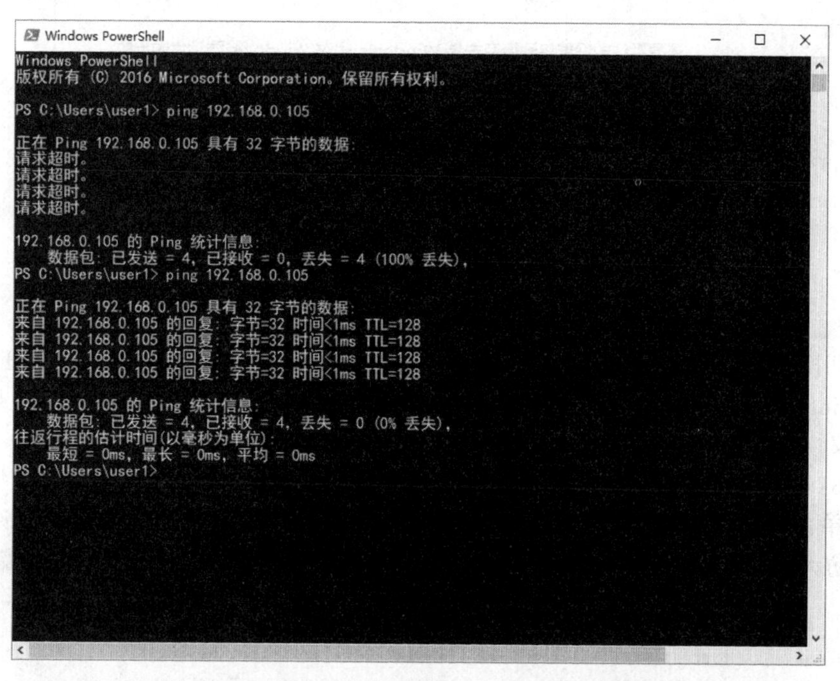

图 8-116　Client3 客户机可以 ping 通 FILE1 服务器

注意，如果没有安装其他的防火墙软件，不建议使用此方法完全关闭 Windows 防火墙，否则会导致操作系统没有任何防护而被病毒或黑客攻击，造成损失。

方法 2：通过“还原默认值”将防火墙还原到初始设置。

单击“Windows 防火墙”管理界面左侧窗格中的“还原默认值”链接，系统弹出图 8-117 所示的窗口。

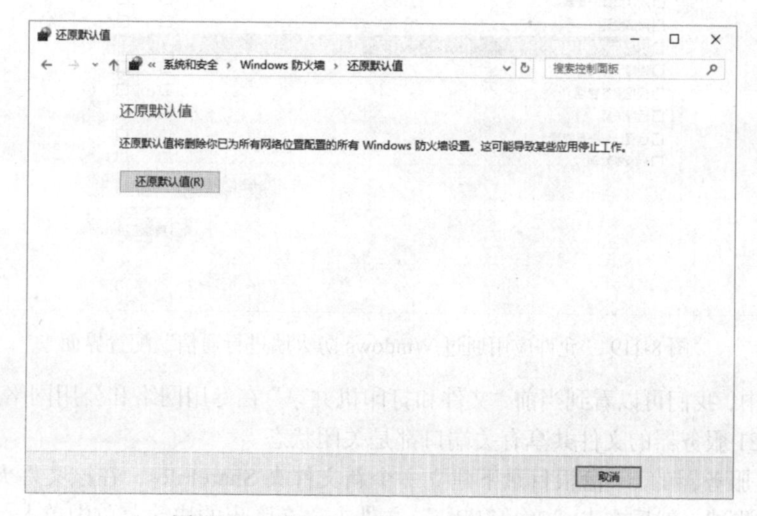

图 8-117　还原 Windows 防火墙配置窗口

单击“还原默认值”按钮，系统弹出确认对话框。单击“是”按钮，则防火墙会恢复到安装 Windows 系统完成时的初始状态，见图 8-118。

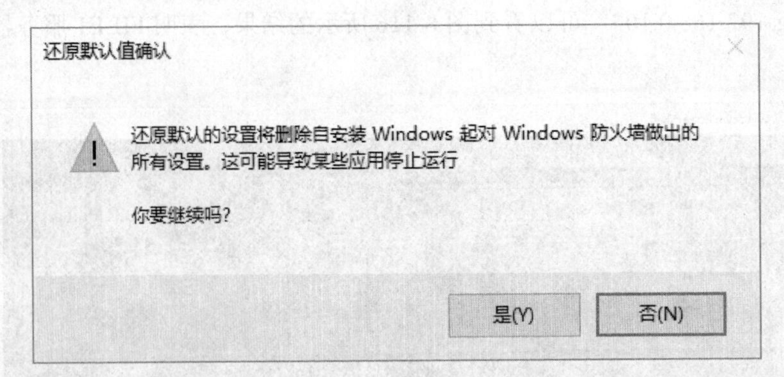

图 8-118　还原 Windows 防火墙默认值确认对话框

此时切换回 Client3 客户机，在 Client3 上的“命令提示符”窗口或“PowerShell”窗口，输入命令：ping 192.168.0.105。可以类似前面步骤里图 8-116 所示的结果，表明 FILE1 服务器上的相关端口又恢复了关闭状态。

方法 3：通过“允许应用或功能通过 Windows 防火墙”进行设置。

通过单击“允许应用或功能通过 Windows 防火墙”链接，系统会弹出“允许应用通过 Windows 防火墙进行通信”配置界面，如图 8-119 所示。在此可以进一步设置防火墙规则。

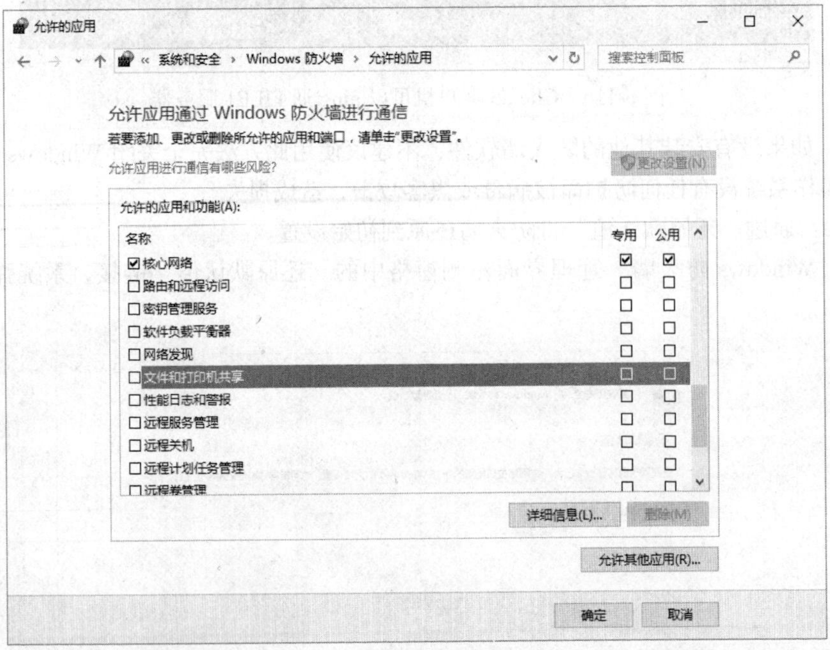

图 8-119　“允许应用通过 Windows 防火墙进行通信”配置界面

图 8-119 中，我们可以看到当前“文件和打印机共享”在专用网络和公用网络中都没有启用，表明当前 FILE1 服务器的文件共享有关端口都是关闭状态。

在 FILE1 服务器的 C:\ 盘根目录下建立一个新文件夹 ShareFiles，在该文件夹内创建或复制若干文件用于测试。然后右击“Share Files”文件夹，在弹出的快捷菜单中单击“属性”命令，见图 8-120。

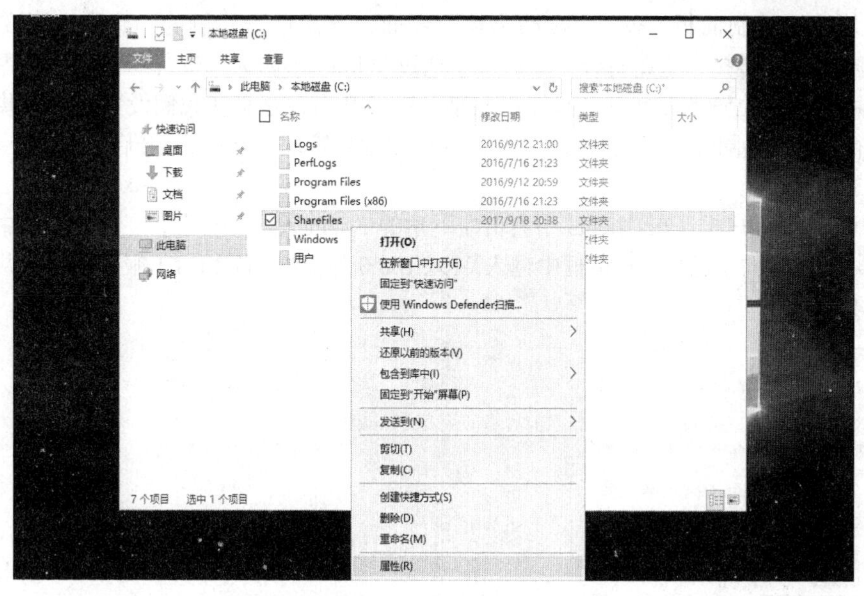

图 8-120　设置文件夹属性快捷菜单

在弹出的“Share Files 属性”对话框中，切换到“共享”选项卡，见图 8-121，单击“高级共享”按钮。

在弹出的“高级共享”对话框中，选择“共享此文件夹”复选框，见图 8-122，单击“确定”按钮回到上一界面，再次单击“确定”按钮完成文件夹共享设置。

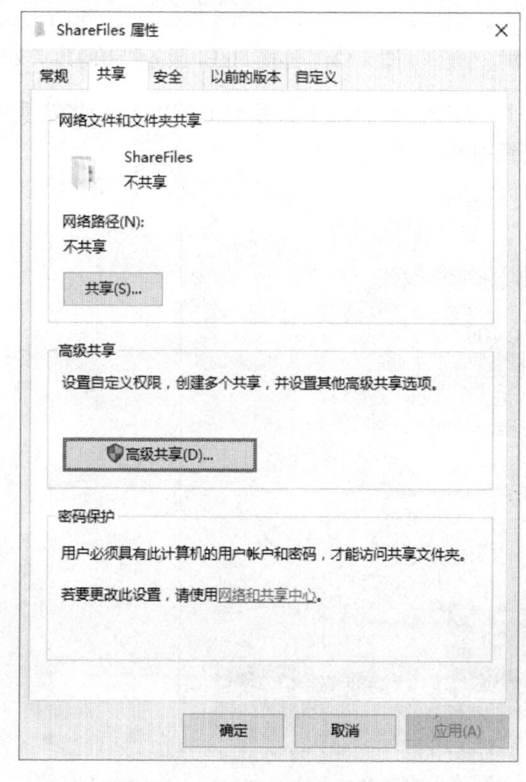

图 8-121　设置文件夹共享属性

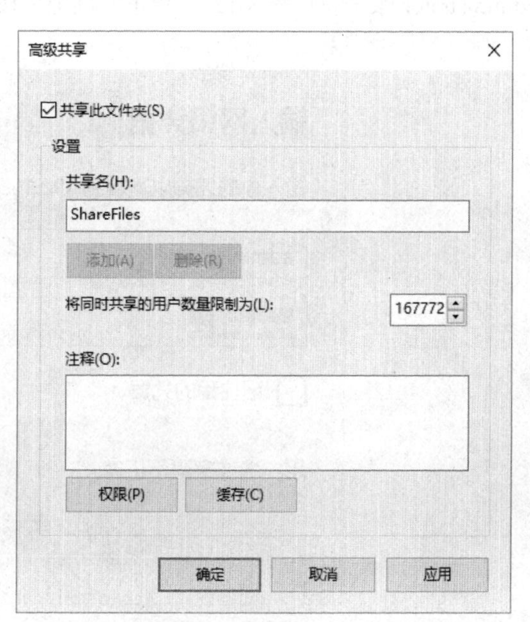

图 8-122　启用文件夹共享

再次切换回控制面板“Windows 防火墙”界面，再次单击左侧的“允许应用或功能通过 Windows 防火墙”链接，重新打开“允许应用通过 Windows 防火墙进行通信”配置界面，可以看到“公用网络”位置的“文件和打印机共享”已经开启，这是在我们设置文件夹共享时，系统自动进行的配置，同时系统还增加了“文件服务器远程管理”选项，并开启了相应位置的端口，见图 8-123。

返回 Client3 客户机，在 Client3 中右击左下角的“Windows 图标”，在快捷菜单中单击“运行”命令，在弹出的“运行”对话框中输入 \\192.168.0.105 来访问 FILE1 服务器上的共享文件，见图 8-124。

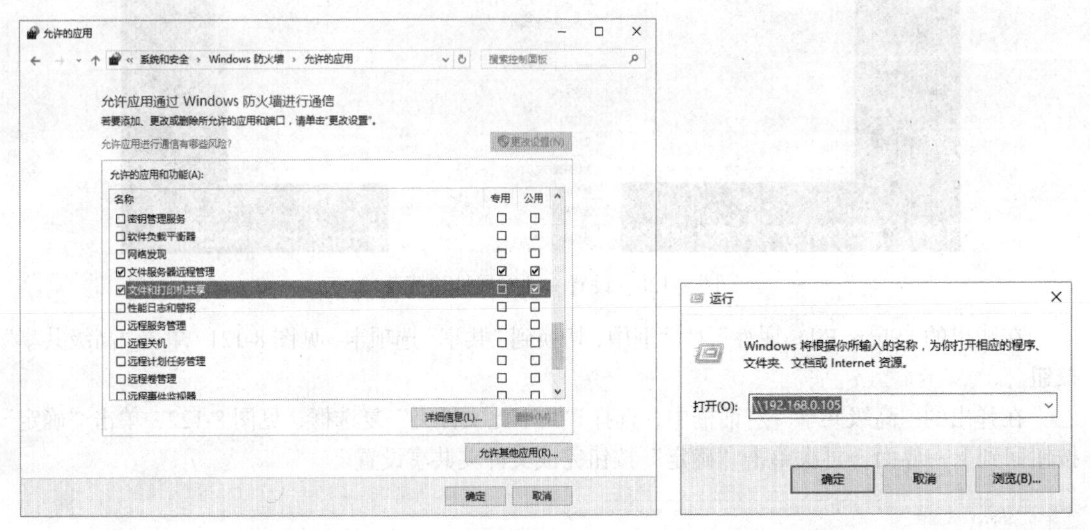

图 8-123 “文件和打印机共享”条目已经启用　　图 8-124 连接 FILE1 服务器上的共享文件

系统弹出“Windows 安全性”验证窗口，在窗口内输入 FILE1 服务器上的账号，此处使用 administrator 账号。见图 8-125，单击“确定”按钮继续。

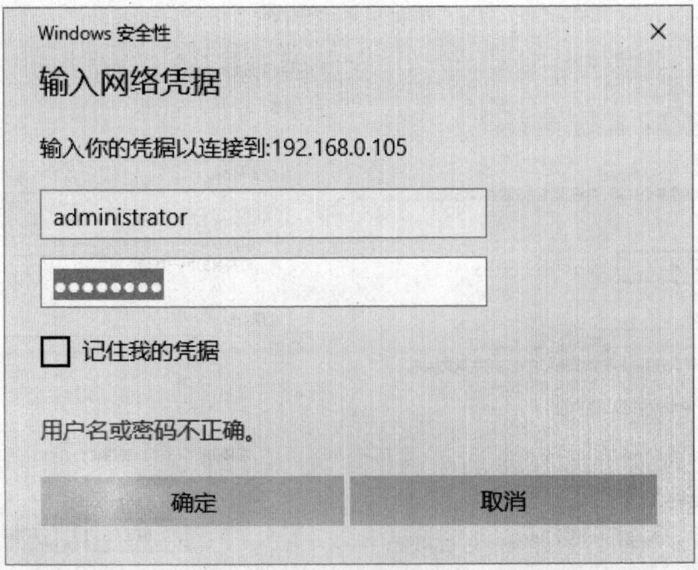

图 8-125 输入网络凭据

此时会连接到 FILE1 服务器，并可以浏览打开前面建立的“Share Files”共享文件夹和下面的文件，见图 8-126，表明相关端口已经开放。

图 8-126　查看 FILE1 服务器上的共享文件内容

切换回 FILE1 服务器，“允许应用通过 Windows 防火墙进行通信”配置界面，取消选择“文件和打印机共享”和“文件服务器远程管理”的复选框按钮，这将关闭相关文件共享的端口，见图 8-127。

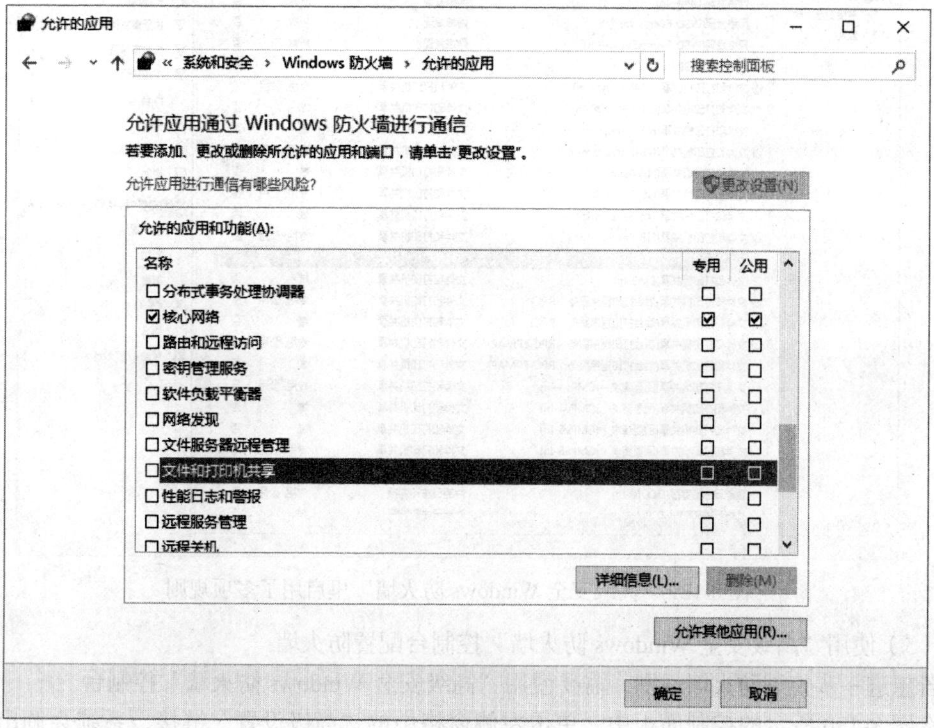

图 8-127　关闭文件共享相关条目

切换回 Client3 客户机，在 Client3 中右击左下角的“Windows 图标”，在快捷菜单中单击“运行”命令，在弹出的“运行”对话框中输入\\192.168.0.105来访问FILE1服务器上的共享文件。此时会弹出如图8-128所示的对话框，提示无法访问该服务上的共享文件，说明取消上述选项的选择可以关闭文件共享端口，见图8-128。

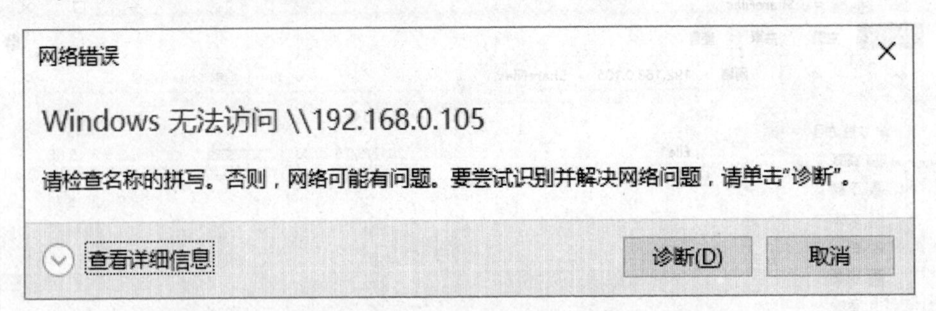

图8-128　无法访问FILE1服务器上的共享文件内容

注意，通过“允许应用或功能通过Windows防火墙”方式进行设置，所开启的并不一定是一个端口。例如，通过上述步骤开启“文件和打印机共享”后，切换到“高级安全Windows防火墙”的“入站规则”界面，可以看到系统开启了“文件和打印机共享”规则组里的多项规则，涉及多项协议和端口，见图8-129。

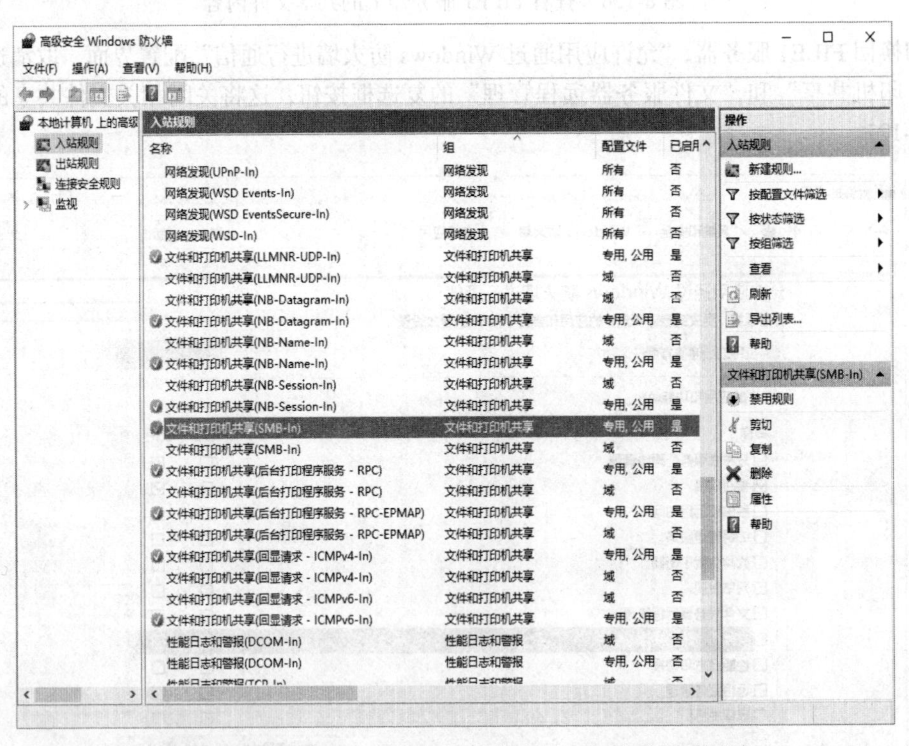

图8-129　“高级安全Windows防火墙”里启用了多项规则

（5）使用“高级安全Windows防火墙”控制台配置防火墙

若想进一步控制防火墙规则，需要使用“高级安全Windows防火墙”控制台。

在图8-130所示的控制面板中，单击左侧窗格中的“高级设置”链接，系统会调出“高级安全Windows防火墙”控制台界面。在Windows Server 2016服务器操作系统中，也可以在“服务器管理器”界面单击“工具”按钮，在打开的菜单中单击“高级安全Windows防火墙”菜单项。

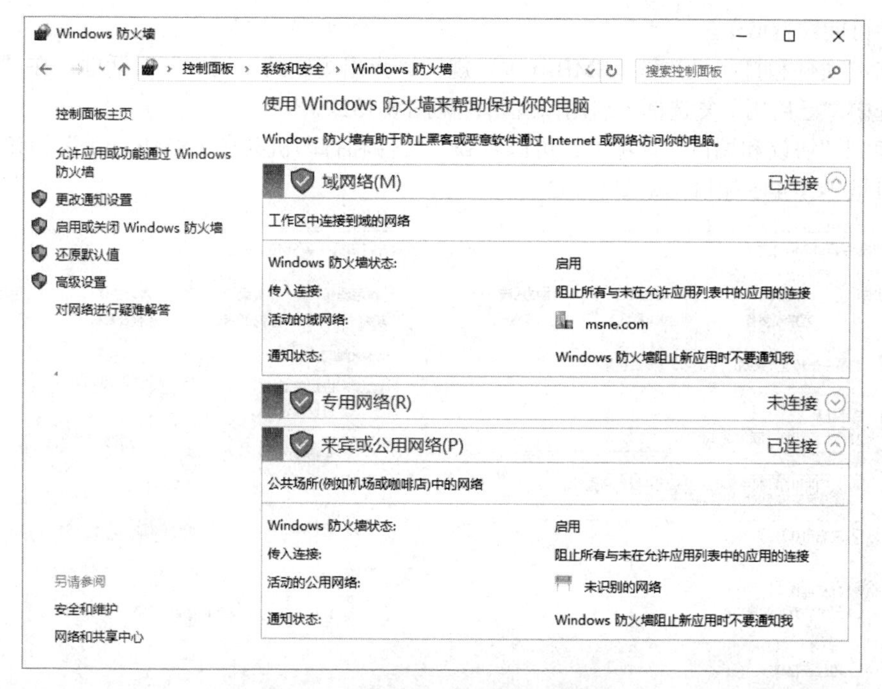

图 8-130 “Windows 防火墙”控制台

在“高级安全 Windows 防火墙”控制台界面，单击展开左侧的“入站规则”，在右侧的窗格中查看，可以看到当前所有入站规则的情况，包括规则名称、所属规则组、应用于哪个网络位置、是否启用等信息，见图 8-131。

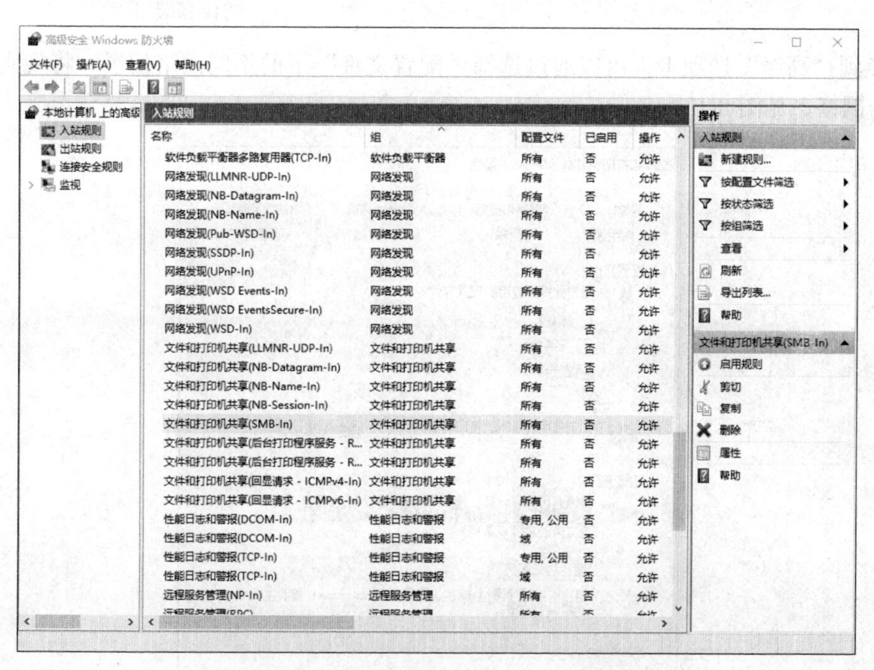

图 8-131 “高级安全 Windows 防火墙”控制台

查到“文件和打印机共享（SMB-In）”规则，只需要将此规则启用，就可以开启其他计算机访问本机上的共享文件夹，不需要向前述实验中开启若干端口（计算机开放的端口越少，则被攻击的可能性越低）。

双击“文件和打印机共享（SMB-In）”规则，弹出规则的“属性”对话框，在“常规”选项卡中选中“已启用”复选框，启用该规则，见图 8-132。

切换到“协议和端口”选项卡，可以看到“文件和打印机共享（SMB-In）”协议传输所使用的端口是 TCP 445 端口，见图 8-133。

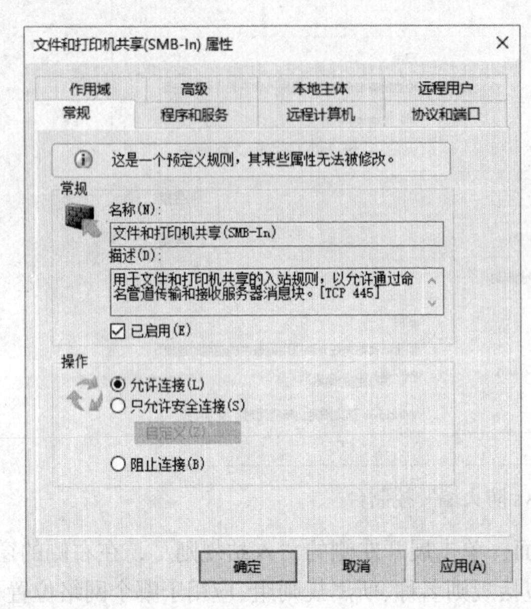

图 8-132 启用“文件和打印机共享（SMB-In）”规则

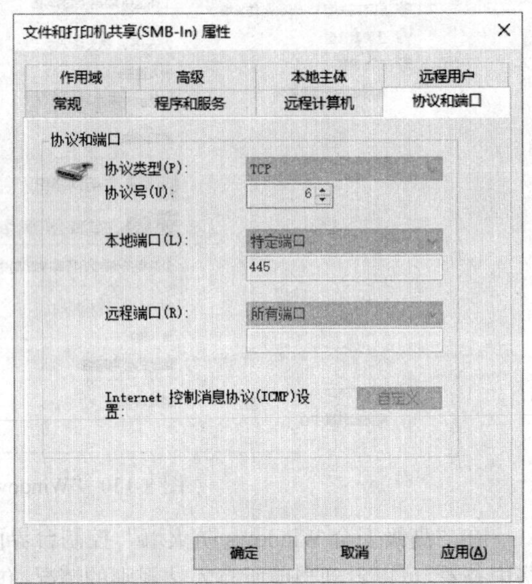

图 8-133 “文件和打印机共享（SMB-In）”规则的协议和端口

切换到“高级”选项卡，可以通过选择“配置文件”下的不同网络位置，将规则应用到一个或多个网络，见图 8-134。

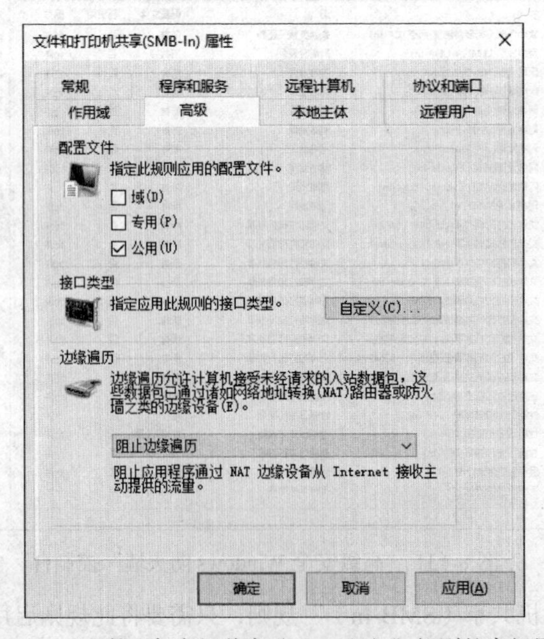

图 8-134 “文件和打印机共享（SMB-In）”规则的高级属性

切换到“作用域”选项卡，见图 8-135，可以设置哪些远程地址可以访问本机上的哪个 IP 地址（适用于服务器设置了多个地址的情况），见图 8-136。

在“远程地址”中指定特定的 IP 地址或 IP 地址范围地址，从而更加严格的限制谁可以连接到本机的资源，尽量不要使用“任何 IP 地址”选项，见图 8-137。

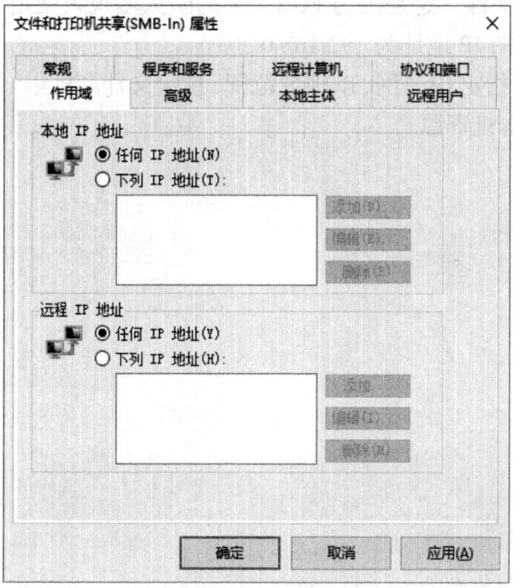

图 8-135 “文件和打印机共享（SMB-In）”规则的作用域选项卡

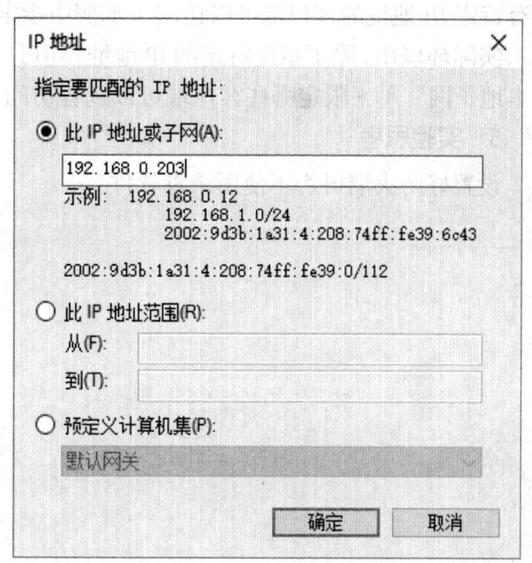

图 8-136 添加 IP 地址内容

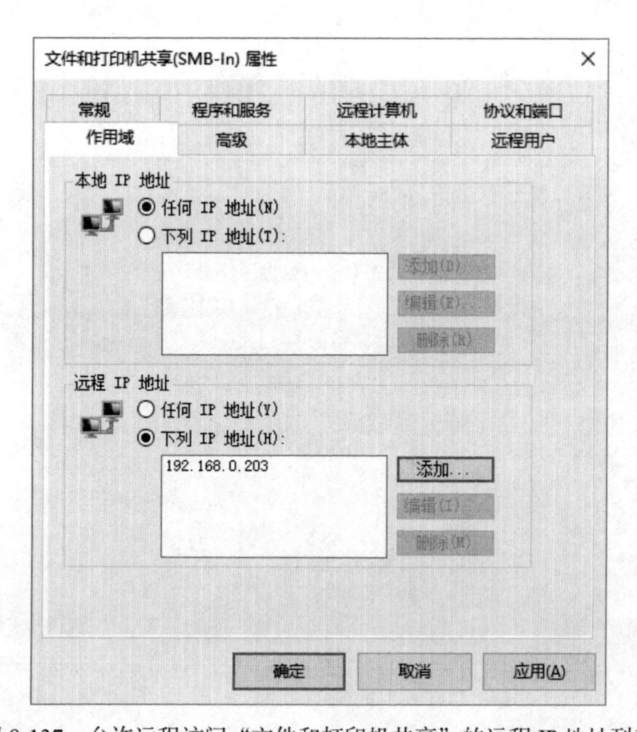

图 8-137 允许远程访问“文件和打印机共享”的远程 IP 地址列表

切换回 Client3 客户机，在 Client3 中右击左下角的“Windows 图标”，在快捷菜单中单击“运行”命令，在弹出的“运行”对话框中输入 \\192.168.0.105 来访问 FILE1 服务器上的共享文件，能够正常访问 FILE1 服务器上的共享文件内容。

如果使用网络上其他的客户机进行共享内容方位，会弹出 “无法访问 FILE1 服务器上的共享文件内容”对话框，无法访问该服务上的共享文件。这是因为 FILE1 上的防火墙规则规定了只有特定 IP 地址的客户端可以访问（本例中指定的 IP 地址为 192.168.0.203）。

实际环境中，除了指定特定的 IP 地址，还可以指定 IP 子网、IP 地址范围、预定义计算机集（如“本地子网”）来限定哪些客户端可以远程访问本机资源。

5. 实验思考

设置好防火墙可否不使用杀毒软件?

第 9 章 网络新技术实验

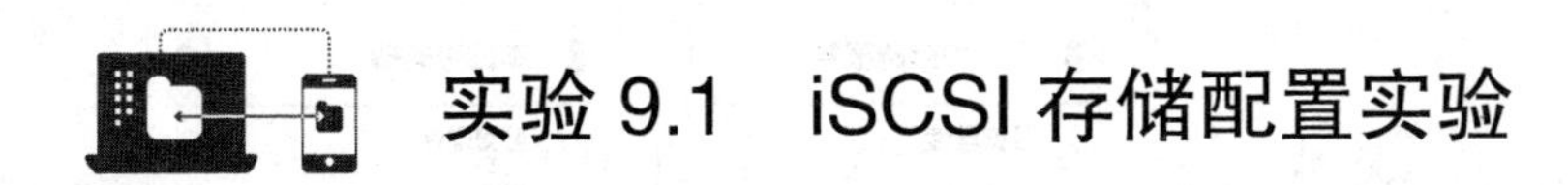

实验 9.1 iSCSI 存储配置实验

1. 实验目的

掌握在 Windows Server 2016 环境下 iSCSI 存储的部署与配置方法。

2. 实验环境

1）硬件：Hyper-V 虚拟主机 1 台，内建 2 台虚拟机 StorServer、AppServer1，内建 1 台内部连接类型的虚拟交换机，将 2 台虚拟机连接到虚拟交换机上。

2）软件：2 台虚拟机均安装 Windows Server2016 Datacenter 操作系统，2 台虚拟机的 IP 地址和磁盘配置如表 9-1 所示。请确保 StorServer 服务器上的数据磁盘已经分配正确的盘符，并已格式化为 NTFS 格式。

表 9-1 设备配置表

设备名称	操作系统	IP 地址	系统磁盘（C 盘）	数据磁盘（D 盘）
StorServer	Windows Server 2016 Datacenter	192.168.1.100	150 GB，NTFS	50 GB，NTFS
AppServer1	Windows Server 2016 Datacenter	192.168.1.1	150 GB，NTFS	无

3. 实验步骤

（1）安装 iSCSI 目标服务器角色

步骤 1：在虚拟机 StorServer 中，启动“服务器管理器”，弹出图 9-1 所示的“服务器管理器”窗口，单击右上列表中的“添加角色和功能”选项。

步骤 2：在弹出的“添加角色和功能”向导窗口中单击“下一步”按钮，在“选择安装类型”窗口中选择“基于角色或功能的安装”选项，单击“下一步”按钮，在弹出的“选择目标服务器”窗口中选择“从服务器池中选择服务器”选项，确保默认的“StorServer”已被选中，单击“下一步”按钮，弹出如图 9-2 所示的“选择服务器角色”窗口。展开“角色”列表中的“文件和存储服务”下的“文件和 iSCSI 服务”选项，选中“iSCSI 目标服务器”复选框，单击“下一步”按钮。

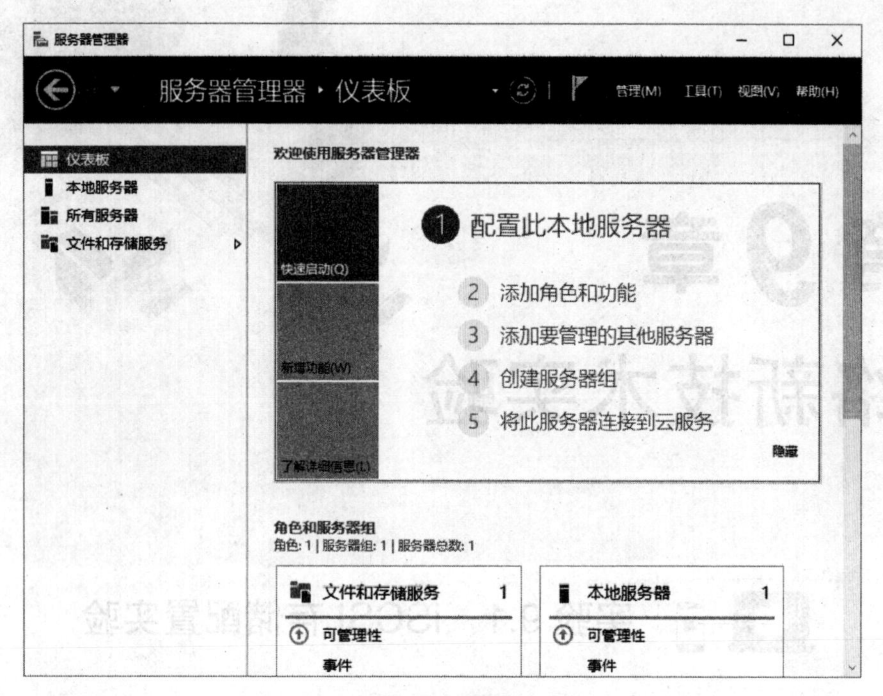

图 9-1 “服务器管理器”窗口

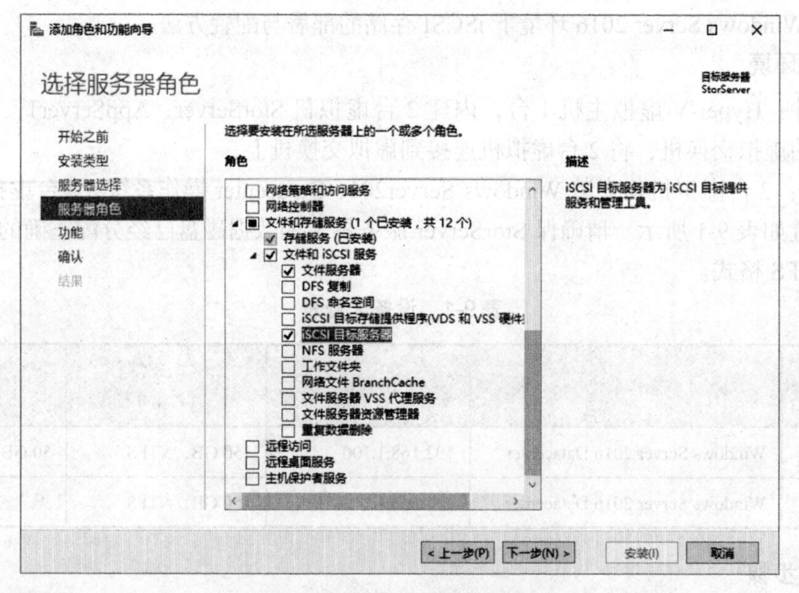

图 9-2 “选择服务器角色”窗口

步骤 3：在系统弹出的“添加 iSCSI 目标服务器所需的功能”对话框中，接受默认功能，单击“添加功能”按钮继续，如图 9-3 所示。

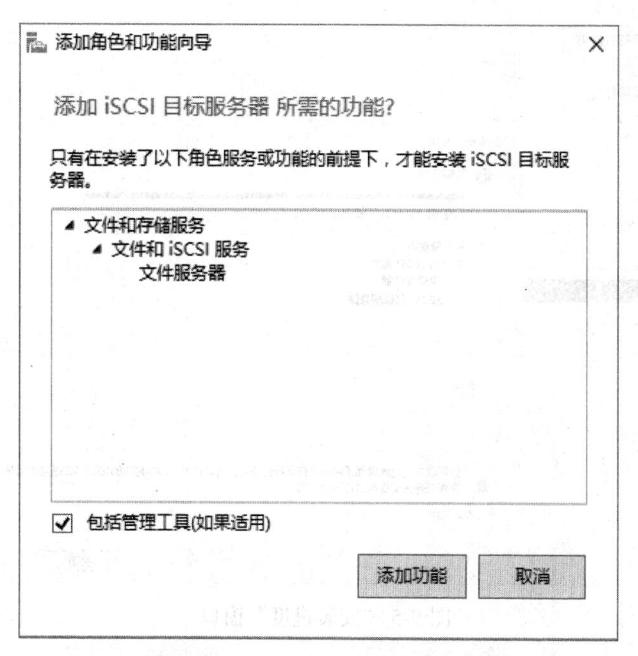

图 9-3 “添加 iSCSI 目标服务器所需的功能”对话框

步骤 4：在弹出的“确认安装所选内容”窗口中，单击“安装”按钮继续，如图 9-4 所示。

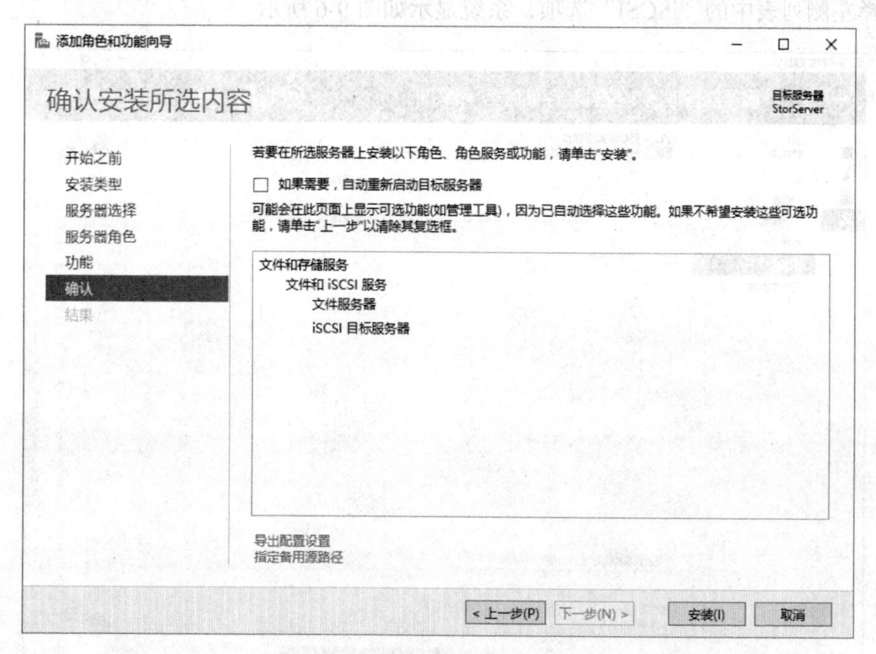

图 9-4 “确认安装所选内容”窗口

步骤 5：系统进行相应组件安装，安装完成后，在“安装进度”窗口中单击“关闭”按钮结束安装，如图 9-5 所示。

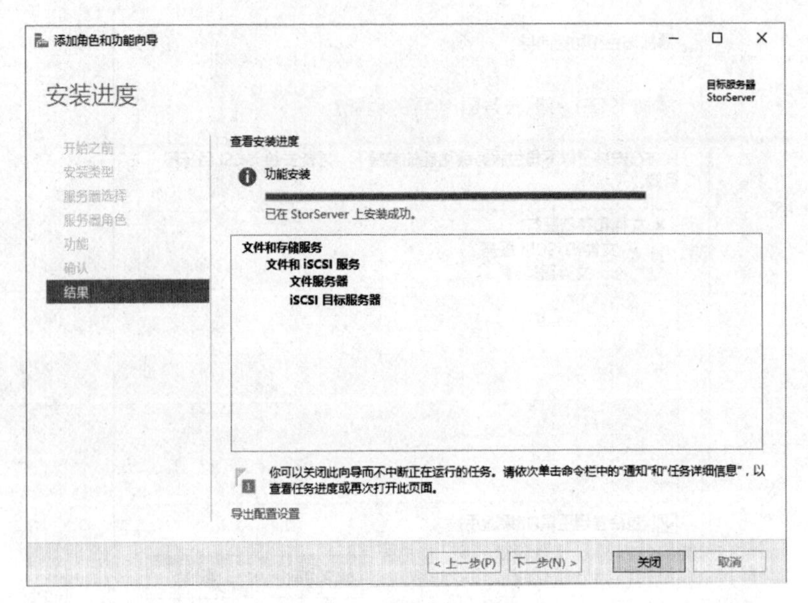

图 9-5 “安装进度”窗口

（2）配置 iSCSI 目标服务器

步骤 1：在“服务器管理器”窗口中单击左侧列表中的“文件和存储服务”选项，在弹出窗口中选择左侧列表中的“iSCSI”选项，系统显示如图 9-6 所示。

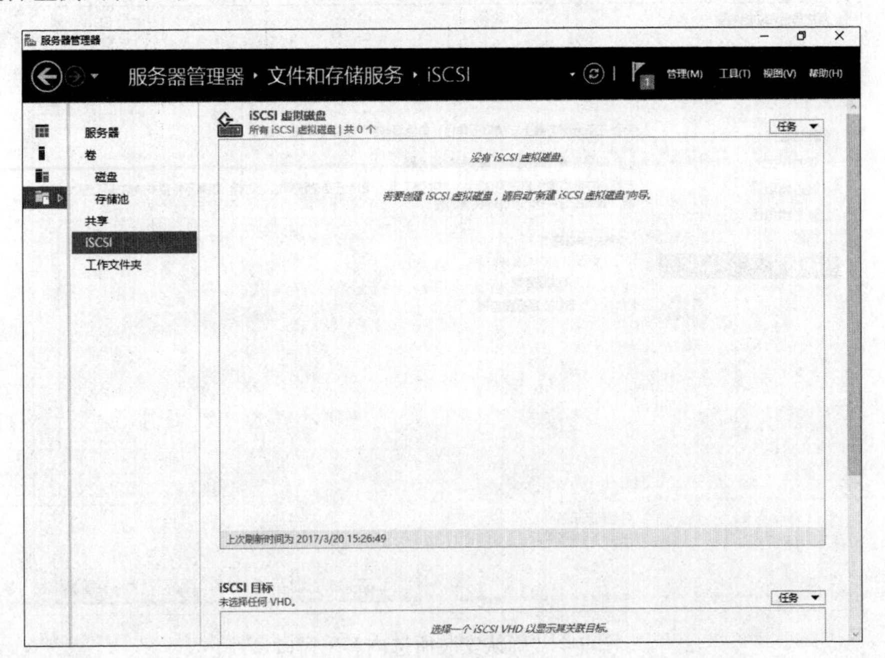

图 9-6 “iSCSI 虚拟磁盘”窗口

步骤 2：单击“若要创建 iSCSI 虚拟磁盘，请启动‘新建 iSCSI 虚拟磁盘’向导链接，系统弹出“新建 iSCSI 虚拟磁盘向导”窗口，提示用户选择 iSCSI 虚拟磁盘位置，如图 9-7 所示。确保“按卷选择”列表中的磁盘“D:”被选中，单击“下一步”按钮继续。

图 9-7 “iSCSI 虚拟磁盘位置”窗口

步骤 3：在弹出的“指定 iSCSI 虚拟磁盘名称”窗口中，输入磁盘名称“iSCSI-VirtualDisk-01”作为标识，注意窗口下方“路径”处提示该虚拟磁盘会被创建在“D:\iSCSIVirtualDisks\”目录下。如图 9-8 所示，单击“下一步”按钮。

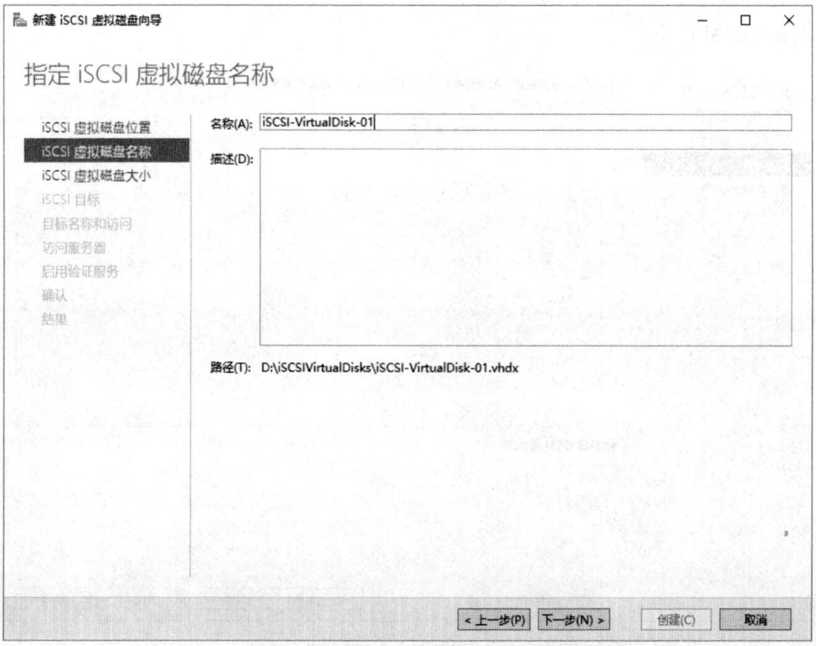

图 9-8 “指定 iSCSI 虚拟磁盘名称”窗口

步骤 4：此时会弹出“指定 iSCSI 虚拟磁盘大小”窗口，根据实际需要输入磁盘大小并选择磁盘类型。本实验选择“动态扩展”类型磁盘，大小设置为 20 GB，如图 9-9 所示。

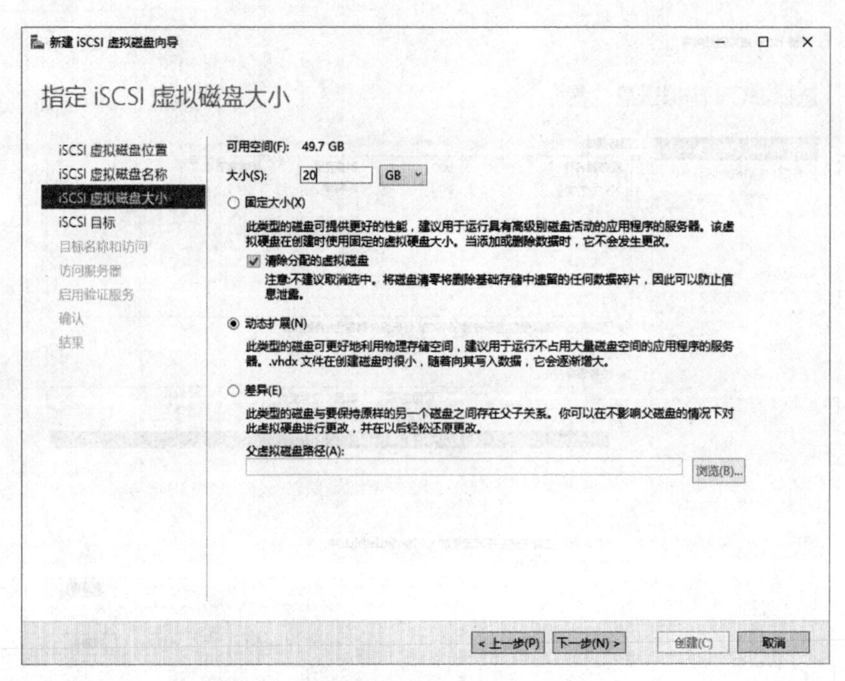

图 9-9 “指定 iSCSI 虚拟磁盘大小”窗口

步骤 5：因系统第一次配置 iSCSI，弹出的“分配 iSCSI 目标”窗口中没有现有目标，需要新建 iSCSI 目标，接受默认选项，单击“下一步”按钮，如图 9-10 所示。

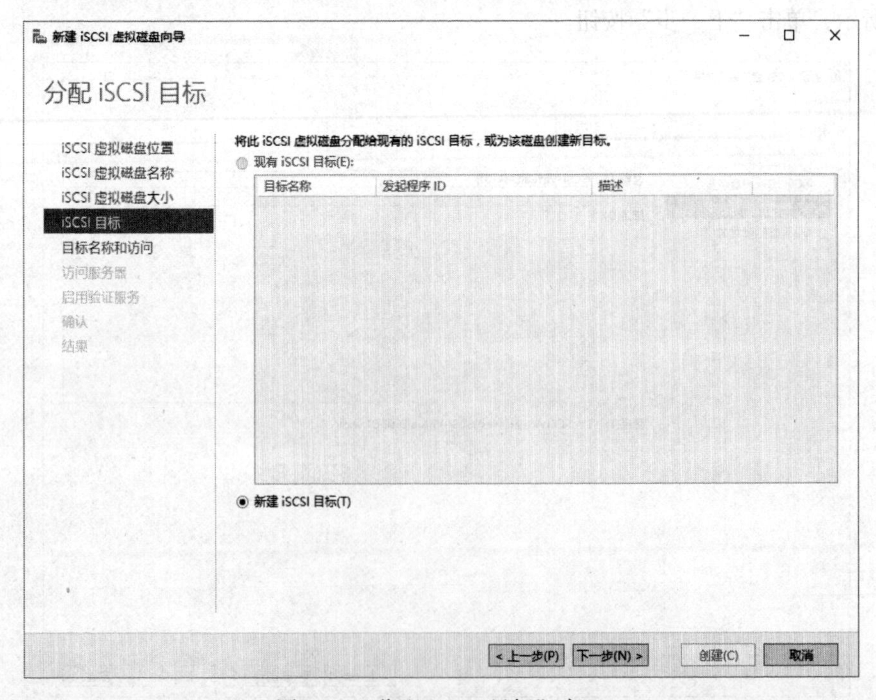

图 9-10 “分配 iSCSI 目标”窗口

步骤 6：在“指定目标名称”窗口中输入 iSCSI 目标名称“Virtual-Target-01”，见图 9-11，单击“下一步”按钮。

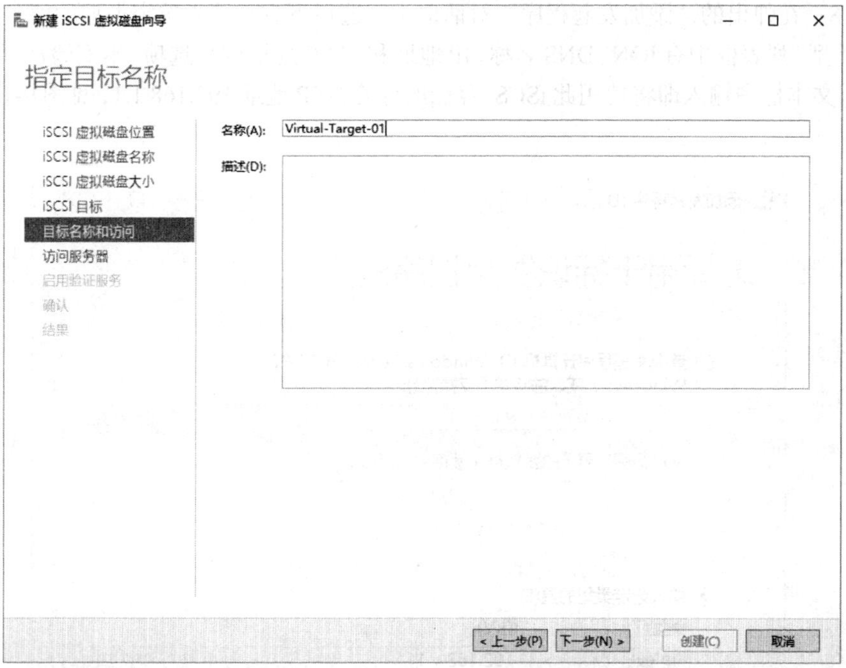

新建 iSCSI 虚拟磁盘向导

指定目标名称

iSCSI 虚拟磁盘位置
iSCSI 虚拟磁盘名称
iSCSI 虚拟磁盘大小
iSCSI 目标
目标名称和访问
访问服务器
启用验证服务
确认
结果

名称(A): Virtual-Target-01
描述(D):

< 上一步(P)　下一步(N) >　创建(C)　取消

图 9-11 “指定目标名称”窗口

步骤 7：系统弹出“指定访问服务器”窗口。注意此处所说的“访问服务器”并非指提供 iSCSI 服务的服务器，而是指允许哪些服务器来访问现在正在配置的 iSCSI 存储，而“访问服务器”也只是一个统称，可以是 Windows Server，也可以是类似 Windows 10 的其他客户机操作系统。此处单击“添加”按钮进入下一步，如图 9-12 所示。

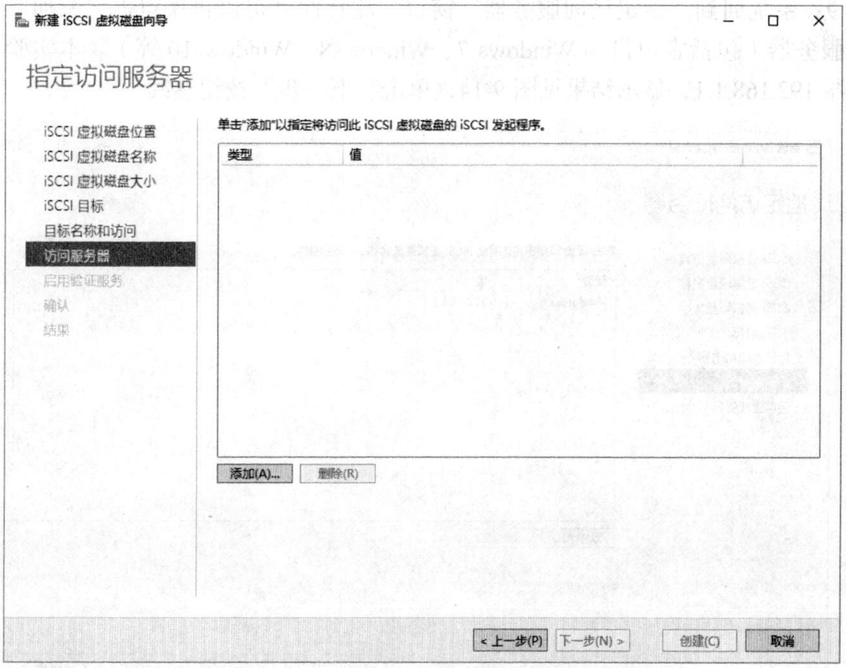

新建 iSCSI 虚拟磁盘向导

指定访问服务器

iSCSI 虚拟磁盘位置
iSCSI 虚拟磁盘名称
iSCSI 虚拟磁盘大小
iSCSI 目标
目标名称和访问
访问服务器
启用验证服务
确认
结果

单击“添加”以指定将访问此 iSCSI 虚拟磁盘的 iSCSI 发起程序。

类型	值

添加(A)...　删除(R)

< 上一步(P)　下一步(N) >　创建(C)　取消

图 9-12 “指定访问服务器”窗口

步骤 8：在弹出的“添加发起程序”对话框中，选择下方“输入选定类型的值”选项按钮，在下面“类型”列表框中有IQN、DNS名称、IP地址和MAC地址四个选项。本实验选择“IP地址”，并在“值”文本框中输入即将使用此iSCSI存储的计算机IP地址192.168.1.1，见图9-13，单击“确定”按钮。

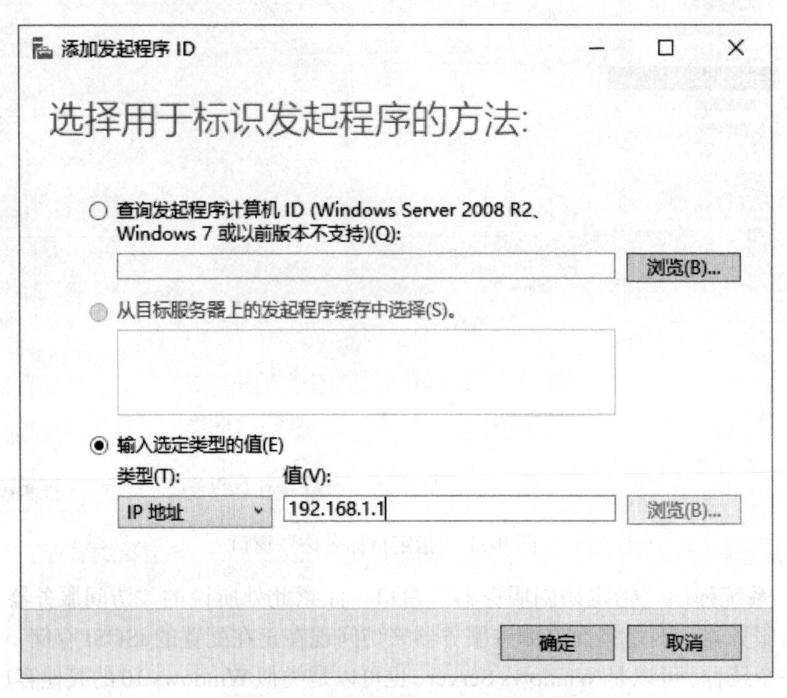

图 9-13 “添加发起程序”对话框

步骤 9：系统回到“指定访问服务器”窗口。注意此处可以再次点击“添加”按钮，添加多台访问服务器（包括客户机如 Windows 7、Windows8、Windows10 等）。本实验仅指定 1 台访问服务器 192.168.1.1，显示结果见图 9-14，单击“下一步”按钮继续。

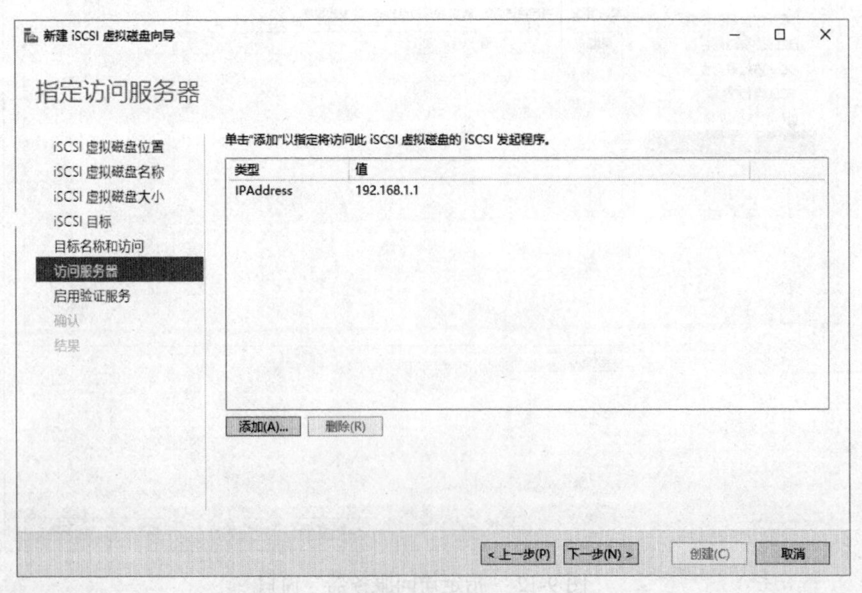

图 9-14 “添加发起程序”显示结果

步骤 10：在“启用身份验证”窗口，不启用身份验证，见图 9-15，直接单击“下一步”按钮。

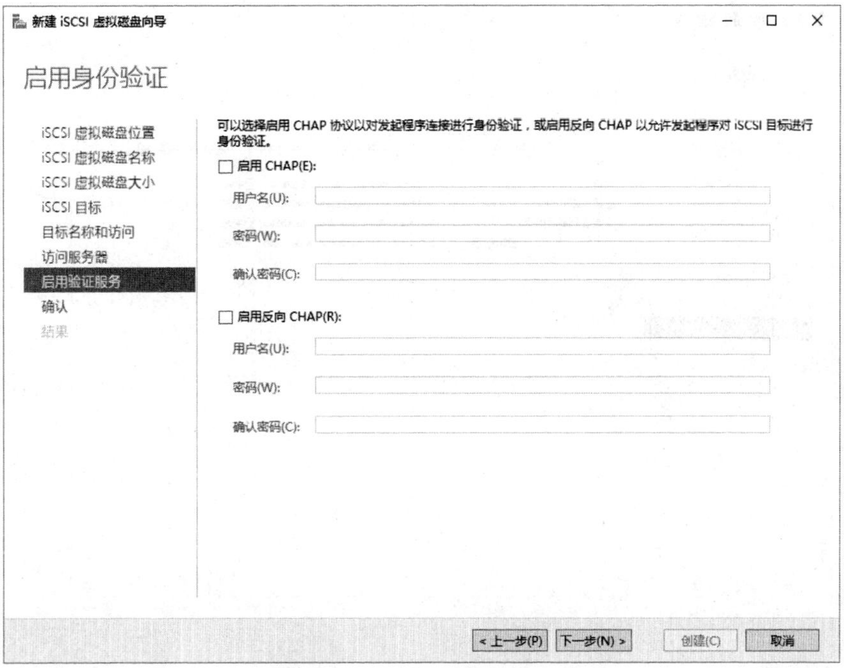

新建 iSCSI 虚拟磁盘向导
启用身份验证
iSCSI 虚拟磁盘位置
iSCSI 虚拟磁盘名称
iSCSI 虚拟磁盘大小
iSCSI 目标
目标名称和访问
访问服务器
启用验证服务
确认
结果
可以选择启用 CHAP 协议以对发起程序连接进行身份验证，或启用反向 CHAP 以允许发起程序对 iSCSI 目标进行身份验证。
启用 CHAP(E):
用户名(U):
密码(W):
确认密码(C):
启用反向 CHAP(R):
用户名(U):
密码(W):
确认密码(C):
< 上一步(P)　下一步(N) >　创建(C)　取消

图 9-15 “启用身份验证”窗口

步骤 11：进入“确认选择”窗口，查看相应设置选项，如图 9-16 所示，单击“创建”按钮创建 iSCSI 虚拟磁盘。

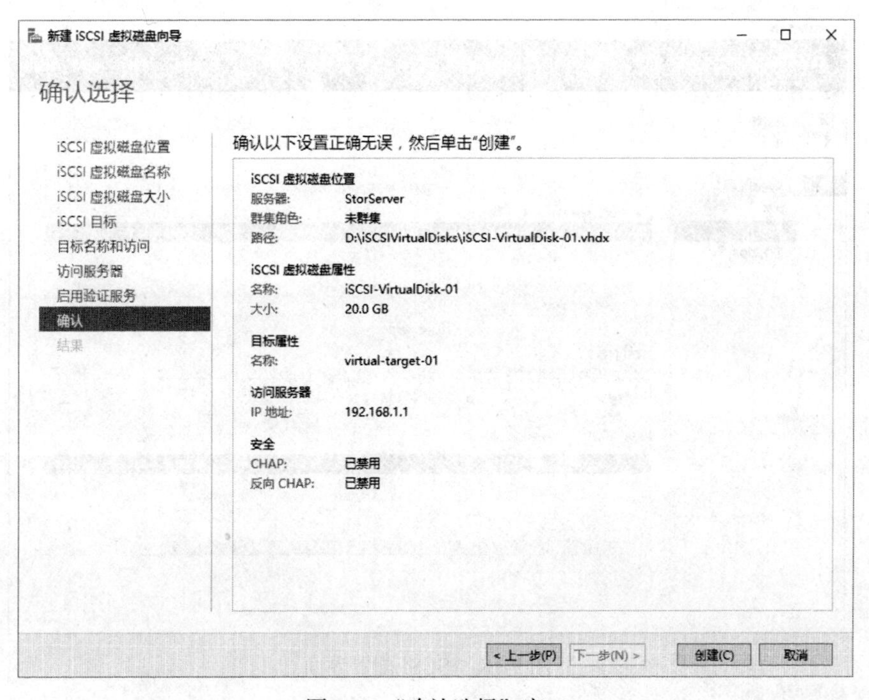

图 9-16 “确认选择”窗口

步骤 12：系统根据用户选择输入的选项进行配置，完成后显示“查看结果”界面，如

图 9-17 所示。单击“关闭”按钮完成 iSCSI 虚拟磁盘设置。

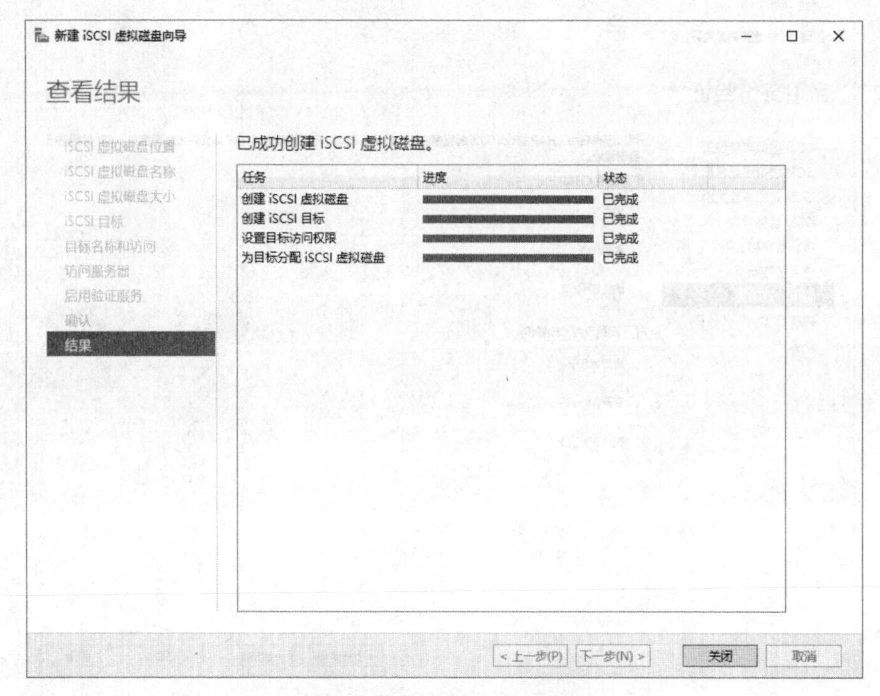

图 9-17 “查看结果”窗口

步骤 13：系统回到 iSCSI 配置初始界面，如图 9-18 所示，从界面中可以看到，已经配置好 iSCSI 虚拟磁盘 iSCSI-VirtualDisk-01.vhdx 和 iSCSI 目标 virtual-target-01，但均处于“未连接”状态。

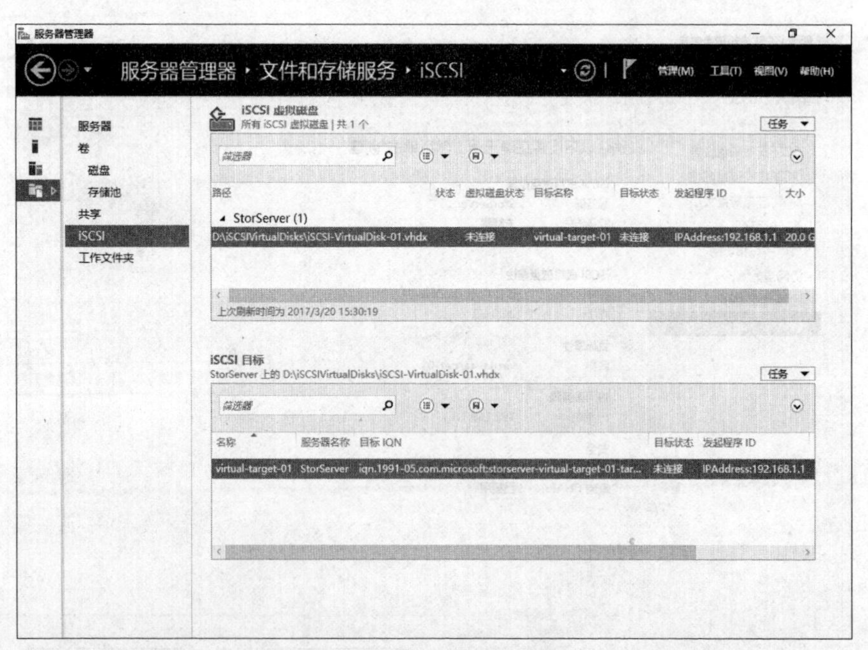

图 9-18 iSCSI 配置界面

至此，在 StorServer 上的 iSCSI 目标服务器角色安装工作和 iSCSI 目标服务器配置工作已经完成，下面需要在 AppServer1 服务器上配置 iSCSI 发起程序来进行连接。

（3）配置 iSCSI 发起程序

步骤 1：切换到 AppServer1 服务器，启动“服务器管理器”窗口，单击“工具”下拉菜单，选择其中的“iSCSI 发起程序”命令，如图 9-19 所示。

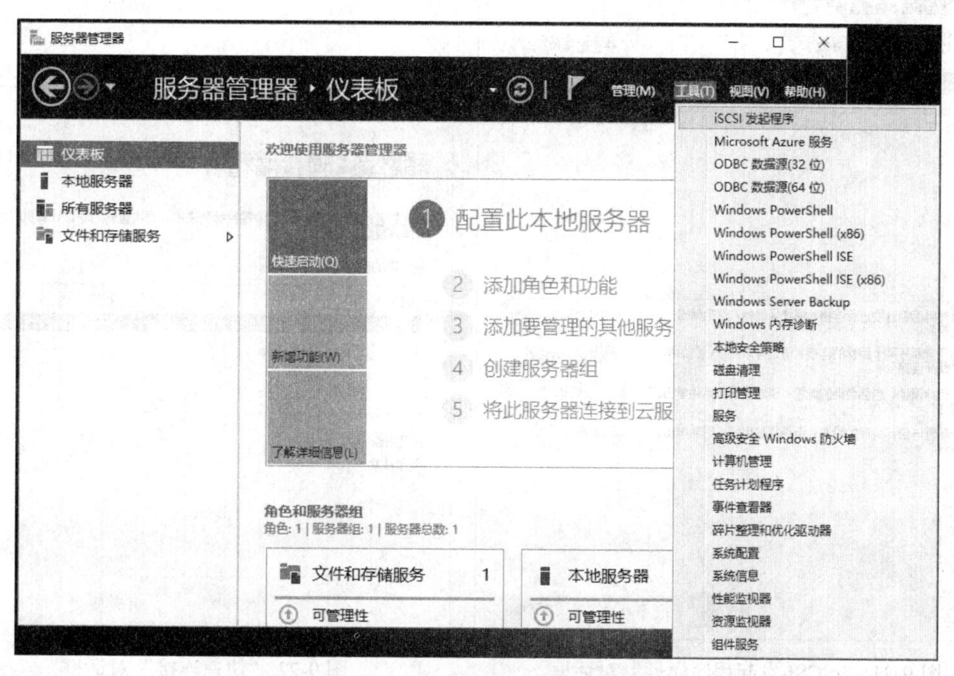

图 9-19 “服务器管理器”窗口

步骤 2：系统弹出如图 9-20 所示对话框，提示 iSCSI 服务尚未运行，此时单击“是”按钮启动 iSCSI 服务。

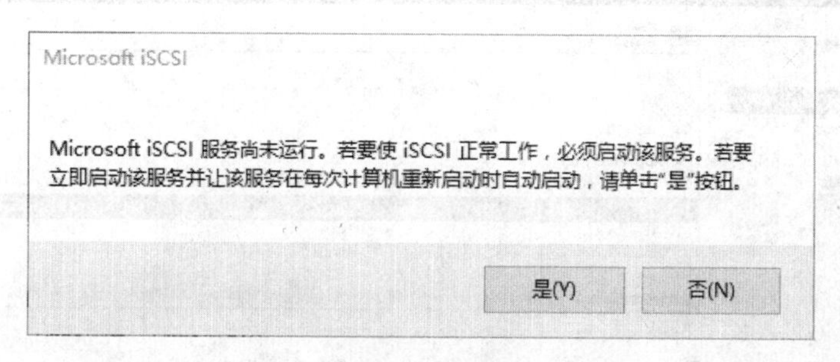

图 9-20 “启动 iSCSI 服务”对话框

步骤 3：系统弹出“iSCSI 发起程序属性”设置对话框，见图 9-21，在“目标”选项卡的“目标”文本框中填入前面设置的 iSCSI 目标服务器 StorServer 的 IP 地址，单击“快速连接”按钮。

步骤 4：系统弹出“快速连接”对话框，显示已经发现 iSCSI 目标服务器上的目标内容，状态为“已连接”状态，如图 9-22 所示。此时单击“完成”按钮回到上一界面，单击“确定”按钮关闭“iSCSI 发起程序属性”设置对话框。

步骤 5：激活“服务管理器”窗口，单击左侧列表切换到“文件和存储服务”，单击左侧的“磁盘”，单击上方的刷新按钮，服务管理器刷新后，会显示出新的容量为 20 GB 的磁盘，注意该磁盘总线类型为 iSCSI，状态为脱机，如图 9-23 所示。

iSCSI 发起程序 属性
目标 发现 收藏的目标 卷和设备 RADIUS 配置
快速连接
若要发现目标并使用基本连接登录到目标，请键入该目标的 IP 地址或 DNS 名称，然后单击“快速连接”。
目标(T)： 192.168.1.100 快速连接(Q)...
已发现的目标(G)
刷新(R)
名称 状态
若要使用高级选项进行连接，请选择目标，然后单击“连接”。 连接(N)
若要完全断开某个目标的连接，请选择该目标，然后单击“断开连接”。 断开连接(D)
对于目标属性，包括会话的配置，请选择该目标并单击“属性”。 属性(P)...
对于配置与目标关联的设备，请选择该目标，然后单击“设备”。 设备(V)...
确定 取消 应用(A)

图 9-21 “iSCSI 发起程序属性”对话框

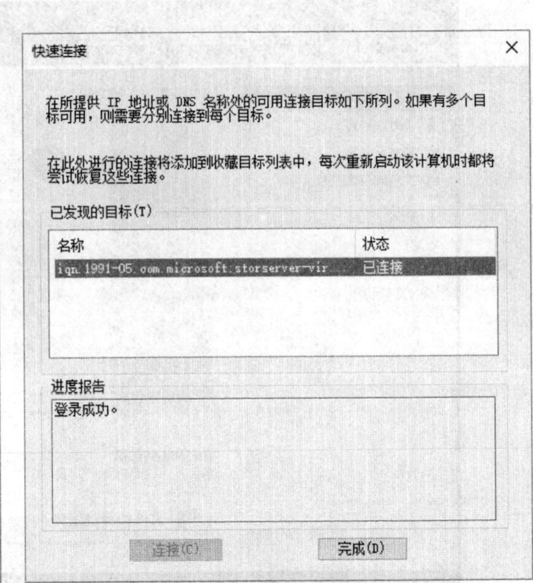

图 9-22 “快速连接”对话框

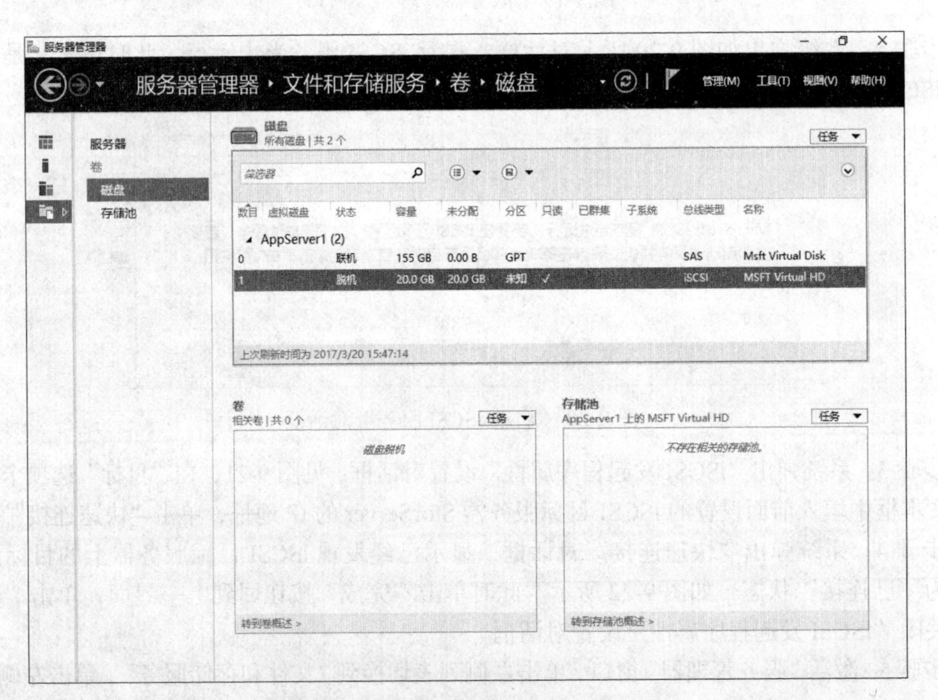

图 9-23 “服务器管理器 - 磁盘”窗口

（4）配置 iSCSI 虚拟磁盘

步骤 1：在“服务管理器”窗口中，单击左侧列表切换到“文件和存储服务”，单击左侧的“磁盘”，选中新创建的 iSCSI 磁盘，右击该磁盘，在弹出的快捷菜单中选择“联机”命令。系统弹出如图 9-24 的警示窗口，单击“是”按钮继续。

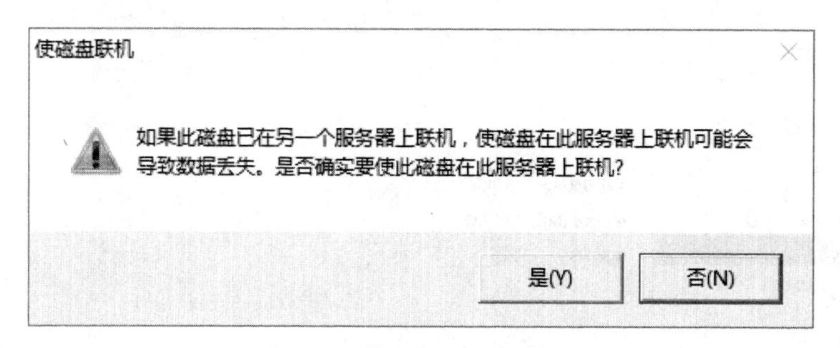

图 9-24 “使磁盘联机”对话框

步骤 2：再次选中该磁盘并右击，在弹出的快捷菜单中选择“初始化”命令。系统弹出如图 9-25 的警示窗口，单击“是”按钮继续。

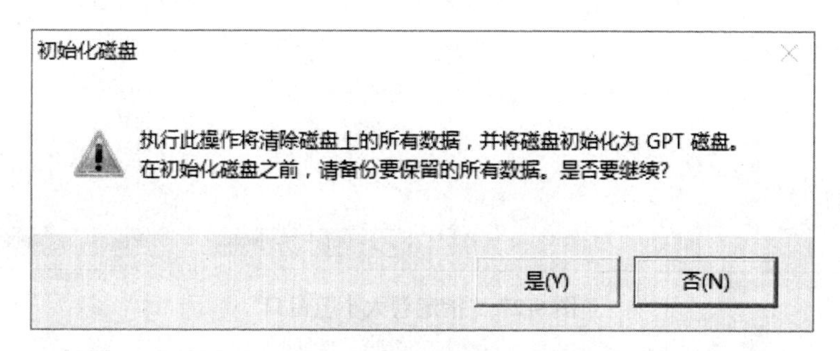

图 9-25 “初始化磁盘”对话框

步骤 3：第三次选中该磁盘并右击，在弹出的快捷菜单中选择“新建卷”命令。系统弹出“新建卷向导”窗口，单击“下一步”按钮继续，出现如图 9-26 的“选择服务器和磁盘”界面，确定选中的服务器为“AppServer1”、磁盘为“磁盘 1”，单击“下一步”按钮。

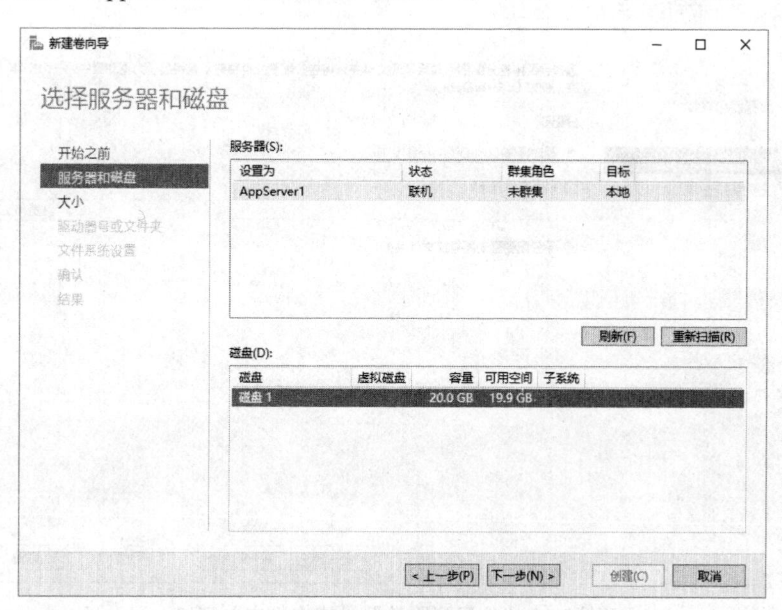

图 9-26 “选择服务器和磁盘”窗口

步骤 4：可以在“指定卷大小”窗口中更改卷大小的数值。本实验使用全部可用空间创建新卷，故使用默认值不变，配置见图 9-27。单击“下一步”按钮继续。

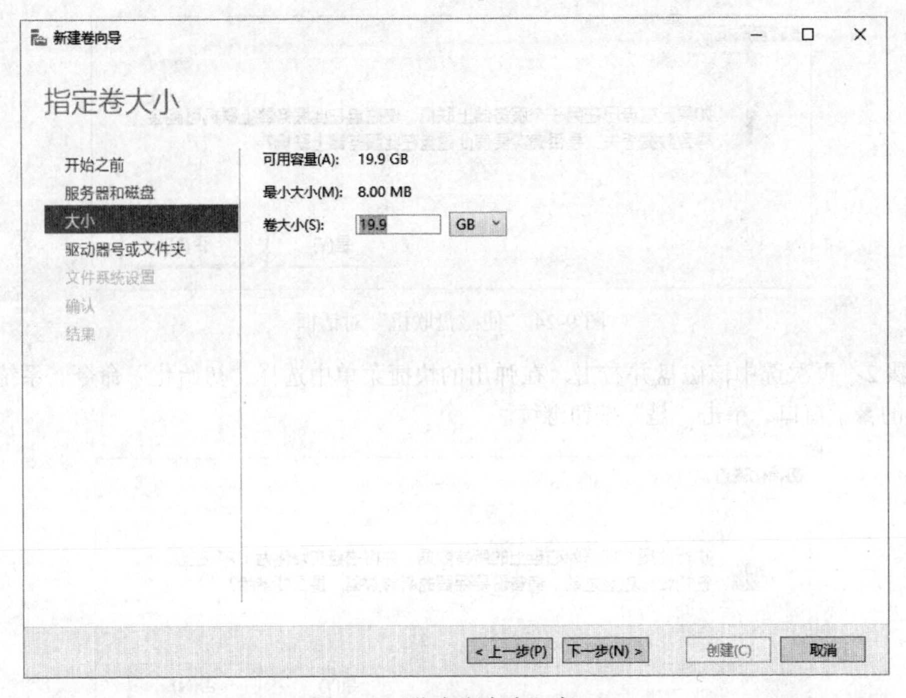

图 9-27 “指定卷大小”窗口

步骤 5：在“分配到驱动器号或文件夹”界面中选择可以使用的驱动器号，本实验为 D 盘，见图 9-28。单击“下一步”按钮继续。

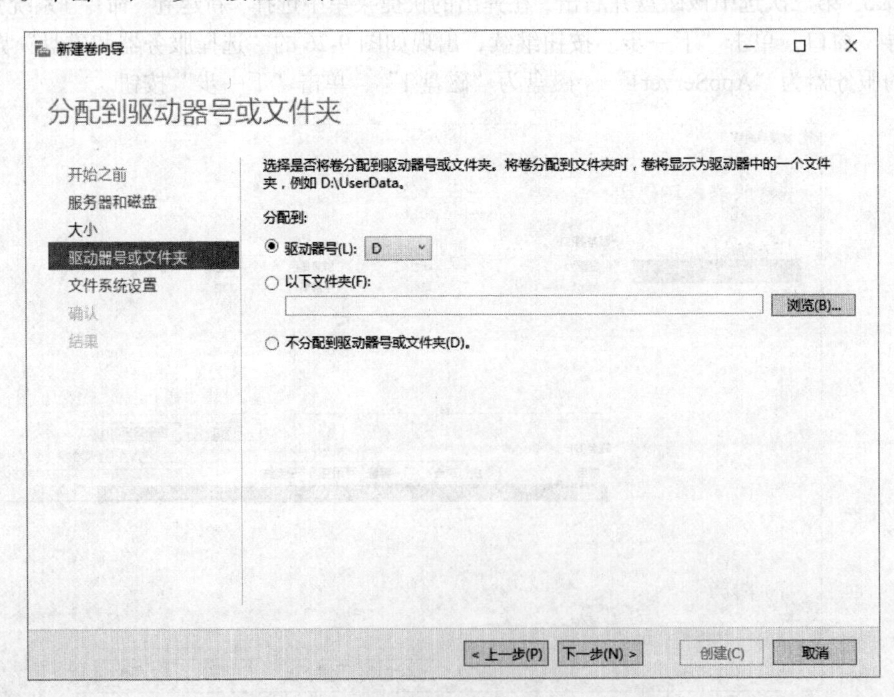

图 9-28 “分配到驱动器号或文件夹”窗口

步骤 6：在“文件系统设置”界面中选择可以使用的文件系统和分配单元大小，本实验使用默认值。在“卷标”文本框内输入新卷标“iSCSI-DISK-01”，如图 9-29 所示。单击“下一步”按钮继续。

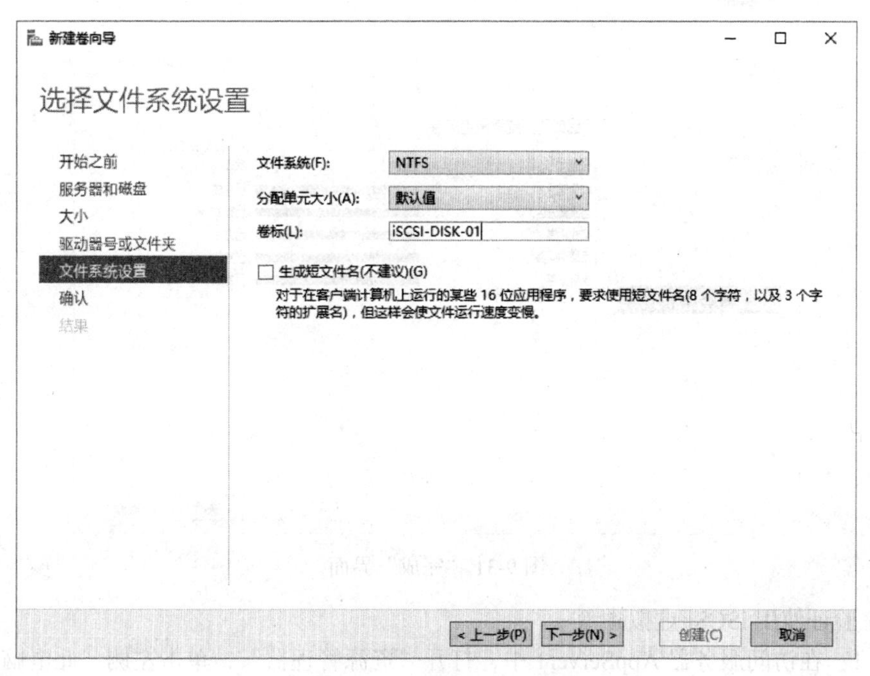

图 9-29 “文件系统设置”窗口

步骤 7：在“确认选择”界面查看所有设置选项，如图 9-30 所示，确认无误后单击“创建”按钮创建新卷。

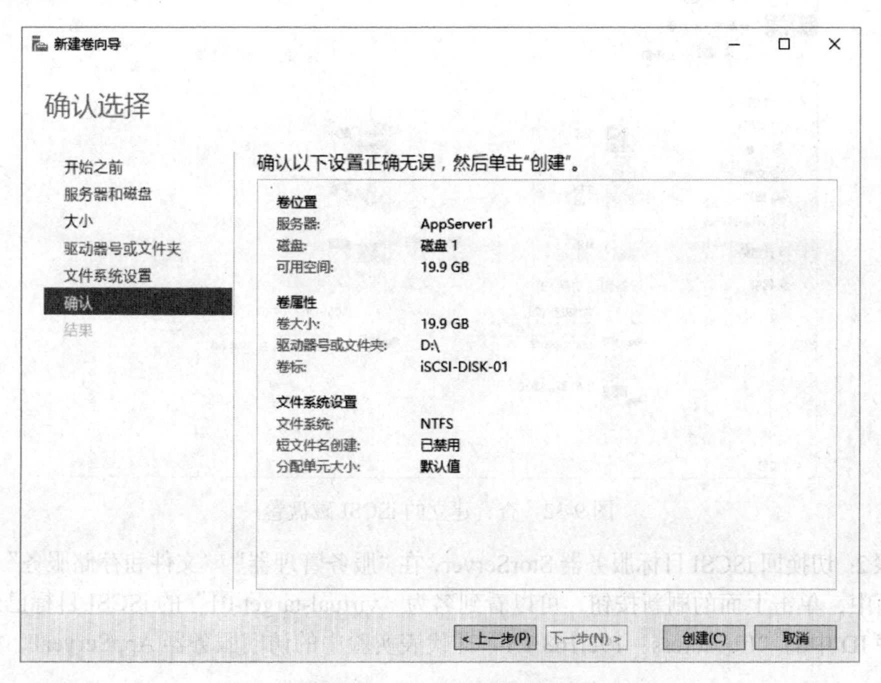

图 9-30 “确认选择”窗口

步骤 8：系统弹出“完成”界面，查看相关信息，如图 9-31 所示，单击“关闭”按钮结束磁盘卷的创建。

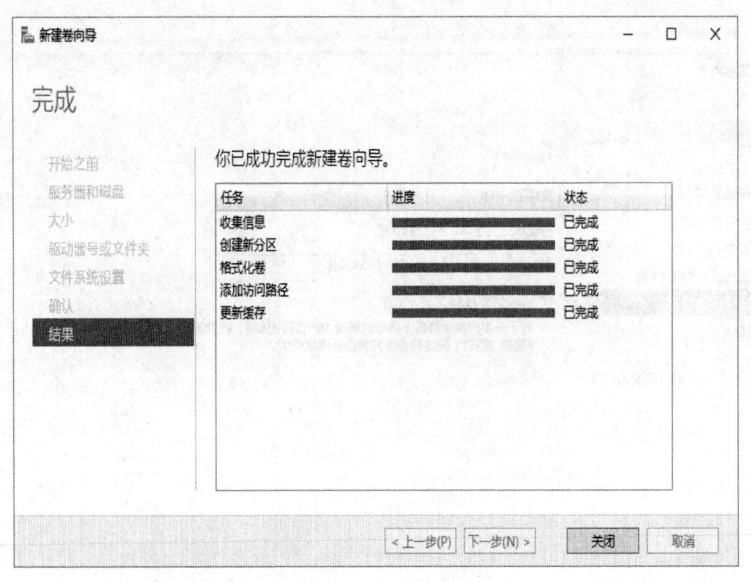

图 9-31 “完成”界面

（5）验证使用 iSCSI 虚拟磁盘

步骤 1：在访问服务器 AppServer1 中，打开“资源管理器”，单击左侧“此电脑”选项，可以在内容窗格查看到名为 iSCSI-DISK-01 的磁盘卷已经建立。可以通过创建或复制文件及文件夹进行进一步的磁盘测试，见图 9-32。

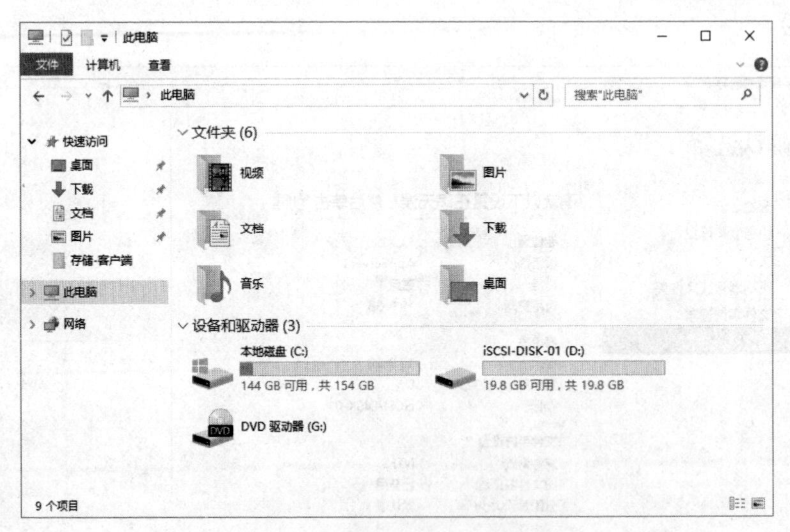

图 9-32 查看建立的 iSCSI 磁盘卷

步骤 2：切换回 iSCSI 目标服务器 StorServer，在“服务管理器”/“文件和存储服务”/“iSCSI”窗口界面中，单击上面的刷新按钮，可以看到名为“virtual-target-01”的 iSCSI 目标已经连接，发起程序 ID 中的“IPAddress：192.168.1.1”即代表实验中的访问服务器 AppServer1，如图 9-33 所示。

图 9-33 使用“服务器管理器”查看建立的 iSCSI 磁盘

4. 实验思考

1）本实验使用 2 台虚拟机进行 iSCSI 存储的搭建与测试，也可以使用 2 台实体机实现。在生产环境里，则应使用实体机作为 iSCSI 目标服务器。

2）iSCSI 目标服务器上的 iSCSI 虚拟磁盘表现为该服务器相应数据磁盘下特定目录里的一个或多个 vhdx 文件，因此在生产环境中要保障该服务器的数据磁盘容量及读写速度能够满足实际需要。

3）为简化实验步骤，在创建 iSCSI 虚拟磁盘时未启用身份验证。可以通过设置访问服务器的 DNS 名称、IP 地址和 MAC 地址等特定内容来限定允许使用该存储的客户端。如果需要更严格的安全，可以通过启用身份验证来实现。

4）在访问服务器中完成配置 iSCSI 发起程序后，磁盘的联机、初始化、创建卷、格式化等步骤也可以通过“计算机管理”工具的“磁盘管理”设置内进行操作完成。

5）利用 Windows Server 2016 实现 iSCSI 存储设置，可以为进一步创建服务器群集、搭建虚拟化及云服务平台提供基础条件。

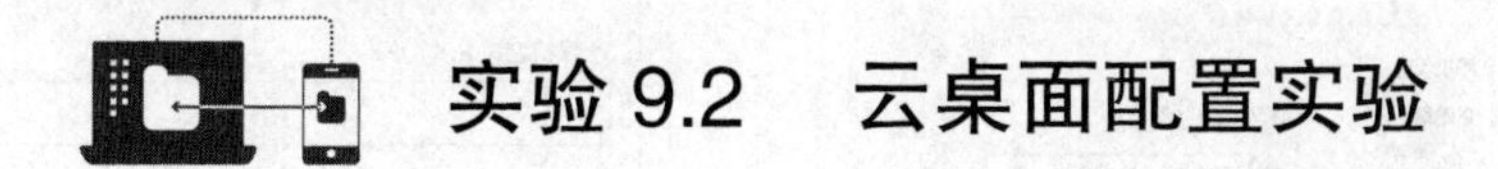

实验 9.2 云桌面配置实验

桌面云（Desktop Cloud）解决方案技术有虚拟桌面基础架构技术（Virtual Desktop Infrastructure，VDI）和流传输桌面技术（Steaming），现以前者为主流。

利用微软最新的 Windows Server 2016 中的 Hyper-V 与远程桌面服务（RDS），可以提供三种灵活的 VDI 部署选项：池化桌面、个人桌面，以及远程桌面会话。

远程桌面服务是 Windows Server 2016 中的一个服务器角色，它提供的技术可让用户访问在远程桌面会话主机（RD）服务器上安装的各种 Windows 程序（Remote App），或者访问完整的 Windows 桌面。使用远程桌面服务，用户可以从公司网络内部或 Internet 访问 RD 会话主机服务器。当用户访问 RD 会话主机服务器上的程序时，该程序将在服务器上运行。每个用户只能看到他们自己的会话。该会话由服务器操作系统透明地管理，独立于任何其他客户端会话。也可以配置远程桌面服务，以便使用 Hyper-V 为用户分配虚拟机，或让远程桌面服务在用户连接时动态地为用户分配可用虚拟机。

远程桌面服务支持在企业环境中高效地部署和维护软件。由于将程序安装在 RD 会话主机服务器而不是客户端计算机上，因此升级和维护程序将更加简单。

因篇幅所限，本实验仅部署基于会话的虚拟化云桌面（Remote App）。

1. 实验目的

掌握在 Windows Server 2016 环境中基于会话的虚拟化云桌面部署方法。

2. 实验环境

1）硬件：Hyper-V 虚拟主机 1 台，内建 2 台虚拟机服务器 DC1、RD1，1 台虚拟机客户机 Client1，内建 1 台内部连接类型的虚拟交换机，将 3 台虚拟机连接到虚拟交换机上。

2）软件：2 台虚拟机服务器均安装 Windows Server2016 Datacenter 服务器操作系统，虚拟机客户机安装 Windows 10 操作系统，3 台虚拟机的 TCP/IP 信息和相关配置如表 9-2 所示。

表 9-2 设备配置表

设备名称	操作系统	IP 地址	子网码	网关	DNS
DC1	Windows Server 2016 Datacenter	192.168.0.1	255.255.255.0	192.168.0.254	192.168.0.1
RD1	Windows Server 2016 Datacenter	192.168.0.101	255.255.255.0	192.168.0.254	192.168.0.1
Client1	Windows 10	192.168.0.201	255.255.255.0	192.168.0.254	192.168.0.1

3. 实验步骤

（1）安装 DC1 域控制器角色

步骤 1：在一台 Hyper-V 虚拟机上安装全新的 Windows Server 2016 Datacenter 版本，用于域控制器服务器。将其 IP 地址按表 9-2 设置好，如图 9-34 所示，并将其计算机名称更改为 DC1，如图 9-35 所示，根据系统提示，重启操作系统使配置生效。

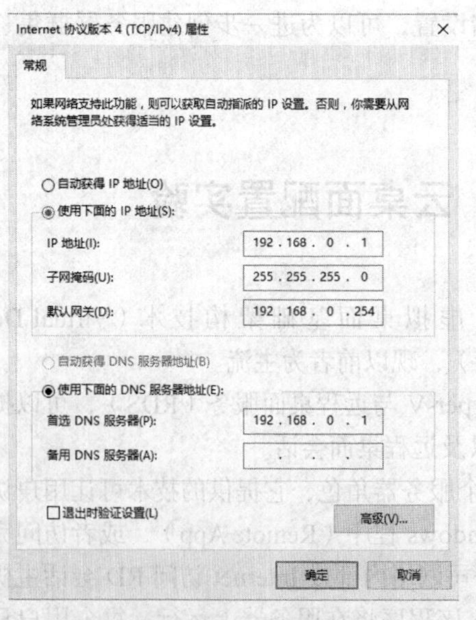

图 9-34 TCP/IP 设置

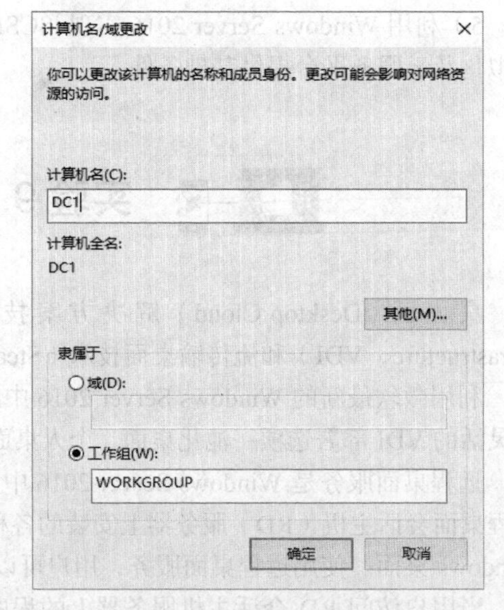

图 9-35 更改计算机名称

步骤 2：登录到 DC1 系统，启动“服务器管理器”，见图 9-36，单击“添加角色和功能”链接，在弹出的“添加角色和功能”向导窗口中单击“下一步”按钮，在“选择安装类型”窗口中选择“基于角色或功能的安装”选项，单击“下一步”按钮，在弹出的“选择目标服务器”窗口中选择“从服务器池中选择服务器”选项，确保默认的“DC1”已被选中，单击“下一步”按钮会弹出如图 9-37 所示的“选择服务器角色”窗口。单击选中列表中“Active Directory 域服务”和“DNS 服务器”复选框。

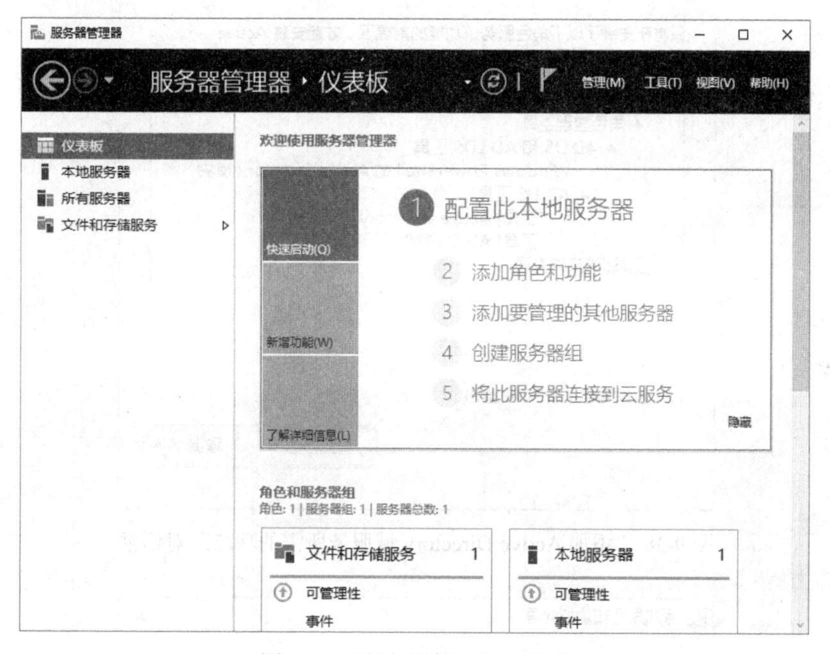

图 9-36 “服务器管理器”窗口

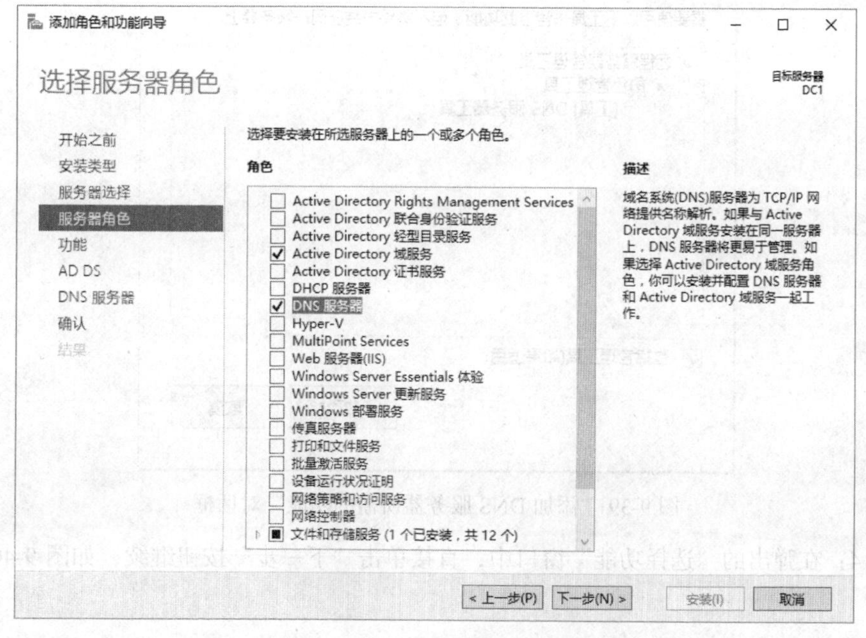

图 9-37 “选择服务器角色”窗口

步骤 3：在系统弹出的“添加 Active Directory 域服务所需的功能”和“添加 DNS 服务器所需的功能”对话框中，接受默认功能，单击“添加功能”按钮继续，如图 9-38 和图 9-39 所示。系统回到“选择服务器角色”界面，单击“下一步”按钮继续。

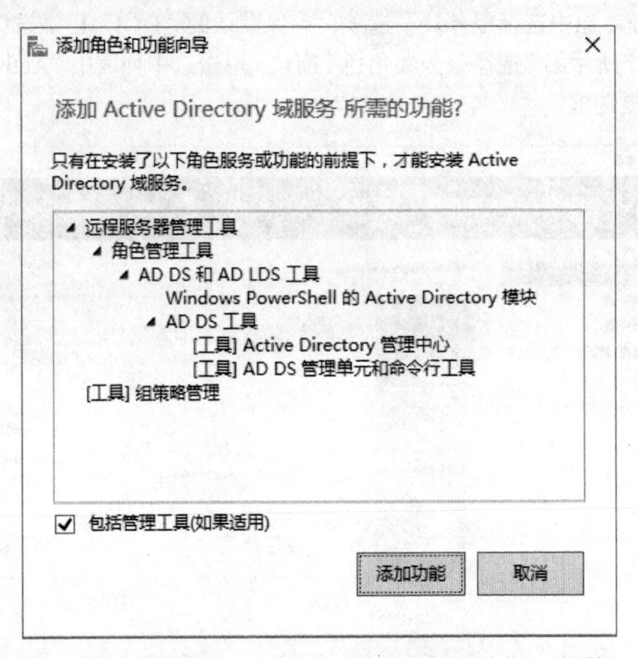

图 9-38 “添加 Active Directory 域服务所需的功能”对话框

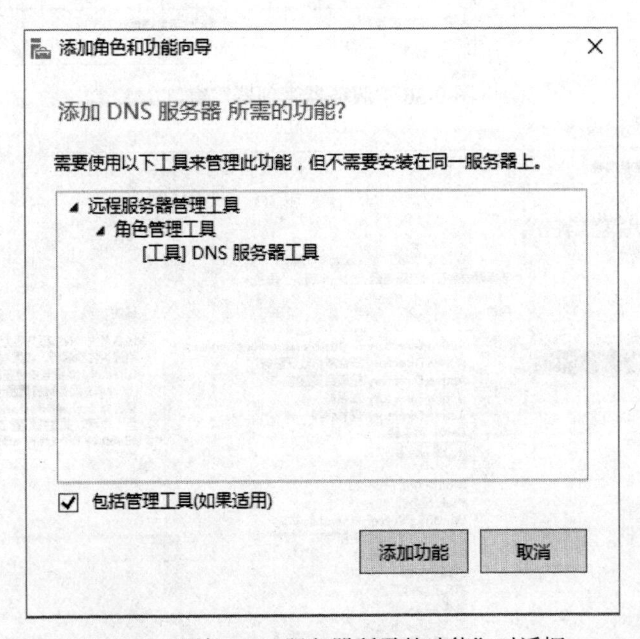

图 9-39 “添加 DNS 服务器所需的功能”对话框

步骤 4：在弹出的“选择功能”窗口中，直接单击“下一步”按钮继续，如图 9-40 所示。

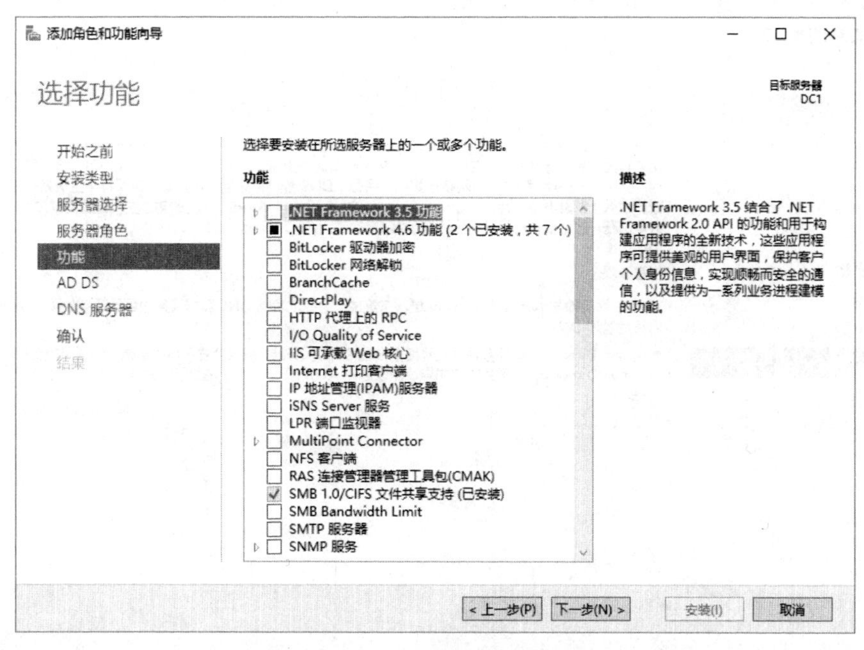

图 9-40　“选择功能”窗口

步骤 5：“Active Directory 域服务”窗口如图 9-41 所示，“DNS 服务器”界面如图 9-42 所示，查看相关信息，单击“下一步”按钮，进入图 9-43“确认安装所选内容”界面，单击“安装”按钮进行相应组件安装，安装完成后，在“安装进度”窗口中单击“关闭”按钮结束安装，如图 9-44 所示。

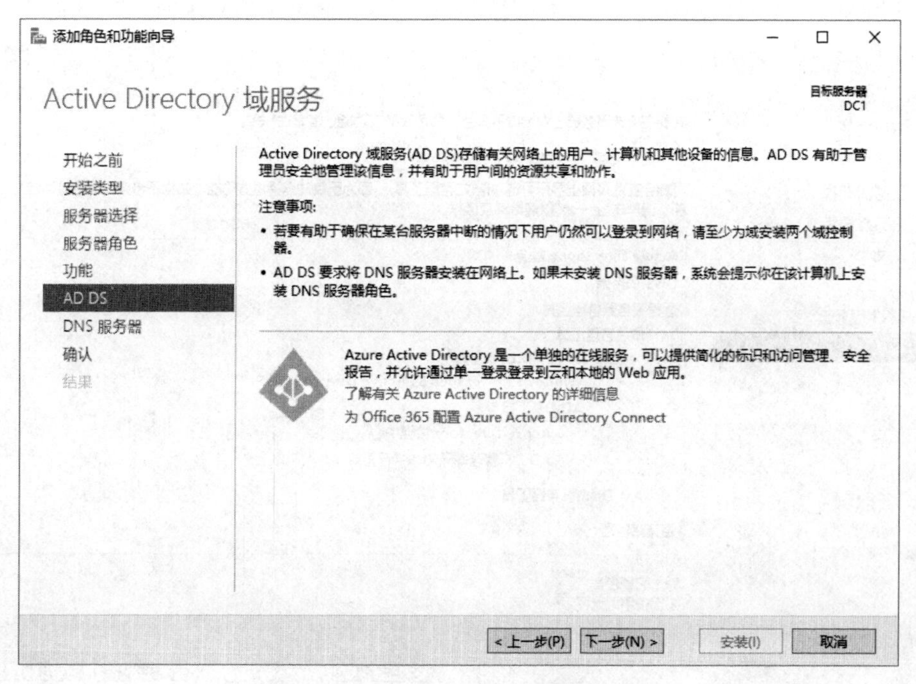

图 9-41　“Active Directory 域服务”窗口

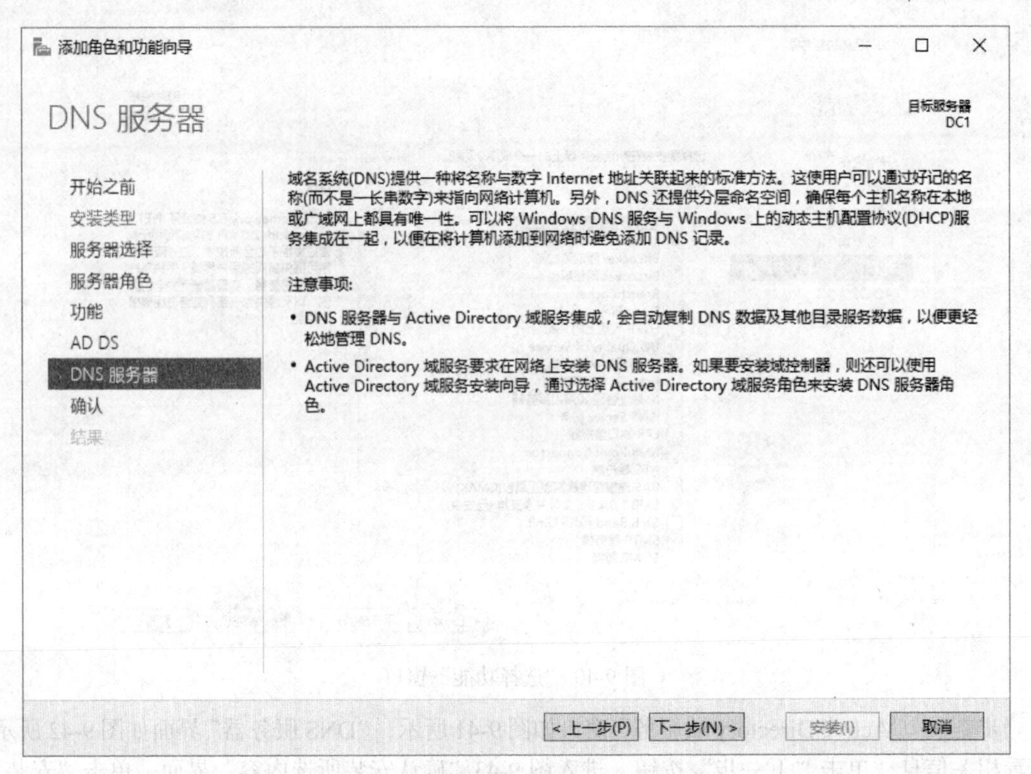

图 9-42 “DNS 服务器” 窗口

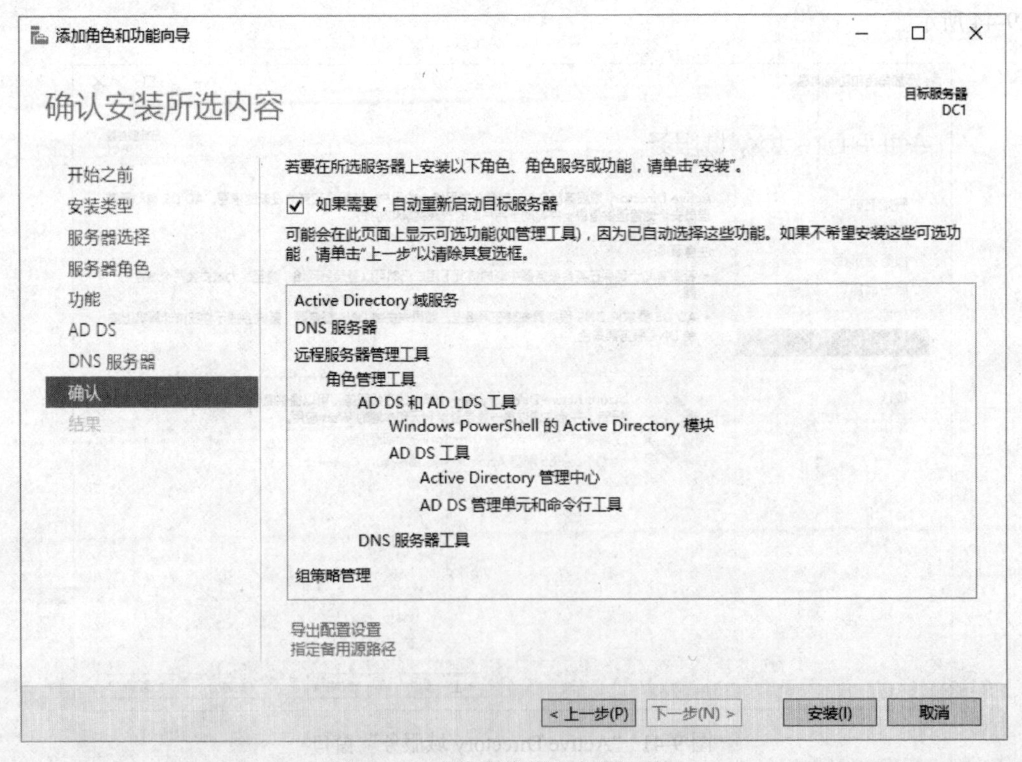

图 9-43 “确认安装所选内容” 窗口

图 9-44 “安装进度”窗口

（2）将 DC1 服务器提升为域控制器

步骤 1：在“服务器管理器”窗口（见图 9-45）中单击上方警示标志，在弹出的界面中单击“将此服务器提升为域控制器”链接。系统弹出“部署配置”界面，在“选择部署操作”部分选择“添加新林”选项按钮，输入根域名，本实验根域名使用“msne.com”，如图 9-46 所示。

图 9-45 “服务器管理器”窗口

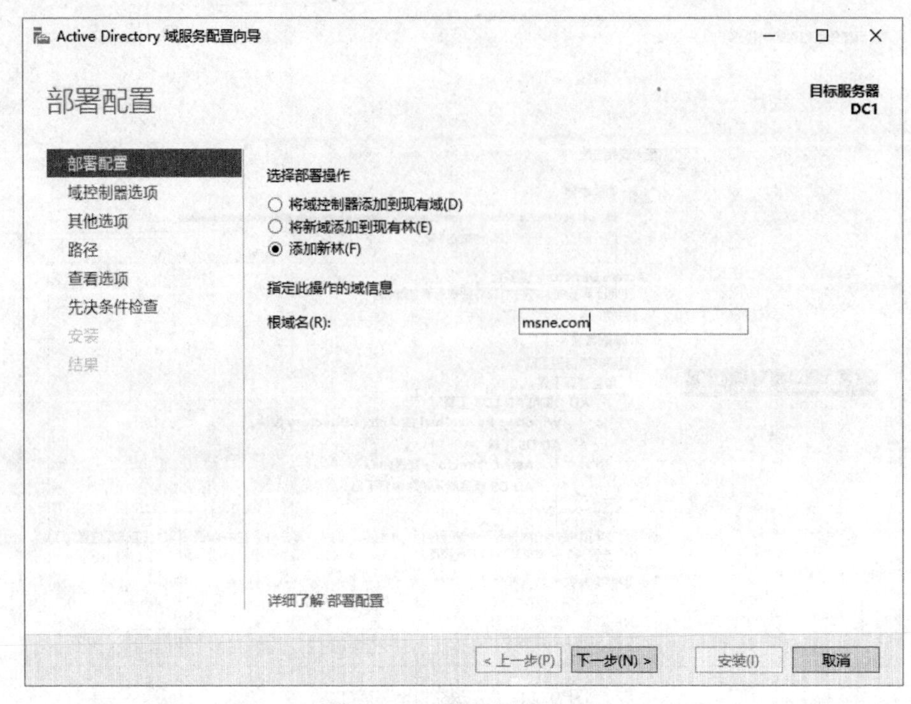

图 9-46 “部署配置”窗口

步骤 2：在“域控制器选项”界面，保持默认选项不变，在“键入目录服务还原模式（DSRM）密码”的文本框内输入密码，见图 9-47，单击“下一步”按钮后，“域控制器选项”详细列表见图 9-48。“DNS 选项”界面如图 9-49 所示，直接单击“下一步”按钮继续。

Active Directory 域服务配置向导
域控制器选项
目标服务器
DC1
部署配置
域控制器选项
DNS 选项
其他选项
路径
查看选项
先决条件检查
安装
结果
选择新林和根域的功能级别
林功能级别：Windows Server Technical Pre
域功能级别：Windows Server Technical Pre
指定域控制器功能
域名系统(DNS)服务器(O)
全局编录(GC)(G)
只读域控制器(RODC)(R)
键入目录服务还原模式(DSRM)密码
密码(D):
确认密码(C):
详细了解 域控制器选项
< 上一步(P)
下一步(N) >
安装(I)
取消

图 9-47 “域控制器选项”窗口

图 9-48 “域控制器选项”详细列表

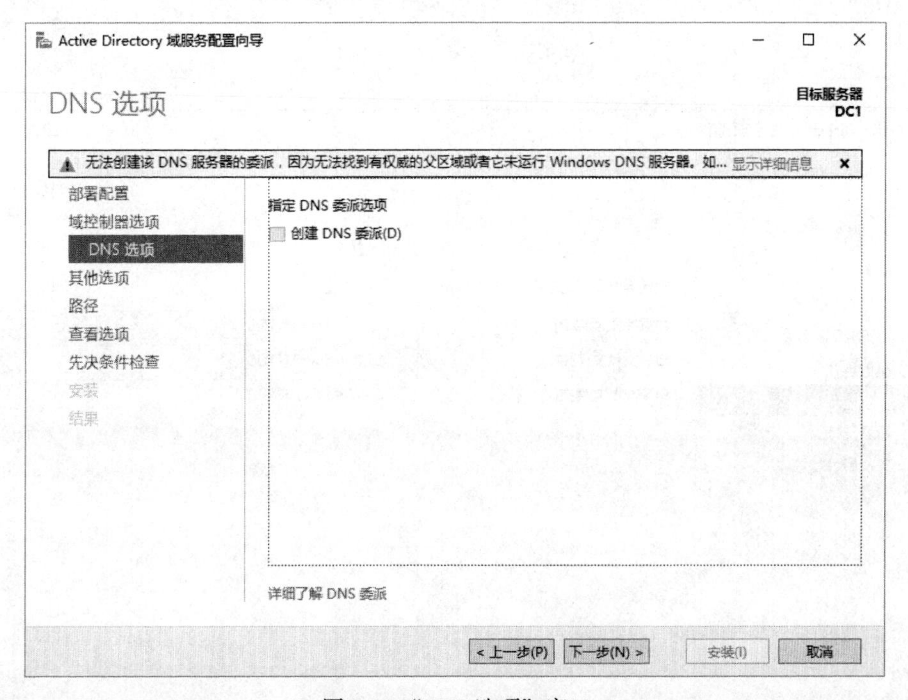

图 9-49 “DNS 选项”窗口

步骤 3：在“其他选项”界面，如图 9-50 所示，接受系统指定的 NetBIOS 域名“MSNE”，单击“下一步”按钮。在“路径”界面，如图 9-51 所示，接受默认的 AD DS 数据库、日志文件和 SYSVOL 的位置设置，单击“下一步”按钮，进入“查看选项”界面，如图 9-52 所示，浏览信息无误后，单击“下一步”按钮继续。

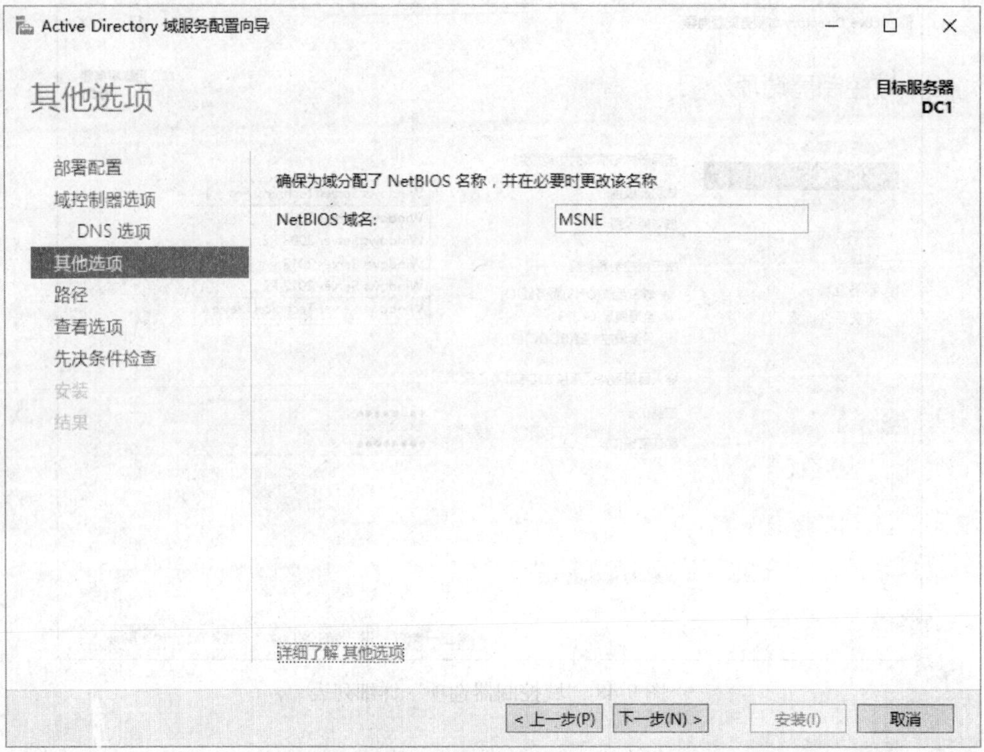

Active Directory 域服务配置向导
其他选项
目标服务器
DC1
部署配置
域控制器选项
DNS 选项
其他选项
路径
查看选项
先决条件检查
安装
结果
确保为域分配了 NetBIOS 名称，并在必要时更改该名称
NetBIOS 域名:
MSNE
详细了解 其他选项
< 上一步(P)
下一步(N) >
安装(I)
取消

图 9-50 “其他选项”窗口

Active Directory 域服务配置向导
路径
目标服务器
DC1
部署配置
域控制器选项
DNS 选项
其他选项
路径
查看选项
先决条件检查
安装
结果
指定 AD DS 数据库、日志文件和 SYSVOL 的位置
数据库文件夹(D):
C:\Windows\NTDS
日志文件文件夹(L):
C:\Windows\NTDS
SYSVOL 文件夹(Y):
C:\Windows\SYSVOL
详细了解 Active Directory 路径
< 上一步(P)
下一步(N) >
安装(I)
取消

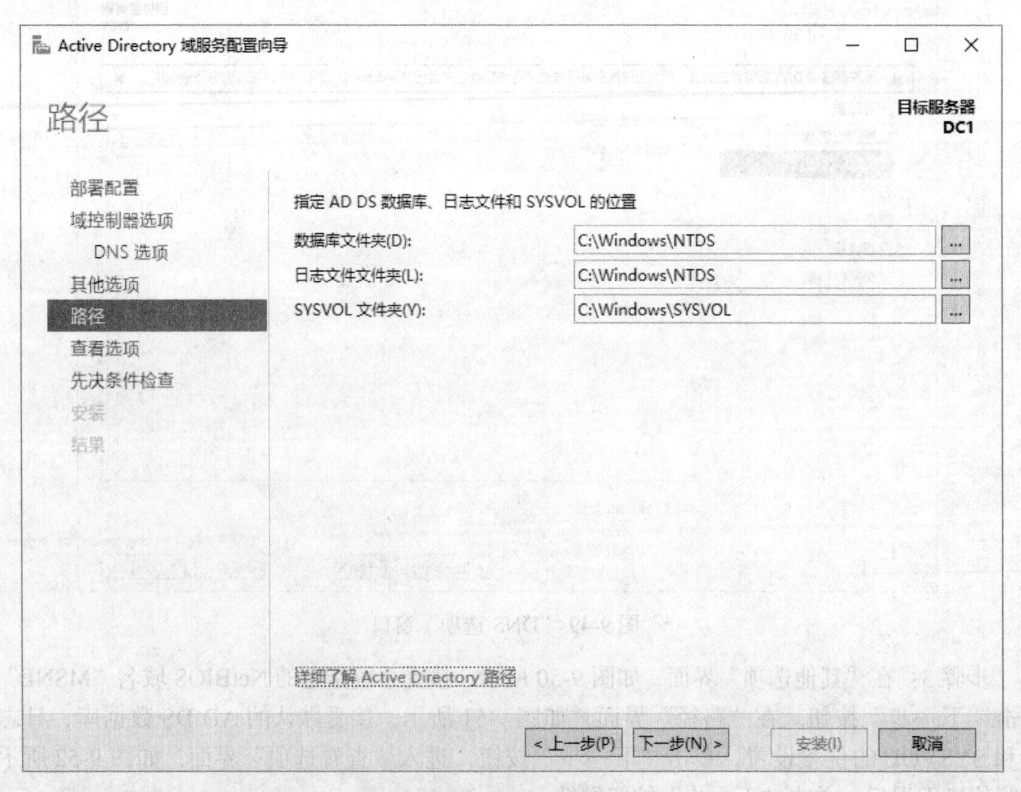

图 9-51 “路径”窗口

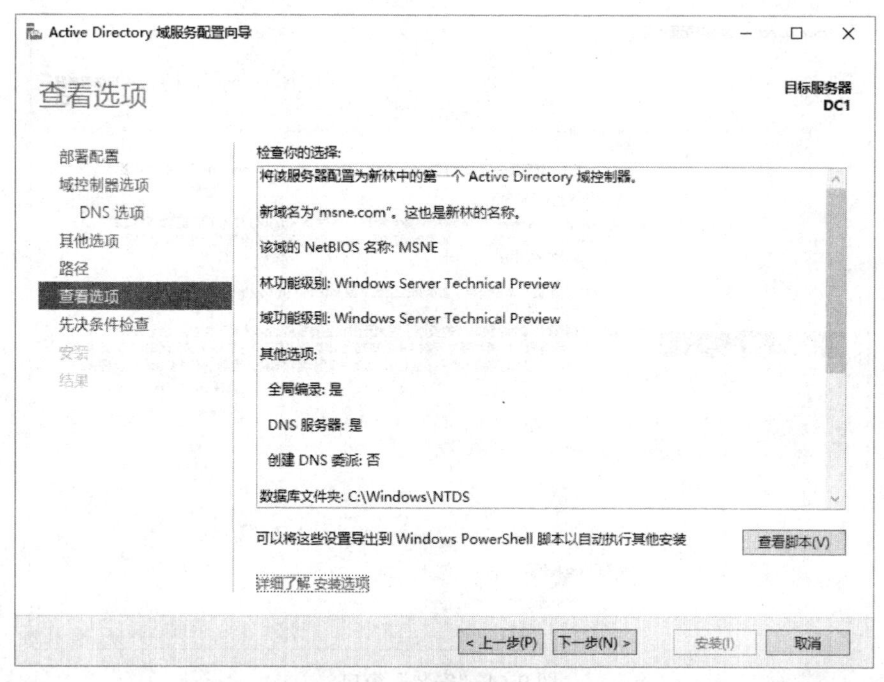

图 9-52 “查看选项”窗口

步骤 4：系统此时会弹出“先决条件检查”窗口运行检查，如果设置无误，会显示图 9-53 所示的“安装”界面，此时单击“安装”按钮，系统进入“安装”界面，如图 9-54 所示，安装完成后，系统会自动重新启动。

至此 DC1 域控制器的角色安装工作完成。

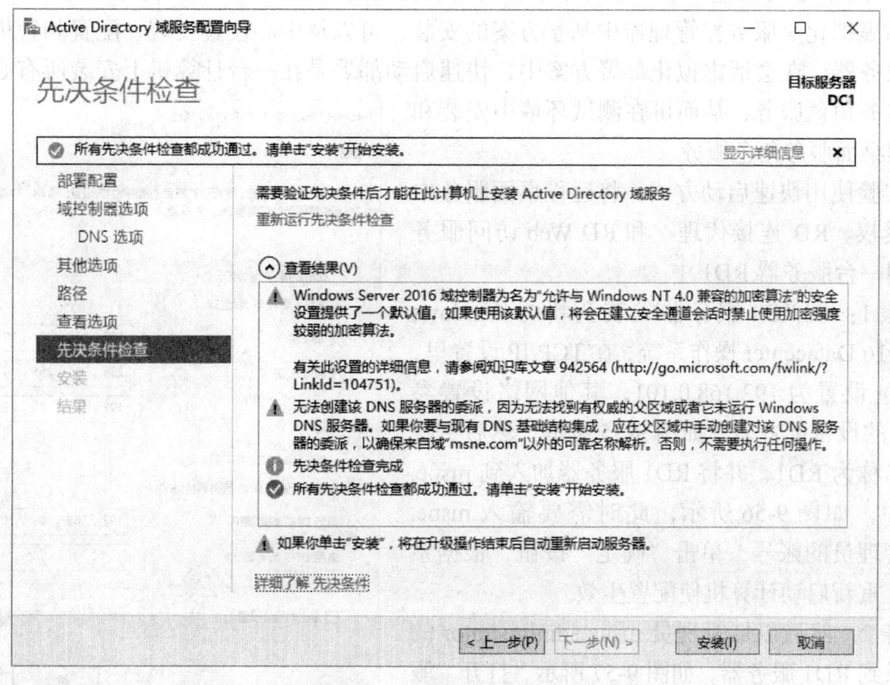

图 9-53 “先决条件检查”窗口

图 9-54 "安装"窗口

（3）RD1 服务器安装远程桌面服务角色

在 Windows Server 2016 中，远程桌面服务中的会话虚拟化部署包括高效的配置和管理基于会话的桌面的新方式。会话虚拟化部署包含 RD 会话主机服务器和基础结构服务器，如 RD 授权、RD 连接代理、RD 网关和 RD Web 访问服务器。会话集合（Session Collection）是指定会话的 RD 会话主机服务器组。会话集合用于发布基于会话的桌面和 RemoteApp 程序。

会话虚拟化是服务器管理器中基于方案的安装，可以从中心位置安装、配置和管理 RD 会话主机服务器。在会话虚拟化部署方案中，快速启动部署是在一台计算机上安装所有必要的远程桌面服务角色服务，从而可在测试环境中安装和配置远程桌面服务角色服务。

本实验使用快速启动方式，将远程桌面服务中的 RD 授权、RD 连接代理、和 RD Web 访问服务安装在同一台服务器 RD1 中。

步骤 1：在 RD1 服务器安装全新的 Windows Server 2016 Datacenter 操作系统，在 TCP/IP 设置里，将 IP 地址设置为 192.168.0.101，其他网络设置参考表 9-2 的设备配置表，如图 9-55 所示。然后更改计算机名称为 RD1，并将 RD1 服务器加入到 msne.com 域中，如图 9-56 所示，此时需要输入 msne.com 域管理员的账号，单击"确定"按钮，根据系统提示，重新启动计算机使配置生效。

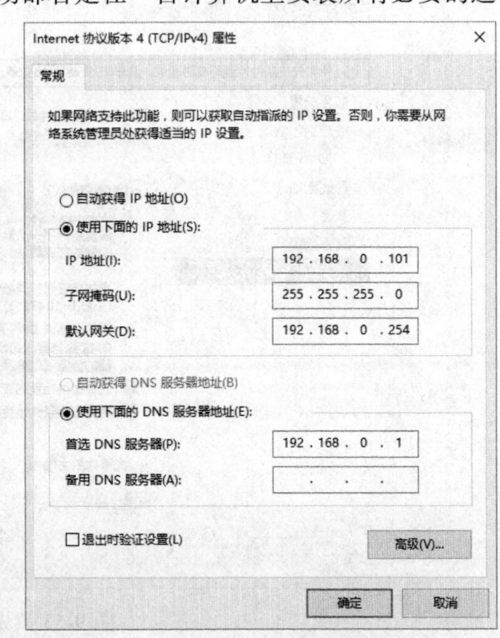

图 9-55 设置 TCP/IP

步骤 2：然后以域管理员 msne\administrator 的身份登录到 RD1 服务器，如图 9-57 所示，打开"服务器管理器"，在右侧窗格中单击"添加角色和功能"

链接，如图 9-58 所示，在弹出的“添加角色和功能”向导窗口中单击“下一步”按钮，。

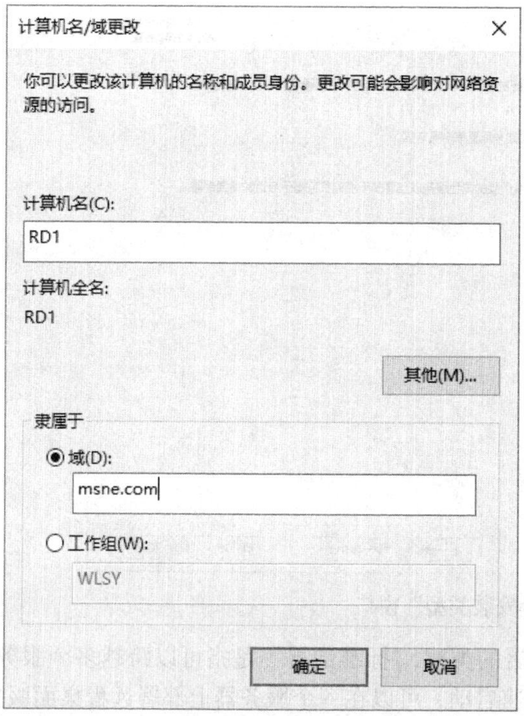

计算机名/域更改
你可以更改该计算机的名称和成员身份。更改可能会影响对网络资源的访问。
计算机名(C):
RD1
计算机全名:
RD1
其他(M)...
隶属于
域(D):
msne.com
工作组(W):
WLSY
确定
取消

图 9-56　将 RD1 服务器加入到 msne.com 域

图 9-57　输入域管理员账号

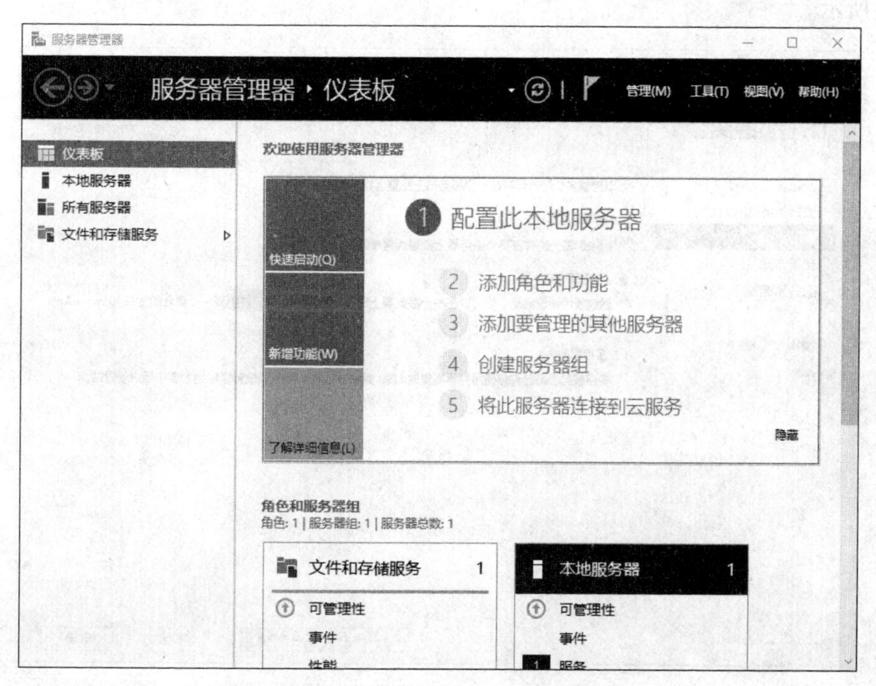

图 9-58 “服务器管理器”窗口

步骤 3：在“选择安装类型”窗口中选择“远程桌面服务安装”选项，如图 9-59 所示，单击“下一步”按钮。

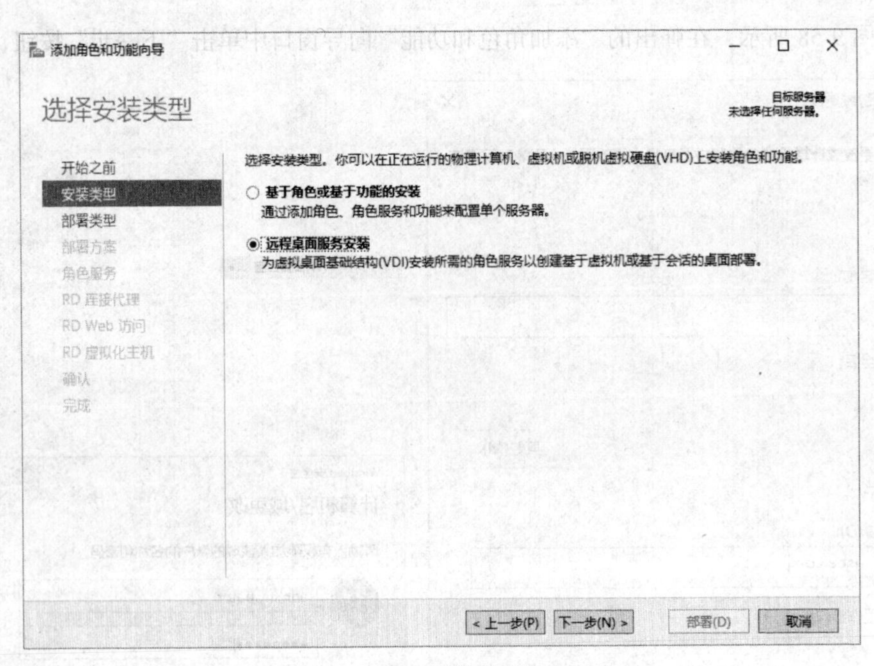

图 9-59 “选择安装类型”窗口

步骤 4：在“选择部署类型”中，选择部署的类型，“标准部署”是指可以跨越多个服务器上部署远程桌面服务器。“快速启动”是通过快速启动，可以在一个服务器上部署远程桌面服务。“多点服务”可以使用 USB 集线器及其他设备创建用户工作站。这里选择“快速启动”单选按钮，如图 9-60 所示。

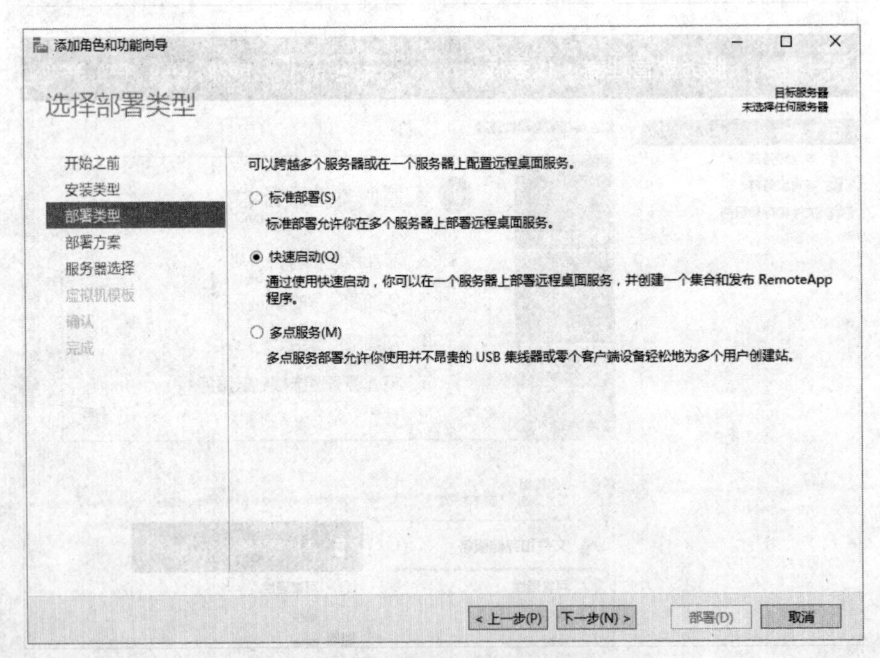

图 9-60 “选择部署类型”窗口

步骤 5：无论是选择“快速启动”还是“标准部署”，都分为“基于虚拟机的桌面部署”和“基于会话的桌面部署”方案，其最大的区别是是否部署 Hyper-V 角色，“基于虚拟机的桌面部署”是基于 Hyper-V 角色部署，也称为 VDI 虚拟桌面，而“基于会话的桌面部署”主要是以 RemoteApp 功能为主发布虚拟应用。本实验选择“基于会话的桌面部署”，见图 9-61，单击“下一步”按钮继续。

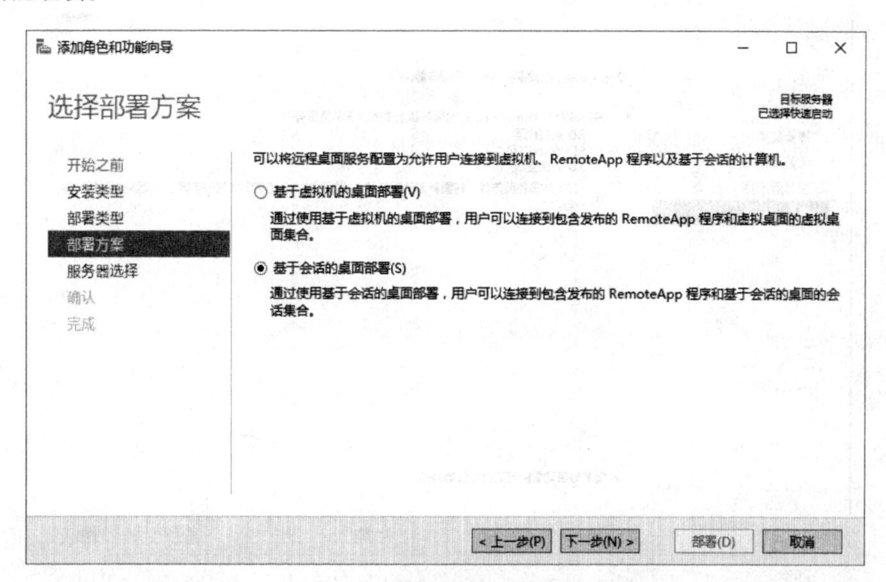

图 9-61 “选择部署方案”窗口

步骤 6：在“选择服务器”页面中，选择要部署的服务器。如果域中有多台 Windows Server 2016，可以选择其中的一台服务器进行远程部署。本实验中只有一台可用服务器即 RD1，确保其已被选择，如图 9-62 所示，单击“下一步”按钮继续。

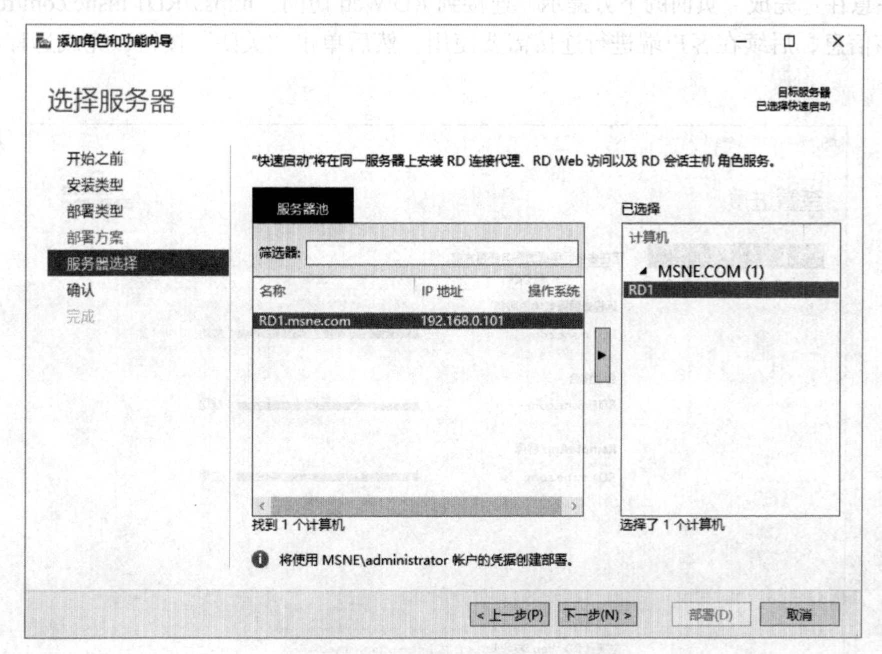

图 9-62 “选择服务器”窗口

步骤 7：在“确认”页面中，确认在 RD1.msne.com 的服务器上安装 RD 连接代理、RD Web 访问和 RD 会话主机角色服务器。可以选择“需要时自动重新启动目标服务器”，见

图 9-63，在安装过程中需要重新启动。确认无误后单击“部署”按钮。

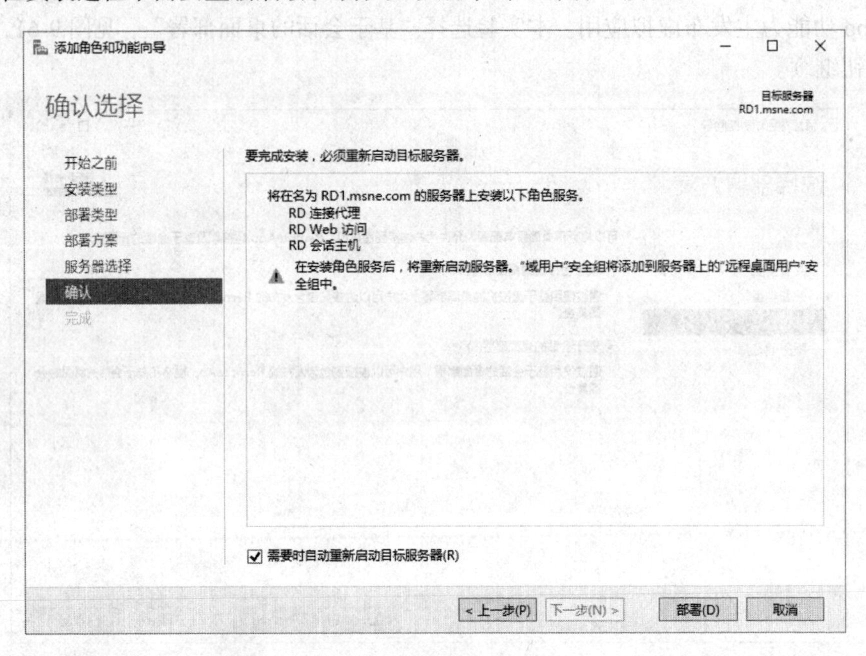

图 9-63 “确认选择”窗口

步骤 8：单击部署后，服务器会开始运行安装，然后自动重新启动。在启动后，再次以域管理员 msne\administrator 账号登录，系统会继续安装，直到安装完成并显示图 9-64 所示的“完成”界面。注意在“完成”页面的下方提示“连接到 RD Web 访问：https://RD1.msne.com/rdweb”，请记录该信息，后续在客户端进行连接需要使用。然后单击“关闭”按钮，完成远程桌面服务的安装。

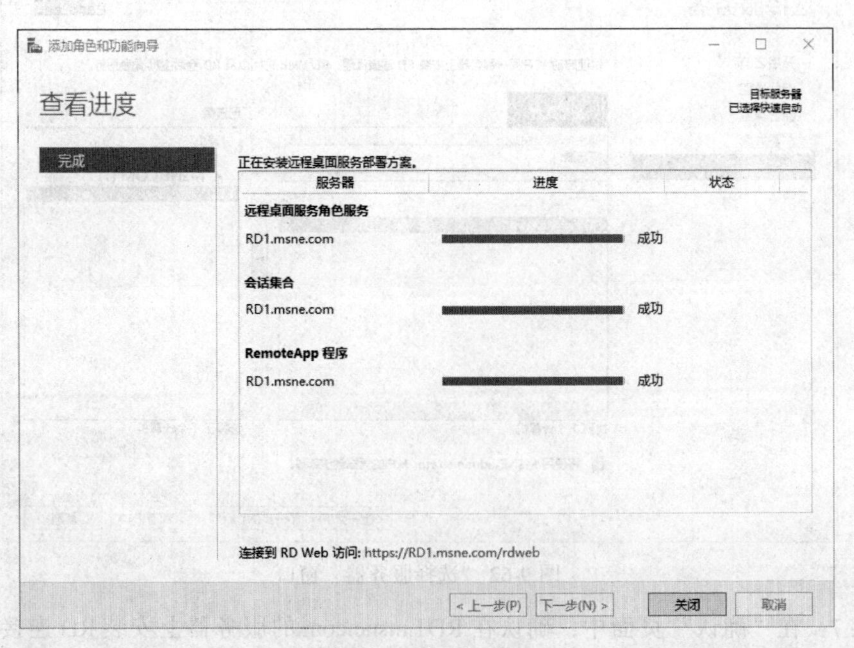

图 9-64 “完成”窗口

步骤 9：远程桌面服务的角色安装完成后，可以通过“服务管理器”→“远程桌面服务”查看配置情况，单击左侧的“QuickSessionCollection”可以看到系统已经默认发布了“画图”“计算器”和“写字板”三个 RemoteApp 应用程序，见图 9-65。后续我们会在此界面发布更多的程序如“Adobe Reader”和“Microsoft Word”等。

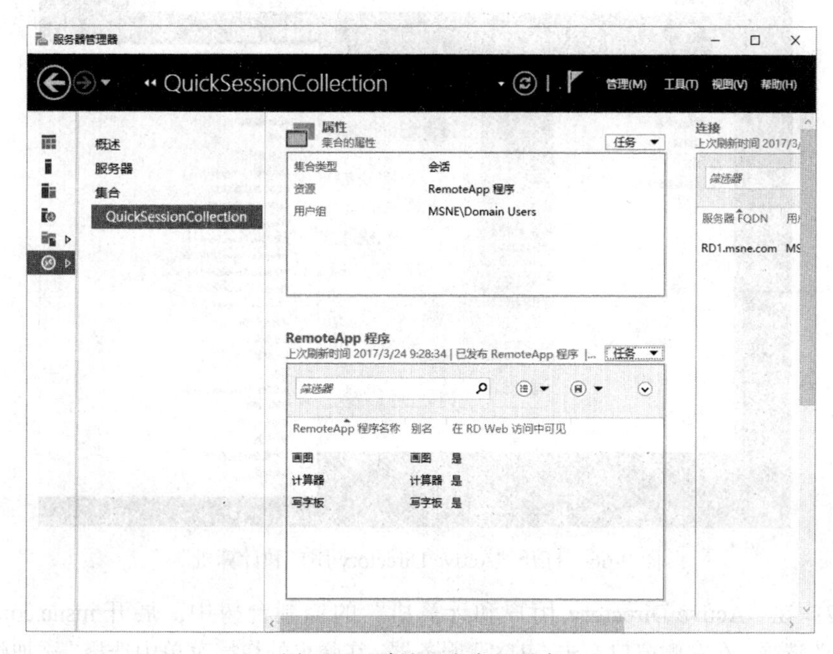

图 9-65　默认已发布的程序

（4）配置远程桌面服务 -RD1 服务器权限设置

在 Windows Server 2016 中，共有 5 个与远程桌面有关的用户组：

① Remote Desktop Users: 此组中的成员被授予远程登录的权限。

② Remote Management Users: 此组的成员可以通过管理协议（例如，通过 Windows 远程管理服务实现的 WS-Management）访问 WMI 资源。这仅适用于授予用户访问权限的 WMI 命名空间。

③ RDS Endpoint Servers: 此组中的服务器运行虚拟机和主机会话，用户 RemoteApp 程序和个人虚拟桌面将在这些虚拟机和会话中运行。需要将此组填充到运行 RD 连接代理的服务器上。在部署中使用的 RD 会话主机服务器和 RD 虚拟化主机服务器需要位于此组中。

④ RDS Management Servers: 此组中的服务器可以在运行远程桌面服务的服务器上执行例程管理操作。需要将此组填充到远程桌面服务部署中的所有服务器上。必须将运行 RDS 中心管理服务的服务器包括到此组中。

⑤ RDS Remote Access Servers: 此组中的服务器使 RemoteApp 程序和个人虚拟桌面用户能够访问这些资源。在面向 Internet 的部署中，这些服务器通常部署在边缘网络中。需要将此组填充到运行 RD 连接代理的服务器上。在部署中使用的 RD 网关服务器和 RD Web 访问服务器需要位于此组中。

本实验选择的是快速部署方式，因此所有 RD 角色均集中在 RD1 服务器上，我们只需将 RD1 服务器添加到上述 3 个与 RDS 相关的组中即可。

注意，下述步骤需要在 DC1 域控制器服务器上操作。

步骤1: 以域管理员账户(msne\administrator)登录到DC1服务器，打开“服务器管理器”→“工具”→“Active Directory用户和计算机”命令。见图9-66。

图9-66 打开“Active Directory用户和计算机”

步骤2：在“Active Directory用户和计算机”的控制台树中，展开msne.com域，单击“Computers”选项，在右侧窗口右击“RD1”服务器，在弹出的快捷菜单中选择“添加到组”命令，见图9-67，在“选择组”对话框下面输入“RDS”，见图9-68，单击“检查名称”按钮，在弹出的窗口中选择所有以RDS起始的三个组名称，见图9-69，单击“确定”按钮，“确定选择组”界面见图9-70，在后续弹出对话框中依次单击“确定”按钮，完成RD1服务器的权限设置操作。

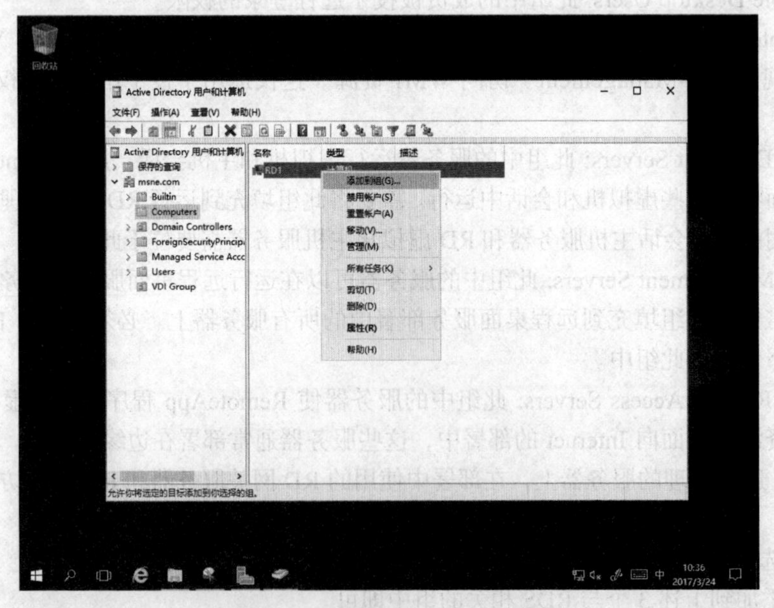

图9-67 “添加到组”命令界面

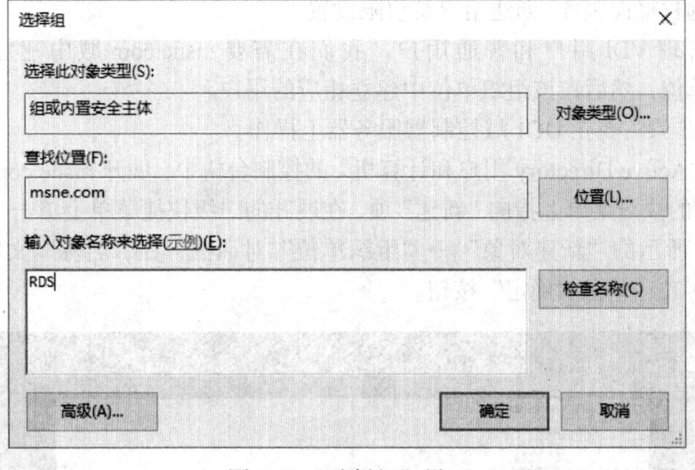

图 9-68 “选择组”界面

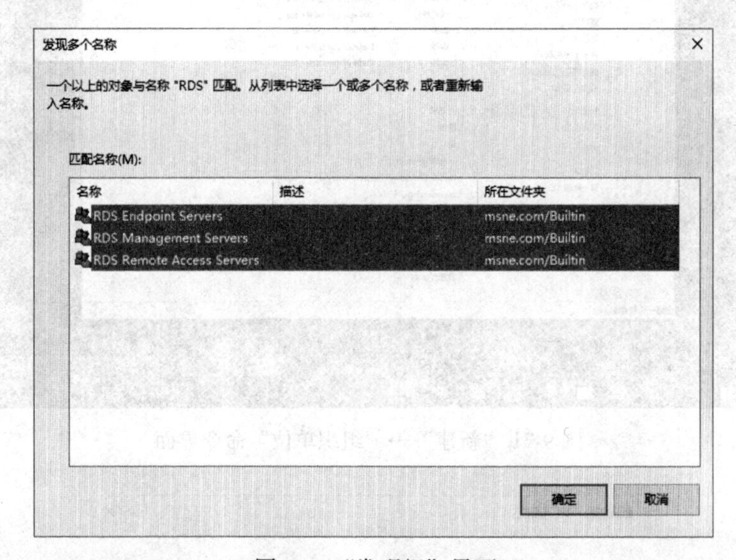

图 9-69 “发现组”界面

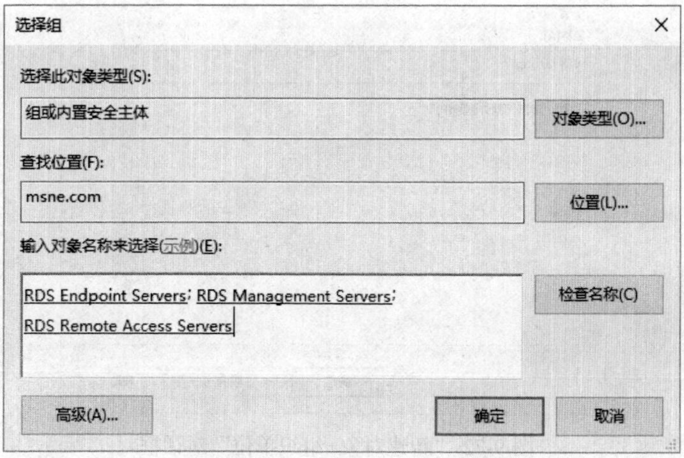

图 9-70 “确定选择组”界面

（5）配置远程桌面服务-创建用户及权限设置

为了区分管理VDI用户和普通用户，我们在需要msne.com域中建立一个新的“VDI Group”的组织单位，然后在该组织单位中建立相应的用户。

注意，下述步骤需要在DC1域控制器服务器上操作。

步骤1：在“Active Directory用户和计算机”的控制台树中，展开msne.com域。右击“msne.com”域，在弹出的快捷菜单上指向“新建”项，在展开的二级快捷菜单上单击“组织单位”命令，系统弹出图9-71所示的“新建对象”→“组织单位”对话框，在“名称”文本框内输入“VDI Group”，见图9-72，单击“确定”按钮。

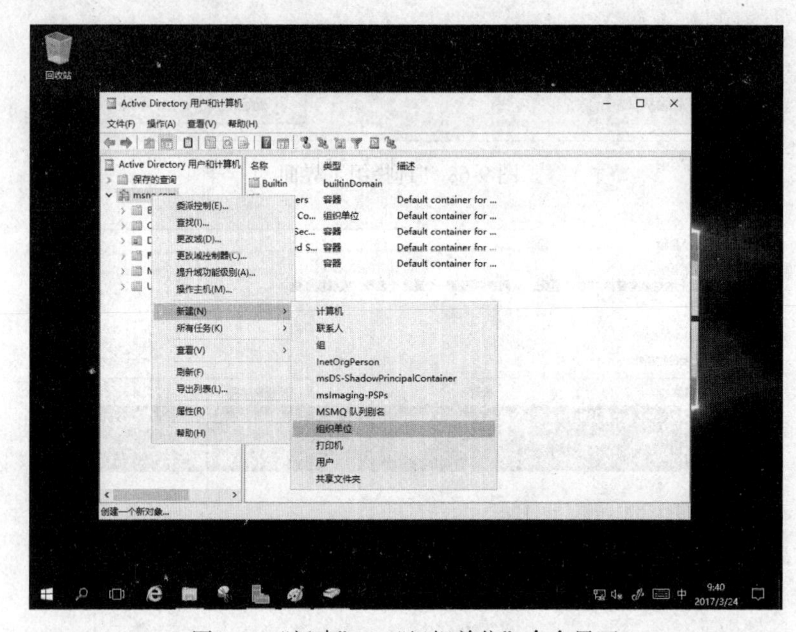

图9-71 “新建”→“组织单位”命令界面

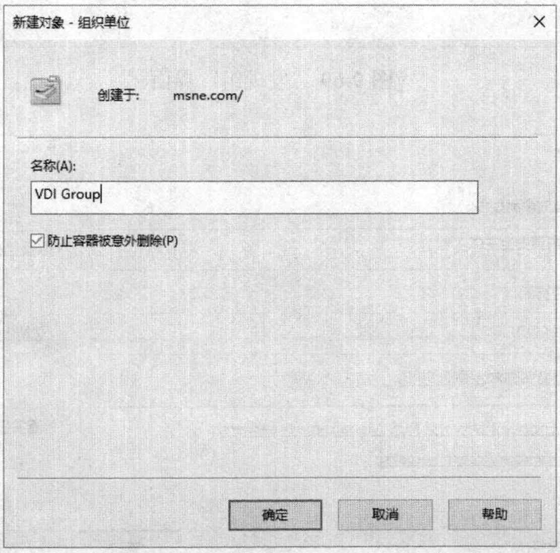

新建对象 - 组织单位

创建于： msne.com/

名称(A):

VDI Group

☑防止容器被意外删除(P)

确定 取消 帮助

图9-72 “新建对象-组织单位”对话框

步骤 2：以同样的方式，在 VDI Group 的组织单位中建立 user01 用户。右击“VDI Group”，在快捷菜单中选择“新建”命令，在展开的二级快捷菜单中单击“用户”命令。见图 9-73，在弹出的“新建对象 - 用户”对话框中输入相关信息，见图 9-74，单击“下一步”按钮，在弹出的“密码确认”对话框输入密码，取消“用户下次登录时须更改密码”选项，选择“密码永不过期”选项，见图 9-75，单击“下一步”按钮，在“确认”对话框中单击“完成”按钮完成 user01 用户的创建。如需要，可以用相同的方式创建更多用户。

注意，创建新用户时输入的密码需要满足系统指定的复杂性要求。

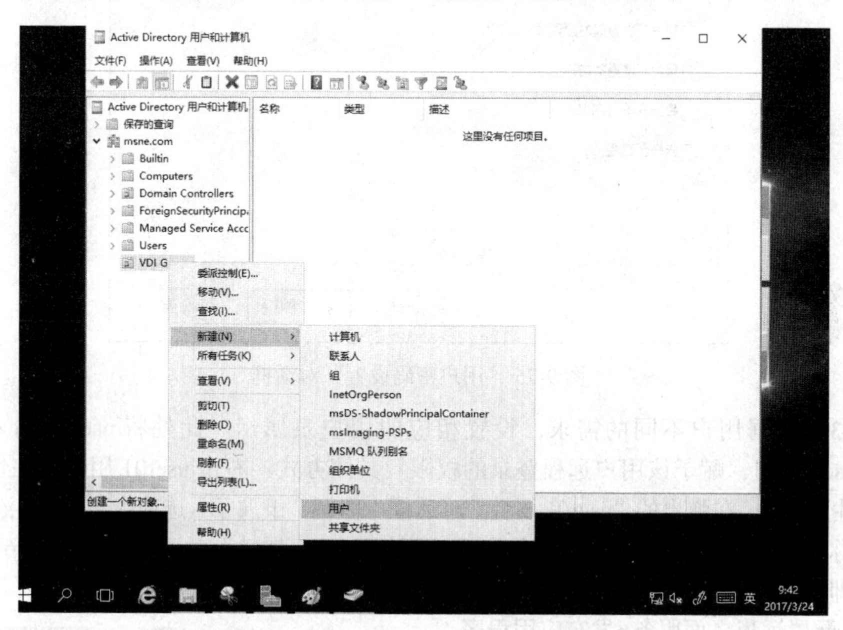

图 9-73 “新建”→“用户”命令界面

新建对象 - 用户

创建于: msne.com/VDI Group

姓(L):

名(F): user01 英文缩写(I):

姓名(A): user01

用户登录名(U):

user01 @msne.com

用户登录名(Windows 2000 以前版本)(W):

MSNE\ user01

< 上一步(B) 下一步(N) > 取消

图 9-74 “新建对象-用户”对话框

新建对象 - 用户
创建于: msne.com/VDI Group
密码(P):
确认密码(C):
用户下次登录时须更改密码(M)
用户不能更改密码(S)
密码永不过期(W)
帐户已禁用(O)
< 上一步(B) 下一步(N) > 取消

图 9-75 “用户密码设置”对话框

步骤 3：根据用户不同的需求，设置相应的用户隶属组。此处将 user01 加入“Remote Desktop Users”组，赋予该用户远程登录的权限。具体方式：右击 user01 用户，在快捷菜单中选择“属性”命令，在弹出的“user01 属性”对话框中激活“隶属于”选项卡，选择“添加”按钮，输入组名称“Remote Desktop Users”后确定，回到“user01 属性”对话框，见图 9-76，选择“确定”按钮即可。

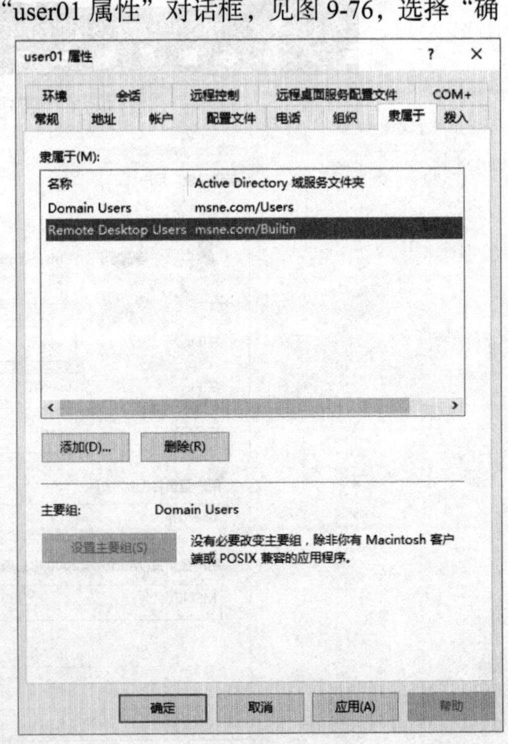

图 9-76 “user01 属性”设置对话框

（6）配置远程桌面服务-发布应用程序

注意，下述步骤需要在 RD1 远程桌面服务器上操作。

步骤 1：以域管理员账户（msne\administrator）登录到 RD1 服务器，安装“Adobe Reader”和“Microsoft Office 2016”应用软件。具体过程略。

步骤 2：打开“服务管理器”窗口，单击左侧“远程桌面服务”，在下一级窗口单击左侧的“QuickSessionCollection”，此时可以看到系统已经默认发布了“画图”“计算器”和“写字板”三个 RemoteApp 应用程序。单击“RemoteApp 程序”右侧的“任务”下拉列表，选择“发布 RemoteApp 应用程序”，如图 9-77 所示，系统弹出“选择 RemoteApp 程序”界面并搜索本服务已经安装并可以发布的程序，在搜索完成列表中选择想要发布的应用程序，本实验选择“Adobe Reader X”“Excel 016”和“Word 2016”，见图 9-78，单击“下一步”按钮继续。

图 9-77 “默认发布程序”界面

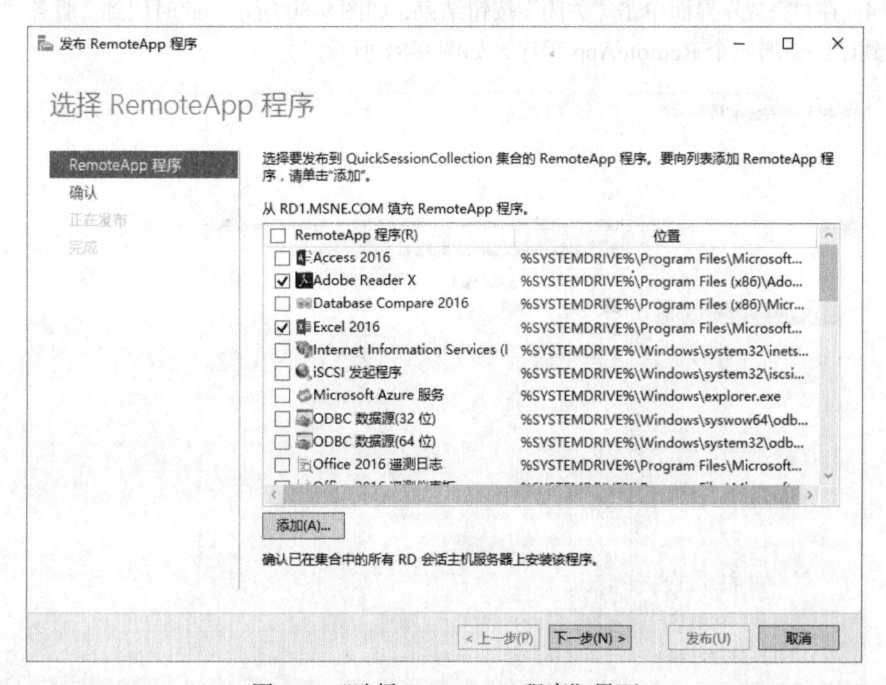

图 9-78 “选择 RemoteApp 程序”界面

步骤 3：在“确认”界面浏览即将发布的程序，见图 9-79，单击“发布”按钮发布应用程序。

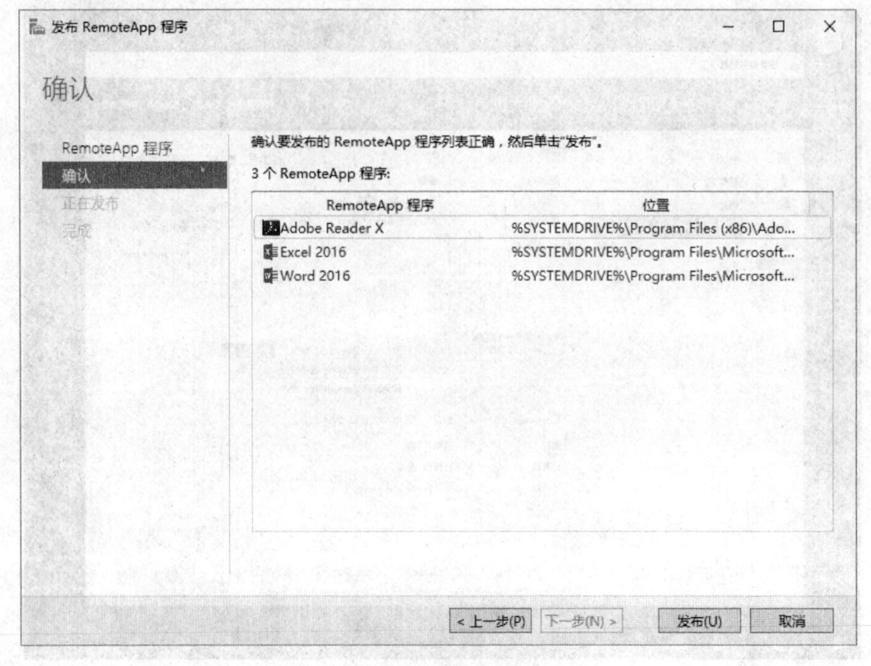

图 9-79 “确认”界面

步骤 4：在“完成”界面单击“关闭”按钮结束，如图 9-80 所示。此时回到“服务器管理器”界面可看到已经新增三个 RemoteApp 程序，如图 9-81 所示。

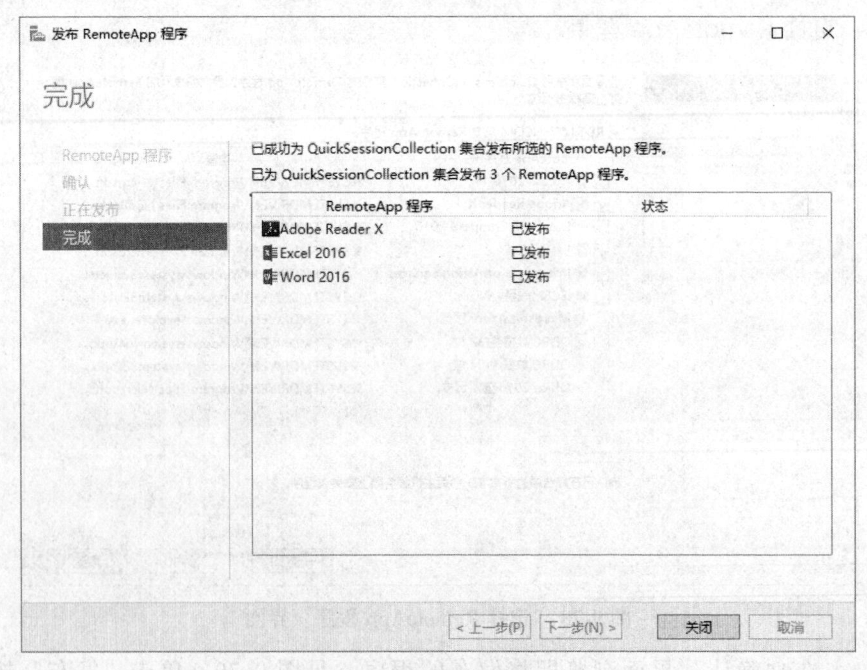

图 9-80 “完成”界面

图 9-81 “RemoteApp 程序”发布完成界面

（7）测试远程桌面服务

注意，下述步骤在 Client1 客户端计算机上操作。

步骤 1：登录虚拟机客户机 Client1，按照实验要求配置本机 TCP/IP 信息，见图 9-82。

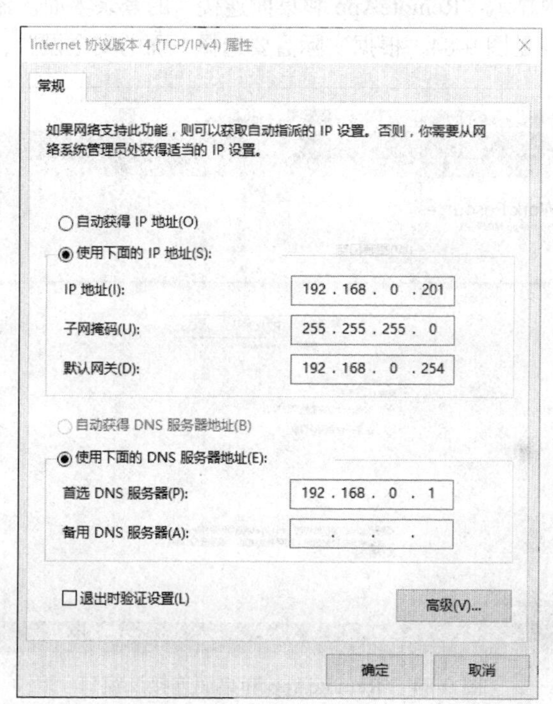

图 9-82　配置本机信息

步骤 2：单击任务栏左侧的 Windows“开始”按钮，在打开的列表中找到“Windows 附件”，展开后选择“Internet Explorer”程序打开 IE。在 IE 浏览器的地址栏里输入“https://rd1.msne.com/RDWeb”后按【Enter】键，IE 会提示证书问题，如图 9-83 所示，选择“继续浏览网站”。

注意，Windows 10 默认的网络浏览器为 EDGE，该浏览器安全要求过高，无法正常使用 Web 界面。所以本实验需要使用 IE 浏览器。

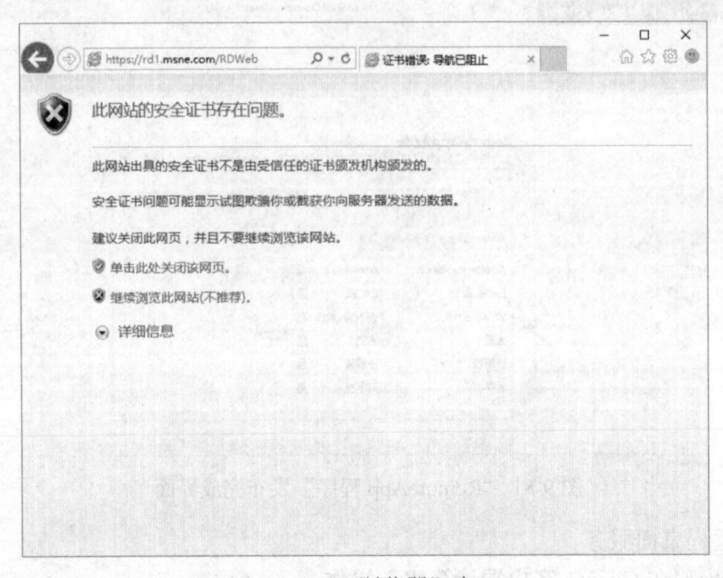

图 9-83 “IE 浏览器”窗口

步骤 3：IE 浏览器内显示“RemoteApp 和桌面连接”的登录界面。输入在 DC1 域控制器建立的 user01 的账号信息，见图 9-84，根据实际需要选择下面的安全设置，单击“登录”按钮。

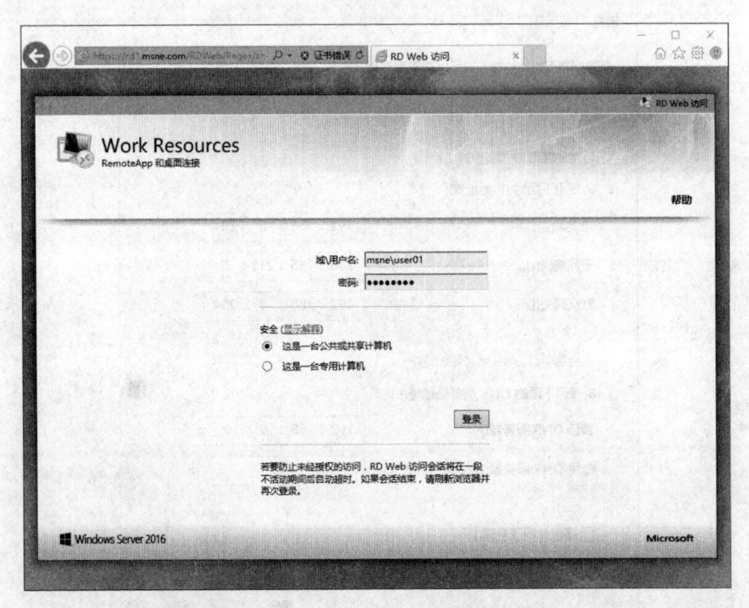

图 9-84 “RemoteApp 和桌面连接”窗口

步骤 4：登录成功后，IE 浏览器内会显示在 RD1 远程桌面服务器上发布的所有 RemoteApp 程序，此处显示的程序都可以直接单击启动，见图 9-85。此处单击“Word 2016”图标继续。

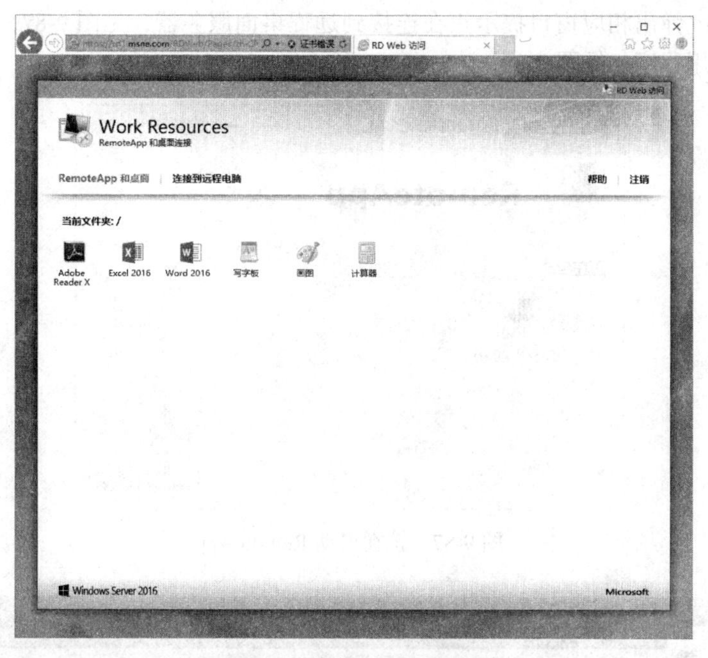

图 9-85 “已发布的 RemoteApp”窗口

步骤 5：系统弹出 RemoteApp 连接提示对话框，根据实际需求选择下方的资源内容，见图 9-86，单击“连接”按钮继续。

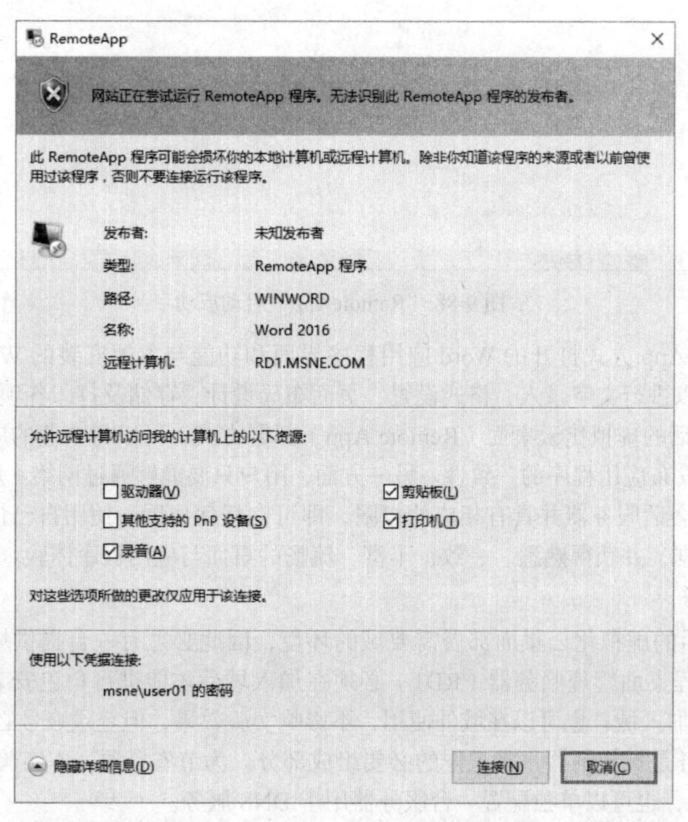

图 9-86 “RemoteApp”连接提示对话框

步骤 6：系统弹出相应窗口提示正在连接到远程桌面服务器，见图 9-87，一段时间后会打开 Word 2016 应用程序，见图 9-88。

图 9-87 正在启动 RemoteApp

图 9-88 “RemoteApp”启动成功

通过 RemoteApp 方式打开的 Word 应用程序界面和功能与本地安装的 Word 应用程序完全相同。接下来可以进行文字录入、格式设置、页面布局设计、存储及打印各项任务。

采用基于会话的虚拟化云桌面（Remote App）部署方式，可以将企业的应用程序进行集中部署，保证了所发布应用程序的一致性。另一方面，用户只要能够通过网络（局域网或广域网）访问到远程桌面会话服务器并具有相应的权限，即可在任何位置、使用自己惯用的任何设备访问企业应用与数据，并获得熟悉、一致、丰富、流畅的桌面与应用程序体验。

4. 实验思考

1）基于会话的虚拟化云桌面部署需要域的环境，因此必须有一台提供域服务管理的服务器（DC1）。远程桌面管理服务器（RD1）必须在加入域后才能进行角色安装和配置。客户机 Client1 系统可以加入域，也可以在域外使用，不影响实验效果，但登录账号必须是域账号。

2）DNS 服务是域控制器正常工作的必要组成部分。为节省资源，本实验将 DNS 服务器角色安装在 DC1 上，也可以单独配置一台服务器用于 DNS 服务。

3）使用 Windows Server 2016 搭建域环境，其林功能级别和域功能级别从低到高可以选择 Windows Server 2008、Windows Server 2008 R2、Windows Server 2012、Windows Server 2012 R2、Windows Server Technical Preview 五个级别，本实验选择默认的 Windows Server Technical Preview 级别（即为 Windows Server 2016 功能级别）。

4）本实验在操作过程中需要遵循以下配置顺序：安装配置域控制器 DC1 →将 RD1 服务器加入到域→在 RD1 中安装远程桌面服务→将 RD1 服务器加入到相关 RDS 组→将 user01 用户加入到“Remote Desktop Users”组→在 RD1 服务器中发布新的 RemoteApp 程序→用户访问 RD1 上的 RemoteApp 应用。错误的安装配置顺序可能造成实验无法顺利进行。

5）用户启动 RemoteApp 应用，实际上是调用远程桌面服务器 RD1 上的相应程序，因此在通过 Microsoft Word 2016 等 RemoteApp 创建的文档内容后，存储时缺省的目标位置如“文档”、“桌面”等均是指在远程桌面服务器 RD1 上该用户的专属文件夹，而不是发起远程访问的 Client1 客户机上的文件夹。如需将文档等内容存到 Client1 客户机上，则须在发起连接时，在步骤 6 中，点选“图 9-86　‘RemoteApp’连接提示对话”所示的“驱动器”复选框，将本地磁盘“连接”到远程桌面服务器后方可操作。

6）若要在生产环境中使用 Windows Server 2016 的远程桌面服务及由其发布的应用程序如 Microsoft Office 各组件，必须单独购买其相应的授权。测试环境中，其功能和使用时限均会受到限制。

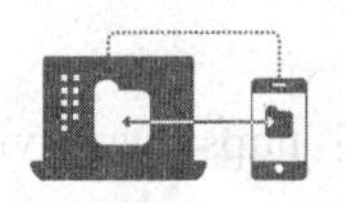

实验 9.3　软件定义网络配置实验

Mininet 是一个开源的的网络仿真 / 模拟平台。作为一款非常轻巧但是功能很强大的网络模拟器，Mininet 可以创建不同类型的支持 OpenFlow 的 SDN 拓扑结构。本实验测试利用 Mininet 搭建和配置基于 OpenFlow 的软件定义网络拓扑。

1. 实验目的

掌握利用 Mininet 开源软件搭建软件定义网络测试环境的方法。

2. 实验环境

1）硬件：支持虚拟化的台式计算机或便携式计算机 1 台，操作系统使用 Windows 10 Enterprise。

2）软件：Oracle VirtualBox，Mininet 虚拟机映像文件。

3. 实验步骤

（1）Mininet 虚拟机映像安装配置

步骤 1：下载 Mininet 虚拟机安装镜像文件，下载地址：https://github.com/mininet/mininet/wiki/Mininet-VM-Images。

注意，该映像文件有 32 位和 64 位两种版本。本实验使用 VirtualBox 桌面虚拟化系统进行实验模拟，该系统不支持 64 位虚拟化，故应该下载 32 位虚拟机映像文件，见图 9-89，链接文本类似 “Mininet 2.2.2 on Ubuntu 14.04 LTS - 32 bit”。

下载后的文件是一个 zip 压缩包，可以使用 Windows 资源管理器直接解压或使用第三方解压软件如 WinRAR 等解压，解压后生成两个文件“mininet-2.2.2-170321-ubuntu-14.04.4-server-i386.ovf”和“mininet-vm-i386.vmdk”，前者为开放虚拟化格式文件，定义了该虚拟机的相关配置信息；后者为 VMware 格式的虚拟磁盘映像文件。

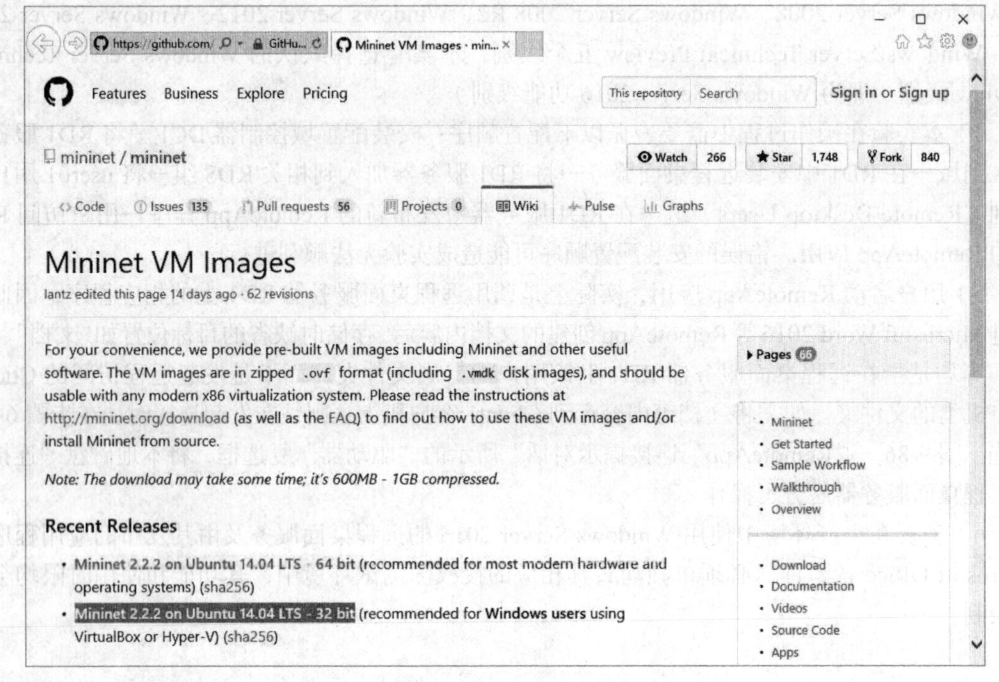

图 9-89　下载 Mininet 虚拟机映像文件

步骤 2：下载 VirtualBox 桌面虚拟化系统安装文件，下载地址：https://www.virtualbox.org/wiki/Downloads。

本实验基于 Windows 10 平台，因此下载基于“Windows hosts”的文件，下载文件名称类似“VirtualBox-5.1.18-114002-Win.exe”，即 VirtualBox 5.1.18 版本，见图 9-90。

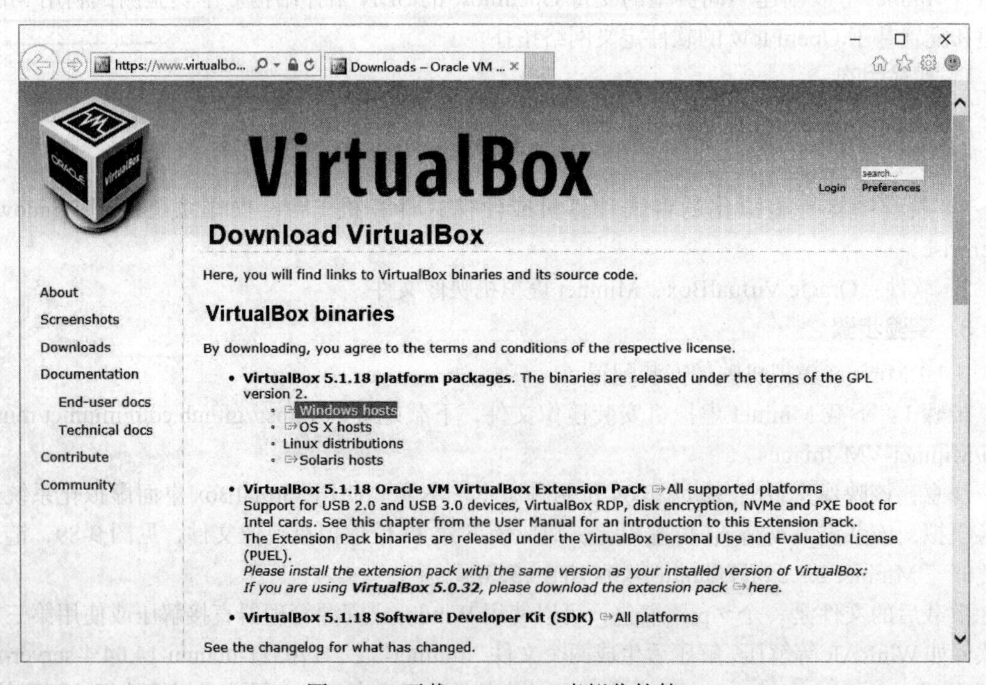

图 9-90　下载 VirtualBox 虚拟化软件

步骤 3：安装 VirtualBox 桌面虚拟化系统。双击下载的 VirtualBox 安装文件，根据系统提示，按照默认方式进行安装（具体安装步骤略）。

步骤 4：运行 VirtualBox，导入 Mininet 虚拟机。见图 9-91，展开 VirtualBox 界面的“管理”菜单，选择“导入虚拟电脑”命令，在弹出的“导入虚拟电脑”对话框中选中前述已经下载并解压缩的开放虚拟格式文件 *.ovf，见图 9-92，单击“下一步”按钮继续。在“虚拟电脑导入设置”对话框中，见图 9-93，接受默认设置，单击“导入”按钮。

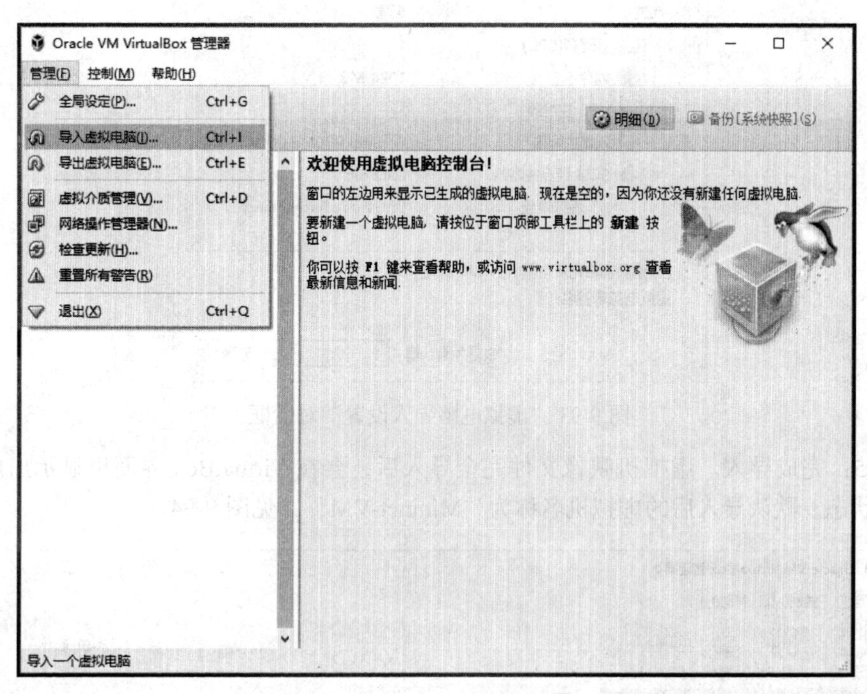

图 9-91　在 VirtualBox 内导入 Mininet 虚拟机

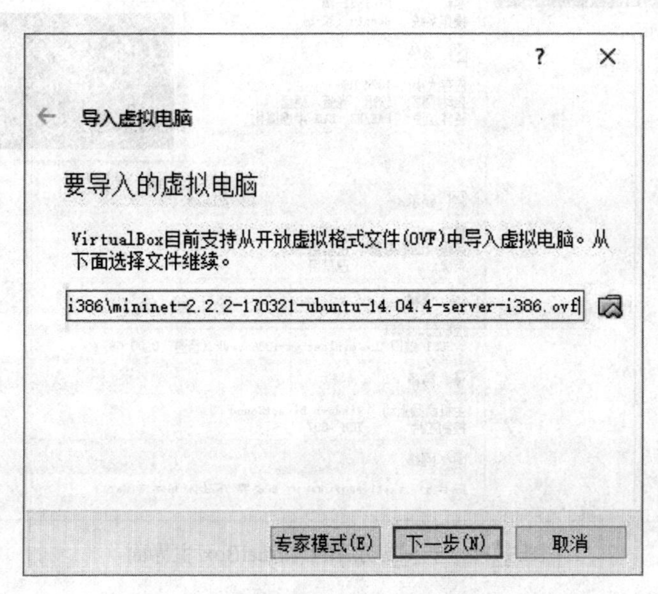

图 9-92　选择“要导入的虚拟电脑”文件

图 9-93 “虚拟电脑导入设置”对话框

步骤 5：完成导入。虚拟机映像文件完全导入后，会在 VirtualBox 界面里显示出虚拟机名称和明细状态。默认导入后的虚拟机名称为“Mininet-VM”，见图 9-94。

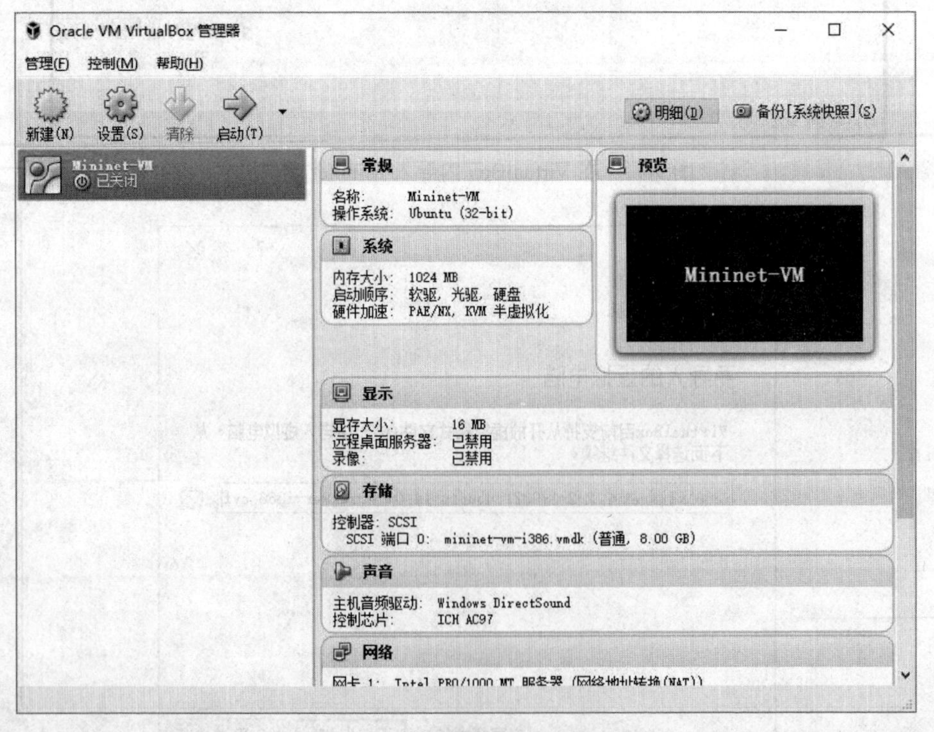

图 9-94 导入成功后的 VirtualBox 主界面

（2）Mininet 虚拟机在 VirtualBox 中的配置和启动

导入后的 Mininet-VM 虚拟机基于 Ubuntu-14.04.4-server 操作系统，同时安装并配置了

Mininet 相应版本和 WireShark 等网络工具，用于 SDN 的测试和开发。

步骤 1：为 Mininet 虚拟机增加一块 Host-Only 网卡。在 VirtualBox 界面中，选中 Mininet-VM 虚拟机，单击“设置”按钮，在弹出的“Mininet-VM - 设置”对话框中选中左侧列表中的“网络”，在右侧单击“网卡 2”选显卡，见图 9-95，选中“启用网络连接”前的复选框激活网卡 2，并在下面的“连接方式”下拉列表中选中“仅主机（Host-Only）网络”选项，单击“OK”按钮继续。

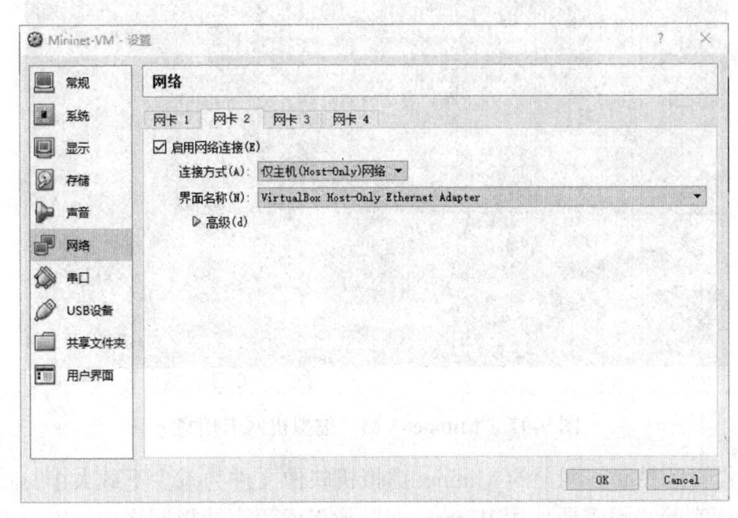

图 9-95　为虚拟机增加一块 Host-Only 网卡

步骤 2：启动 Mininet-VM 虚拟机。选中 VirtualBox 界面中的 Mininet-VM 虚拟机，单击“启动”按钮。系统启动后，使用默认账号登录，用户名及密码均为“mininet”，见图 9-96。

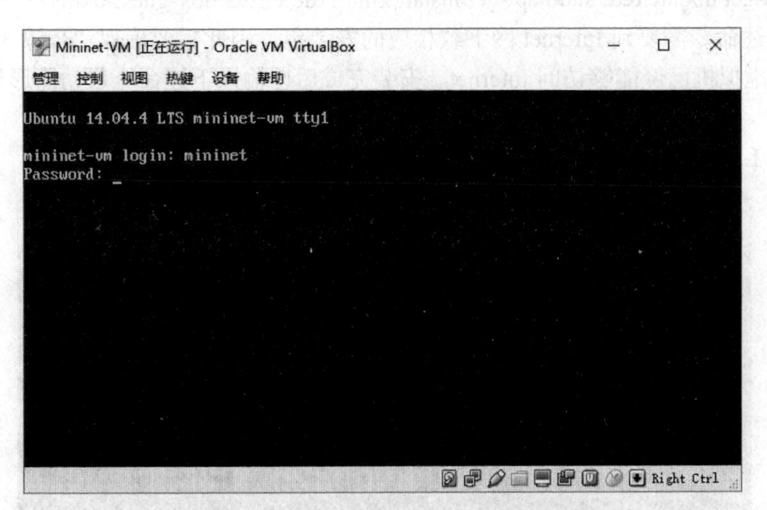

图 9-96 “Mininet-VM”虚拟机登录界面

步骤 3：查看和配置网络。登录系统后，输入下面的命令，可以看到系统显示 3 块网卡：eth0、eth1、lo。见图 9-97。

$ ifconfig -a

输入下面命令，在网卡 1 上启用 DHCP 获得地址后，虚拟机才可以访问外部网络。

$ sudo dhclient eth1

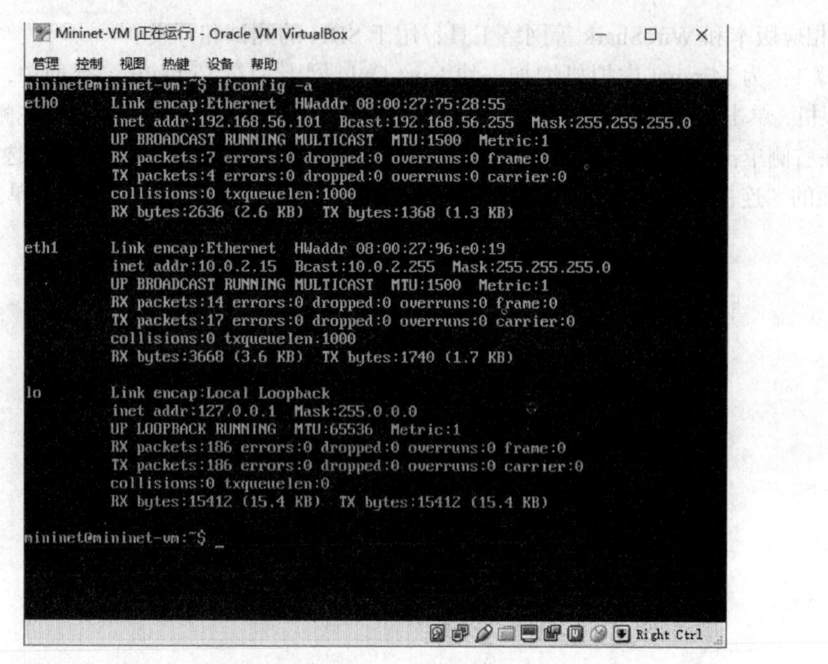

图 9-97 “Mininet-VM”虚拟机网卡信息

步骤 4：配置图形界面。网上的 Mininet 虚拟机映像文件为减少下载大小，默认未安装任何图形界面。而后续实验步骤需要使用 Wireshark 图形界面程序捕捉网络包，因此需要在虚拟机操作系统（Ubuntu-14.04.4-server）内配置图形界面。

运行下述命令，安装 LXDE 图形界面：

$ sudo apt-get update && sudo apt-get install xinit lxde virtualbox-guest-dkms

注意，上述命令需要到 Internet 网下载相应的安装包，因此需要确保“步骤 3”中的命令已经执行完毕，虚拟机已经能够访问 Internet。安装完成后，输入下述命令启动图形界面。

$ startx

系统显示 LXDE 图形界面，如图 9-98 所示。

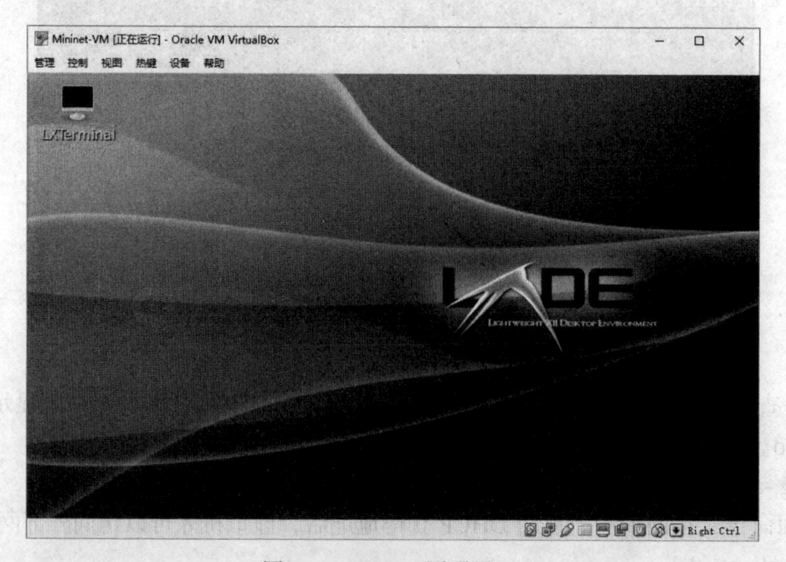

图 9-98 LXDE 图形界面

步骤5：在图形界面内启用Terminal命令行窗口。单击左下角任务栏上的“启动”按钮，选择“Accessories”选项组里的“LXTerminal”程序单击，见图9-99，系统会调出“LXTerminal”窗口，见图9-100，可以使用命令行方式执行相应命令。后续步骤需要使用此窗口。

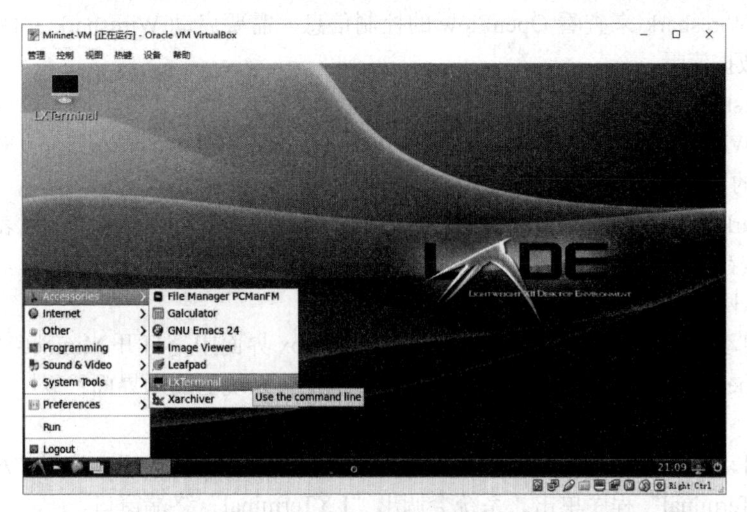

图9-99　在LXDE图形界面内调用“LXTerminal”

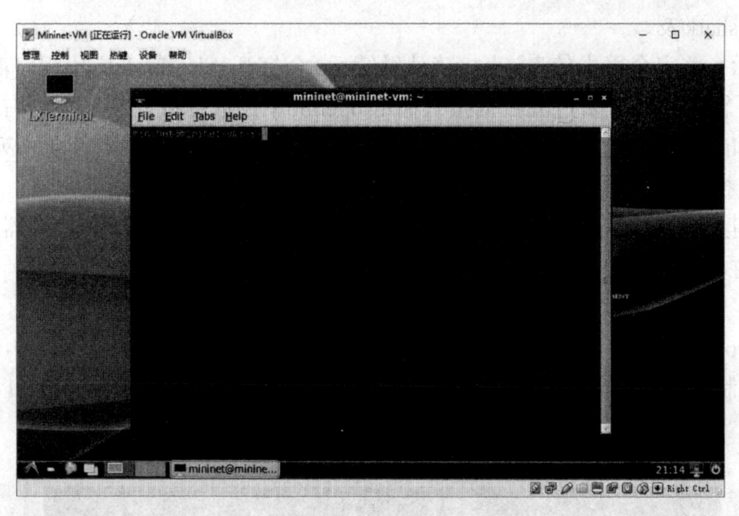

图9-100　“LXTerminal”窗口

（3）Mininet的基本操作

1）虚拟机环境下不同提示符的含义：

$：表示现在处于Linux的shell交互下，需使用Linux命令。

#：表示现在处于Linux的root权限下，需使用Linux命令。

mininet>：表示现在处于Mininet交互下，需使用Mininet命令。

2）Mininet相关命令：

mininet> help：显示Mininet CLI命令列表。

mininet> nodes：显示结点。

mininet> net：显示网络链接。

mininet> dump：输出所有结点的信息。

mininet> h1 ifconfig -a：输出 h1 结点的网络配置信息。

mininet> h1 ping –c3 h2：从 h1 结点发送 3 个 ICMP 包，进行网络连通测试。

3）运行和使用 WireShark 工具：

为了使用 Wireshark 来查看 OpenFlow 的控制信息，需要启动 Wireshark 并使其在后台抓取相应网卡上的数据流量。

$ sudo wireshark &

系统打开 Wireshark 应用程序窗口，在“Filter”过滤文本框中，输入“of”来过滤数据报只显示 openflow 的数据报。然后点击右侧的“Apply”命令。

在 WireShark 窗口左侧的网卡列表中，选中“Loopback：lo”网卡，单击列表上方或工具栏上的“Start”按钮，即可开始抓包。

（4）SDN 网络中控制器与交换机数据交互测试

步骤 1：启动虚拟机并进入图像界面。在 VirtualBox 界面中，打开 Mininet-VM 虚拟机，使用 mininet/mininet 账号登录，运行下述命令启动虚拟操作系统的图形界面：

$ startx

步骤 2：启动终端窗口。单击桌面左下角任务栏上的“启动”按钮，选择“Accessories”选项组里的“LXTerminal”程序单击，系统会调出“LXTerminal”终端窗口。

步骤 3：启动 WireShark 应用程序。在终端窗口内输入如下命令：

$ sudo wireshark &

系统会提示一些安全警告信息，直接确认继续后，会打开 Wireshark 应用程序窗口，在“Filter”过滤文本框中，输入“of ”来过滤数据报只显示 openflow 的数据报。然后单击右侧的“Apply”命令。在 WireShark 窗口左侧的网卡列表中，选中“Loopback：lo”网卡，单击列表上方或工具栏上的“Start”按钮，开始抓取数据报。

步骤 4：创建简单的 SDN 网络拓扑，查看 OpenFlow 交换机和 OpenFlow 控制器之间的包交换。在终端窗口内输入以下命令：

$ sudo mn

该命令以 root 权限运行 mn 命令，创建最简单的“minimal”拓扑，见图 9-101，它包括一个 OpenFlow 控制器 c0，一个 OpenFlow 交换机 s1，交换机上连接了两台主机 h1 和 h2。

```
mininet@mininet-vm: ~
File Edit Tabs Help
mininet@mininet-vm:~$ ls
Desktop      install-mininet-vm.sh  mininet  oftest    pox
index.html   loxigen                oflops   openflow  Templates
mininet@mininet-vm:~$ sudo mn
*** Creating network
*** Adding controller
*** Adding hosts:
h1 h2
*** Adding switches:
s1
*** Adding links:
(h1, s1) (h2, s1)
*** Configuring hosts
h1 h2
*** Starting controller
c0
*** Starting 1 switches
s1 ...
*** Starting CLI:
mininet>
```

图 9-101　创建“minimal”网络拓扑

通过该命令创建的网络拓扑中，各结点的信息如图 9-102。

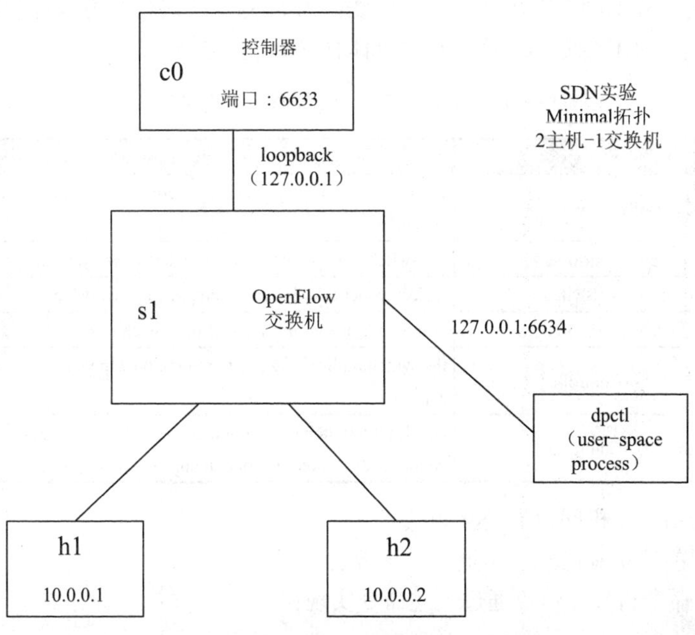

图 9-102　“minimal”拓扑中各结点信息

如图 9-102，终端内的提示符更改为“miminet>”，在该提示符下，可以通过前述 Mininet 相关命令显示创建的 SDN 网络各结点的信息并进行交互（如 ping 指令）。

此时查看后台的 WireShark 窗口，可以看到诸如“Hello”“Features Request”“Set Config”“Features Reply”等 openflow 数据报，如图 9-103 所示，反映了交换机 s1 和控制器 c0 间的信息交互。

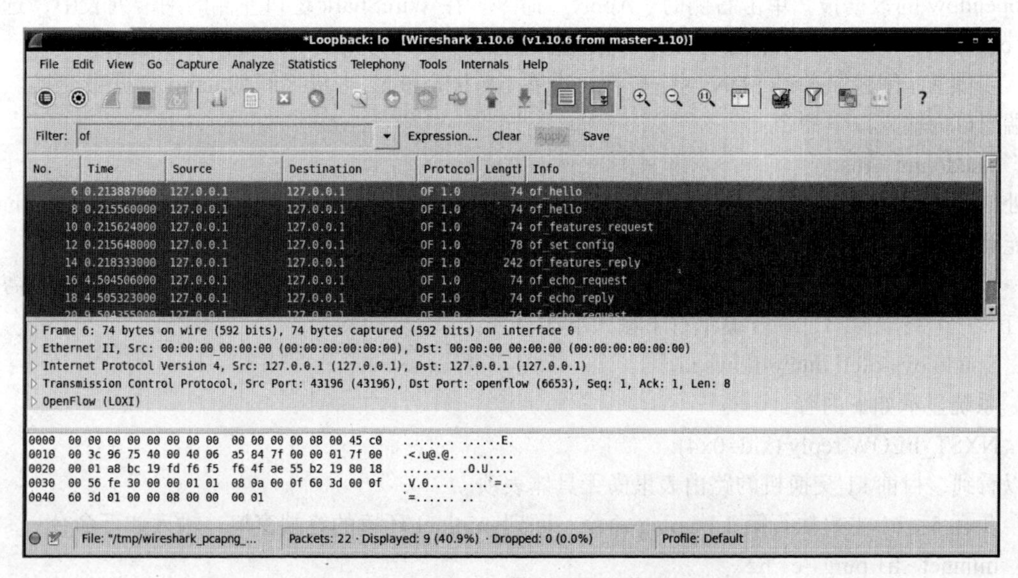

图 9-103　交换机和控制器间的信息交互

注意，在默认的“minimal”拓扑中，交换机及控制器的 IP 地址均为 127.0.0.1。可以选中相应数据报，通过在下面的“包信息”窗格中通过查看 TCP 的 Src Ports 和 Dst Ports 确定发起方和接收方。本实验图中第一个“Hello”包显示 Src Ports 为 43196，代表从交换机 s1 发出，此端口为随机端口，随进程不同会变更；Dst Ports 端口为 6653，代表接收方为控制器 c0，6653 为默认的控制器端口，一般不会变更。这些包的具体含义如表 9-3 所示。

表 9-3 “OpenFlow” 数据报类型列表

Message	Type	Description
Hello	Controller->Switch	following the TCP handshake, the controller sends its version number to the switch.
Hello	Switch->Controller	the switch replies with its supported version number.
Features Request	Controller->Switch	the controller asks to see which ports are available.
Set Config	Controller->Switch	in this case, the controller asks the switch to send flow expirations.
Features Reply	Switch->Controller	the switch replies with a list of ports, port speeds, and supported tables and actions.
Port Status	Switch->Controller	enables the switch to inform that controller of changes to port speeds or connectivity. Ignore this one, it appears to be a bug.

（5）SDN 网络中主机间数据交互测试

步骤 1：确保前述实验已经完全退出，环境已经清空。

退出 mininet 命令行界面可以通过下述命令实现：

mininet> exit

清空模拟环境，可以使用下面的命令：

$ sudo mn -c

步骤 2：启动 WireShark 应用程序：

$ sudo wireshark &

在打开 Wireshark 应用程序窗口中的“Filter”过滤文本框中，输入“of”来过滤数据报只显示 openflow 的数据报，单击右侧的“Apply”命令。在 WireShark 窗口左侧的网卡列表中，选中“Loopback：lo”网卡，单击列表上方或工具栏上的“Start”按钮，开始抓取数据报。

步骤 3：创建简单的 SDN 网络拓扑，查看 h1 主机和 h2 主机之间的 icmp 数据报交换。在终端窗口内输入以下命令：

$ sudo mn --mac

此处使用 mn 命令的 --mac 参数的作用是重置 h1 和 h2 主机的 MAC 地址，使它们在 WireShark 中能够更容易区分开。

步骤 4：查看 s1 交换机的 Flows 流表。注意，此处命令执行不在 mininet> 提示符下，需要新打开一个终端窗口，在 $ 提示符下输入下述命令：

$ sudo ovs-ofctl dump-flows s1

系统显示如下内容：

NXST_FLOW reply (xid=0x4):

可以看到，目前 s1 交换机的路由表里尚无具体表项。

步骤 5：h1 主机执行第 1 次 ping 命令。回到 mininet 环境的终端窗口，输入如下命令：

mininet> h1 ping –c1 h2

该命令从 h1 主机发送一个 ICMP 包请求。

步骤 6：查看 WireShark 内的数据报信息，见图 9-104。

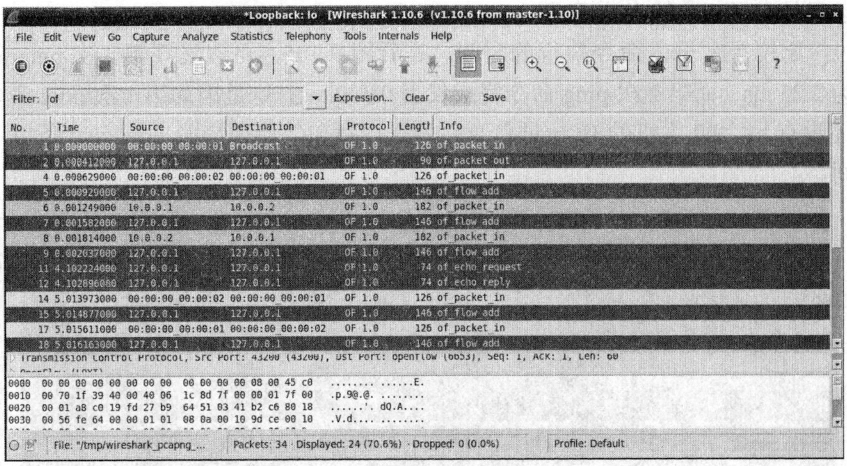

图 9-104　信息交互

WireShark 数据报分析：在图 1-104 中，h1 主机发起 ping 命令后，因为此时交换机 s1 上没有 h2 的 IP 地址信息，因此发起一个 Broadcast 广播包（条目 1），发起源 00:00:00_00:00:01 为 h1 主机 MAC 地址（前提是创建网络拓扑时使用 mn 命令的 --mac 参数）。后续 h2 主机回复 h1 主机，并将相应 MAC 和 IP 对应关系增加到 Flow 流表中（条目 7 和条目 9 中的 of_flow_add 信息）

步骤 7：此时再次切换到 Linux 终端窗口，输入命令：

$ sudo ovs-ofctl dump-flows s1

系统显示如下内容：

NXST_FLOW reply (xid=0x4):

cookie=0x0, duration=8.139s, table=0, n_packets=1, n_bytes=42, idle_timeout=60, idle_age=8, priority=65535,arp,in_port=1,vlan_tci=0x0000,dl_src=00:00:00:00:00:01,dl_dst=00:00:00:00:00:02,arp_spa=10.0.0.1,arp_tpa=10.0.0.2,arp_op=2 actions=output:2

cookie=0x0, duration=8.14s, table=0, n_packets=1, n_bytes=42, idle_timeout=60, idle_age=8, priority=65535,arp,in_port=2,vlan_tci=0x0000,dl_src=00:00:00:00:00:02,dl_dst=00:00:00:00:00:01,arp_spa=10.0.0.2,arp_tpa=10.0.0.1,arp_op=2 actions=output:1

cookie=0x0, duration=8.141s, table=0, n_packets=1, n_bytes=42, idle_timeout=60, idle_age=8, priority=65535,arp,in_port=1,vlan_tci=0x0000,dl_src=00:00:00:00:00:01,dl_dst=00:00:00:00:00:02,arp_spa=10.0.0.1,arp_tpa=10.0.0.2,arp_op=1 actions=output:2

cookie=0x0, duration=8.141s, table=0, n_packets=1, n_bytes=42, idle_timeout=60, idle_age=8, priority=65535,arp,in_port=2,vlan_tci=0x0000,dl_src=00:00:00:00:00:02,dl_dst=00:00:00:00:00:01,arp_spa=10.0.0.2,arp_tpa=10.0.0.1,arp_op=1 actions=output:1

cookie=0x0, duration=13.144s, table=0, n_packets=1, n_bytes=98, idle_timeout=60, idle_age=13, priority=65535,icmp,in_port=2,vlan_tci=0x0000,dl_src=00:00:00:00:00:02,dl_dst=00:00:00:00:00:01,nw_src=10.0.0.2,nw_dst=10.0.0.1,nw_tos=0,icmp_type=0,icmp_code=0 actions=output:1

可以看到在 s1 交换机流表中已经有了相应的数据表项。

步骤 8：h1 主机执行第 2 次 ping 命令。回到 mininet 环境的终端窗口，再次输入命令：

mininet> h1 ping –c1 h2

此时查看 WireShark 内的数据报信息，不会再次出现 Broadcast 广播包及 flow_add 条目，因为此时交换机已经具有了相应的表项记录。

步骤 9：比较 2 次 ping 命令执行的时间。查看图 9-105，可以发现第 1 次 ping 命令完成所需的时长为 2.25 ms，而第 2 次 ping 命令完成仅需 0.389 ms。这是因为第 1 次 ping 命令执行时，交换机内还没有 h1、h2 主机的 IP 地址信息，发送广播包等待回应及 flow_add 条目建立均需要额外的时间。

```
mininet@mininet-vm: ~
File  Edit  Tabs  Help
*** Adding links:
(h1, s1) (h2, s1)
*** Configuring hosts
h1 h2
*** Starting controller
c0
*** Starting 1 switches
s1 ...
*** Starting CLI:
mininet> h1 ping -c1 h2
PING 10.0.0.2 (10.0.0.2) 56(84) bytes of data.
64 bytes from 10.0.0.2: icmp_seq=1 ttl=64 time=2.25 ms

--- 10.0.0.2 ping statistics ---
1 packets transmitted, 1 received, 0% packet loss, time 0ms
rtt min/avg/max/mdev = 2.259/2.259/2.259/0.000 ms
mininet> h1 ping -c1 h2
PING 10.0.0.2 (10.0.0.2) 56(84) bytes of data.
64 bytes from 10.0.0.2: icmp_seq=1 ttl=64 time=0.389 ms

--- 10.0.0.2 ping statistics ---
1 packets transmitted, 1 received, 0% packet loss, time 0ms
rtt min/avg/max/mdev = 0.389/0.389/0.389/0.000 ms
mininet> 
```

图 9-105　ping 命令执行的时间比较

4. 实验思考

在本实验中，我们介绍了开源的软件定义网络模拟软件 Mininet 配置及使用的基本方法。通过 Mininet 模拟软件定义网络环境中的网络拓扑创建、管理及测试的过程。通过 Mininet 内置的 WireShark 数据报分析工具查看了软件定义网络环境下，控制器和交换机间的信息交互，以及 SDN 交换机自学的过程。

有关 Mininet 的更多信息，请参阅网站 http://mininet.org/

有关 OpenFlow 的更多信息，请参阅网站 https://www.opennetworking.org/

参考文献

[1] 李环，等 . 计算机网络实验教程 [M]. 北京：中国铁道出版社，2010.

[2] 李环，等 . 计算机网络综合实践教程 [M]. 北京：机械工业出版社，2011.

[3] 翁国秀，等 . 云桌面技术在高校计算机实验室建设和管理中的应用 [J]. 信息与电脑，2012(11):110-111.

[4] AZODOLMOLKY S，等 . 软件定义网络：基于 OpenFlow 的 SDN 技术揭秘 [M]. 北京：机械工业出版社，2014.